华夏英才基金学术文库

果蔬采后病害：原理与控制

毕　阳　主编

科学出版社

北　京

内 容 简 介

本书系统描述了主要果蔬采后病害或腐烂的症状、病原物特征和侵染过程；分析讨论了病原物侵入和寄主防卫的发生机理，以及感病果蔬的生理和生化变化；归纳总结了影响采后病害发生的采前和采后因素；全面介绍了控制采后病害的化学、物理、生物及诱导抗性的原理及方法；深入阐述了真菌性病原物抗药性的发生原理及控制措施。此外，本书还附录了 80 张主要果蔬采后病害症状及病原物的典型图片，以便读者参照。本书是编写人员多年来从事果蔬采后病害教学和研究工作的经验总结，也是国内外最新研究成果的资料汇集。既具丰富的专业基础理论，又有实际的生产应用价值，是果蔬采后生物学与技术领域颇具新意的一部专著。

本书可供高等院校食品、园艺、植保、物流、制冷及相关专业的师生使用，也可供从事果蔬防腐保鲜及相关行业的科技和从业人员参考。

图书在版编目（CIP）数据

果蔬采后病害：原理与控制/毕阳主编. —北京：科学出版社, 2016.6
(华夏英才基金学术文库)
ISBN 978-7-03-048474-1

Ⅰ.①果… Ⅱ.①毕… Ⅲ. ①果蔬保藏–病害–防治 Ⅳ.①S436

中国版本图书馆 CIP 数据核字(2016)第 121641 号

责任编辑：李秀伟 白 雪 / 责任校对：郑金红
责任印制：张 伟 / 封面设计：刘新新

科学出版社 出版
北京东黄城根北街 16 号
邮政编码：100717
http://www.sciencep.com
北京凌奇印刷有限责任公司 印刷
科学出版社发行 各地新华书店经销
*
2016 年 6 月第 一 版 开本：787×1092 1/16
2016 年 6 月第一次印刷 印张：15 1/4 插页：8
字数：350 000
POD定价： 98.00元
(如有印装质量问题，我社负责调换)

编委会名单

主　编　毕　阳　甘肃农业大学　博士、教授、博士生导师

编　者（按姓氏笔画排序）

王　毅　甘肃农业大学　博士、实验师（第一章、第四章、第八章）

王军节　北方民族大学　博士、副教授（第十章、第十一章、第十二章）

朱　艳　甘肃农业大学　博士、讲　师（第五章、第七章）

李永才　甘肃农业大学　博士、教　授（第五章、第九章）

宗元元　甘肃农业大学　博士、讲　师（第二章、第六章）

葛永红　渤海大学　博士、副教授（第二章、第三章、第四章）

薛华丽　甘肃农业大学　博士、副教授（第三章、第八章）

序　言

病害是生物之间彼此联系与生存竞争的一种重要表现形式。自古以来，人类的生死均与病害息息相关。近年来，人类在攻克病害方面的研究层层递进，不断深入，取得了举世瞩目的成绩，为挽救无数生命和减少由病害造成的巨额经济损失作出了突出贡献。

果蔬为人类健康提供了丰富的营养及功能，是人们膳食结构中不可或缺的重要组分。我国是世界上最大的果蔬生产和消费国，果蔬产业在现代农业中具有重要的地位，为千万农民的脱贫致富作出了突出贡献。然而，我国每年有 20%~30%的新鲜果蔬在采后因腐烂和变质而失去商品价值，经济损失高达数千亿元。导致果蔬采后腐烂和变质的因素很多，其中由病原真菌和细菌引起的腐烂最为重要。因此，开展果蔬采后病理学研究、推广采后病害的控制技术不仅具有重要的生物学意义，也具有减轻腐烂、保持品质的应用价值。

与植物病理学（plant pathology）相比，采后病理学（postharvest pathology）的研究起步较晚。1919 年两位美国植物病理学家在纽约和芝加哥市场根据发现的新鲜果蔬腐烂现象，首次提出了市场病理学（market pathology）的概念，但直到 20 世纪 80 年代世界各国才较为系统地开展了果蔬采后病理学方面的研究，并相继出版了相关的专著。1996 年新疆农业大学的张维一教授与弟子毕阳编著了《果蔬采后病害与控制》（中国农业出版社），这是我国果蔬采后病害方面的第一本专业书。之后，在国家“十五”到“十二五”科研项目的支持下，我国科研工作者在果蔬采后病理学方面开展了深入系统的研究，在果实抗性应答机制、病原真菌分子致病机制、真菌毒素生物合成分子基础及生物防病技术等研究方面达到了国际领先水平。20 年过去，一直致力于果蔬采后病理学研究的毕阳教授带领其团队编写了这本《果蔬采后病害：原理与控制》。该书从果蔬采后病害种类、病原菌的致病性、病害发生原理及其规律、环境条件对病害的影响及病害控制技术等方面系统地阐述了国内外研究进展，也承载了果蔬采后病理学研究者不懈努力、求实求新的探索精神，是我国采后生物学与技术研究领域不可多得的一本专业书，适于高等院校食品、园艺、植保、物流、制冷及相关专业的师生使用，以及从事果蔬防腐保鲜及相关行业的科技和从业人员参考。

科学研究在与时俱进，我期待更多致力于果蔬采后病理学研究的年轻学者能够继往开来、锐意创新，用勤劳和智慧不断丰富和完善果蔬采后病理学的理论和技术，为探索病害发生规律、研发防病新技术、拓展防病新途径、促进我国果蔬产业的健康和可持续发展作出积极的贡献。

田世平

中国科学院植物研究所　研究员

中国科学院大学　教授

2016 年 4 月于北京香山

前　　言

采后病害或腐烂是造成果蔬损失的重要原因，也是长期以来困扰果蔬产业发展的瓶颈。致腐病原物既可在果蔬生长期间侵入，潜伏至采收以后发病，又可在果蔬采收及采收以后的分级、包装、运输、贮藏、销售及消费等环节中侵染。采后病害不仅造成果蔬变质腐烂，污染环境，而且导致十分巨大的经济损失，给生产者、经营者和消费者带来了沉重的经济负担。由于大多数国产果蔬采后缺乏合理的包装和采后处理、必要的低温运输和贮藏条件及有效的物流配送，颇易变质腐烂。常温贮运条件易导致果蔬衰老，衰老的果蔬自身抗病性降低，易被各类病原物侵染。即使在低温条件下贮运，由于某些果蔬对低温敏感，冷害也会频频发生，导致表面保护组织破坏，内部抗性减弱，腐烂加速。除了造成巨大的经济损失外，采后病害还会在果蔬体内积累真菌和细菌毒素，导致潜在的食用安全隐患。虽然近年来我国的果蔬品质、采后生理及贮运技术的基础研究和应用推广有了长足的发展，但采后病害的基础研究及控制技术开发和推广依然不足，对病害发生原理和防腐知识的认识非常有限，错用和滥用杀菌剂的现象仍颇为普遍。因此，掌握采后病害的发生原理及发展规律，通过有效措施对其加以控制，是果蔬采后科技工作者及从业人员所面临的挑战。

本书是在张维一和毕阳编著的《果蔬采后病害与控制》（中国农业出版社，1996）一书基础上的进一步完善、凝练和提升。由甘肃农业大学采后生物学与技术团队人员历时 5 年共同努力完成。全书从病害发生、发展、互作及控制的角度系统阐述了果蔬采后病害的发生原理和控制方法，力求系统阐述专业知识，全面反映最新成果，通过总结、归纳与分析，努力做到理论和实践的有机统一。

全书共 12 章，内容涉及常见真菌及细菌性采后病害的症状及其病原物（第一章）；采后病害的发生及发展过程（第二章）；胞外酶、毒素等致病因子对寄主的破坏（第三章）；寄主防御病原物侵染的主动及被动抗病反应（第四章）；感病果蔬的呼吸变化、乙烯变化及品质变化（第五章）；采前生物、生态及农业技术因素对采后病害的影响（第六章）；影响病害发生的采后温度、湿度、气体成分及化学药物（第七章）；杀菌剂、公认安全的化学药物和天然化学成分的特点及其对采后病害的控制（第八章）；热处理、电离辐射和紫外线照射等物理措施控制病害的原理及方法（第九章）；拮抗菌的生防原理及其分离、筛选、开发和应用（第十章）；生物、化学和物理激发子对果蔬采后抗病性的诱导（第十一章）；采后真菌性病原物抗药性的发生机理及其控制（第十二章）。同时，本书还附录了 80 张主要果蔬采后病害症状及病原物的典型图片，以便读者参照。

本书的编写承蒙华夏英才基金的慷慨资助。编写资料全部来源于国内外相关专业刊物、专著和学位论文，以及甘肃农业大学采后生物学与技术团队多年来在采后病害研究与推广方面的成果。本书的编写还得到科学出版社李秀伟和白雪两位编辑的大力支持，以及本团队研究生李欣、董伯余、包改红、龚迪、尚琪等的热情协助，书中部分图片由中国热带农业科学院环境与植物保护研究所胡美姣研究员和中国科学院华南植物园屈红霞研究员提供，部分来自 http://images.yahoo.com，毕先先生进行图片加工，在此一并向各位作者及支持本书编写的各位同仁、朋友和学生表示衷心的感谢！

由于作者水平有限，书中缺点和错误在所难免，恳请广大读者提出宝贵意见，我们将诚恳改进完善。

毕　阳
2016 年 2 月

谨以本书纪念我国果蔬采后病理学的奠基人张维一教授（1931 年 3 月~2015 年 4 月）。

目　录

第一章　果蔬采后病害、症状及病原物

侵染性病害（infectious disease）即由病原物侵染引起的病害，也就是常说的腐烂。所有果蔬均可发生不同程度的腐烂，严重者几乎全军覆没。造成果蔬腐烂的微生物，即病原物（pathogen），主要为真菌和细菌。而被病原物侵染的产品被定义为寄主（host），主要包括各类水果和蔬菜。只有病原物、寄主和适宜环境共同存在的情况下侵染性病害才会发生。因此，掌握侵染性病害发生的原因及其发病规律，通过有效措施对其加以减轻或控制，即防腐，是果蔬采后面临的关键问题。有 40 多种真菌和细菌与果蔬腐烂相关。大多数水果由于 pH 较低，故主要受真菌的侵染，而蔬菜则受真菌和细菌的双重危害，但以真菌为主。因此，真菌是导致果蔬采后腐烂的重要病原物。

第一节　真菌性病害

每种果蔬均可受到十几乃至几十种病原真菌的侵染，但只有少数几种最为典型。例如，由扩展青霉引起的青霉病是苹果和梨的主要采后病害，由匍枝根霉引起的软腐病是桃和杏等核果类果实的主要采后病害，灰葡萄孢主要造成葡萄等浆果腐烂等。有些病原物寄主范围较广，如灰葡萄孢、交链孢、镰刀菌和白地霉等可侵染多种果蔬。相反，有些病原物对寄主具有较强的选择性。例如，指状青霉能引起柑橘的绿霉病，但很少侵染苹果和梨；扩展青霉侵染苹果和梨，但不为害柑橘；果生链核盘菌引起温带水果的褐腐病，但不侵染热带果实；可可球二孢危害热带和亚热带水果，但很少侵染温带水果。真菌性病原物主要归属半知菌亚门，少数分属鞭毛菌亚门、结合菌亚门及子囊菌亚门。病原物引起的症状主要表现为霉变、软腐、干腐等（张维一和毕阳，1996）。

一、半知菌亚门真菌

该亚门真菌只有无性阶段，可以产生多种多样的分生孢子和分生孢子梗，尚未发现其有性阶段。因此，半知菌的生活史相当于子囊菌的无性阶段，也有少数是担子菌的无性阶段。半知菌都是非专性寄生菌，与果蔬采后病害的关系最为密切。

（一）青霉属（*Penicillium*）

青霉菌分生孢子梗较多，先端分枝呈扫帚状，其上串生分生孢子，分生孢子单孢无色。采后常见的青霉主要包括扩展青霉、指状青霉和意大利青霉三种。

1. 扩展青霉（*P. expansum*）

分生孢子梗直立，有分隔，无色，顶端 3 次分枝，帚状，产孢细胞瓶梗型，分生孢子串生，无色单孢，球形或扁球形（彩图 1）。生长适温 15~27℃，但在 0℃左右的低温下仍可缓慢生长。分生孢子通过果实采收及采后过程中产生的机械伤口侵入，也可通过病健果接触传染。主要引起苹果（彩图 2）、梨（彩图 3）、山楂、桃、杏、李、樱桃和葡萄（彩图 4）等果实的青霉病。病斑呈黄褐色水渍状圆斑，边缘明显，表面凹陷，病斑处果肉软腐，呈圆锥状向果心扩展。温度较高时，病斑发展十分迅速，10 余天后全果即腐烂。在湿度较高的条件下，病斑表面会生出小疣状霉粒，初为白色，后变为蓝色，表面覆有一层青色粉状物，即病原菌的子实体。果实感病后，病斑处及周围果肉霉味严重。苹果青霉病病斑色泽依品种颜色而异，绿色和黄色品种呈现淡褐色，红色和深色品种呈深褐色。

2. 指状青霉（*P. digitatum*）

分生孢子主梗较粗短，有分隔，顶端 2 次分枝，偶尔 3 次分枝，帚状，分枝大而不规则，分生孢子较大，卵形至圆柱形（彩图 5）。生长适温 21~27℃，分生孢子从果面机械伤口和果蒂剪口侵入，可通过病健果接触传染，主要引起柑橘的绿霉病（彩图 6）。病部初呈水渍状圆斑，以后病斑逐渐扩大，表面密生霉状物，初为白色，后变为蓝绿色，即病原菌的子实体。病部组织软烂，果肉苦而不堪食用（韩青梅等，2013）。温度较高时，病斑扩展十分迅速，2~3 天后表面就出现白色菌丝。

3. 意大利青霉（*P. italicum*）

分生孢子主梗较细长，顶端规则或者不规则的 3 次分枝，瓶梗近圆筒形，上部突然变窄，分生孢子较小，孢子链较长（彩图 7）。生长适温 18~27℃，相对湿度为 95%~98%，主要引起柑橘的青霉病（彩图 8）。病原菌通过果皮的伤口侵入，也可通过衰老果实的皮孔侵入，并可通过病健果接触传染。病部初呈水浸状斑点，以后病斑逐渐扩大，靠近病斑的中心先出现白霉，后开始产生孢子，孢子形成区为蓝色、淡蓝色、绿色或橄榄绿色，通常外有白色菌丝圈带环绕，在菌丝外围又有一圈水浸状组织。

（二）链格孢属（*Alternaria*）

分生孢子梗深色，单枝，顶端单生或串生分生孢子。分生孢子淡褐色至褐色，形状不一，倒棍棒形、椭圆形或卵圆形，有纵隔膜，顶端有一喙状细胞（彩图 9）。链格孢作为果蔬采后的主要病原物，可在采前和采后通过各种途径侵入（呼丽萍等，1995；Larsen et al.，1980）。

1. 互隔交链孢（*A. alternata*）

分生孢子梗直立，不分枝，褐色至暗褐色，分隔，其顶端单生或串生棍棒状的分生孢子。该病原物生长适温范围较宽，在 0℃左右的低温条件下也能缓慢生长，是果蔬低温贮藏期间的常见病原物。在 25℃、pH5.6 和有水滴存在等条件下分生孢子萌发最好、产孢最多；黑暗有利于产孢（刘勇和冷怀琼，1991）。互隔交链孢不仅可以在采后过程中侵染多种果蔬，而且具有良好的采前侵染能力。其寄主范围广泛，主要引起梨、桃、杏、李、樱桃、草莓、枣、枸杞、柿子、甜瓜、番茄、辣椒、马铃薯和花椰菜的黑斑病（彩图 10~15），以及苹果的霉心病（彩图 16）和洋葱的紫斑病等。病部初呈浅褐色或深褐色斑点，明显边缘，表面凹陷，以后病斑逐渐扩大，表面着生黑色霉状物，湿度较高时表面有白色菌丝产生。有时病部表面少有菌丝体或黑色霉状物，下部组织呈现深褐色或黑色海绵状，病健部明显分离。

2. 柑橘链格孢（*A. citri*）

分生孢子梗暗褐色，通常不分枝，直或曲折，隔膜褐色或深褐色，有典型的纵横隔；分生孢子孔出，顶生，卵形、倒棍棒形，纺锤形或长椭圆形（陈元平等，2010）。柑橘链格孢主要引起柑橘黑腐病，该病在不同种类柑橘果实上所表现的症状分为褐斑型（彩图17）、蒂腐型（彩图18）、心腐型（黑心型）（彩图19）和干疤型（彩图20）4类（陈绍光，1988）。褐斑型：病菌从伤口或脐部侵入，初呈黑褐色或褐色圆形病斑，扩大后稍凹陷，边缘不整齐，中部常呈黑色，病部果肉呈黑褐色腐烂，在软腐状病斑上，常生黑绿色霉状物。病斑可发生在除蒂部外的各个部位，以温州蜜柑和甜橙上最为常见。蒂腐型：病部发生在蒂部，呈现圆形、褐色、大小不一的软腐病斑，直径常在1cm左右，多见于甜橙。心腐型：病菌自果蒂部伤口侵入果实中心柱，沿中心柱蔓延，引起心腐，常在中心柱空隙处长有污白色至墨绿色霉状物，除甜橙果皮有时稍呈暗色外，在果实外表一般无任何症状。常见于椪柑和柠檬。干疤型：可在包括蒂部在内的果皮任何部位发病，常为深褐色、圆形、干腐状病斑，其上极少见霉状物，多发生在失水较多的果实上，主要危害温州蜜柑。

（三）葡萄孢属（*Botrytis*）

分生孢子梗细长，有分枝，略带灰色，顶端细胞膨大成球状，上面有许多小梗，小梗上着生分生孢子。分生孢子聚生，呈葡萄穗状，分生孢子卵圆形（彩图21）。单细胞，无色或灰色。菌核不规则，黑色。该属中最重要的采后病原物就是灰葡萄孢（*B. cinerea*）。

灰葡萄孢子实体灰色，老熟后灰褐色；分生孢子梗呈树杈分枝，末端稍膨大，其上簇生分生孢子；孢子近球形或卵圆形，无色单胞，有时形成球形、无色单胞的小分生孢子。该病原物生长适温范围较宽，在低温条件下也能良好生长，是低温贮藏期间的常见病原物（许玲等，2006）。作为重要的采后病原物，灰葡萄孢不仅具有很好的潜伏侵染能力，而且可在采后各环节侵染果蔬，并通过病健产品接触侵染。该病原物寄主范围很广，可引起仁果类、核果类、浆果类、茄果类、瓜类及叶菜类等多种果蔬的灰霉病，尤其在葡萄、草莓、番茄、桃等果实上发病严重（彩图22~25）。病部初呈水渍状浅褐色圆斑，以后病斑逐渐扩大，表面密生霉状物，初为白色，后变为土灰色，即病原菌的子实体。葡萄果蒂是灰葡萄孢的主要侵染部位，常导致果粒脱落。

（四）镰刀菌属（*Fusarium*）

镰刀菌的菌丝均具隔膜，每个细胞中常含多个核，在有隔菌丝体上形成分化程度不同的分生孢子梗，丛生或散生。分生孢子梗聚集形成垫状的分生孢子座。分生孢子座生于气生菌丝上或基质底部，呈蓝色、浅紫色或橙色。分生孢子梗的形状大小不一。分生孢子有两种类型，大型分生孢子镰刀形，两端稍尖，略弯曲，无色，多细胞；小型分生孢子卵圆形，无色，单细胞（彩图26）。镰刀菌能在1~39℃的温度范围内生长，最适温度为25~30℃。可在采前或采后侵染西瓜、甜瓜、香蕉和马铃薯等多种果蔬，主要在采后发病，不同产品的症状差异较大。由半裸镰孢（*F. semitectum*）等多种镰刀菌引起的甜瓜白霉病（彩图 27），病部多发生在果实两端及近地的一侧，以果柄处较多。果面最初呈直径 1~3cm 的淡褐色凹陷圆斑，病部果皮往往开裂，裂缝中出现浓密的白色霉丛，当病斑直径扩至 4~6cm 时，周围水浸状，中心为较紧密的白色绒垫状霉层，以后呈粉红色。病部果肉充满着菌丝，呈海绵状软木质团块，并伴有霉味，病部果肉与邻近果肉显著分离（毕阳和王春玲，1987）。亚粘团串珠镰孢（*F. moniliforme* var. *subglutinans*）、半裸镰孢、导管镰孢（*F. aquaeductuum*）和弯喙镰孢（*F. camptoceras*）等镰刀菌是引起香蕉冠腐病的主要致病菌（曾莉莎等，2013）。在采后 25~30℃及高湿度下贮藏 7~10 天，蕉梳切口处出现白色棉絮状菌丝体，含大量大、小分生孢子，造成轴腐，进而向果柄扩展；病部暗褐色，前缘水渍状，指果脱落；20~25 天后果身发病，果皮爆裂，覆盖许多白色菌丝体及分生孢子，蕉肉僵死，不易催熟转黄。青果外软而中央胎座硬，食之有淀粉味感，一旦发病，扩展极为迅速（戚佩坤，1994）。镰刀菌侵染马铃薯块茎引起的干腐病（彩图 28）是马铃薯贮藏期间的常见病害（李金花等，2007；杨志敏等，2012）。该病主要由硫色镰孢、接骨木镰孢、茄镰孢和半裸镰孢等多种镰刀菌引起，发病块茎初期仅局部变褐稍凹陷，扩大后病部出现很多皱褶，呈同心轮纹状，其上有时长出灰白色的绒状颗粒。剖开病薯可见空腔，内密生菌丝，组织呈深褐色或灰褐色，发病后期整个块茎僵缩或干腐（魏周全等，2006）。

（五）地霉属（*Geotrichum*）

白地霉（*G. candidum*）是该属中的主要病原物。在马铃薯葡萄糖琼脂（PDA）培养基上的菌落为白色，表面粉状，菌丝无色，有隔膜，2~3 次分叉，产生内生孢子；老熟菌丝断裂为分生孢子即节孢子，节孢子圆筒形或椭圆形，串生（彩图 29），大小为（5~15）μm×（2~10）μm；生长适温 24~28℃，pH 为 8~9，生长适温为 28~32℃（蔡学清等，2009）。主要通过果蔬表面的各类伤口侵入，导致柑橘（彩图 30）、荔枝（彩图 31）、龙眼（彩图 32）和番茄等果蔬的酸腐。对柑橘来说，初期病部呈水渍状淡黄色至褐色圆形病斑，病部可见稀疏白色霉层，随着病斑的扩展，很快呈烂柿子状的黏湿团，难以用手拣出。病果可流出汁液，散发出强烈的酸臭气味。酸腐病在库房密闭或用塑料薄膜密封的适温条件下更易蔓延。番茄果实病部初呈水渍状褐斑，组织软化，之后病部产生大量白色霉层，闻之有酸臭味（杨蕊等，2013）。龙眼和荔枝果实常自蒂部开始发病，病斑呈褐色不规则形小斑，以后逐渐扩大为暗褐色大斑，最终全果变暗褐色腐烂，果肉腐败，酸臭，果皮硬化，转暗褐色，流出酸水，病部有白色霉状物生出。

（六）刺盘孢属（*Colletotrichum*）

分生孢子着生在分生孢子盘上（彩图 33），分生孢子盘盘状或垫状，埋生在寄主表皮下，成熟后突破表皮露出体外。生长适温 28~32℃，最高 40℃，最低 12℃，分生孢子在相对湿度 95%以上才能萌发，是高温和高湿条件下的常见病害，常见的有两种。

1. 盘长孢状刺盘孢（*C. gloeosporioides*）

盘长孢状刺盘孢也称胶胞刺盘孢，是该属中最常见的一种，在 PDA 上菌落圆形，边缘整齐，初为白色，后转为灰白色、浅褐色或浅粉红色，有些菌落具同心轮纹，部分菌落在培养过程中有扇变现象；产孢量大的菌落出现大量粉红色或黑色小颗粒，即分生孢子的黏孢团或分生孢子盘，但分生孢子盘上极少产生刚毛。菌丝毛绒状，圆筒形，有隔膜和分枝。分生孢子产生于分生孢子盘内或直接产生于菌丝体上，单胞，无色透明，圆筒形、椭圆形或棍棒形，两端钝圆，直或中间略凹，内有 1~2 个油球（彩图 34）。附着胞深褐色，近圆形或不规则形。寄主范围广泛，可在采前或采后引起苹果、香蕉、芒果等多种果蔬的炭疽病（曾大兴等，2003）。

由盘长孢状刺盘孢引起的苹果炭疽病有两类症状。常见的典型症状为果腐型（彩图 35），在果面出现淡褐色至红褐色小斑，扩展后变褐至黑褐色圆斑，凹陷，边缘清晰，剖切后可见病斑下果肉变褐呈锥形向果心腐烂，病斑表面常出现轮纹状排列的黑色小粒。潮湿条件下出现肉红色黏状的分生孢子团。另一种症状为斑点型，病斑扩展至 2~3mm 时即停止扩展，边缘紫红色或黑褐色，中间凹陷，病斑上黑色小粒稀少，不呈同心轮纹排列，病斑下果肉局部坏死（吴芳芳等，2002）。该病原物引起的芒果炭疽病，病斑圆形或近圆形、凹陷、深褐色至黑色，潮湿时病部产生橘红色黏质小点，随后病斑连成斑块，最终全果变黑腐烂，并产生大量粉红色孢子堆（彩图 36）（胡美姣等，2012）。

2. 芭蕉刺盘孢（*C. musae*）

在 PDA 上气生菌丝茂盛，白色，老熟后呈灰色或暗灰色；分生孢子盘无刚毛，不形成菌核。产孢细胞瓶梗状，无色，不分枝，顶生分生孢子；分生孢子单胞，近圆筒形，直，末端稍窄，无色。潮湿条件下聚生在一起呈粉红色；附着胞不规则形，暗褐色，常有较大的瓣（戚佩坤，1994）。菌丝生长温度范围 10~35℃，生长适温 28℃，其分生孢子萌发和附着胞形成的适宜温度 25~30℃，分生孢子在 28℃萌发率最高；光照对菌丝生长速率、分生孢子和附着胞形成无显著影响；适宜菌丝生长和孢子萌发的 pH 为 5.0~8.0，最适 pH 为 6.0（张德涛等，2011）。该病原物是香蕉上最主要的潜伏侵染性真菌，成熟香蕉上的病斑初为黑褐色小圆斑。以后几个小圆斑汇合成不规则的大斑，病部长出红色黏性小点（彩图 37、彩图 38）。病原物侵染采前无伤害的未成熟果实，导致出现大量小的黑色环状斑点，之后斑点逐渐扩大，趋向于连片（胡美姣等，2005）。

3. 葫芦科刺盘孢（*C. orbiculare*，异名：*C. lagenarium*）

分生孢子盘初埋生，后突破寄主表皮；产孢细胞瓶梗型；分生孢子单胞，无色，长圆筒形，较直，末端稍尖，（14~20）μm×（5.0~6.0）μm，潮湿条件下，分生孢子成堆，呈橙红色，刚毛如产生，则呈暗褐色，具 2~3 个隔膜，长 90~120μm。孢子萌发最适温度 22~27℃，4℃下不能萌发，生长适温 24℃，30℃以上或 10℃以下即停止生长。附着胞褐色，棍棒形或稍不规则形。该菌主要危害瓜类作物，以西瓜、冬瓜、甜瓜最易感病。西瓜果实受害，初出现水浸状暗绿色斑，扩大后呈圆形或椭圆形，黑褐色，病斑凹陷，龟裂，潮湿时病斑中部产生粉红色黏性物质，严重时果实上产生大量病斑，使皮下果肉干腐，并引起烂瓜（戚佩坤，1994）。

（七）单端孢属（*Trichothecium*）

该属中的主要病原物是粉红单端孢（*T. roseum*）。分生孢子倒洋梨形、卵形，孢基具偏乳头状突起，透明而略带颜色，成熟时具 1 个横隔，分隔处稍缢缩，孢壁光滑略厚。分生孢子梗细长，直立，无色，不分枝，无隔膜，偶有 1~2 个隔膜，顶端有时稍大，以倒合轴式序列产生孢子。分生孢子在孢子梗顶端密生形成孢子堆，挤压成由上往下的“Z”形扭曲，新生孢子在“Z”形下方形成（彩图 39）。菌丝体绒毛状，初为白色，后变成粉红色。菌丝无色，具隔膜（李宝聚等，2005）。生长适温 25~30℃，相对湿度 85%~95%。主要通过果蔬表面的各类伤口侵入，引起番茄和甜瓜的粉霉病（彩图 40）。

该病原物侵染番茄后，果实顶端先出现病斑，呈褐色或深褐色水浸斑，不凹陷；湿度大时，病斑初期布满致密的白色，后转为浅粉红色绒状霉状物。该病原物多从甜瓜表皮裂纹处开始侵染，果面病斑圆形或不规则形。初期病斑为淡褐色，边缘不明显，初生白色，后转为粉红色霉状物。随着病斑的扩展，病部组织轻度腐烂，果肉苦而不堪食用（Bi et al.，2007；毕阳和王春玲，1987）。由粉红单端孢引起的苹果心腐病多发生于元帅系列及富士系列的品种，属果实霉心病的二次侵染，果实多在后熟期或贮藏期发病，感病果实果肉褐色，边缘不明显，苦而不堪食用（呼丽萍等，1995）。

（八）拟茎点霉属（*Phomopsis*）

分生孢子器埋生，黑色至暗褐色，分散或集中，球形。分生孢子梗分枝，分隔，无色，多数细长；产孢细胞无色，圆柱状。分生孢子二型：甲型孢子无色、单胞、纺锤形；乙型分生孢子线形，一端弯曲呈钩状，不能萌发（张忠义等，1988）（彩图 41）。该属病原物主要引起柑橘和芒果的褐色蒂腐病。

1. 柑橘拟茎点霉（*P. citri*）

主要引起柑橘的褐色蒂腐（陈绍光，1988）（彩图 42）。分生孢子器在表皮下形成，球形，椭圆形或不规则形，具瘤状孔口。分生孢子有两种类型，其一为椭圆形，无色，单胞，含有油球 1~4 个，一般 2 个；另一种丝状或钩状，无色，单胞；前者易发芽。菌丝生长最适温度为 20℃左右，在 10℃以下或 35℃以上生长缓慢。卵形分生孢子发芽的温度范围为 5~35℃，适温为 15~25℃（汪末根等，2004）。病菌主要通过各类伤口侵入，经过 5~13 天的潜育期，显现病状，之后病部上产生大量分生孢子，进行再侵染（高超跃，2006）。柑橘的褐色蒂腐主要发生在成熟果实上，尤在贮运期间发生较多。环绕果实蒂部先出现水渍状浅褐色病斑，逐渐成为深褐色，病部渐向脐部扩展，边缘呈波纹状，最后使全果腐烂。患病果皮较坚韧，手指按压有革质柔韧感。由于病果的内部较果皮腐烂更快，因此，当外界果皮变色扩大至果面 1/3~2/3 时，果心已全部腐烂，故有“穿心烂”之称。但因果实种类及成熟度不同，以及发病环境的温湿度不同，其外部症状略有差异。早橘、本地早、慢橘、甜橙等，最初仅在蒂部周围略褪色，用指压法探测，微有革质柔韧感。不久患部扩大，色泽也略变深，早橘和本地早呈淡黄褐色，慢橘为黄褐色，甜橙由淡黄色、黄褐色而变为褐色。甜橙患部扩大至果面 1/3~1/2 时，色泽加浓，呈深褐色，柔韧感更强。柠檬果实初发病时，病部仅略具柔韧感而不变色，以后随着病部扩大，则柔韧感更甚，而色泽也由黄色变为蜜黄色或淡黄色。剖视病果，可看到白色菌丝体循果实的中轴很快扩展，并达到瓤囊间及果皮的白色部而使之变色腐烂。在高温、高湿的贮藏条件下，病果迅速腐烂，有时在病果表面生长白色菌丝体，并形成灰褐色及黑色的分生孢子器（高超跃，2006）。

2. 芒果拟茎点霉（*P. mangiferae*）

主要引起芒果的褐色蒂腐（甘瑾等，2008）（彩图 43）。在 PDA 上菌落圆形，边缘整齐，白色薄绒状，疏松，后期为白色或浅黄色，10~15 天长出黑色小粒，即分生孢子器，分生孢子器近球形、三角形或不规则形，质硬、黑色；分生孢子梗分枝，产孢细胞瓶梗型；分生孢子无色透明、单胞；从形态上可分为 α 型分生孢子和 β 型分生孢子。前者多为近梭形或椭圆形，无色透明，内有 1~2 个油球；后者多为线形，有的呈钩状，一端弯曲，无色透明。感病果实病斑不规则，病健交界明显，浅褐色至黑褐色，果肉液化、流汁、有酸味。后期全果腐烂，果皮上出现大量初为白色后转淡黄色，最后变为黑色的小粒（胡美姣等，2012）。

（九）根串珠霉属（*Thielaviopsis*）

菌落初期无色，后呈白色（幼嫩型无性孢子出现），最后转成灰黑色至深黑色（成熟型无性孢子出现），菌丝分枝分隔。产生两种无性孢子：大分生孢子（亦称厚垣孢子）与小分生孢子，均呈链状排列，若基物表面有水膜则可互聚成团。大分生孢子梗在形态上与菌丝无大差别；小分生孢子梗两端粗细不一，长孢的一端较细（彩图 44）。病菌生长温度 12~38℃，适温 25~30℃，最适 28℃。在 38℃时，孢子虽仍可萌发，但不能形成正常菌落，芽管伸长受明显抑制，可形成内生孢子；高于 40℃时，病菌容易死亡。病菌能正常生长的 pH 为 3~8（黄思良等，1990）。该属中重要的病原物是奇异根串珠霉（*T. paradoxa*），引起菠萝的黑腐病（彩图 45、彩图 46）。未成熟或成熟的果实均可受害（唐友林等，1997）。通常在田间无显著症状，成熟果实症状明显。病斑先出现于果柄切端，切面初为暗色水渍状软斑，后扩大并互相联结，发展至整个果面，呈暗褐色，无明显边缘的大斑块，内部组织变软，水渍状部分与健康组织有明显的分界，果轴及其周围发黑，向上扩展，组织逐渐崩解，发出特殊的芳香味。后期病果大量渗出液体（戚佩坤，1994）。

（十）球二孢属（*Botryodiplodia*）

本属引起采后病害的主要为可可球二孢（*B. theobromae* Pat.），可可毛色二孢［*Lasiodiplodia theobromae* (Pat.) Criff. et Maubl.］、蒂腐色二孢（*Diplodia natalensis* Pole-Evans）为其异名，柑橘葡萄座腔菌［*Botryosphaeria rhodina* (Cke.) Arx.］为其有性世代，属子囊菌门子囊菌纲葡萄座腔菌属。该病原菌主要引起香蕉轴腐病（彩图 47）、荔枝蒂腐病（彩图 48）、柑橘焦腐病（黑色蒂腐病）（彩图 49）、芒果蒂腐病（彩图 50）（胡美娇等，2010）。

虽然在寄主上发病迅速，但分生孢子器形成慢，为真子座，初埋生，后渐突出，单个或 2~3 个聚生在子座内，直径 0.8~2mm，球形或近球形，黑色，壁几层细胞，喙短。分生孢子初为单胞无色，成熟的孢子双胞、褐色至暗褐色，表面具纵纹（彩图 51），大小（19.4~25.8）μm×（10.3~12.9）μm。子囊果埋生，近球形，暗褐色，偶有两个聚生在子座内，孔口突出病组织。子囊棍棒状，双层壁，有拟侧丝；子囊孢子 8 个，椭圆形，单胞，无色至淡色，大小为（21.3~32.9）μm×（10.3~17.4）μm。PDA 培养基上菌丝体生长迅速，初期白色至灰白色，有光泽，后渐转灰黑色至黑褐色，基质灰色转灰绿色至黑色。在 28~30℃光照条件下，12 天形成分生孢子器，28 天后分生孢子成熟。分生孢子器近球形，有的 2~3 个聚生于子座内，器壁较厚。分生孢子椭圆形，初期单胞，无色，成熟的分生孢子双胞，褐色至暗褐色，表面有纵纹，大小为（20.7~28.4）μm×（11.6~14.9）μm。

该病菌以菌丝体和分生孢子器在病残组织上越冬。分生孢子由雨水飞溅到果实上，并潜伏在果轴、果皮等部位，或在花器的坏死组织上腐生，能耐较长时间的干燥环境。在适宜条件下，由果轴切口处或果蒂处侵入。一旦侵入，发展很快，虽然其腐烂过程中难产生孢子，但腐烂果实病部流出的带菌汁液可加速病害的传播。该病菌寄主范围广，又易导致二次侵染，在高温高湿条件下生长极快，常覆盖初次侵入的病原物。

香蕉焦腐病病原菌主要从主轴的切口处侵入，与镰刀菌共同为害时引起轴腐病。该病也可单独为害，发病初期局部变褐，出现水渍状病斑，后迅速扩展，使整个轴部变黑腐烂；为害指果时，开始自果蒂先变黑，迅速扩展，病部腐烂，果肉发黑。若相对湿度较高，病部则长满灰绿色菌丝体，后期在发黑部位长出许多小黑点，即病原菌的分生孢子器。荔枝蒂腐病主要发生在果实蒂部，果皮出现褐色水渍状的病斑，果肉常比果皮腐烂迅速。在高湿度的条件下，病斑上出现灰色絮状物，即病原菌的菌丝体。柑橘发生焦腐病时，果蒂周围初呈水渍状斑，迅速扩展而呈暗褐色，失去光泽，手压果皮易破裂。蒂部腐烂后，病原菌很快进入果实，并穿过果心，引起顶部出现同样的腐烂症状。被害瓤瓣与健瓣之间常界线分明。烂果常溢出棕褐色黏液，病部果肉发黑、味苦。后期病部密生许多小黑粒，即病原菌的分生孢子器。芒果蒂腐病发病初期果实蒂部呈灰白色至暗褐色，病健交界不明显。在湿热（28~32℃）条件下，病部向果身扩展，病果皮由暗褐色变为深褐色或紫黑色。同时，果肉组织软化、流汁，有蜜甜味，3~5 天全果腐烂变黑，病果皮出现密集的黑色小粒。

二、鞭毛菌亚门真菌

该亚门真菌的特征是营养体是单细胞或无隔膜、多核的菌丝体，孢子和配子或者其中一种可以游动。无性繁殖形成孢子囊，有性繁殖形成卵孢子。与果蔬采后病害有密切关系的主要有腐霉属和疫霉属。

（一）腐霉属（*Pythium*）

菌丝体发达、有分枝、无分隔、生长旺盛时呈白色絮状。孢子囊在菌丝顶端形成。孢子囊球形，柠檬形或不规则裂片状，成熟后一般不脱落，成熟时产生游动孢子。游动孢子肾形，鞭毛两根。藏卵器圆形，单卵球，形成一个卵孢子（彩图 52）。该属中的瓜果腐霉（*P. aphanidermatum*）、巴特勒腐霉（*P. butler*）和终极腐霉（*P. ultimum*）与甜瓜和西瓜的腐霉病（彩图 53），以及草莓的絮状泄漏病有关。属典型的土传病害，适宜于潮湿的土壤环境，可直接穿透果皮侵入甜瓜或草莓果实，西瓜通常经过茎端割切伤口或其他机械损伤侵入，感病果实初呈水浸状浅褐色斑点，以后病斑迅速扩大，果肉软腐，严重时汁液外流。

（二）疫霉属（*Phytophthora*）

菌丝无隔膜，在寄主细胞间蔓延。孢子囊在孢囊梗上形成，孢囊梗无限生长。孢子囊卵形，成熟后脱落，萌发时产生游动孢子或直接萌发长出芽管。有性生殖在藏卵器内形成一个卵孢子（彩图 54）。病原物可直接穿透与土壤接触的果实及表面湿润的健康果皮或自然孔口，在下雨或灌溉时容易侵染。在 25℃下发展很快并能传播相邻的健康果实。温暖和高湿是发病的必要条件，4℃以下的低温几乎不会发病。草莓受疫霉侵染的组织通常褪色，僵硬或呈皮革状。在湿润条件下被稀疏的白霉所覆盖，软腐，维管束变成褐色。病健部界线明显（罗兰等，2000）。苹果被疫霉侵染后呈灰白色至褐色，梨呈褐色，健康果肉与腐烂果肉之间界线不太明显，开始受害组织较硬，后期呈海绵状，维管束褐色。甜瓜受疫霉侵染后，病斑褐色，果肉变软，水渍状，表皮破裂直至全果腐烂。柑橘疫霉（*P. citrophthora*）引起柑橘类果实的褐腐病，罹病的果实开始呈淡灰色或褐色斑，扩大后保持僵硬或皮革状，并产生刺激性气味（成家壮等，2004）。致病疫霉（*P. infestans*）引起的马铃薯晚疫病（彩图 55）是世界范围内最具毁灭性的病害（Kamoun，2001）。块茎染病初生褐色或紫褐色病斑，稍凹陷，病部皮下薯肉呈红褐色，慢慢向四周扩大或腐烂，病健部无明显界线（李金花等，2007）。

（三）霜疫霉属（*Peronophythora*）

气生菌丝体白色，老熟的菌丝粗细不均匀，往往形成略为膨大的结节。孢囊梗顶端及分枝先端再双分叉，小梗顶端略尖，其上同时形成 1 个孢子囊。1 个孢囊梗形成之后，新的孢囊大梗都在前一个孢囊梗的顶部一段距离上或在分枝的腋间继续产生。每个孢囊梗生 7~20 个孢子囊。孢子囊柠檬形，无色或稍淡黄色。孢子囊脱落后，往往带一极微小的柄。萌发时，一般在孢子囊内形成 5~12 个游动孢子，自顶端的乳头陆续逸出。游动孢子无色，具 2 根鞭毛。培养 1 个月的菌种，菌丝上形成稍膨大的结节，有的互相纠结，有时还有淡黄色至褐色、椭圆形的厚垣孢子，厚垣孢子多顶生，也有间生者，壁厚。病原菌在 11~30℃均可形成游动孢子囊，在 20~25℃时孢子囊产量最高，孢子囊在 8~22℃均能萌发形成游动孢子，但在 26~30℃时萌发则形成芽管，在 8~16℃的萌发率最高。游动孢子的形成在 14℃下只需 20min，10℃下只需 30min，游动孢子从形成至释放在 14℃及 10℃下所需时间分别为 10min 及 20min。荔枝霜疫霉（*Peronophythora litchii*）主要引起荔枝霜疫病（彩图 56），是我国荔枝生产中从采前到采后的重要病害之一。荔枝霜疫霉在侵染过程的各个时期中都要求高湿度，否则不能危害。在高湿条件下，此菌在 11~30℃均可侵入荔枝果实，在 18℃下需 5min 便可侵入。最适扩展温度为 25℃，该温度下的潜育期不到 1 天，在 18℃下为 2~3 天，在 11℃下可延长到 7 天，在 30℃潜育期虽短，但产生的孢子囊数量很少，出现期只有 1 天（戚佩坤等，1984）。

病菌以卵孢子在土壤中越冬。次年 3 月末开始发病，产生大量孢子囊和游动孢子。由于病程极短及侵染频繁，很快造成严重危害。卵孢子有的年份 7 月末已在病果枝上发现，萌发时产生芽管，或者芽管再生孢囊梗和孢子囊。病原物在果实发育期侵入，采后发病，具有接触侵染的能力（戚佩坤，1994）。果实感病后，多从果蒂开始，果皮表面首先出现规则褐斑，病健交界不明显。潮湿条件下，病斑上长出白色霉层，即病菌菌丝体和孢囊梗。病斑扩展极迅速，往往全果变褐色至黑色，果肉发酸或有酒味，重者果肉糜烂，有褐色液体流出（刘秀娟和胡美娇，2000）。

三、接合菌亚门真菌

该亚门真菌绝大多数为腐生菌，少数为弱寄生菌，可引起果蔬的软腐。接合菌的主要特征是菌丝体无隔、多核，细胞壁由甲壳质组成；无性繁殖形成孢子囊，产生不动的孢囊孢子；有性生殖产生接合孢子。本亚门的根霉属和毛霉属真菌与果蔬的采后软腐密切相关。

（一）根霉属（*Rhizopus*）

菌丝发达，有匍匐丝和假根。孢囊根丛生，从匍匐丝上长出，顶端形成孢子囊，孢子囊球形，孢子囊壁易破裂，散出大量孢囊孢子。孢囊孢子球形或近球形，表面有饰纹，通过气流传播。有性生殖形成接合孢子，但不常见（彩图 57）。根霉无性孢子的形成很大程度上受环境的影响，高湿度下以形成菌丝为主，当空气湿度低于 80%时，便有大量的孢子囊产生。引起果蔬软腐的根霉常见的有匐枝根霉（*R. stolonifer*）和米根霉（*R. oryzae*）两种。贮藏温度对软腐病的发生影响很大，因此软腐病是典型的高温型病害，只有高于10℃才可能发病，温度超过 21℃才能迅速发展。米根霉生长适温为 35℃，匐枝根霉生长适温为 25℃。匐枝根霉对低温非常敏感，在 5℃下不会引起病害。但是孢囊孢子能在低温下保持活力，在 1℃下 1 周孢子不会失活；相反，发芽孢子和刚长出的菌丝在 25℃下数日便失去活力或生长很弱。萌发的孢子在 0℃下 7 天便可致死，而休眠孢子的死亡率仅为 50%。匐枝根霉在温度低于 5℃时不能生长（Dennis and Cohen，1976），7℃发展缓慢，在 7.5℃下既不能形成孢子，也不萌发（Ryall and Lipton，1979）。根霉难以侵染未成熟果实，但对成熟果实非常敏感。主要通过表面的各类伤口侵入，具有接触侵染的能力。根霉分泌胞外酶的能力极强，在高温、高湿条件下 2~3 天即可使整个果实腐烂。根霉引起的软腐病是核果类、浆果类、茄果类、仁果类、甜瓜和枣等多种果蔬常温贮运下的常见病害。病部初呈水渍状圆斑，以后病斑逐渐扩大，病斑表面密生灰白色菌丝，菌丝体顶端肉眼可见圆形孢子囊，开始为白色，后变成黑色。病部果皮脆弱，一触即破，果肉组织崩溃液化（彩图 58~61）。

（二）毛霉属（*Mucor*）

毛霉没有假根，孢囊梗单生（彩图 62）。该属中引起采后腐烂的病原物主要为梨形毛霉（*M. piriformis*）。在麦芽汁培养基上 20℃时，菌落淡白色至橄褐色，有芳香味。在黑暗条件下，孢囊梗分化为高矮两种类型：高的具侧分枝，矮的呈短假单轴分枝；孢子囊淡黑色，壁有刺，易潮解；囊轴大小不等，倒卵形或圆柱-椭圆形，梨形或近球形。孢囊孢子多数淡灰色，近椭圆形，少数近球形，色较深的孢囊孢子通常产自短的孢囊梗上的孢子囊。无厚垣孢子。异宗配合。接合孢子在樱桃汁培养基上（15℃）形成，壁有不规则的疣（Domsch et al.，1980）。梨形毛霉可侵染梨和桃（彩图 63），病原物主要分布于土壤中，由果实表面的伤口侵入，具有接触侵染的能力。受害果上病斑圆形，褐色，水浸状软腐，稍凹陷，上生橄灰色，高耸的毛状物，即病原菌的子实体（戚佩坤，1994）。

四、子囊菌亚门真菌

该亚门真菌的营养体除酵母菌是单细胞外，一般子囊菌都具有分枝繁茂、有隔的菌丝体。通常菌丝细胞单核，也有多核。菌丝体可形成菌核等变态结构物。无性繁殖主要产生分生孢子，有性繁殖产生子囊和子囊孢子，该亚门中的核盘菌属、链核盘菌属和葡萄座腔菌属真菌能导致果蔬采后病害。

（一）核盘菌属（*Sclerotinia*）

菌丝体可形成菌核，子囊盘产生在菌核上或杂有寄主组织的假菌核上。子囊盘盘状，有长柄。子囊平行排列于子囊盘表面，形成一层子实层。子囊间夹生侧丝。子囊棍棒状，无色，内有 8 个子囊孢子（彩图 64、彩图 65）。子囊孢子萌发的温度范围很广，在 0~35℃都能萌发，5~10℃经 48h 发芽率可达 90%以上。对相对湿度要求不严格，较高的相对湿度下虽无水膜存在，发芽率也能达到 100%。菌核形成的温度与菌丝生长所要求的一致。菌核形成后，不需休眠，遇到适当的环境条件即可萌发，萌发的温度范围为 5~20℃。该属中重要的病原物有向日葵核盘菌（*S. scleratiorum*），主要引起柑橘、茄果类、瓜类、豆类、绿叶蔬菜类、地下根茎类和结球类蔬菜的菌核病（Barkai-Golan，2001；张维一和毕阳，1996）（彩图 66~68）。病原物通过产品表面的伤口侵入，具有接触侵染的能力。病部初呈水渍状淡褐色的病斑，以后病斑逐渐扩大，表面长出棉絮状菌丝和黑色鼠粪状菌核，但无臭味。柠檬果实尖端或其他部位罹病开始褐色而硬，随后变软，汁液外流。在湿润条件下长出棉絮状菌丝和黑色鼠粪状菌核。在 0℃冷藏的果蔬中仍可继续发展。

（二）链核盘菌属（*Monilinia*）

分生孢子无色，单孢，柠檬形或卵圆形，在梗端连续成串生长，分生孢子梗较短（彩图 69）。病菌有性阶段形成子囊盘，一般不常见。分生孢子可经虫伤或皮孔侵入未成熟的果实，但保持休眠，潜伏到果实成熟时发病。病原侵染成熟的果实时不仅可以通过皮孔侵入，还可直接穿透果皮，可引起梨、桃、樱桃、苹果等的褐腐病（彩图 70~73）。开花期间如遇多雨，果实成熟期又遇温暖、高湿环境条件，发病严重。采后具有接触侵染的能力。引起核果类褐腐病的病原有果生链核盘菌（*M. fructicola*）与核果链核盘菌（*M. laxa*）两种。病部初呈小的水浸状斑点，以后病斑逐渐扩大，病部软腐，病斑表面长出灰褐色绒状霉丝，即病菌的分生孢子层。孢子层常呈圆心轮纹状排列，迅速变成褐色。温度适宜时病斑在数日内便可扩及全果（李世访和陈策，2009）。

（三）葡萄座腔菌属（*Botryosphaeria*）

葡萄座腔菌属真菌的无性型在自然及人工培养条件下往往产生分生孢子，以无性阶段进行世代循环。产孢体为分生孢子器，无论在种间还是在种内，分生孢子器及分生孢子的特征差异都非常大（孙鑫垚，2010）。该属中主要的病原物是贝伦格葡萄座腔菌（*B. berengeriana*），引起苹果的轮纹病（彩图 74）。子囊壳 1~3 个生在黑色子座内，球形或扁球形，具孔口。子囊长棍棒状，无色，顶端稍大，壁厚，无孔口，基部较窄，具侧丝。

子囊内有 8 个子囊孢子，双列或斜列。子囊孢子单胞，无色，椭圆形。此菌有性态少见，常见的无性态为轮纹大茎点菌（*Macrophoma kawatsukai* Hara），属半知菌亚门腔孢纲。分生孢子器扁球形或球形，具乳头状孔口；产孢细胞棒形，其上着生分生孢子；分生孢子无色单胞，纺锤形或长椭圆形。该菌可危害苹果、梨、李、杏和枣，以苹果受害最重（戚佩坤，1994）。苹果轮纹病的病原菌菌丝在 10~35℃范围内均能够生长，生长发育的最适宜温度在 27℃。分生孢子最适萌发温度在 28℃。病菌在 pH2~10 范围内均可生长，最适 pH 为中性偏碱。CO_2 对病原菌生长有抑制作用，在一定范围内，同一温度下，随 CO_2 浓度的升高，抑制作用逐渐增强。轮纹病菌可经气孔和皮孔侵入苹果果实，幼果至果实迅速膨大期最易感病。早期侵染的病菌潜育期长达 80~150 天，晚期侵染的仅 18 天左右。被侵染果实集中在近成熟期开始发病，贮藏 7~30 天内发病最多。果实多在近成熟期和采后发病。初期病斑以皮孔为中心，呈水渍状褐色小圆点，后逐渐扩大为红褐色圆斑或近圆斑，并具明显深浅色泽不同的同心轮纹。病斑表面常分泌出茶褐色黏液，且自中央部分开始陆续形成散生的小黑点，即病原菌的分生孢子器。在高温（25~30℃以上）条件下，病斑迅速扩展，经 3~5 天便使全果腐烂，发出酸臭气味。病果失水后成黑色僵果，贮藏后期，多被其他腐生菌第二次寄生（吴桂本等，2001；洪玉梅等，2001；陈功友，1993）。

上述常见的果蔬采后真菌性病原物、病害及寄主的汇总结果如表 1-1 所示。

表 1-1　常见的果蔬采后真菌性病害

病原物	病害	寄主
青霉属（*Penicillium*）		
扩展青霉（*P. expansum*）	青霉病	仁果类、核果类、葡萄
指状青霉（*P. digitatum*）	绿霉病	柑橘
意大利青霉（*P. italicum*）	青霉病	柑橘
绳状青霉（*P. fuinculosum*）	小果褐腐	菠萝
产黄青霉（*P. chrysogenum*）	青霉病	大蒜、蒜薹
链格孢属（*Alternaria*）		
互隔交链孢（*A. alternata*）	黑斑病	核果类、仁果类、葡萄、柿子、红枣、枸杞、番木瓜、茄果类、瓜类、豆类、甘蓝、花椰菜、玉米、胡萝卜、马铃薯、甘薯、洋葱
	霉心病	苹果
根生链格孢（*A. radicina*）	黑腐病	胡萝卜
柑橘链格孢（*A. citri*）	黑腐病	柑橘
甘蓝（芸薹）链格孢（*A. brassicicola*）	黑斑病	花椰菜、甘蓝
葡萄孢属（*Botrytis*）		
灰葡萄孢（*B. cinerea*）	灰霉病	仁果类、核果类、葡萄、柑橘、草莓、茄果类、瓜类、豆类、大白菜、花椰菜、番茄、甜椒、胡萝卜、蒜薹、马铃薯、绿叶蔬菜
镰刀菌属（*Fusarium*）	干腐病或软腐病	茄果类、瓜类、豆类、胡萝卜、马铃薯、大蒜、绿叶蔬菜
	白霉病	甜瓜、绿叶蔬菜、豆类、地下根茎类

续表

病原物	病害	寄主
串珠镰孢（*F. monliforme*）	冠腐病	香蕉
亚粘团串珠镰孢（*F. moniliforme* var. *subglutinans*）	冠腐病 小果褐腐病	香蕉 菠萝
地霉属（*Geotrichum*）		
白地霉（*G. candidum*）	酸腐病	核果类、柑橘、荔枝、甜瓜、番茄
刺盘孢属（*Colletotrichum*）	炭疽病	叶菜，根菜，豆类
葫芦科刺盘孢（*C. orbiculare*）	炭疽病	瓜类
盘长孢状刺盘孢（*C. gloeosporioides*）	炭疽病	苹果、芒果、桃、李、杏、葡萄、番茄
芭蕉刺盘孢（*C. musae*）	炭疽病	香蕉
尖孢刺盘孢（*C. acutatum*）	炭疽病	芒果
单端孢属（*Trichothecium*）		
粉红单端孢（*T. roseum*）	粉霉病	核果类、仁果类、香蕉、番茄、甜瓜
拟茎点霉属（*Phomopsis*）		
柑橘拟茎点霉（*P. citri*）	褐色蒂腐	柑橘
芒果拟茎点霉（*P. mangiferae*）	褐色蒂腐	芒果
茄褐纹拟茎点霉（*P. vexans*）	茄褐纹病	茄子
根串珠霉属（*Thielaviopsis*）		
奇异根串珠霉（*T. paradoxa*）	黑腐病	菠萝
腐霉属（*Pythium*）	软腐病	茄果类
疫霉属（*Phytophthora*）		
柑橘疫霉（*P. citrophthora*）	褐腐病	柑橘
致病疫霉（*P. infestans*）	晚疫病	马铃薯、番茄
掘氏疫霉（*P. drechsleri*）	疫霉病	冬瓜
辣椒疫霉（*P. capsici*）	疫霉病	茄子
霜疫霉属（*Peronophythora*）		
荔枝霜疫霉（*P. litchii*）	霜疫病	荔枝
根霉属（*Rhizopus*）		
匍枝根霉（*R. stolonifer*）	软腐病	核果类、仁果类、葡萄、草莓、番茄、甜瓜、枣
毛霉属（*Mucor*）		
梨形毛霉（*M. piriformis*）	毛霉病	梨、桃
核盘菌属（*Sclerotinia*）		
向日葵核盘菌（*S. sclerotiorum*）	绵腐病（菌核病）	柑橘、茄果类、瓜类、豆类、绿叶蔬菜类、地下根茎类、结球蔬菜类
链核盘菌属（*Monilinia*）		
果生链核盘菌（*M. fructicola*）	褐腐病	核果类、仁果类
核果链核盘菌（*M. laxa*）	褐腐病	核果类
球二孢属（*Botryodiplodia*）		
可可球二孢（*B. theobromae*）	蒂腐病	芒果、番木瓜

第二节　细菌性病害

引起采后病害的细菌主要涉及欧氏杆菌属和假单胞菌属，软腐是采后细菌性病害的主要症状，与真菌性软腐的最大区别是发病期病部有脓状物溢出，但病部表面不会生出霉状物。

一、欧氏杆菌属（*Erwinia*）

欧氏杆菌属是肠杆菌科成员，菌体短杆状（彩图 75），大小一般为（0.5~1.0）μm×（1~3）μm，单生、双生或呈短链状，革兰氏阴性，周生鞭毛游动，化能有机营养，代谢是呼吸和发酵两种类型。兼性好气，生长适温为 27~30℃。D-葡萄糖和其他碳水化合物代谢产酸，多数种不产气。氧化酶阴性，过氧化物酶阳性。赖氨酸脱羧酶、精氨酸双水解酶、鸟氨酸脱羧酶阴性，多数种无硝酸还原能力，能发酵果糖、乳糖、β-果胶葡糖苷和蔗糖，能利用乙酸盐、延胡索酸盐、葡萄糖酸、苹果酸、水杨酸，不能利用苯甲酸、草酸或丙酸作为碳源和能源。该属细菌可以是植物病原菌、腐生菌或附生菌（王金生，2000）。

欧氏杆菌属共有 15 个种，分为 3 个群，即解淀粉菌群（amylovora group）、草生菌群（herbicola group）和胡萝卜软腐菌群（carotovora group）。其中胡萝卜软腐菌群也称软腐群，通称为软腐欧氏杆菌。这个群中最重要的病原菌是胡萝卜软腐欧氏杆菌胡萝卜软腐亚种（*E. carotovora* subsp. *carotovora*，Ecc）、胡萝卜软腐欧氏杆菌黑胫亚种（*E. carotovora* subsp. *atroseptica*，Eca）和菊欧氏杆菌（*E. chrysanthemi*，Ech）。这三种细菌的寄主及分布范围差异较大。Ecc 引起各种蔬菜软腐，尤其是大白菜软腐。Eca 引起大多数蔬菜、部分果菜，特别是马铃薯黑胫病和番茄茎端腐。Ech 主要侵染热带和亚热带水果。Ecc 的寄主范围和分布比 Eca 和 Ech 都要广泛，因此成为细菌性软腐病的主要病原菌。三种细菌都会引起马铃薯软腐病（王金生等，1985；Perombelon and Kelman，1980）。该属中引起软腐的主要有胡萝卜欧氏杆菌和菊欧氏杆菌两个种（表 1-2）。

表 1-2　常见的果蔬采后细菌性病害

病原物	病害	寄主
欧氏杆菌属（*Erwinia*）	细菌性软腐病	茄果类、瓜类、豆类、结球蔬菜、绿叶蔬菜、地下根茎类蔬菜
胡萝卜欧氏杆菌（*E. carotovora*）	细菌性软腐病	茄果类、瓜类、豆类、结球蔬菜、绿叶蔬菜、地下根茎类蔬菜
菊欧氏杆菌（*E. chrysanthemi*）	细菌性软腐病	热带、亚热带水果
假单胞菌属（*Pseudomonas*）	细菌性软腐病	茄果类、结球蔬菜、绿叶蔬菜、地下根茎类蔬菜
边缘假单胞菌（*P. mariginalis*）	细菌性软腐病	大多数蔬菜
菊苣假单胞菌（*P. cichrorii*）	细菌性软腐病	甘蓝、莴苣
洋葱假单胞菌（*P. cepacia*）	细菌性软腐病	洋葱
菜豆荚斑假单胞菌（*P. viridiflava*）	细菌性软腐病	菜豆
丁香假单胞菌（*P. syringae*）	细菌性软腐病	番茄、黄瓜、甜瓜、西葫芦、石刁柏

（一）胡萝卜欧氏杆菌（*E. carotovora*）

产气不稳定，有些菌株分离时不产气，另外一些菌株中等或少量产气，长期人工培养后变为不产气。主要有：

1. 胡萝卜软腐欧氏杆菌胡萝卜软腐亚种（Ecc）

菌体短杆状，周生鞭毛，无荚膜，不产生芽孢，革兰氏阴性。在琼脂培养基上菌落灰白色，圆形至变形虫形，稍带荧光，边缘清晰。能利用多种糖作碳源，产生气体，能还原硝酸盐，但不能水解淀粉及纯液化明胶。病菌生长温度为9~40℃，最适25~30℃，对氧气要求不严格，在缺氧情况下亦能生长发育，pH为5.3~9.3均能生长，以pH为7.2为最适，要求高湿度，不耐干旱和日晒。主要引起采后蔬菜的软腐（彩图76、彩图77）。寄主范围很广，除十字花科的各种蔬菜外，还包括马铃薯、胡萝卜、番茄、辣椒、大葱、芹菜、洋葱、莴苣等（方中达等，1996）。

胡萝卜欧氏杆菌主要引起十字花科蔬菜的心腐、基腐、叶腐，并产生恶臭，为常见细菌性病害。所导致的软腐在各种十字花科蔬菜上的症状基本相同，都是病部先呈半透明水渍状，随后病部迅速扩大，内部组织软腐，腐烂部分具有脓臭味，最后除了表皮和内部维管束以外，全部组织溃烂，仅余少量病残组织。萝卜受害后呈水渍状褐色软腐，并带有脓臭的汁液渗出（王秀英等，2011）。 软腐病菌主要存在于田间病株、窖藏种株或土中未完全腐烂的病残体及昆虫体内，通过雨水、灌溉水、昆虫、带菌肥料等自然媒介传播，主要由机械伤口、自然孔口和病虫伤口处侵入。该病菌寄主范围广，可侵染多种蔬菜，从田间到采后不断危害。软腐病菌从白菜幼苗阶段起，在整个生育期内均可由根毛处侵入，潜伏在微管束中或通过维管束传到地上各部位后进行危害。

芹菜细菌性软腐病由胡萝卜欧氏杆菌胡萝卜致病变种侵染引起。该病分布普遍，为害严重，田间和采后都可发生。田间病株基部和叶柄变褐腐烂，植株倒伏，病势迅猛，可导致绝产。发病轻者在贮运期间病情仍可进一步发展，甚至整株腐烂。病部多从叶柄基部的裂口和伤口处开始腐烂，先呈淡褐色水浸状小斑点，后形成长条状褐色斑块，半透明，略凹陷。以后迅速上下扩展，叶柄大部变褐湿腐。病部组织溃烂，仅残留表皮和维管束，并有黄白色黏稠物，散发恶臭。也有的从叶片边缘或心叶顶端开始腐烂，向下发展，造成整株腐烂。病原菌随病残体在土壤和未腐熟的农家肥中越冬，成为下次的初侵染源。生长期间，病原菌可通过雨水、灌溉水、肥料、土壤、昆虫等多种途径传播，由伤口或自然孔口侵入，引起软腐。残留在土壤中的病原菌还可从幼芽和根毛侵染，在生长季节可多次再侵染，带菌植株在采收后可继续发病，引起采后腐烂。病原菌寄主种类很多，可在不同寄主之间辗转为害。农事操作不当和昆虫取食造成大量伤口，成为软腐细菌侵入的重要通道。多种害虫的虫体内外可以携带病原细菌，能有效传病。高温、多雨、冷害有利于发病。茄果类、葱蒜类、地下根茎类、豆类蔬菜及甜瓜等被侵害后症状基本相似，初为小块水浸状斑点，在适宜的条件下，腐烂面积迅速扩大，引起全部组织软腐，并产生脓臭味。

2. 胡萝卜软腐欧氏杆菌黑胫亚种（Eca）和菊欧氏杆菌（Ech）

Eca在马铃薯葡萄糖琼脂（pH6.5）上生长3~6天，菌落有特征性的凸型，并具有波状到珊瑚形的边缘，俗称“油煎蛋”，引起马铃薯植株的维管束病和黑胫病，以及贮藏马铃薯块茎的腐烂（布坎南等，1984）。马铃薯细菌性软腐病由 Ecc、Eca 和 Ech 三种欧氏杆菌单独或混合侵染引起（彩图 78），遍布全世界各产区，每年不同程度的发生，是马铃薯采后的主要病害，常与干腐病复合侵染，引起较大损失。病原物在土壤、病残体、种薯及其他寄主上越冬，经发芽种薯及植株生长期间的伤口、幼根等处侵入块茎或植株。薯块受侵后，初期皮孔略凸起，组织呈水渍状，病斑圆形或近圆形，直径 1~3mm，表皮下组织软腐，用手挤压时，易下陷，有灰色或浅黄色脓状物出现，并伴有恶臭气味（方中达等，1996）。贮藏期间如果湿度偏高，尤其是块茎表面有水膜，潜伏在块茎皮孔内及表皮上的病原细菌即大量繁殖，在块茎细胞壁间隙中迅速扩展，引起软腐。同样，块茎愈伤不完全，贮藏期间如遇高温和缺氧环境也有利于软腐病的发展。

二、假单胞菌属（*Pseudomonas*）

属于假单胞菌科。单细胞，直或微弯杆状，大小为（0.5~1.0）μm×（1.5~5.0）μm。以 1 至多根极生鞭毛运动，不产生鞘或柄，未发现休眠期，革兰氏阴性。本属细菌大多数为化能营养型，好氧型，有些是兼化能自养菌，过氧化氢酶阳性。广泛存在于土壤、淡水和海洋中，其活动对有机物质的矿化起重要作用，有些种引起植物病害，具程度不一的寄主专化性，所致病害的症状复杂多样，包括维管束萎蔫、茎部溃疡、软腐等（方中达等，1996）。

（一）丁香假单胞菌（*P. syringae*）

杆菌，（0.7~1.2）μm×（1.5~3）μm 或 3μm 以上，可呈长链或丝状体，以极生丛鞭毛运动。培养物产生可溶性荧光色素，尤在缺铁培养基上。在有 2%~4%蔗糖的培养基中，大多数菌株由于形成果聚糖而产生黏液。除了极少的例外，都不需要有机生长因素。专性好氧，生长适温为 25~30℃，41℃不生长，某些菌株能在 4℃生长。可从豌豆、菜豆、大豆、黑莓、苹果、番茄、黄瓜等感病植物上分离获得（布坎南等，1984）（彩图 79）。

（二）边缘假单胞菌（*P. mariginalis*）

边缘假单胞菌的广泛致病性与其在 0℃下生长良好、5℃能大量繁殖等生理特点相关（Krejzar et al.，2008）。该菌为杆菌，长 2.5~3μm，宽 0.5~1.0μm，菌体杆状，极生多根鞭毛，短链生，具荚膜，无芽孢，好气性，在肉汁胨琼脂平面上菌落圆形白色，薄且平滑，边缘整齐。生长适温为 37℃，pH5~7 范围内生长较好，产纤维素酶和木聚糖酶。可在培养基上产生荧光色素，在 41℃下不能生长，氧化酶反应阳性，精氨酸双水解酶反应阳性，果聚糖产生阳性，明胶水解阳性，硝酸盐还原阳性，能利用葡萄糖、蔗糖、海藻糖、β-丙氨酸、山梨醇、牻牛儿醇作为唯一碳源，不能利用酒石酸作为唯一碳源。属于荧光假单胞菌生物变种，具有广泛的致病性（甘琴华等，2011）。可侵染大多数蔬菜及部分果菜，如黄瓜、番茄、马铃薯等。该菌引起的软腐病，症状与欧氏杆菌引起的软腐很相似，但不愉快的气味较弱。边缘假单胞菌还可引起莴苣组织维管束褐变，百合软腐病（Hahm et al.，2003），以及洋葱（彩图 80）、莴苣、大白菜、大蒜、姜、花椰菜等蔬菜的软腐病（Li et al.，2007）。

参考文献

毕阳，王春玲. 1987. 白兰瓜贮藏期的病害. 中国果品研究, 1: 22-24.

布坎南 R E，吉本斯 N E，等. 1984. 伯杰细菌鉴定手册(第八版). 北京：科学出版社.

蔡学清，林通，谢玲平，等. 2009. 福建荔枝酸腐菌的生物学特性研究. 热带作物学报, 30: 1858-1864.

陈功友. 1993. 苹果轮纹病菌分生孢子产生条件的研究. 植物病理学报, 23: 366.

陈绍光. 1988. 湖南省柑桔贮藏病害种类及发生规律调查. 中国柑桔, 17: 10-14.

陈元平，张迎君，张义刚，等. 2010. 宽皮柑橘'W 默科特'黑腐病菌的分离与鉴定. 南方农业, 5: 59-50.

成家壮，韦小燕，范怀忠. 2004. 广东柑橘疫霉研究. 华南农业大学学报, 2: 31-33.

方中达，陆家云，叶钟音，等. 1996. 中国农业百科全书. 植物病理学卷. 北京：农业出版社.

甘瑾，马李一，张弘，等. 2008. 芒果采后病原菌的分离及天然抗菌物质的筛选. 食品科学, 10: 414-417.

甘琴华，厉艳，邵秀玲，等. 2011. 边缘假单胞菌的分离鉴定及其特性. 植物保护学报, 38: 183-184.

高超跃. 2006. 柑桔树脂病的发生与防治. 中国南方果树, 35: 17.

韩青梅，赵华，成玉林，等. 2013. 指状青霉 *Penicillium digitatum* 侵染柑橘果实的细胞学研究. 菌物学报, 6: 967-977.

洪玉梅，李美娜，乔壮，等. 2001. 不同培养条件对苹果轮纹烂果病病菌的影响. 中国果树, 2: 29-30.

呼丽萍，马春红，张健，等. 1995. 苹果霉心病菌的侵染过程. 植物病理学报, 25: 351-356.

胡美姣，李敏，杨凤珍，等. 2005. 两种杧果炭疽病菌生物学特性的比较. 西南农业学报, 18: 306-310.

胡美娇，李敏，高兆银，等. 2010. 热带亚热带水果采后病害及其防治. 北京：中国农业出版社.

胡美姣，高兆银，李敏，等. 2012. 杧果果实潜伏侵染真菌种类研究. 果树学报, 29: 105-110.

黄思良，黄福新，林明生，等. 1990. 菠萝黑腐病菌生物学特性研究. 西南农业学报, 3: 59-64.

李宝聚，李龙生，顾兴芳，等. 2005. 瓜类红粉病的病原鉴定、发生与防治. 中国蔬菜, 6: 55-56.

李金花，柴兆祥，王蒂，等. 2007. 甘肃马铃薯贮藏期真菌性病害病原菌的分离鉴定. 兰州大学学报(自然科学版), 43: 39-42.

李世访，陈策. 2009. 桃褐腐病的发生和防治. 植物保护, 2: 134-139.

刘秀娟，胡美娇. 2000. 荔枝果实采后病害和防腐保鲜技术. 热带农业科学, 1: 67-73.

刘勇，冷怀琼. 1991. 苹果霉心病病原 *Alternaria alternata* 的生物特性. 四川农业大学学报, 9: 250-256.

罗兰，袁忠林，孟昭礼，等. 2000. 草莓果腐病病原疫霉种的鉴定. 莱阳农学院学报, 1: 54-56.

戚佩坤，潘雪萍，刘任. 1984. 荔枝霜疫病的研究. Ⅰ. 病原菌鉴定及其侵染过程. 植物病理学报, 14: 113-119.

戚佩坤. 1994. 果蔬贮运病害. 北京：中国农业出版社.

孙鑫垚. 2010. 陕西省苹果轮纹病病原菌鉴定与多样性研究. 西北农林科技大学硕士学位论文.

唐友林，周玉婵，周永成，等. 1997. 采后菠萝黑腐病的发生及防治. 植物保护, 23: 13-14.

汪末根，缪宝军，万华建，等. 2004. 柑桔树脂病的发生规律及防治方法. 中国南方果树, 3: 13-14.

王金生，韦忠民，方中达. 1985. 马铃薯软腐病细菌的鉴定. 植物病理学报, 15: 25-30.

王金生. 2000. 植物病原细菌学. 北京：中国农业出版社.

王秀英，巫东堂，赵军良，等. 2011. 十字花科蔬菜常见病害的发生与防治. 中国瓜菜, 24: 72-75.

魏周全，张廷义，杜玺. 2006. 马铃薯块茎干腐病发生危害及防治. 植物保护, 32: 103-105.

吴芳芳，檀根甲，陈仁虎. 2002. 苹果果实炭疽病的研究进展. 安徽农业大学学报, 29: 29-33.

吴桂本，刘传德，王继秋，等. 2001. 苹果轮纹病和炭疽病病原菌生物学研究. 中国果树, 1: 7-11.

许玲，张晟瑜，王奕文，等. 2006. 灰霉菌(*Botrytis cinerea*)采后致病性研究. 植物病理学报, 36: 74-79.

杨蕊，杨峰，赵瑞丽，等. 2013. 番茄酸腐病菌的生物学特性研究. 河南农业科学, 42: 71-74.

杨志敏，毕阳，李永才，等. 2012. 马铃薯干腐病菌侵染过程中切片组织细胞壁降解酶的变化. 中国农业科学, 45: 127-134.

曾大兴，戚佩坤，姜子德. 2003. 胶孢炭疽菌的种类遗传多样性研究. 菌物系统, 22: 50-55.

曾莉莎，赵志慧，吕顺，等. 2013. 香蕉上的镰孢菌种类及其系统发育关系. 菌物学报, 32: 617-632.

张德涛，高艳丽，黄永辉，等. 2011. 香蕉采后果实炭疽病菌的鉴定及其生物学特性. 华中农业大学学报, 30: 438-442.

张维一，毕阳. 1996. 果蔬采后病害与控制. 北京：中国农业出版社.

张忠义，冷怀琼，张志铭. 1988. 植物病原真菌学. 成都：四川科学技术出版社.

Barkai-Golan R. 2001. Postharvest Diseases of Fruits and Vegetables: Development and Control. Amsterdam: Elsevier Science B. V.

Bi Y, Ge Y H, Wang C L, et al. 2007. Melon production in China. Acta Horticulturae, 731: 493-500.

Dennis C, Cohen E. 1976. The effect of temperature on strains of soft fruit spoilage fungi. Annals of Applied Biology, 82:

51-56.

Domsch K H, Gams W, Anderson T H. 1980. Compendium of Soil Fungi. London: Academic Press.

Hahm S S, Han K S, Shmi M Y. 2003. Occurrence of bacterial soft rot of lily bulb caused by *Pectobacterium carotovorum* subsp. *carotovorum* and *Pseudomonas marginalis* in Korea. The Plant Pathology Journal, 19: 43-45.

Kamoun S. 2001. Nonhost resistance to *Phytophthora*: Novel prospects for a classical problem. Current Opinion in Plant Biology, 4: 295-300.

Krejzar V, Mertelík J, Pánková I, et al. 2008. *Pseudomonas marginalis* associated with soft rot of *Zantedeschia* spp. Plant Protection Science, 44: 85-90.

Larsen H J, Covey R P, Fisher W R. 1980. A red spot fruit blemish in apricots. Phytopathology, 70: 139-142.

Li J H, Chai Z X, Yang H T, et al. 2007. First report of *Pseudomonas marginalis* pv. *Marginalis* as a cause of soft rot of potato in China. Australasian Plant Disease Notes, 2: 71-73.

Perombelon M C M, Kelman A. 1980. Ecology of the soft rot *Erwinia*. Annual Review of Phytopathology, 15: 361-387.

Ryall A L, Lipton W J. 1979. Handling, Transportation and Storage of Fruits and Vegetables, Vol. 1. Vegetables and Melons. 2nd ed. Westport: AVI Publ. Co.

第二章 病 程

病原物通过一定的介质传播到寄主表面，然后侵入寄主体内取得营养，建立寄生关系，在寄主体内进一步扩展使寄主组织破坏或死亡，然后出现症状。这种接触、侵入、扩展和症状出现的过程，称为侵染过程（简称病程，pathogenesis）。通常把侵染性病害的侵染过程划分为侵入期、潜育期或潜伏期及发病期三个阶段。

第一节 侵 入 期

从病原物侵入寄主开始，直到与寄主建立寄生关系为止的这一段时期，称为侵入期（infection period）。

一、病原物侵入的时期及途径

有些病原物可在生长发育和成熟衰老的各个时期对果蔬进行侵染，而有些病原物只能在果蔬采收以后进行侵染（Prusky et al.，1983）。因此，在采后病害的研究中通常将病原物侵入寄主的时期分为采前侵染和采后侵染两个时期。各种病原物侵入寄主的途径也存在差异。真菌大都是以孢子萌发形成的芽管通过自然孔口或伤口侵入，有的真菌还具有通过表皮细胞外缘的角质层直接侵入的能力。细菌主要通过自然孔口和伤口侵入。

（一）潜伏侵染或采前侵染

采后病害由病原菌通过采后果蔬表面的机械伤口和生长期间的潜伏两类侵染引起（Prusky，1996）。其中潜伏侵染是引起果蔬采后病害的一个重要原因，由于难以预测和控制，对果蔬防腐构成了潜在的威胁（张维一和毕阳，1996）。病原物在生长期间侵入寄主体内以后，由于寄主体内抗病性的存在而使侵入的病原物呈现潜伏状态，直到寄主成熟或采收以后体内抗病性减弱或消失，病原物才恢复活动，进而导致症状的出现（Sanzani et al.，2012）。可以引起潜伏侵染的病原物主要包括盘长孢状刺盘孢、果生链核盘菌、可可球二孢、灰葡萄孢、交链孢和镰刀菌等多种真菌（张维一和毕阳，1996）。

1. 潜伏侵染发生的时期

潜伏侵染最早可在花期发生。例如，灰葡萄孢可在柱头上迅速萌发，并经由花柱组织进入子房，形成对草莓和葡萄果实的早期侵染；定殖于花柱的互隔交链孢可经萼心间组织进入心室，形成对苹果的早期侵染（呼丽萍等，1995）。互隔交链孢也可在花期侵染梨（Li et al.，2007）和甜瓜（葛永红等，2005；Zhang et al.，2011；Wang et al.，2012），该病原物最初可在梨初花期的萼片侵入，也可通过盛花期和落花期的萼片、花瓣和花柱侵入，但以花瓣和花柱侵染率最高。互隔交链孢在梨果实发育期间均可侵入，以萼筒和萼室间的侵染率为高（图 2-1）。互隔交链孢对桃幼果果顶侵染率的增加与其对雌蕊侵染率的增加密切相关（张志铭，1995）。用灰葡萄孢孢子接种红木莓花器，柱头很容易受到侵染，在花柱中也可观察到形成的分生孢子梗（Williamson and McNicol，1986）。残留的花瓣及柱头是灰葡萄孢最初侵染番茄的主要部位，随后侵染会扩展到果蒂和脐部，最后蔓延到果实的其他部位。因此，摘除残留花瓣和柱头可有效控制番茄的灰霉病（李保聚等，1999）。

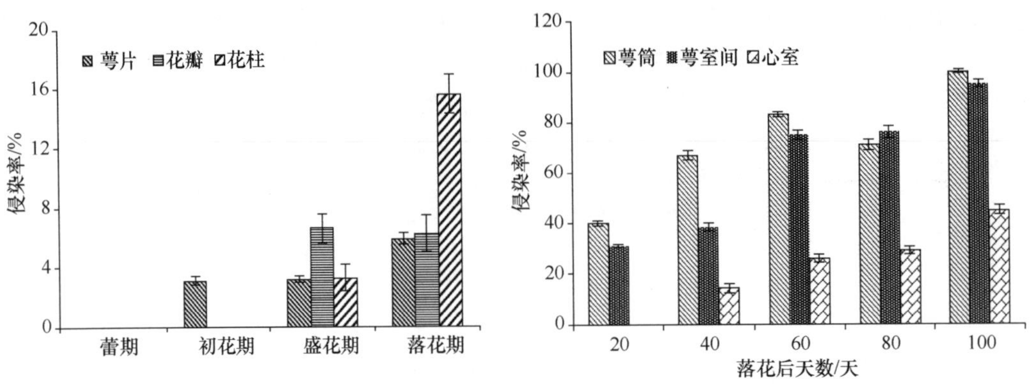

图 2-1　梨花期（左）和果实发育期（右）各部位互隔交链孢（*Alternaria alternata*）的侵染率（Li et al.，2007）

大多潜伏侵染发生在果实的发育期。刺盘孢主要以直接穿透角质层的形式侵入果实，例如，盘长孢状刺盘孢孢子接种生长期间的鳄梨果实后 1 天便可萌发，芽管在果实表面的蜡质层中形成黑色的附着胞。当果实未采收或采后仍处于坚硬状态时，该病原菌就一直以附着胞的形式存在，当果实软化时附着胞上便生出侵染丝，并穿透角质层和表皮。随着果实的进一步软化，侵入的菌丝便在果皮组织和果肉中发展蔓延，开始形成黑斑，最终在黑斑上形成分生孢子盘（Binyamin and Schiffmann-Nadel，1972）。互隔交链孢也可直接穿透果实的角质层侵入（Prusky，1996）。萌发的互隔交链孢孢子能直接穿透角质层侵入生长早期的柿果实，侵入后菌丝在细胞间隙中生长，并产生细小黑色的潜伏体（Prusky et al.，1981）。互隔交链孢能直接穿透生长期间的梨果实表面的角质层，通过形成黑色的菌丝体潜伏下来（Li et al.，2007）。互隔交链孢还可通过发育期间杏果皮上的气孔侵入（曹建康，2002）。在芒果生长期，互隔交链孢可通过果实表面的皮孔侵入，在皮孔中经适度扩展后，可进一步侵入至组织细胞间隙中（Prusky et al.，1983）。同样，在哈密瓜的果实发育早期，互隔交链孢可通过果皮上的气孔潜伏侵染，以菌丝体形式潜伏在表皮细胞下的皮层组织中（李学文，1998）。除了直接侵入和自然孔口侵入外，交链孢和镰刀菌还可通过甜瓜果实表面的网纹侵入（Wang et al.，2012；Zhang et al.，2011）。粉红单端孢可经萼孔进入心室，导致苹果心腐病的发生（呼丽萍等，1995）。

2. 病原物潜伏的部位

除了导致苹果心腐病的粉红单端孢等个别情况外，潜伏在果实体内的病原物大多分布于果皮或皮下组织中，果肉被侵染的概率不高。例如，潜伏在厚皮甜瓜中的交链孢和镰刀菌大多存在于表皮以下 1cm 左右的组织中（Wang et al.，2012；Zhang et al.，2011）。同样，侵染芒果的真菌病原体大量存活于 1mm 左右的表层组织，果肉基本无菌（蒋跃明等，1995）。病原物侵入后潜伏所处的发育状态有很大的差异，在孢子萌发、芽管伸长、附着胞形成、侵染丝产生和菌丝适度扩展的各个阶段均可进行潜伏（Prusky，1996）。

病原物在果实表面不同部位的潜伏率也明显不同，其中以果蒂处的带菌率最高。例如，番木瓜果蒂处的带菌率极显著地高于果实中部和顶部（刘秀娟等，1994）；芒果果蒂处互隔交链孢带菌率最高，其次是果实中部，底部最少（蒋跃明等，1995；Prusky et al.，1980）；柿果蒂处的互隔交链孢带菌率明显高于中部和顶部（Prusky et al.，1981）；红木莓果蒂处灰葡萄孢的带菌率要明显高于果实中部和顶部（Dashwood and Fox，1988）。然而，哈密瓜果实中部的带菌率却显著高于顶部和柄部（李学文，1998）。发育期间果实各部位受病原菌侵染的程度可随果实的发育而变化，对于果实各部位出现潜伏侵染程度不同的解释也不一致，但大多认为与果实表面的凝水形成和分布有关。通常，果蒂处的凝水较多，导致果实中可溶性营养物质如葡萄糖和果糖等易于溶出，从而进一步刺激了孢子的萌发（Li et al.，2007）。

3. 病原物侵入的途径

直接侵入是指病原物直接穿透寄主表皮细胞外缘的角质层和细胞壁侵入。灰葡萄孢可以通过花器和幼果表面直接侵入葡萄和草莓，一直潜伏至果实采收以后才表现症状（Williamson and McNicol，1986）。盘长孢状刺盘孢和盘长孢可引起柑橘、鳄梨、香蕉、芒果、番木瓜和西瓜的炭疽病，该病原物可以通过发育期间的果实表面直接侵入，以埋藏在表皮或角质层内的附着胞形式潜伏，直到果实成熟采收后才逐渐表现症状（Binyamin and Schiffmann-Nadel，1972）。此外，具有直接侵染能力的病原物还包括引起柑橘果实茎端腐的可可毛色二孢和拟茎点霉，以及引起桃和油桃褐腐病的果生链核盘菌（Wade and Cruickshank，1992）。

果蔬表面存在着多种自然孔口，如气孔、皮孔、萼孔等，可成为病原物侵入的途径。如核果类、瓜类和叶菜类表面的气孔，仁果类表面的皮孔和萼孔。病原真菌可通过孢子萌发形成的芽管直接进入自然孔口，细菌性病原物可通过自然掉落或在自然孔口周围的水滴中泳动进入。通过气孔侵入的病原物主要有造成核果类和瓜类黑斑病及叶菜类褐腐病的交链孢（Li et al.，2007）；通过皮孔侵入的病原物主要有造成苹果皮孔腐烂的白盘长孢，以及引起马铃薯块茎采后细菌性软腐病的胡萝卜欧氏杆菌；通过萼孔侵入的病原物主要有引起苹果霉心病和心腐病的互隔交链孢和粉红单端孢（呼丽萍等，1995；Perombelon and Lowe，1975；张维一和毕阳，1996）。

生长期间果蔬表面形成的各类伤口都可能是病原物侵入的途径。例如，甜瓜表面形成的网纹和裂纹是交链孢和镰刀菌的重要侵入途径（葛永红等，2005）；冷害斑表面易被交链孢侵入，冻害斑表面易被灰葡萄孢侵入；果实表面的日灼斑为交链孢侵入创造了条件，果实表面的鸟、虫伤为伤口性病原菌的侵入提供了途径。

4. 潜伏侵染发生的原因

导致潜伏侵染发生的原因主要包括：未成熟果实中病原物产生胞外酶的能力很弱；未成熟果实中存在预合成抗菌物质，可抑制病原物的生长或胞外酶的活性；病原物侵入诱导寄主产生的植保素抑制了进一步的侵入（Verhoeff，1974；Swinburne，1983；Prusky，1996）。

导致未成熟果实中病原物产生胞外酶的能力不强的原因与未成熟的果实不能提供诱导病原物产生胞外酶的底物有关。细胞壁中的果胶物质与纤维素等的相互交联可将病原物产生的胞外酶限制在侵染部位。此外，未成熟果实中含有较高的胞外酶抑制剂从而降低了胞外酶的作用（Barkai-Golan，2001）。在幼嫩果实中存在或形成的抗菌物质与潜伏侵染之间存在一定的关系。这些抗菌物质可能是寄主体内预合成的、与病原物侵染无关的抗菌物质，病原物侵染后在寄主体内诱导形成的抗菌物质，以及寄主抵抗病原物侵入而产生的植保素。

存在于未成熟芭蕉果实及苹果的酚类物质远高于成熟果实，这类物质可显著抑制未成熟果实中病原物的生长（Ndubizu，1976）。未成熟苹果中含有较多的酚类化合物，随着果实成熟，总酚含量逐渐减少，果实对病原物的抵抗能力也减弱（Edney et al.，1964）。成熟苹果果皮中总酚含量的降低主要由绿原酸的减少引起，故绿原酸在抵抗白盘长孢对苹果的潜伏侵染中起着重要作用（Swinburne，1983）。未成熟鳄梨果皮中的二烯和单烯物质可抑制盘长孢状刺盘孢的潜伏侵染（Prusky，1982）。未成熟鳄梨果皮中的二烯浓度足以抑制盘长孢状刺盘孢的孢子萌发和菌丝生长。但经过后熟的果实二烯浓度迅速降低，对潜伏病原物的抑制作用也减弱或消失，导致症状出现（Prusky et al.，1985）。此外，绿熟香蕉中的3,4-二羟基胆钙化（甾）醇复合物也具有抗真菌的能力（Mulvena et al.，1969）。存在于未成熟番茄果皮中的茄碱苷可抑制灰葡萄孢的潜伏侵染（Verhoeff and Liem，1975）。

（二）采后侵染

采后侵染（postharvest infection）即病原物通过采收及采收以后的各个环节对果蔬所造成的侵染，这些环节包括分级、包装、运输、贮藏、销售等过程。大多数病原物对果蔬的侵染发生在采后，侵染的途径主要有以下几种。

1. 表面的机械伤口

所有的病原物均可通过表面的机械伤口进入果蔬体内，这也是采后病害研究中采用损伤接种病原物的方法依据。有些病原物似乎只能通过机械伤口侵染，如青霉、根霉、地霉和细菌（Kavanagh and Wood，1967；Barkai-Golan，2001）。在采收、分级、包装、运输过程中即使仔细操作，果蔬表面的机械损伤也不可能完全避免。采收时剪切果柄带来的损伤是采后侵染的重要部位，如香蕉的冠腐病及菠萝的花梗腐，芒果、番木瓜、鳄梨、甜椒、洋梨及甜瓜的茎端腐，全部是通过采收时造成的剪切伤口侵染引起的。过度挤压苹果和马铃薯块茎会造成表皮挤压伤，会刺激皮孔和损伤部位潜伏病原物的生长。苹果擦伤可引起皮孔内的扩展青霉的发展，也可诱发皮孔内潜伏的盘长孢活动。一些具有采前侵入能力的病原菌，如灰葡萄孢、互隔交链孢、镰刀菌、果生链核盘菌、盘长孢状刺盘孢等也可通过表面的机械损伤形成对果蔬的侵染（Barkai-Golan，2001；张维一和毕阳，1996）。

2. 生理损伤的表面

贮藏期间由不良环境因素引起的生理损伤，如冻害、冷害、高温伤害、高 CO_2 或缺氧伤害等，会破坏表皮结构，降低果蔬的抗病性。一些果蔬对低温敏感，形成的冷害斑会促进病原物的侵入。葡萄柚发生冷害后茎端腐会显著增加，番茄、辣椒、甜瓜和冬瓜发生冷害后易出现由互隔交链孢引起的黑斑病；冻害后葡萄易发生灰霉病；高 CO_2 或缺氧伤害的苹果易发生青霉病（Lavy-Meir et al.，1989；Snowdon，1992）。热水处理柠檬虽然可以消灭初始侵染的疫霉，但果实易受青霉菌的侵染。贮藏环境通风不良，特别是表面凝水是马铃薯块茎干腐病和细菌性软腐病发病的重要条件。

3. 衰老的表皮

果蔬的衰老会造成表面蜡质和角质层发生变化，表面保护组织出现裂纹或气孔失去自我调控机能，致使某些病原菌乘虚而入，这些病原物包括青霉、交链孢、镰刀菌、根霉、地霉、根串珠霉等。在贮藏的后期由于组织衰老、抗性降低，产品受各类病原物侵染的概率便会显著提高。例如，甜瓜贮藏后期粉霉病和青霉病的发病率会明显增加；洋葱贮藏后期由镰刀菌引起的白霉病发病率也会显著提高（Barkai-Golan，2001；张维一和毕阳，1996）。

4. 采后处理和接触侵染

病原物孢子可通过空气循环在贮藏库和运输工具内传播；采后清洗、预冷、化学处理也是病原物传播的重要途径。例如，水冷会增加苹果贮藏期间的青霉病；二苯胺或乙氧基喹处理可抑制苹果虎皮病，但会促进贮藏期间青霉病的发生（张维一和毕阳，1996）。青霉、根霉、地霉、毛霉和灰葡萄孢等真菌引起的病害，可由发病果实传向与其相接触的健康果实。这种现象在苹果、梨、柑橘等的青霉病，桃、杏、甜瓜的软腐病，以及葡萄、草莓、番茄、甜椒等的灰霉病中尤为明显（Barkai-Golan，2001；张维一和毕阳，1996）。

5. 二次侵染

有些破坏性严重的病原物往往会通过寄主表面初次侵染形成的病斑而造成二次侵染。例如，细菌会通过疫霉引起的晚疫病病斑侵入马铃薯块茎，从而造成细菌性软腐；扩展青霉可经由白盘长孢造成的皮孔腐烂病部侵入苹果；软腐细菌可通过酸腐病部入侵番茄；根霉可经由炭疽病伤口侵入木瓜等（Snowdon，1990；Nishijima et al.，1990；Barkai-Golan，2001）。

二、病原物侵入的过程

（一）病原物对寄主的识别

寄主与病原物的识别是一种普遍而重要的生物现象，是指病原物与寄主接触时通过特定的信号和分子的交流与作用，确定是否可以建立寄生或营养关系的活动过程。当病原物与寄主接触时两者之间产生一系列物质和信息的相互交流与作用，只有当病原物接收到有利于其生长和发育的最初识别信号，病原物方可突破或逃避寄主的防御体系成功地从寄主中获取营养，被作为可亲和的伙伴而识别，从而与寄主建立亲和性互作关系。识别物质必须是变异潜能很大的信息物质和分子结构上互补或结合物质，多认为是蛋白质和多糖，组合有多糖（寄主）-多糖（病原物）、多糖-蛋白质、蛋白质-蛋白质、蛋白质-多糖。识别的结果为亲和或不亲和，亲和导致感病，不亲和能够抗病（王金生，2001）。

病原物的繁殖单位，如真菌的孢子、细菌的个体细胞，必须首先接触果蔬的感病部位，并在适应条件下，才有可能进行侵染。病原物与果蔬表面接触后侵染能否发生受果蔬表面化学和物理条件的控制。虽然真菌孢子一般都带有足够的营养物质，可以萌发产生芽管，但也必须由外界供给一定的刺激物质才能促进其萌发和侵入。由于果蔬表面往往有较多的营养和挥发性物质，所以对孢子的萌发和芽管的生长都一定的刺激作用。例如，指状青霉在柑橘表面的萌发受果实的挥发性产物柠檬烯和 α-蒎烯的促进。果蔬表面角质层中存在的某些成分也能调控孢子萌发、菌丝生长、附着胞及侵染丝的形成。此外，表皮角质和蜡质的不同物理形态也会影响病原物对寄主的识别。

（二）真菌的侵入过程

附着在寄主表面的孢子在适宜的条件下萌发产生芽管，然后芽管的顶端膨大而形成附着胞，接着附着胞产生较细的侵染丝或侵染钉，通过分泌胞外酶或机械力的作用穿透角质层进入表皮组织中，并形成树枝状的分枝结构。有些采后病原菌的潜伏侵染期会长达数月，潜伏侵染的寄主主要为未成熟的果实。在侵染过程中，侵染钉产生的分枝状结构侵入未成熟果实的表皮细胞中，形成肿胀的菌丝结构后开始潜伏。随着果实的成熟，潜伏侵染结构中便产生大量的腐生型菌丝，进入寄主细胞中，吸取寄主体内的养分，建立寄生关系（Prusky et al.，2013）（图 2-2）。

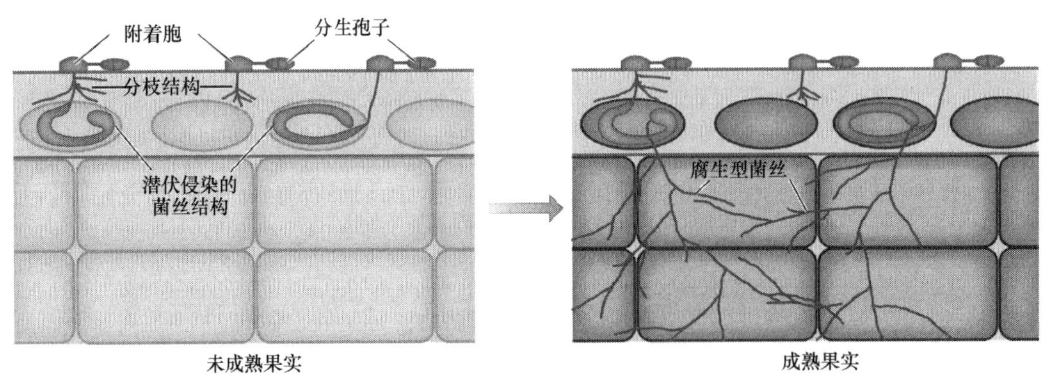

图 2-2　病原菌在果实上的定殖模式图

无论是直接侵入或从自然孔口、伤口侵入的真菌，都可以形成附着胞，但以直接侵入或由自然孔口侵入的真菌产生附着胞比较普遍；从伤口和自然孔口侵入的真菌也可以不形成附着胞和侵染丝，而直接以芽管侵入。

（三）细菌的侵入过程

引起采后病害的大多数细菌主要通过伤口或自然孔口侵入，病原物可通过直接落入寄主的方式，或通过泳动进入伤口或自然孔口。

三、影响侵入期的环境条件

病原物的侵入和环境中湿度和温度密切相关，其中以湿度的影响最大（张维一和毕阳，1996）。

（一）湿度

大多数真菌孢子的萌发、细菌的繁殖和游动，都需要在水滴里进行。果蔬表面的不同部位在不同时间内可以有雨水、露水等水分存在。其中有些水分虽然保留时间不长，但足以供应病原物完成侵入的需要。一般来说，湿度高对病原物侵入有利，在高湿度下，寄主愈伤组织形成缓慢、自然孔口开张度大、表面保护组织柔软，从而使抵抗侵入的能力降低。通过伤口直接侵入的病原物，因果蔬体内的较高含水量，故外界湿度对其侵入的干扰影响不大。

（二）温度

温度只是影响病原物的侵入速度，在一定的温度范围内，温度越高病原物的侵入速度也越快。各种病原物都具有其萌发和生长的最高、最适及最低的温度。离最适温度越远，萌发和生长所需的时间也越长，超出最高和最低温度范围，便不能萌发和生长。一般情况下，外界环境温度基本可以满足病原物侵入的需要。除刺盘孢、根霉等少数病原物外，多数病原物均可在接近0℃左右的低温条件下萌发生长，尤以青霉、交链孢和灰葡萄孢最为典型。

第二节 潜 育 期

潜育期（incubation period）是从病原物与寄主建立寄生关系开始，到出现明显症状为止的这一时期。潜育期是病原物和寄主博弈最激烈的时期，病原物要从寄主体内获得营养和水分，而寄主则要阻止病原物对其营养和水分的掠夺。

一、潜育的时间

不同病原物对同一寄主、同一种病原物对不同寄主以及同一寄主的不同成熟阶段，潜育期的长短均存在差异。就采后病害而言，每种病害均有一定的潜育期。通常是采前侵入的时间较长，采后侵入的较短。潜育期的长短受病菌致病力、寄主抗性和环境条件三方面的影响。因此，当环境条件不利于延缓果蔬衰老，而有利于病原菌生长发育时，才会发生腐烂。潜育期较长的病原物如盘长孢状刺盘孢、互隔交链孢、灰葡萄孢和镰刀菌等，潜育期可长达数月；潜育期较短的病原物如根霉、毛霉和青霉等，潜育期只有十几小时或几天（张维一和毕阳，1996）。

二、潜育期间病原物与寄主的互作

在潜育期内，病原菌要从寄主获得更多的营养物质供其生长发育，病原物在生长和繁殖的同时也逐渐发挥其致病作用，使寄主的生理代谢功能发生改变。对寄主而言，其自身也并非完全处于被动的被破坏分解的状态。相反，它会对侵染的病原菌进行抵抗。病原物必须在克服寄主的防卫抵抗之后，才能够有效地获取所需的营养物质，以维持其在寄主组织内生长发育的需要。所以，采后病害发生的程度，取决于果蔬组织抗病性的强弱。如果抗病性强，虽然有病原物侵染，腐烂率也不高。采后环境条件，如温度、湿度、气体成分等，既可影响果蔬的生理状态，也会影响病原菌的生长发育。关于病原物对寄主的破坏，以及寄主防卫的详细内容将在本书第三章和第四章进行介绍。

三、影响潜育期的环境条件

潜育期间由于病原物已进入寄主，组织中含有大量的水分，完全可以满足病原物生长发育的需要。所以，外界湿度可以说对潜育期的影响不大。相反，温度则是影响潜育期的重要因素。因为，病原物的生长和发育都有其最适宜的温度，温度过高或过低都会对其加以抑制。在一定范围内，温度越高潜育期就越短，反之潜育期越长。例如，引起软腐病的匐枝根霉在 24℃下可在成熟桃果实体内潜育 24h，16℃下需 36h，12℃下需 48h，10℃下需 72h，当温度低于 7~8℃时潜育可被完全抑制。接种在葡萄上的灰葡萄孢孢子，0~30℃均可萌发，18℃为适温，15~20℃约需 15h，10℃下孢子萌发需要 4~5 天，在 0~2.2℃下 7 天孢子才能萌发（Barkai-Golan，2001）。

第三节　发　病　期

发病期是从寄主出现症状直到病斑处产生繁殖体的这一时期。症状出现以后，病害还在不断地发展，如病斑不断扩大、病斑数不断增加、病部产生更多的繁殖体等。真菌性病害在病斑处产生孢子等子实体的时期称为产孢期。新产生的病原物的繁殖体可成为再次侵染的来源。大多数真菌病害在发病期内还包括产孢繁殖和子实体的进一步传播等行为。发病期内病害的轻重及造成的损失大小，不仅与寄主抗性、病原物的致病力和环境条件的适合程度有关，还与人们采取的防治措施有关。

适宜于真菌产生孢子的温度范围，比适于它生长的范围窄。在高温或低温下培养，或高温、低温交替培养，有时可促进孢子的产生。许多真菌要有一定的光照才能产生孢子。光波长短对孢子的产生有不同的影响，一般以紫外线、近紫外线和蓝光的作用最明显，红光也可刺激少数真菌产生孢子。

参 考 文 献

曹建康. 2002. 杏采后黑斑病潜伏侵染时期、机制及控制. 甘肃农业大学硕士学位论文.
葛永红，毕阳，马凌云. 2005. 黄河蜜甜瓜果实致病真菌潜伏侵染的时期与途径. 中国西瓜甜瓜, 3: 1-3.
呼丽萍，马春红，张健，等. 1995. 苹果霉心病菌的侵染过程. 植物病理学报, 25: 351-356.
蒋跃明，马国华，陈芳. 1995. 芒果采后潜伏真菌活化与几丁质酶、β-1,3-葡聚糖酶的研究. 植物保护学报, 22: 80-84.
李保聚，朱国仁，赵奎华. 1999. 番茄灰霉病在果实上的侵染部位及防治新技术. 植物病理学报, 29: 63-67.
李学文. 1998. 新疆哈密瓜果实潜伏侵染的研究. 新疆农业大学硕士学位论文.
刘秀娟，杨业铜，黄圣明. 1994. 海南省番木瓜果实潜伏侵染真菌种类及其分布状况的研究. 植物病理学报, 24: 313-317.

曲向华. 1997. 库尔勒香梨采后果皮的抗病特性及主要致腐病原侵染过程的研究. 新疆农业大学硕士学位论文.

王金生. 2001. 分子植物病理学. 北京: 中国农业出版社.

张维一, 毕阳. 1996. 果蔬采后病害与控制. 北京: 中国农业出版社.

张志铭. 1995. 深州蜜桃黑斑病 (*A. alternata*) 的研究. I: 发生情况, 症状及病原鉴定. 河北农业大学学报, 18: 49-51.

Barkai-Golan R. 2001. Postharvest Diseases of Fruits and Vegetables: Development and Control. Amsterdam: Elsevier Science B.V.

Binyamini N, Schiffmann-Nadel M. 1972. Latent infection in avocado fruit due to *Colletotrichum gloeoeporioides*. Phytopathology, 62: 592-594.

Dashwood E P, Fox R A. 1988. Infection of flowers and fruits of red raspberry by *Botrytis cinerea*. Plant Pathology, 37: 423-430.

Edney K L. 1964. The effect of the composition of the storage atmosphere on the development of rotting of Cox's Orange Pippin apples and the production of pectolytic enzymes by *Gloeosporium* spp. Annual Applied Biology, 54: 327-334.

Kavanagh J A, Wood R K S. 1967. The role of wounds in the infection of oranges by *Penicillium digitatum* Sacc. Annual Applied Biology, 60: 375-383.

Lavy-Meir G, Barkai-Golan R, Kopeliovitch E. 1989. Resistance of tomato ripening mutants and their hybrids to *Botrytis cinerea*. Plant Disease, 73: 976-978.

Li Y C, Bi Y, An L Z. 2007. Occurrence and latent infection of *Alternaria* rot of Pingguoli pear (*Pyrus bretchneideri* Rehd cv. Pingguoli) fruits in Gansu, China. Journal of Phytopathology, 155: 56-60.

Mulvena D, Webb E C, Zerner B. 1969. 3, 4-dihydroxybenzaldehyde, a fungistatic substance from green Cavendish bananas. Phytochemistry, 8: 393-395.

Ndubizu T O C. 1976. Relation of phenolic inhibitors to resistance of immature apple fruits to rot. Journal of Horticultural Science, 51: 311-319.

Nishijima WT, Ebersole S, Fernandez J A. 1990. Factors influencing development of postharvest incidence of *Rhizopus* soft rot of papaya. Acta Horticulturae, 269: 495-502.

O'Connell R J, Herbert C, Sreenivasaprasad S, et al. 2004. A novel *Arabidopsis-Colletotrichum* pathosystem for the molecular dissection of plant-fungal interactions. Molecular Plant-Microbe Interactions, 17: 272-282.

O'Connell R, Perfect S, Hughes B, et al. 2000. Dissecting the cell biology of *Colletotrichum* infection process. *In*: Prusky D, Freeman S, Dickman M B. *Colletotrichum* Host Specificity, Pathology and Host-pathogen Interaction. St. Paul: APS Press, The American Phytopathological Society, 57-77.

Perfect S E, Hughes H B, O'Connell R J, et al. 1999. *Colletotrichum*: A model genus for studies on pathology and fungal-plant interactions. Fungal Genetics and Biology, 27: 186-198.

Perombelon M C M, Lowe R. 1975. Studies on the initiation of bacterial soft rot in potato tubers. Potato Research, 18: 64-82.

Prusky D, Alkan N, Mengiste T, et al. 2013. Quiescent and necrotrophic lifestyle choice during postharvest disease development. Annual Review of Phytopathology, 51: 155-176.

Prusky D, Ben-Arie R, Guelfat-Reich S. 1981. Etiology and histology of *Alternaria* rot of persimmon fruits. Phytopathology, 71: 1124-1128.

Prusky D, Fuchs Y, Yanko U. 1983. Assessment of latent infections as a basis for control of postharvest disease of mango. Plant Disease, 67: 816-818.

Prusky D, Fuchs Y, Zauberman G. 1980. A method for pre-harvest assessment in latent infection in fruit. Annual Applied Biology, 98: 79-85.

Prusky D, Kobiler I, Jacoby B, et al. 1985. Inhibitors of avocado lipoxygenase: their possible relationship with the latency of *Colletotrichum gloeosporioides*. Physiological Plant Pathology, 27: 269-279.

Prusky D. 1982. Possible involvement of an antifungal diene in the latency of *Colletotrichum gloeosporioides* on unripe avocado fruits. Phytopathology, 72: 1578-1582.

Prusky D. 1996. Pathogen quiescence in postharvest diseases. Annual Review of Phytopathology, 34: 413-434.

Sanzani S M, Schena L, De Cicco V, et al. 2012. Early detection of *Botrytis cinerea* latent infections as a tool to improve postharvest quality of table grapes. Postharvest Biology and Technology, 68: 64-71.

Snowdon A L. 1990. Post-harvest Disease and Disorders of Fruits and Vegetables, Vol. 1. General Introduction and Fruits. Boca Raton: CRC Press.

Snowdon A L. 1992. Post-harvest Disease and Disorders of Fruits and Vegetables, Vol. 2. Vegetables. Boca Raton: CRC Press.

Swinburne T R. 1983. Quiescent infections in postharvest diseases. *In*: Dennis C. Postharvest Pathology of Fruits and Vegetables. London: Academic Press, 1-21.

Verhoeff K, Liem J I. 1975. Toxicity of tomatine to *Botrytis cinerea* in relation to latency. Phytopathology, 82: 333-338.

Verhoeff K. 1974. Latent infections by fungi. Annual Review of Phytopathology, 12: 99-110.

Wade G C, Cruickshank R H. 1992. The establishment and structure of latent infections with *Monilinia fructicola* on apricots. Journal of Phytopathology, 136: 95-106.

Wang J J, Bi Y, Zhang Z K, et al. 2012. Reduction of latent infection and enhancement of disease resistance in muskmelon by preharvest application of Harpin. Journal of Agricultural and Food Chemistry, 59: 12 527-12 533.

Williamson D, McNicol R J. 1986. Pathways of infection of flowers and fruits of red raspberry by *Botrytis cinerea*. Acta Horticulturae, 183: 137-141.

Zhang Z K, Bi Y, Ge Y H, et al. 2011. Multiple pre-harvest treatments with acibenzolar-S-methyl reduce latent infection and induce resistance in muskmelon fruit. Scientia Horticulturae, 130: 126-132.

第三章　病原物对寄主的破坏

在病原物和寄主的互作中，营养关系最为基本。病原物必须从寄主获得必要的营养和水分，才能进一步繁殖和扩展。病原物通过分泌果胶酶，将大分子的果胶分解为半乳糖醛酸等小分子化合物；分泌蛋白酶，将蛋白质分解为氨基酸，以利病原物作为营养吸收利用。病原物对寄主能否提供某些营养成分而表现出的反应不同，从而决定了其能否引起侵染或引起不同程度的侵染。如果寄主不能满足病原物的营养需求，侵染过程就会终止。

病原物从寄主获得营养物质的方式大致可以分为两类。第一类是死体营养型，病原物先杀死寄主的细胞和组织，然后从死亡的细胞中吸收养分。属于这一类的都是非专性寄生的病原物，如根霉、毛霉、地霉和青霉等，这些病原物产生胞外酶或毒素的能力很强，对寄主的直接破坏性很大，往往是先杀死寄主然后获取营养。虽然大多数采后病原物可以在活体上寄生，但是获得营养的方式还是以腐生为主。第二类是活体营养型，病原物与活力旺盛的寄主细胞建立密切的营养关系，它们从寄主细胞中吸收营养物质而并不很快引起细胞的死亡，通常菌丝在寄主细胞间发育和蔓延。属于这一类的大多为潜伏侵染性的病原物，如刺盘孢、链格孢、葡萄孢、链核盘菌、核盘菌、拟茎点霉及葡萄座腔菌等（张维一和毕阳，1996）。

植物细胞壁是由果胶、纤维素、半纤维素构成的有规则的聚合体，是病原物侵染寄主细胞的屏障。当病原物遇到细胞壁时，它面对由不同化学键连接的聚合体组成的复杂屏障需要专门的酶才能使其降解。在长期的进化过程中，病原物逐渐形成了识别细胞壁化学结构的方法，从而产生各类胞外酶，分解各种细胞壁的组分。除了分泌多种胞外酶外，病原物还可产生毒素和释放激素而对寄主造成破坏，从而达到获取营养的目的。

第一节　胞　外　酶

病原物在进入寄主体内后会分泌多种水解酶到细胞外的介质中，在营养吸收和利用中起重要作用，这类酶称为胞外酶（extracellular enzyme）。胞外酶是病原物产生的对寄主细胞壁组分有降解作用的酶类，在病原物摄取营养和消除寄主的机械屏障中起重要作用，胞外酶对寄主的破坏作用最大（宗兆锋和康振生，2002）。

一、胞外酶的种类

通常根据胞外酶作用的底物，将胞外酶分为角质酶、果胶酶、纤维素酶、半纤维素酶和其他酶类。根据作用方式的不同，胞外酶又可分为水解酶和裂解酶，水解酶包括多聚半乳糖醛酸酶（polygalacturonase，PG）、果胶甲基半乳糖醛酸酶（pectin methylgalacturonase，PMG）、果胶甲基酯酶（pectin methylesterase，PME）和纤维素酶（cellulase）等，这些酶的等电点偏酸；裂解酶包括果胶甲基转移消除酶（pectin methyltrans eliminase，PMTE）、多聚半乳糖醛酸转移消除酶（polygalacturonic acid trans-eliminase，PATE）、果胶酸裂解酶（pectic acid lyase，PAL）和果胶裂解酶（pectin lyase，PL）等，这类酶等电点偏碱（赵蕾和张天宇，2002）。

（一）角质酶

角质层位于果蔬表皮细胞的外缘，是病原物直接侵入寄主时需要突破的第一道屏障。用于穿透角质层的酶就是角质酶（cutinase），该酶是一种酯酶，分子质量为22~26kDa，单一肽链，有一个二硫键在中部连接（Dutta et al.，2009）。角质酶有多种同工酶，但氨基酸序列基本相同，几乎所有的角质酶都含有各一个甲硫氨酸、组氨酸和色氨酸（Weisenborn et al.，1996）。角质酶主要成分为糖蛋白，其中含3%~16%的碳水化合物，一般是以*O*-糖苷键与碳水化合物结合。角质酶活性中心是一种三分体结构，即由三个基团组成，包括丝氨酸残基上的羟基、羧基和组氨酸的咪唑基。在活性中心有一个亲核丝氨酸氧原子，通过亲核攻击、酰化与脱酰化作用完成角质大分子的降解（Sonia and Christian，1999）。角质酶的催化过程是先经酰化作用从醇酯基中产生醇，再经脱酰基作用产生脂肪酸（图3-1）。

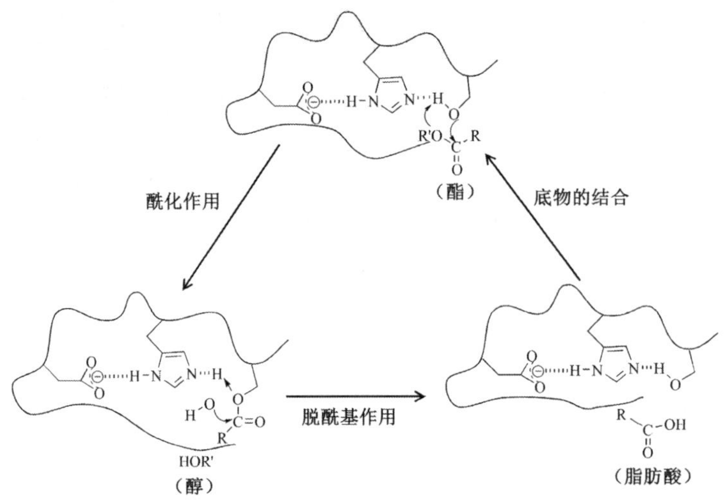

图3-1　角质酶作用机制

具有直接侵入能力的病原真菌可不断产生低水平的角质酶，当这些角质酶与寄主角质接触后就能降解角质，并释放出角质单体，这些角质单体又可诱导角质酶基因的进一步表达，促使病原物合成和分泌大量的角质酶。角质酶通过催化角质多聚体的酯键水解，也可协同其他胞外酶完成侵入过程。角质酶在盘长孢状刺盘孢侵染番木瓜（Chen et al.，2007）、果生链核盘菌侵染桃（Chiu et al.，2013）中均起到了非常重要的促进作用。因此，角质酶是病原物侵入寄主第一道屏障的关键酶。

（二）果胶酶

果胶是细胞初生壁的主要组分，也是中胶层的重要组分，可将细胞和组织紧密联系在一起。果胶物质是由 D-半乳糖醛酸通过 α-1,4-糖苷键构成的高分子聚合物，其上的部分羧基可不同程度的甲基化。非甲基化的链称之为果胶酸，75%或 75%以上的链被甲基化后，称之为果胶。采后病害的软腐症状很大程度上依赖于病原物分泌果胶酶的能力，以及分解不溶性果胶和导致细胞分裂、组织分解的能力。根霉、青霉、地霉和核盘菌引起的寄主软腐多与大量果胶酶的作用有关（Gummadi and Panda，2003）。即使在没有软腐症状表现的硫色镰孢侵染马铃薯块茎组织中也能观察到果胶酶活性的明显增高（杨志敏等，2013）。

果胶酶（pectin enzyme）是一组复合酶，属于诱导酶。根据该酶对果胶分子中半乳糖醛酸链的作用部位大致可以分为果胶水解酶、果胶甲基酯酶和果胶裂解酶或转移消除酶（黄俊丽等，2006），果胶甲基半乳糖醛酸酶（PMG）、多聚半乳糖醛酸转移消除酶（PATE）和果胶甲酯酶（PME）的作用原理如图 3-2 所示。果胶水解酶和果胶裂解酶可共同作用于 α-1,4-糖苷键，水解断裂糖苷键后，释放出单体或寡聚的半乳糖醛酸（van der Vlugt-Bergman et al.，2000；Henk et al.，1995）。多聚半乳糖醛酸酶、果胶甲基半乳糖醛酸酶就是两种重要的水解酶，pI 在 6.0~8.0；有利于酶活性发挥的最适 pH 偏酸性，在 4.5~5.5；水解作用不需要 Ca^{2+}参与。果胶裂解酶除作用于 α-1,4-糖苷键外，还消除了第 5 位碳原子上的氢，在 C4 和 C5 之间形成了不饱和键而最终释放出不饱和二聚体。多聚半乳糖醛酸转移消除酶、果胶甲基转移消除酶就是两种重要的裂解酶。果胶裂解酶 pI 偏高，在 8.0~9.0，最适 pH 偏碱性，在 9.0~9.8，裂解作用需要 Ca^{2+}参与（Marin-rodriguez et al.，2002）。果胶甲基酯酶可以从果胶中除去甲基基团以产生果胶酸，即在糖 C6 部位处水解酯键，产生多聚半乳糖醛酸和甲醇（Caffallk and Mohnen，2009）。

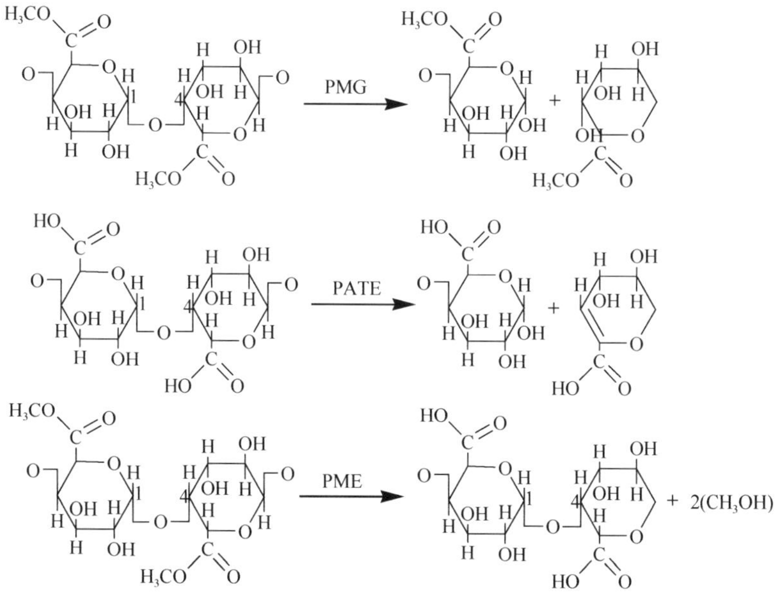

图 3-2　果胶甲基半乳糖醛酸酶（PMG）、多聚半乳糖醛酸转移消除酶（PATE）和果胶甲酯酶（PME）的作用原理

根据作用的位点，果胶水解酶和果胶裂解酶又可分为内切酶（endo-enzyme）和外切酶（exo-enzyme）两类，前者可以随机地切断果胶分子链中的糖苷键，产生寡聚半乳糖

醛酸或甲基化的寡聚半乳糖醛酸；后者则作用于寡聚链的两端，逐个或以二聚体的方式切断糖苷键。不同病原物分泌的果胶酶类型存在差异。例如，胡萝卜欧氏杆菌主要分泌的是内切多聚半乳糖醛酸酶（Pickersgill et al.，1998）；意大利青霉和指状青霉产生的内切果胶酶在柑橘青霉病和绿霉病的软腐症状形成中具有重要作用（Piccoli-Valle et al.，2003）。除了内切多聚半乳糖醛酸酶与马铃薯块茎的软腐密切相关外，果胶裂解酶也参与了块茎细胞壁的分解过程（Pagel and Heitefuss，1990）。盘长孢状刺盘孢分泌的果胶酸裂解酶导致了鳄梨病斑处的软烂（Miyara et al.，2008）。病原物的致病性不仅与多聚半乳糖醛酸酶的活性有关，而且与其同工酶有关，营养、生长条件及菌株类型等因素均会对同工酶产生影响（Tobias et al.，1993）。Eugene 等（2001）发现，灰葡萄孢至少能分泌 4 种多聚半乳糖醛酸酶，其中外切多聚半乳糖醛酸酶在侵染初期发挥了重要的作用。

Collmer 和 Keen（1986）认为，果实成熟导致的细胞壁结构发生相应的改变后，病原物产生的果胶酶才可以破坏寄主。寄主组织中果胶酶的活性高低可能与以下因素有关：首先，由于果胶酶是诱导酶，因此只有当果实成熟时才能提供底物诱导病原物的果胶酶分泌；其次，即使病原物分泌果胶酶，在与寄主细胞壁接触时，其作用可被果胶分子间的阳离子交联所阻断；第三，与成熟的果实相比，未成熟的果实中存在较多的果胶酶抑制剂，从而在很大程度上钝化了果胶酶。

（三）纤维素酶和半纤维素酶

纤维素是由 β-D-葡萄糖通过 β-1,4-糖苷键相连而成的长链高分子化合物，是细胞壁的主要成分。纤维素酶（cellulase）是一组能降解纤维素中 β-1,4-糖苷键的水溶性胞外复合酶（Rabinovch et al.，2002）。纤维素的降解至少有三种酶的共同参与，包括内切葡聚糖酶（endocellulase，C1）、外切葡聚糖酶或纤维二糖酶（exocellulase，Cx）及 β-葡萄糖苷酶（β-glucosidase，βG）。首先，内切葡聚糖酶在纤维素分子内部随机断裂 β-1,4-糖苷键，产生暴露了非还原性末端的葡聚糖短链。然后，外切葡聚糖酶从葡聚糖链暴露出的非还原端依次水解 β-1,4-糖苷键释放出纤维二糖分子。最后，β-葡萄糖苷酶将纤维二糖及其他低分子纤维糊精分解为葡萄糖（图 3-3）。

半纤维素是由几种不同类型的单糖构成的细胞壁多糖类的总称。不同来源的半纤维素其成分也各不相同。聚甘露糖和聚半乳糖是由一种单糖缩合而成，而木聚糖、阿拉伯聚糖、半乳聚糖等则是由几种单糖缩合而成。半纤维素酶（hemicellulase）是一组专一性降解半纤维素的复合酶，主要包括木聚糖酶、半乳聚糖酶、葡聚糖酶、甘露聚糖酶、阿拉伯聚糖酶等，其中许多半纤维素的完全降解需要多种酶的共同参与（高培基，2003）。

在采后病害的发展过程中，尽管寄主组织的腐烂和细胞的死亡与病原物产生的胞外果胶酶活性密切相关，但病原物分泌的纤维素酶和半纤维素酶也参与了这个复杂的过程。有研究者认为，纤维素酶是在发病的后期起作用（Bateman and Basham，1976）。但也有研究表明，在柑橘绿霉病和青霉病症状出现之前的潜育期，指状青霉和意大利青霉产生的外切葡聚糖酶活性较高，症状的严重程度与病原物分泌的纤维素酶活性之间存在正相关。在互隔交链孢侵染的番茄果实中，正常后熟果实中的纤维素酶活性要显著高于不能后熟的 *nor* 突变体果实（Barkai-Golan，2001）。

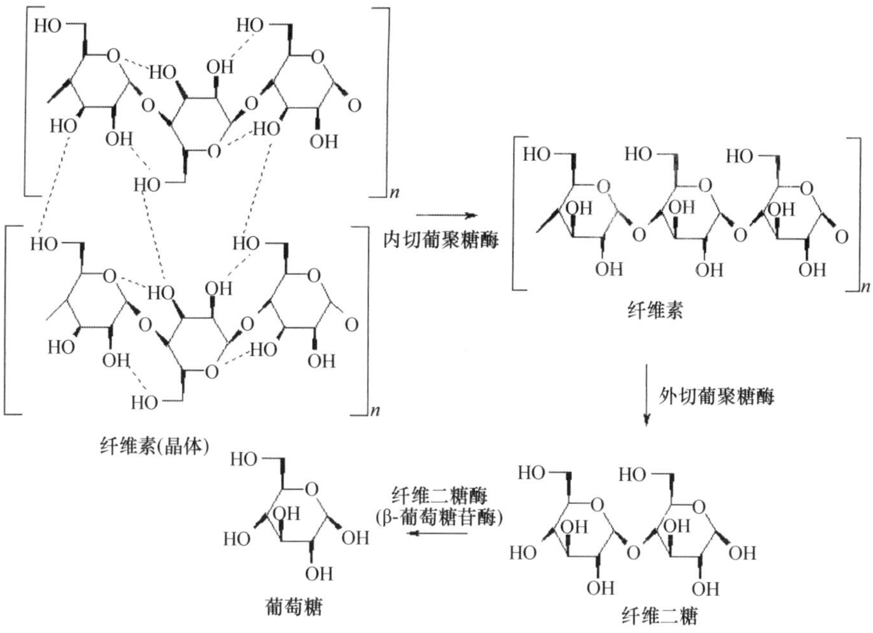

图 3-3 纤维素酶的作用原理

（四）其他酶

病原菌还能产生一些降解细胞膜和细胞内物质的酶，如脂酶、蛋白酶、淀粉酶等，用以降解磷脂、蛋白质和淀粉等成分。其中，磷脂酶（phospholipase）是一类能使甘油磷脂水解的酶，包括 A、B、C、D 四种，它们分别作用于甘油磷脂分子中不同的酯键。其中，磷脂酶 D 是重要的真菌胞外酶，其活力大小与真菌的致病性关系密切，其主要作用是降解细胞膜中的磷脂，破坏细胞膜的完整性，增强真菌的致病性（王金生，1999）。

二、胞外酶的作用机制

现已证明降解酶在病原菌侵入、寄主组织浸解和细胞死亡中起关键作用。大多数病原真菌均能分泌各种细胞壁降解酶，降解寄主细胞壁的各种多糖，从而破坏寄主的细胞壁，达到侵入寄主的目的。在病原物的直接侵入中起作用的主要是角质酶，该酶可使孢子或附着胞下角质层分解，形成有光滑边缘的圆形侵入孔（王义勋等，2011）。果胶酶在破坏中胶层和初生壁，使细胞分离、组织浸解中发挥了关键作用；纤维素酶和半纤维素酶也参与了寄主细胞壁的破坏。因此，共同导致了软腐症状的出现。例如，匐枝根霉产生的细胞壁降解酶导致了甜瓜果实组织的快速软烂（陈尚武和张维一，1998）。由于细胞壁被细胞壁降解酶分解后，丧失了对原生质体的有效包裹和支撑，原生质体会因膨压增加引起膜破裂和膜伸展，直接导致了细胞的死亡（何若天等，1994）。

三、影响胞外酶产生的因素

（一）病原菌的种类

不同病原物侵染寄主时产生胞外酶的种类和水平存在差异。例如，匐枝根霉侵染甜瓜组织时，菌丝可分泌大量的果胶甲酯酶、多聚半乳糖醛酸酶和果胶甲基半乳糖醛酸酶（张桂芝等，2006）；而半裸镰孢侵染甜瓜时可分泌高活力的果胶甲酯酶、果胶裂解酶和纤维素酶，但缺少果胶水解酶（陈尚武和张维一，1998）。致病力强的硫色镰孢（*Fusarium sulphureum*）侵染马铃薯块茎时产生的胞外酶活性要显著高于致病力弱的接骨木镰孢（*F. sambucinum*），且胞外酶的活性高峰出现的更早（图 3-4）。

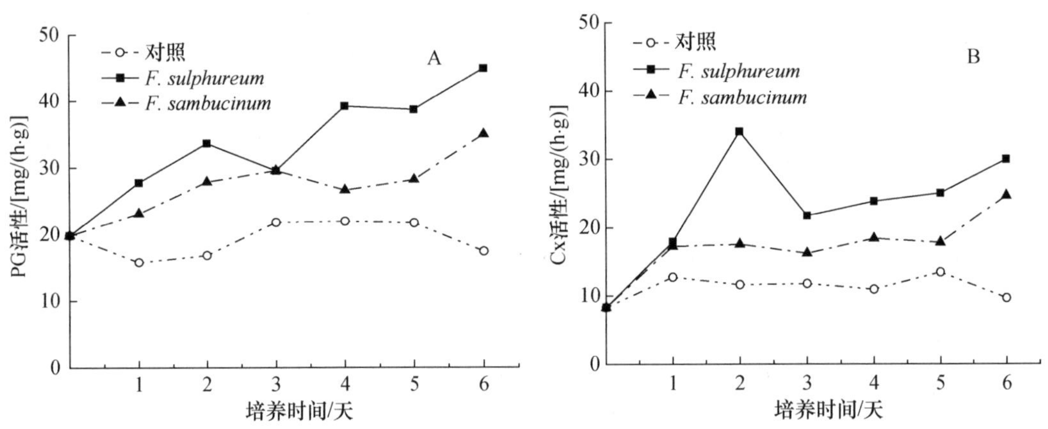

图 3-4　硫色镰孢（*F. sulphureum*）和接骨木镰孢（*F. sambucinum*）侵染马铃薯块茎切片后 PG（A）和 Cx（B）的活性变化

（二）培养条件

不同病原物在不同培养条件下产生胞外酶的种类也不尽相同（Nema，2001）。以纤维素为碳源的培养液中含有较多的外切葡聚糖酶，而以果胶和蔗糖为碳源时该酶活性则非常低。其中，以果胶为碳源时果胶甲基半乳糖醛酸酶活性很高。此外，培养的温湿度条件不仅影响病原物的生长发育，也会对胞外酶的活性产生影响。

（三）其他因素

金属离子可影响病原物胞外酶的产生。灰葡萄孢产生的多聚半乳糖醛酸酶活性会受到 Ca^{2+}的抑制，可能与 Ca^{2+}和多聚半乳糖醛酸发生了交联作用有关（Cabanne and Doneche，2002）；二价离子会抑制核盘菌产生的胞外酶活性，但 Mg^{2+}却能促进多聚半乳糖醛酸酶和果胶甲酯酶的活性（Marciano et al.，1983）。同样，Ca^{2+}也会促进尖孢镰孢产生果胶酶（Paquin and Coulombe，1962）。

酚类物质可抑制病原物胞外酶的分泌和活性。例如，邻苯二酚、对苯二酚、对羟基苯甲酸丁酯均能显著抑制匐枝根霉和半裸镰孢的多聚半乳糖醛酸酶、果胶甲酯酶与纤维素酶产生及活性（张桂芝等，2006）；香豆酸、高香草酸和原儿茶酸等会抑制核盘菌的胞外酶活性（Marciano et al.，1983）。

四、胞外酶的合成调控

胞外酶的合成受底物或底物降解产物的诱导和抑制。病原物产生的有些降解酶基础水平很低。当有底物存在时，基础水平酶作用后的产物对该病原物的产酶活性有明显的增强作用，如角质单体对角质酶的诱导和二聚体半乳糖醛酸对果胶水解酶的诱导等（李江华等，2009；Pio and Macedo，2008）。病原物侵染具有完整角质结构的寄主时，首先被诱导的是角质酶，接着是果胶酶和半纤维素酶，最后是纤维素酶(赵蕾和张天宇，2002)。胞外酶的这种诱导作用和分解代谢物的抑制作用之间会形成一定的平衡关系。胞外酶受底物或底物降解产物的诱导，当底物降解产物浓度很高时，又会抑制这些酶的活性。

第二节 毒 素

毒素是病原物的次生代谢产物，是病原物与寄主间相互识别、相互作用的介质，是病程中起重要作用的有毒物质。病斑处所呈现的软腐、坏死等症状大多与毒素有关。因此，了解毒素及其作用机理对于认识病原物与寄主的互作具有十分重要的意义。毒素不仅与病原物的致病密切相关，而且还可通过抑制和干扰蛋白质和核酸合成、导致免疫抑制，从而直接危害人和家畜的健康。

一、毒素的类型

根据产生的病原物类型将毒素划分为真菌毒素（mycotoxin）和细菌毒素（bacteriotoxin）两大类。导致果蔬采后病害发生的主要是真菌毒素，细菌毒素与果蔬采后病害发生的关系不大。真菌毒素大多数为小分子的次生代谢产物，主要包括环状肽、类萜烯、低聚糖、聚乙醇酰、生物碱、脂、酯、多糖及糖苷，以及芳环、杂环化合物及其衍生物等（董金皋，1997）。根据对寄主的选择性，可将真菌毒素分为寄主专化性毒素（host specific toxin，HST）和非寄主专化性毒素（non-host specific toxin，NHST）两大类。前者对寄主具有较高的选择性，即只对产生该毒素的病原物感病寄主表现毒性，而对抗病寄主或非寄主不表现毒性，这类毒素主要与潜伏侵染性病害的发生密切相关，是直接决定病原真菌致病性的重要因素。后者对寄主不表现选择性，即所为害的寄主种类要比产生该毒素的病原物种类要多，这类毒素主要由青霉、曲霉、镰刀菌和交链孢等真菌产生，不仅与采后病害的发生密切相关，而且也会造成部分果蔬的安全隐患。

（一）寄主专化性毒素

能够产生寄主专化性毒素的采后病原真菌主要包括交链孢、刺盘孢和长蠕孢等。目前已确定化学结构和编码毒素基因的寄主专化性毒素有：AK、AM、AF、HV 毒素等（Rieko et al.，2006；祁高富等，2000）。

AK-毒素是 1933 年 Tanaka 从梨上的菊池交链孢（*Alternaria kikuchiana*）中发现的第

一个寄主专化性毒素（图 3-5）。该毒素从孢子萌发时就开始产生，一个萌发的孢子大约可产生 1×10^6μg 的 AK-毒素（Tsuge et al.，1985）。AK-毒素对寄主的选择性很强，低于 2.5×10^{-8} mol/L 的 AK-毒素就能使感病梨品种幼叶叶脉出现坏死，而抗性品种即使采用 2.5×10^{-3}mol/L 也不表现毒性（Park et al.，1976）。热处理（50℃ 5s 或 55℃ 2s）能使感病梨组织中的 AK-毒素完全失活，但抗病性品种却不存在这种效果。据此推测，AK-毒素的寄主专化性机制存在于感病品种。用 AK-毒素接种感病梨叶片可使组织原生质膜透性机能出现障碍，进而导致电解质的异常渗漏（Otani et al.，1985）。

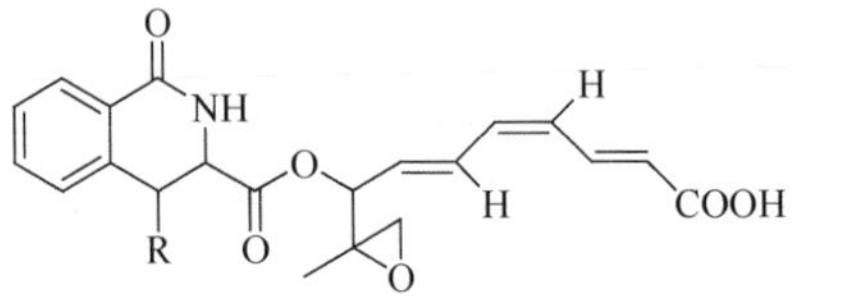

AK-毒素Ⅰ：R=CH_3；AK-毒素Ⅱ：R=H

图 3-5　AK-毒素的结构

AM-毒素最早是从苹果交链孢（*Alternaria mali*）中发现的一类寄主专化性毒素（图 3-6）。AM-毒素由 3 种结构类似的缩酚酞组合而成，其中 AM-毒素Ⅰ对感病苹果品种的敏感浓度为 10^{-9}mol/L，而对抗病苹果品种的敏感浓度为 10^{-5}mol/L。AM-毒素对感病苹果细胞的作用机制与 AK-毒素对梨的作用机制基本一致（Damann et al.，1974）。AM-毒素引起的膜透性障碍主要表现为 K^+的透过障碍，当加入 Ca^{2+}后会产生显著的促进作用。AM-毒素对感病苹果的叶绿体具有毒性，但对花瓣等其他非绿色器官却不表现毒性。AM-毒素引起的坏死斑的形成在阳光下会受到抑制，但该毒素对细胞膜和叶绿体的作用不受光的影响（王江柱和董金皋，1995）。

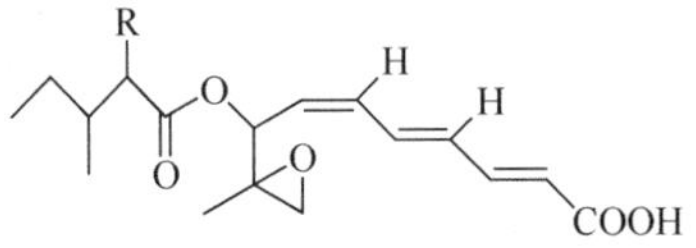

AF-毒素Ⅰ：R=COCH(OH)C$(CH_3)_2$OH；AF-毒素Ⅱ：R=H；
AF-毒素Ⅲ：R=COCH(OH)CH$(CH_3)_2$

图 3-6　AF-毒素的结构式

AF-毒素是由簇生交链孢（*Alternaria fragariae*）产生的一种寄主专化性毒素，可引起草莓的黑斑病。AF-毒素有Ⅰ、Ⅱ、Ⅲ三种分离物（图 3-6），其中Ⅰ可引起草莓和日本梨坏死，Ⅱ只能引起梨叶脉坏死，Ⅲ对草莓具很高的毒性，但对梨的毒性不强（Maekawa et al.，1984）。

长蠕孢菌（*Helminthosporium*）是一类重要的致病真菌，该属中的病原菌可产生毒素诱致寄主发病。该属病原菌产生的寄主专化性毒素有 6 种，分别为由燕麦维多利亚叶枯病菌（*H. victoriae*）产生的 HV-毒素、由玉米圆斑炭色蠕孢菌（*H. carbonu*）1 号小种产生的 HC-毒素、由甘蔗长蠕孢菌（*H. sacchari*）产生的 HS-毒素、由玉米小斑菌（*H. maydis*）群体中 T 小种产生的 HMT-毒素、由玉米大斑病菌在活体外产生的 HT-毒素及由玉米小斑菌（*H. maydis*）群体中 C 小种产生的 HMC-毒素。这些毒素主要对单子叶或双子叶植物表现致病。

（二）非寄主专化性毒素

主要由青霉、曲霉、交链孢、镰刀菌、木霉、单端孢、头孢霉、漆斑霉、轮枝孢和黑色葡萄状穗霉等属的真菌产生。

展青霉素（patulin），又名棒曲霉素，由曲霉属的棒曲霉，青霉属的扩展青霉、展青霉和曲青霉等产生。分子式 $C_7H_6O_4$，相对分子质量 154，化学名称 4-羟基-4-氢-呋喃(3,2 碳)并吡喃-2(6 氢)酮，是一种杂环内酮结构化合物（图 3-7）。展青霉素固体为无色针状晶体，熔点 110℃，易溶于水、乙醇、丙醇、乙酸乙酯和氯仿等有机溶剂，微溶于乙醚和苯，不溶于石油醚。展青霉素主要存在于被扩展青霉侵染的苹果、梨、桃和葡萄中，对人畜具有广泛而强烈的毒性作用（Sant'Anaa et al.，2008）。另外，该毒素还可以改变细胞膜的透性、抑制生物大分子的合成，消耗细胞中的非蛋白质巯基，最终导致细胞活性丧失（张艺兵等，2006）。

青霉酸（penicillic acid，PA）主要由橄榄绿青霉、软毛青霉、赭青霉、圆弧青霉、马顿青霉等产生。分子式 $C_8H_{10}O_4$，相对分子质量 170.16，化学名称 3-甲氧基-5-甲基-4-氧代-2,5-乙二烯酸，属多聚乙酰类化合物（图 3-7）。青霉酸固体为无色针状晶体，熔点 83℃，易溶于热水、乙醇、乙醚和氯仿等，不溶于戊烷、己烷等有机溶剂（郭乐等，2008）。青霉酸主要存在于霉变的玉米中及腐烂的苹果和梨中，对人畜具有一定的毒性作用（陈智等，2007）。

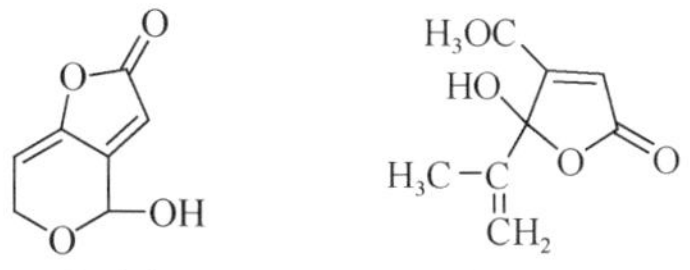

图 3-7　展青霉素和青霉酸的化学结构

单端孢霉烯族毒素（trichothecene）是一类化学性质相关的真菌毒素，主要由镰刀菌、木霉、单端孢、头孢霉、漆斑霉、轮枝孢和黑色葡萄状穗霉等属的真菌产生。现已经鉴定出 200 余种，基本结构为四环的倍半萜。根据其化学结构，可分为 A、B、C、D 四类，其中以 A 型和 B 型较为常见，A 型在 C8 位上有羟基（—OH）或酯基（—COOR），如 T-2 毒素（T-2 toxin，T-2）、HT-2 毒素（HT-2 toxin，HT-2）、蛇形毒素（diacetoxyscirpenol，DAS）、新茄病镰刀菌烯醇（neosolaniol，NEO）。B 型在 C8 位上有羰基（—C＝O），如脱氧雪腐镰刀菌烯醇（deoxynivalenol，DON）、雪腐镰刀菌烯醇（nivalenol，NIV）、3-乙酰基脱氧雪腐镰刀菌烯醇（3-acetyldeoxynivalenol，3ADON）、15-乙酰基脱氧雪腐镰刀菌烯醇（15-acetyldeoxynivalenol，15ADON）、镰刀菌烯醇（fusarenon X，Fus-X）（Zou et al.，2012）（图 3-8）。上述毒素多为白色针状晶体，易溶于乙腈、氯仿、丙酮和乙酸乙酯等极性溶剂，不溶于正己烷、正戊烷等弱极性溶剂（薛华丽等，2013）。室温下非常稳定，加热也很难破坏。

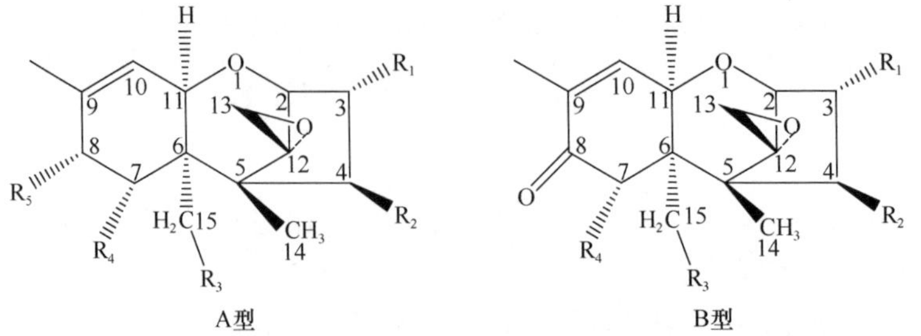

图 3-8 单端孢霉烯族毒素的基本结构

在被镰刀菌侵染的马铃薯块茎及粉红单端孢侵染的苹果果实中均能检出单端孢霉烯族毒素（Xue et al.，2013；Tang et al.，2015）。该类毒素对人畜具有潜在的致癌、致畸、致突变毒性。可通过抑制和干扰人和动物体内的蛋白质和核酸合成，从而对人畜健康产生免疫抑制（Rocha et al.，2005）。

镰孢菌酸（fusaric acid，FA）又称萎蔫酸、镰刀菌酸。主要由尖孢镰孢等多种镰刀菌产生。镰孢菌酸分子式 $C_{10}H_{13}NO_2$，相对分子质量 179，化学名称 5-丁基-2-吡啶甲酸（图 3-9）。固体纯品为无色片状晶体，熔点 98℃，易溶于水、乙醇等强极性溶剂，不溶于正戊烷、正己烷等弱极性溶剂。常温下不稳定，在 224nm 和 268nm 波长处有两个明显的紫外吸收峰。

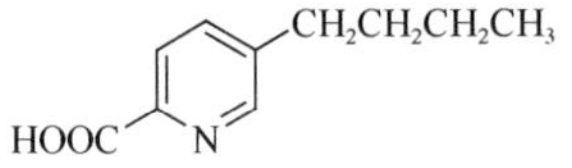

图 3-9 镰孢菌酸的结构式

在香蕉和马铃薯等果蔬中均可检测到镰孢菌酸的存在（陈石等，2011；Drysdale，1984），该毒素对人畜具有一定的毒性效应，如对小鼠（经口）半数致死量（LD_{50}）为 230mg/kg。镰孢菌酸可导致寄主萎蔫、褪绿和坏死。

交链孢霉毒素是由交链孢产生的一类有毒代谢产物的总称，已发现的交链孢毒素有 40 多种，根据其毒性和分子结构的不同可分为二苯吡喃酮、四价酸和戊醌三大类。二苯吡喃酮类主要包括交链孢酚（alternariol，AOH）、交链孢酚单甲醚（alternariol monomethyl ether，AME）、交链孢烯（altenuene，ALT）。交链孢酚分子式 $C_{14}H_{10}O_5$，相对分子质量 258，无色针状晶体，熔点 350℃。交链孢酚单甲醚分子式 $C_{15}H_{12}O_5$，相对分子质量 272，无色晶体，熔点 267℃。交链孢烯分子式 $C_{15}H_{16}O_6$，相对分子质量 292，无色针状或柱状晶体，熔点 190℃，交链孢酚、交链孢酚单甲醚和细交链孢菌酮酸的结构如图 3-10 所示。

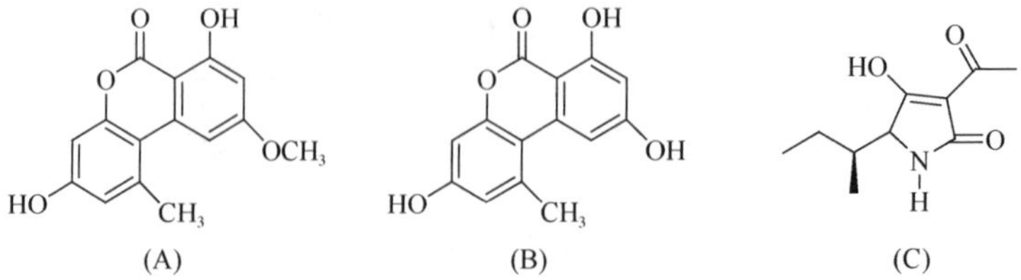

图 3-10 交链孢酚（A）、交链孢酚单甲醚（B）和细交链孢菌酮酸（C）的结构式

交链孢酚和交链孢酚单甲醚常在较低的温度和避光条件下产生，在低温贮藏感染黑斑病的果蔬中常能检出交链孢酚、交链孢酚单甲醚和交链孢烯。这些毒素对人畜具有广泛的毒性效应，不过其致死毒性相对较低，中毒后的动物主要表现为体重减轻。四价酸类毒素中的细交链孢菌酮酸（tenuazonicacid，TA）是交链孢毒素中最重要的一种，分子式 $C_{10}H_{15}NO_3$，相对分子质量 197，棕色黏胶状。该毒素主要存在于感染黑斑病的番茄中，较高的温度和稳定的湿度有利于毒素产生。细交链孢菌酮酸具有催吐和心血管毒性，中毒动物表现多涎、呕吐、厌食血液浓缩，造成循环系统损伤和出血性胃肠病，致动物死亡。

戊醌类主要包括交链孢毒素Ⅰ（altertoxinⅠ，ATX-Ⅰ）、交链孢毒素Ⅱ（altertoxin Ⅱ，ATX-Ⅱ）、交链孢毒素Ⅲ（altertoxin Ⅲ，ATX-Ⅲ）三种（图 3-11）。其中的 ATX-Ⅰ分子式 $C_{20}H_{16}O_6$，相对分子质量 352，黄色无定型晶体，主要存在于被交链孢侵染的各类果蔬中。该类毒素的急性毒性较低。

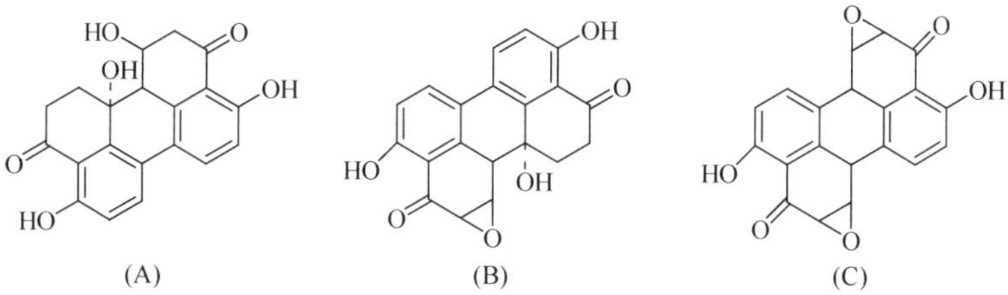

HO OH O OH O HO (A)
OH O HO OH O O (B)
O O OH HO O O (C)

图 3-11　交链孢毒素Ⅰ（A）、Ⅱ（B）和Ⅲ（C）的结构式

二、影响毒素产生的因素

真菌毒素是病原物在其自然生长过程中产生的一种次生代谢产物，同时也是病原物适应外界环境的一种反应，以提高其生存竞争能力。因此，真菌毒素的产生既受病原物与寄主内因的调控，也受外界环境的影响（张岳平，2011）。

（一）影响真菌毒素产生的内部因素

真菌毒素的产生与病原物细胞的分化与生长关系密切，孢子形成与产孢等过程与毒素的生成具有密切的正相关。在敲除影响产孢和菌丝生长的基因后，突变体的毒素生成受到明显抑制。例如，将禾谷镰孢的周期蛋白 C 类似蛋白基因（cyclin-C-like gene，CID1）基因敲除后，突变体的脱氧雪腐镰刀菌烯醇产量显著降低，同时突变体也出现了营养生长、产孢和繁殖等方面的缺陷（Zhou et al.，2009）。真菌毒素的产生还与果蔬品种的抗病性密切相关。比较“富士”、“国光”和“金冠”三个苹果品种受扩展青霉侵染后不同病斑直径棒曲霉素的积累时发现，“金冠”的棒曲霉素积累量最大，“国光”在病斑直径 1cm 时积累量最低，“富士”在病斑直径 2cm 和 3cm 时积累量最小（刘华峰等，2010）。此外，真菌毒素的产生还受病原物菌种的影响。接种硫色镰孢（*Fusarium sulphureum*）的马铃薯块茎镰刀菌烯醇（Fus-X）、3-乙酰基脱氧雪腐镰刀菌烯醇（3ADON）和蛇形毒素（DAS）浓度显著高于接种接骨木镰孢（*F. sambucinum*）和茄病镰孢（*F. solani*）的；而接种茄病镰孢的块茎 T-2 毒素的浓度均高于接种硫色镰孢和接骨木镰孢的（Xue et al.，2014）（图 3-12）。

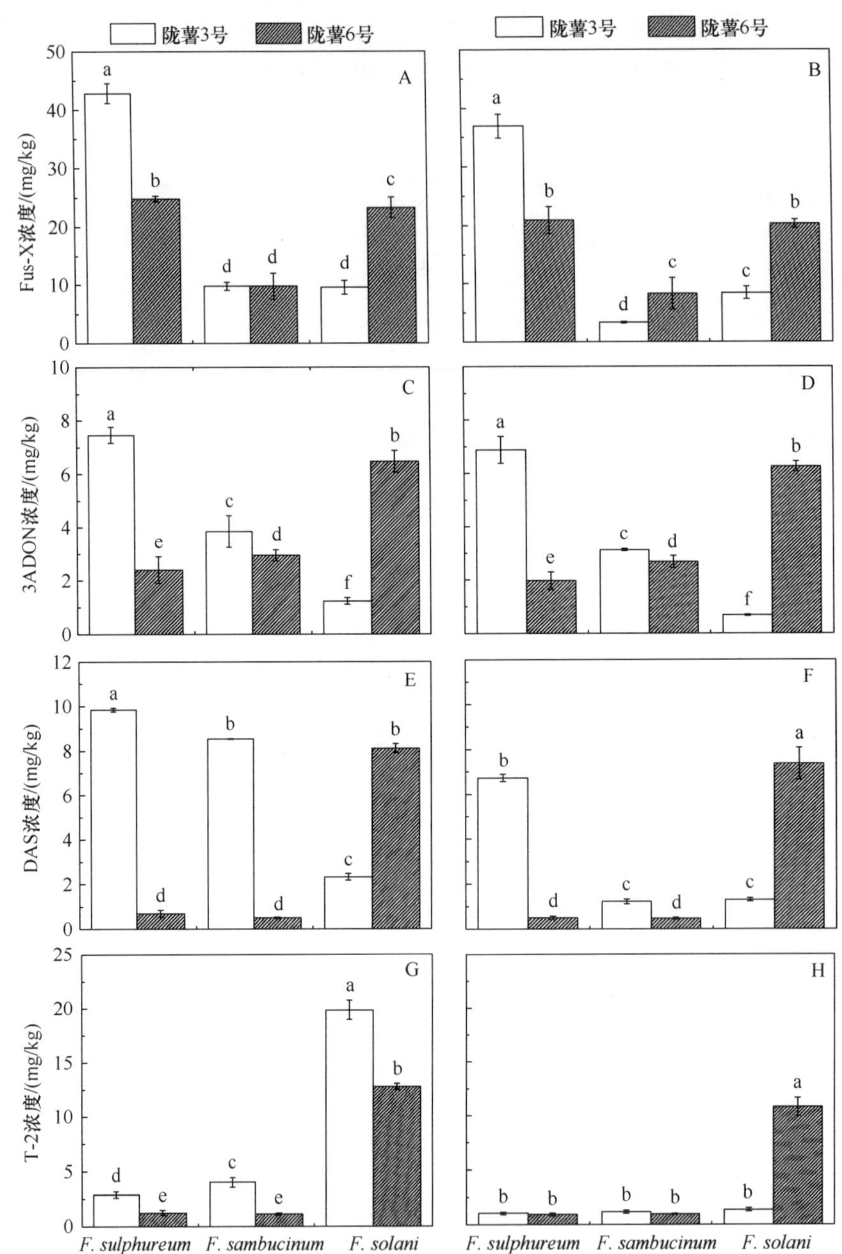

图 3-12　不同镰刀菌菌株、马铃薯品种和贮藏温度对块茎体内 Fus-X、3ADON、DAS 和 T-2 积累的影响

（二）影响真菌毒素产生的环境条件

温度、湿度、碳源、氮源及环境 pH 等环境条件同样也对真菌毒素的产生具有重要的影响。最有利于硫色镰孢体外产毒的条件是 Richard 培养基、22.2℃、pH5.1、振荡培养 12 天（唐亚梅等，2014）。增加碳源可以增加或减少与碳代谢有关的毒素的合成，氮源增加有利于病原物体内氮的积累，从而抑制毒素合成的酶活性。例如，在轮枝镰孢中，伏马菌素的合成与碳源存在一定的正相关，外界糖浓度的增加有利于伏马菌素的生物合

成。而氨基酸等氮源与伏马菌素的合成存在显著的负相关，将氨基酸的浓度从 10g/L 降至 1g/L 时，伏马菌素产量显著增加；当改用铵盐作为氮源时，表现为高浓度抑制伏马菌素产生的作用（张岳平，2011）。温度对真菌毒素的产生影响很大，室温较低温更有利于 Fus-X、3ADON、DAS 和 T-2 毒素这 4 种单端孢霉烯族毒素在马铃薯块茎中的积累（Xue et al.，2014）（图 3-12）。

三、真菌毒素的作用机制

真菌毒素主要通过一系列的链环反应而伤害寄主。包括对寄主的识别、参与调控生理生化反应、影响超微结构，最终导致寄主在生理、生化和形态结构上发生异常变化。真菌毒素的作用位点主要是在寄主细胞质膜、线粒体等亚细胞结构上，通过破坏细胞膜系统，影响寄主的代谢及能量形成，导致寄主生理失调，直至细胞死亡。由于真菌毒素种类较多，许多毒素的作用机制尚不清楚。

细胞膜透性变化几乎是感病寄主对毒素伤害的一种普遍反应。通常表现为电解质渗漏、质膜电势能去极化和超极化。一些真菌毒素可通过攻击质膜中的膜脂而损伤膜系统，如 T-2 毒素作用于寄主后，可诱导寄主细胞产生大量活性氧，主要以超氧阴离子自由基为主，该自由基或其在寄主体内进一步反应生成的羟自由基均可攻击膜脂中的不饱和脂肪酸，使其发生氧化，从而损伤膜系统，提高膜的透性，引起胞内离子异常外渗。另一些真菌毒素则主要攻击质膜中的膜蛋白，如脱氧雪腐镰刀菌烯醇主要攻击质膜上的 ATP 合酶，从而影响 ATP 的形成（Paciolla et al.，2004；2008）。

膜脂及膜蛋白的损伤均会引起寄主细胞膜通透性的增加，导致胞内电解质离子的异常外渗，膜内外两侧电位的去极化以及膜内外钙离子浓度差的去极化。正常情况下，膜内外两侧存在的电位差及钙离子浓度差对于寄主细胞的胞间及胞内信号转导有着极其重要的意义。当真菌毒素导致的寄主细胞膜两侧的电位及钙离子浓度的去极化发生后必然破坏信号分子在胞内及胞间的传递，从而诱导一系列代谢紊乱的发生，最终导致质膜内陷、局部断裂、膜周围出现电子密集的沉积物等超微结构变化（万佐玺等，2001）。AK-毒素与受体位点（一种含巯基的蛋白质）结合后，首先导致质膜透性的改变，进而引起电介质渗漏，抑制细胞 mRNA 和蛋白质的合成，最终导致质膜凹陷。

有些真菌毒素会损伤线粒体，如镰孢菌酸可刺激 NADH 的氧化或者抑制琥珀酸或苹果酸的氧化，造成氧化磷酸化解偶联，最终导致线粒体损伤，细胞呼吸抑制（Samadi and Behboodi，2006）。随着伤害作用的进一步加剧，线粒体在超微结构上发生显著的改变，如膜结构的破坏、脊膨胀、空泡化、基质电子密度降低、线粒体基质及脊数减少甚至消失等（李海燕等，2005）。另外，毒素还可对液泡、内质网、核糖体和细胞核的超微结构产生伤害，导致细胞核及核糖体膜破裂及泡囊化。

有些真菌毒素可以激活 ATP 合酶，导致细胞内外离子的跨膜运输而造成电势差，继而伤害寄主。镰刀菌酸可抑制寄主的呼吸作用，提高细胞渗透性，引起电解质渗漏，干扰无机离子平衡。该毒素还可与多酚氧化酶产生竞争性抑制。许多毒素引起的寄主坏死或褐变实际上并非毒素的直接作用，而是毒素影响酚类物质代谢的结果，如镰刀菌酸及其衍生物就可以显著抑制多酚氧化酶的活性，从而导致褐变。此外，毒素还可影响寄主水分代谢从而导致失水萎蔫（韩珊等，2008），影响核酸的代谢促进或干扰某些基因的表达（陈茹和刘钟滨，2006）及蛋白质的合成（Miller and Ewen，1997）。

四、真菌毒素的合成与调控

真菌毒素的生物合成与产生受到体内一系列相关功能基因的调控。此外，pH、碳氮比等环境条件也能影响真菌毒素的产生。由于毒素的合成受到病原菌与寄主、病原菌与环境等复杂互作体系的综合调控，很多过程仍不十分清楚。

展青霉素属于聚酮途径代谢物，其生物合成包括 10 步反应（图 3-13）。在展青霉素生物合成基因簇中，最早被克隆出来的两个基因是 6-甲基水杨酸合酶（6-methylsalicylic acid synthetase，*6-MSAS*）（Beck et al.，1990）和异环氧菌素脱氢酶（isoepoxydon dehydrogenase，*IDH*）（Fedeshko，1992），它们位于 40kb 的基因簇中，包含 15 个基因：1 个假定的转录因子基因（*PatL*），3 个转运蛋白（ABC transporter，MFS transporter，acetate transporter）基因（*PatM*、*PatC* 和 *PatA*），2 个功能未知基因（*PatF* 和 *PatJ*），以及 9 个生物合成基因（*PatB*、*PatD*、*PatE*、*PatG*、*PatH*、*PatI*、*PatK*、*PatN* 和 *PatO*）。推测这 15 个基因都参与了展青霉素的生物合成。

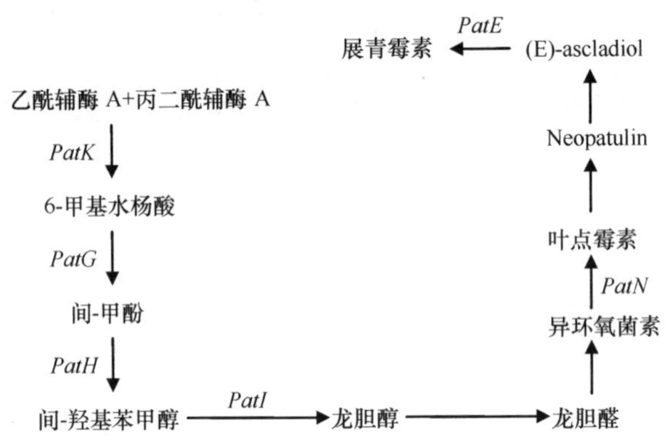

图 3-13 展青霉素的生物合成途径（Moake et al.，2005）

6-MSAS（*PatK*）催化展青霉素生物合成途径的第一步反应，即由 1 分子的乙酰辅酶 A 和 3 分子的丙二酰辅酶 A 合成 6-甲基水杨酸（6-MSA）。*6-MSAS* 被认为是展青霉素合成途径中第一个限速步骤（Neway and Gaucher，1981）。Sanzani 等（2012）在扩展青霉的 *6-MSAS* 基因中插入潮霉素抗性基因，使 *6-MSAS* 基因的完整性受到破坏，展青霉素生成明显受到抑制。早期研究发现，展青霉素的生物合成需要细胞色素 P450 蛋白的参与（Murphy and Lynen，1975）。Artigot 等（2009）在棒曲霉（*Aspergillus clavatus*）中发现了两个细胞色素 P450 类型的蛋白质，间甲酚羟化酶（m-cresol methyl hydroxylase，PatH）和间羟基苯甲醇羟化酶（m-hydroxybenzyl alcohol hydroxylase，PatI）。PatH 催化合成途径的第三步反应，从间甲酚生成间-羟基苯甲醇，然后由间羟基苯甲醇羟化酶（PatI）催化间羟基苯甲醇生成龙胆醇，进而生成龙胆醛。IDH（PatN）催化棒曲霉素合成途径第七步反应，由异环氧菌素生成叶点霉素，这个过程是 NADP 依赖型的（Sekiguchi and Gaucher，1979）。White 等（2006）在扩展青霉中克隆得到 849bp *IDH* 基因片段。

Dombrink-Kurtzman（2008）通过染色体步移的方法在灰黄青霉 *IDH* 基因下游找到一个与异戊醇氧化酶（isoamyl alcohol oxidase，iao）基因有同源性的基因（*PatO*），但是基因功能未知。Artigot 等（2009）通过与黄曲霉素生物合成途径编码基因比对，推测葡萄糖-甲醇-胆碱氧化还原酶（PatE）可能催化棒曲霉素合成途径最后一步反应，即由 ascladiol 生成棒曲霉素（宗元元等，2013）。

单端孢霉烯族毒素的生物合成途径起始于法尼基焦磷酸，在单端孢霉二烯合酶的作用下焦磷酸法呢烯（tFPP）环化形成单端孢霉二烯，后者经过一系列的加氧、异构化、环化和酯化反应形成不同的单端孢霉烯族毒素（图 3-14）。已知参与单端孢霉烯族毒素生物合成的酶类有单端孢霉二烯合酶、两种细胞色素 P450 单加氧酶和乙酰基转移酶。根据对拟枝孢镰孢和黄色镰孢的研究，合成单端孢霉烯族毒素过程中加氧作用发生的先后顺序为：C2（2-羟基单端孢霉二烯）→C12/C13（12,13-环氧基-9,10-单端孢霉烯-2-醇）→C11（异单胞霉三醇）→C9（单端孢木霉醇）→C15（15-脱乙酰基丽赤壳菌毒素）→C4（3,15-二醋酸草镰刀菌烯醇）→新茄病镰刀菌烯醇→T-2 毒素。已经鉴定 B 族单端孢霉烯族毒素生物合成过程中所涉及的基因（*Tri* genes），至少有 10 个基因参与单端孢霉烯族毒素的生物合成（陈利峰，2006）。

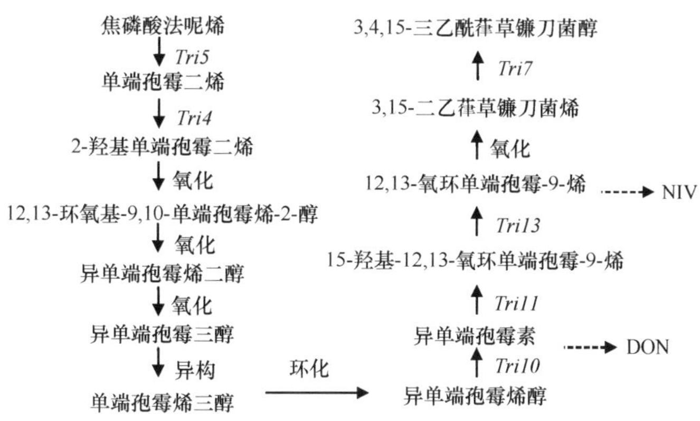

图 3-14　单端孢霉烯族毒素的生物合成（陈利峰，2006）

在禾谷镰孢基因组中，第一个被鉴定和克隆的单端孢霉烯族毒素合成酶基因被命名为 *Tri5*，*Tri5* 基因敲除突变体菌株丧失了产毒能力，用野生型的该基因片段与突变体菌株互补则又能恢复产毒功能，这说明该基因的确参与了禾谷镰孢真菌毒素的生物合成过程，并起重要调控作用。进一步研究发现，在禾谷镰孢基因组中，存在一个以 *Tri5* 基因为中心的 25kb 的基因家族，约包含 12 个相关的单端孢霉烯族毒素合酶基因，分别命名为 *Tri1*、*Tri2*、*Tri3*、*Tri4*、*Tri5*、*Tri6*、*Tri7*、*Tri8*、*Tri9*、*Tri10*、*Tri11* 和 *Tri12*。研究发现，该基因家族中 10 个基因参与了单端孢霉烯族毒素的生物合成，其中 7 个编码该毒素的生物合成酶。空间位置上与 *Tri5* 相连的 *Tri6* 和 *Tri10* 属于调控基因，在生物合成途径中起最关键的作用，在这三个基因中，任何一个敲除突变都会导致禾谷镰孢完全不产毒。除基因调控途径外，外界环境条件（如碳源、氮源和环境 pH 等）也会对毒素的合成产生影响，由于在本章前面“影响毒素产生的因素”中已有叙述，在此不再赘述。

第三节　调控生长环境的 pH

大多数水果组织的 pH 在 3~4，在此条件下细菌的生长会受到明显的抑制，但真菌的生长则不受影响。大多蔬菜组织的 pH 在 4.5~7.0，不仅易被真菌侵染，也易被细菌危害。病原真菌侵染会引起果蔬组织 pH 的变化，以适应其在寄主体内扩展的需要，根据病原真菌造成组织 pH 的变化类型可将其分为碱化真菌和酸化真菌两类（Prusky et al.，2013）。同样，细菌也能够调节其生长环境的 pH，以适于其生长繁殖的需要。总的来讲，生长环境的 pH 是致病过程中的调控因子，寄主 pH 的变化可促进病原物特定基因的表达。

一、碱化真菌

碱化真菌（alkalizing fungi）侵染会导致病斑处组织的 pH 升高。例如，健康鳄梨外表皮 pH 为 5.2，盘长孢状刺盘孢侵染后 pH 升至 7.5~8.0（Yakoby et al.，2000）。番茄果实健康组织的 pH 在 4.1~4.5，随着侵染的进行，侵染点的 pH 可增至 8.0，氨的含量也由 0.2mmol/L 增加到 3.6mmol/L（Alkan et al.，2008；Prusky et al.，2001）。同样，互隔交链孢侵染也能使柿果实组织 pH 显著提高，氨含量明显增加（Eshel et al.，2002）。盘长孢状刺盘孢和互隔交链孢侵染引起的环境碱化是由于病原物蛋白酶活化或氨基酸脱氨导致氨积累的结果（Prusky and Yakoby，2003）。有意思的是，果蔬组织初期的酸性环境被认为是造成病原物在侵染组织中产生氨和组织碱化的必要条件（Alkan et al.，2008；Kramer-Haimovich et al.，2006）。通过构建减少氨分泌的突变体证明，氨积累在刺盘孢致病中是必需的，氨积累是促进刺盘孢在成熟果实中扩展的重要因素（Prusky and Yakoby，2003）。病原物所导致的病斑处 pH 的变化可促进致病因子及相关基因的表达（Denison，2000；Yakoby et al.，2000；Prusky et al.，2001；Eshel et al.，2002；Prusky and Yakoby，2003）。例如，互隔交链孢的内切葡聚糖酶基因在 pH 高于 6.0 的病斑组织中表达量最大，而在 pH 低的潜伏侵染组织中没有表达（Eshel et al.，2002）；盘长孢状刺盘孢的果胶裂解酶 *pel*B 基因在 pH 高于 5.7 时表达且其表达水平与组织的碱化程度呈正相关（Yakoby et al.，2000，2001）；参与 pH 调节的转录因子基因 *pac*1 的表达模式与 *pel*B 一致，表明它们同时被调控或 *pac*1 调控 *pel*B 的表达（Denison，2000）；用Δ*pac*1 突变的盘长孢状刺盘孢菌株接种鳄梨发现，*pel*B 的转录水平降低了 85%，果胶裂解酶的分泌延迟，病原物的致病力明显降低（Miyara et al.，2008）。

二、酸化真菌

酸化真菌（acidifying fungi）真菌侵染会导致病斑处的 pH 降低。例如，扩展青霉、指状青霉、意大利青霉、灰葡萄孢和核盘菌能通过分泌有机酸使组织酸化而增强致病性（Prusky and Yakoby，2003；Manteau et al.，2003；Ruijter et al.，1999）。青霉侵染能促使苹果和柑橘果实病斑处的组织酸化，扩展青霉可使苹果健康果肉组织的 pH 从 3.95~4.31 降至病斑组织的 3.63~3.88，指状青霉和意大利青霉同样也能够导致柑橘果实的 pH 下降

（Prusky et al.，2004）。核盘菌在侵染中所引起的 pH 降低与草酸的分泌相关，可使寄主的 pH 降至 4.0（Rollins and Dickman，2001）。不同的灰葡萄孢菌株对葡萄藤及豆科植物叶片侵染所造成病斑直径的大小与该菌株在离体条件下产生的草酸含量有关（Germeier et al.，1994）。草酸是否直接参与致病尚不清楚，其更可能是病原物的协同致病因子（Manteau et al.，2003）。

青霉可通过两种途径导致组织酸化，一是产生有机酸，主要为柠檬酸和葡萄糖酸；二是大量的 H^+外流。指状青霉和意大利青霉侵染均导致腐烂果实组织中产生大量的柠檬酸和葡萄糖酸，能使寄主 pH 降低 0.5~1 个单位。但扩展青霉侵染导致组织酸化所积累的有机酸主要为苹果酸和柠檬酸（Prusky and Yakoby，2003），扩展青霉分泌的有机酸与曲霉类似（Ruijter et al.，1999）。通过调节葡萄糖酸在侵染区的含量变化来分析葡萄糖酸分泌对扩展青霉在苹果果实中扩展的作用时发现，高 *gox*2 转录水平的扩展青霉菌株具有较高的葡萄糖氧化酶（GOX）活性并且能分泌大量的葡萄糖酸，进而导致病害迅速扩展。同时，在腐烂组织边缘检测到了较高 *gox*2 表达水平及葡萄糖氧化酶活性。由此表明，葡萄糖氧化酶参与了果实腐烂组织的酸化（Hadas et al.，2007）。病斑组织中有机酸的积累，尤其是葡萄糖酸的积累与扩展青霉、丝核菌和灰葡萄孢的致病性具有显著的正相关，丝核菌受环境 pH 调控产生的草酸也可满足其扩展的需要（Rollins and Dickman，2001；Manteau et al.，2003）。

pH 响应基因部分是通过具有锌指结构的转录因子 *pac*1 的调控。*pac*1 转录产物的积累与环境 pH 的增加同步，环境 pH 会增强水解草酰乙酸产生草酸的草酰乙酸酶的活性，进而促进草酸的积累（Rollins and Dickman，2001）。病原物草酸的分泌受环境 pH 的调控，反过来造成环境酸化的草酸积累又被认为是酸性 pH 调控过程的调节子。对于来源于丝核菌且 *pac*C 基因同源的 *pac*1 功能研究表明，尽管草酸的产生是酸性 pH 反应，但用 *pac*1 的突变菌株侵染番茄后草酸的积累减少，同时其致病力也显著降低。由此表明，*pac*1 在病原物的草酸分泌调控中具有重要作用（Rollins，2003）。

环境 pH 的变化能使病原物“筛选”应对特定寄主的专一致病因子。研究发现，每种寄主的环境 pH 条件均能诱导病原真菌表达细胞壁降解酶基因库中特定的基因（Eshel et al.，2002；Prusky and Yakoby，2003）。葡萄糖酸及少量柠檬酸的分泌能够促进扩展青霉果胶水解酶基因的表达，同时酸化的环境还有利于该病原物的扩展（Hadas et al.，2007；Torres and Candelas，2003）。对培养于 pH 3.5~5.0 条件下的扩展青霉内切多聚半乳糖醛酸酶基因 *pepg*l 转录产物积累的分析结果表明，酸化过程是该病原物的致病增强因子。同样，柠檬酸处理通过降低组织 pH 也会促进扩展青霉的扩展。但有机酸处理并不能促进自身 pH 较低的苹果腐烂的发生。相反，$NaHCO_3$ 处理导致了局部组织的碱化，减轻了腐烂（Prusky and Yakoby，2003）。

第四节　活　性　氧

病原物与寄主互作时会产生活性氧（reactive oxygen species，ROS），侵染初期活性氧的大量产生是病原物对寄主侵染的早期事件，在互作中扮演重要的角色（傅爱根等，2000）。活性氧在互作系统中具有两面性，首先，活性氧参与了寄主的抗病防卫反应，如具有直接抑菌作用，参与细胞壁的木质化及富含羟脯氨酸糖蛋白的交联；活性氧还可作为第二信使调控抗病相关基因的表达。其次，过量的活性氧会与细胞中的蛋白质、脂质和核酸反应，造成脂质过氧化、膜损伤和酶钝化，从而对细胞产生毒性（Gonzalez et al.，2010；Bhattacharjee，2005；Foyer et al.，1997；Peng and Kuc，1992；Bradley et al.，1992）。

一般认为，活性氧主要由寄主产生，参与寄主的防卫反应。但也有研究表明，病原物也产生活性氧，且活性氧产量与病原物的致病性存在相关性（Schouten et al.，2002）。例如，灰葡萄孢可在无菌培养液和基质中产生活性氧（Tenberge et al.，2002），由灰葡萄孢的 NADPH 氧化酶（NOX）产生的活性氧在其致病性中起重要作用（Segmuller et al.，2008）。当活性氧水平升高时，灰葡萄孢的致病性更强，活性氧的产生量与病原物的致病性呈正相关（Govrin and Levine，2000；Tiedemann，1997）。灰葡萄孢和核盘菌等病原物的生长和扩展与 H_2O_2 的含量呈正相关（Govrin and Levine，2000）。活性氧的产生也与某些病原物侵染结构的形成相关，如活性氧参与互隔交链孢侵染钉的形成，与该病原物的致病性相关（Hyon et al.，2010）。Brun 等（2009）发现，柄孢霉（*Podospora anserina*）中调节活性氧产生的 NOX 复合物参与了纤维素降解的调控，该病原菌可产生类似附着胞的结构定殖于纤维素上，NOX 决定了这些结构的分化。在其他几个互作系统中同样也观察到病原真菌产生的活性氧具有更强的致病性（Lara-Ortız et al.，2003）。NOX 的突变株对寄主的致病性会显著下降甚至消失。例如，互隔交链孢 *NoxA* 或 *NoxB* 突变株对柑橘叶片的致病力显著低于野生型菌株（Yang and Ghung，2012）。果生链核盘菌孢子接种桃花瓣后，激活了寄主的 NOX，引起寄主组织中 H_2O_2 积累，进而造成寄主脂质和蛋白质的氧化损伤，导致病原物成功侵染花瓣并在花瓣上形成坏死斑。当用对果生链核盘菌的孢子萌发没有抑制效果的抗氧化剂抑制活性氧产生后，侵染便受到抑制（Liu et al.，2013）。镰刀菌与马铃薯块茎互作时也可产生活性氧，且强致病力菌株硫色镰孢产生的活性氧浓度显著高于弱致病力的接骨木镰孢，由活性氧引起的脂质过氧化也更为严重（Bao et al.，2014）（图 3-15）。上述结果表明，活性氧参与了病原物的致病过程，活性氧含量的高低与病原物的致病力密切相关。

活性氧在真菌生长和分化中具有关键的作用，分化是对氧化胁迫的响应（Hansberg and Aguirre，1990）。在正常生长的条件下，活性氧水平较低，活性氧的产生和清除是平衡的。在分化过程中活性氧水平短暂增加，同时诱导活性氧清除系统的上调。例如，在发育过程中观察到的编码特定抗氧化酶的基因上调，在分生孢子形成或子实体形成中出现了活性氧峰值，加入抗氧化剂后分化过程被抑制（Aguirre et al.，2005）。在构巢曲霉（*Aspergillus nidulans*）的子实体发育过程中必需 *Nox*A（Lara-Ortız et al.，2003）。*Nox*1 与柄孢霉（*Podospora anserina*）和粗糙脉孢菌（*Neurospora crassa*）子实体发育密切相关，这两个真菌也都含有 *Nox*B（*Nox*2）成员，它们对子囊孢子的发育也很重要（Cano-Dominguez et al.，2008；Malagnac et al.，2008；2004）。由 Nox 复合体产生的活性氧可能参与了构巢曲霉顶端优势的调控（Semighini and Harris，2008）。一般认为，*Nox*A/B 参与了真菌子实体和多细胞结构的形成及子囊孢子的萌发（Takemoto et al.，2007）。在灰葡萄孢菌核形成中必需 *Nox*A 和 *Nox*B，这也是有性发育中生成子实体的基础（Segmuller et al.，2008）。*Nox*A 与互隔交链孢分生孢子的形成密切相关，*Nox*1 位点破坏后粗糙脉孢菌分生孢子显著减少（Cano-Dominguez et al.，2008）。

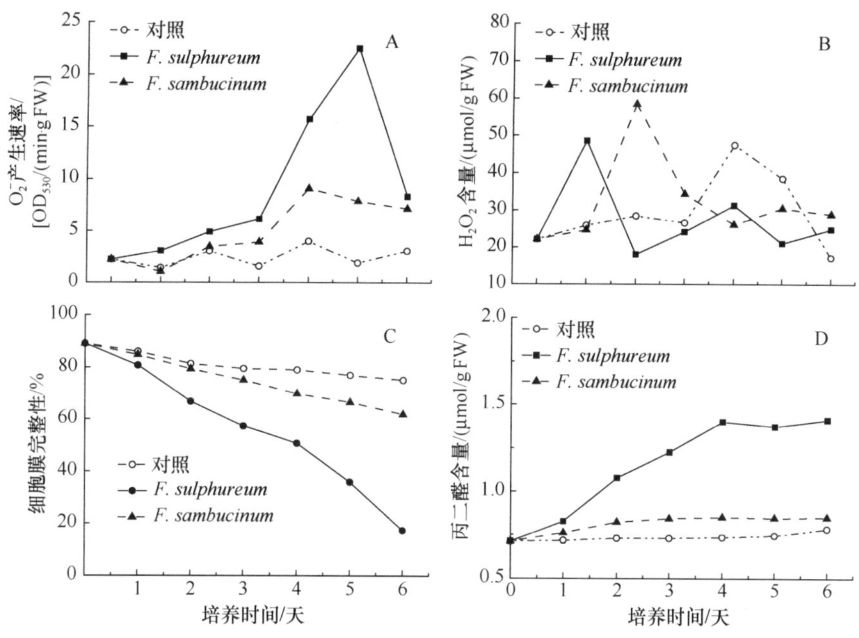

图 3-15　硫色镰孢（*Fusarium sulphureum*）和接骨木镰孢（*F. sambucinum*）接种马铃薯块茎切片后O_2^-产生速率（A）、H_2O_2含量（B）、细胞膜完整性（C）和丙二醛（MDA）含量（D）的变化

参考文献

陈利峰. 2006. 镰刀菌单端孢霉烯族毒素的生物合成途径. 农业生物技术学报, 1: 85-89.
陈茹, 刘钟滨. 2006. 黄曲霉菌 *aflR* 基因启动子序列变异与黄曲霉毒素产生相关联. 细胞生物学杂志, 28: 912-916.
陈尚武, 张维一. 1998. 匍枝根霉和半裸镰刀菌侵染甜瓜果实产生的细胞壁降解酶与侵染方式. 植物病理学报, 28: 55-60.
陈石, 李春雨, 易干军, 等. 2011. 尖镰孢菌致病机理研究进展. 中国农学通报, 27: 74-78.
陈智, 邬静, 袁慧. 2007. 青霉酸的研究进展. 动物营养与饲料科学, 34: 28-30.
董金皋. 1997. 寄主选择性真菌毒素与植物病害特异性. 见: 董金皋, 李树正. 植物病原真菌毒素研究(第一卷). 北京: 中国科学技术出版社, 8-15.
傅爱根, 罗广华, 王爱国. 2000. 活性氧在植物抗病反应中的作用. 热带亚热带植物学报, 8: 63-69.
高培基. 2003. 纤维素酶降解机制及纤维素酶分子结构与功能的研究进展. 自然科学进展, 13: 21-29.
郭乐, 晏晖云, 袁慧. 2008. 青霉酸毒性研究进展. 动物医学进展, 29: 94-96.
韩珊, 朱天辉, 李芳莲. 2008. 植物病原真菌毒素作用机理研究进展. 四川林业科技, 29: 26-30.
何若天, 覃伟, 李任强. 1994. 甘蔗和烟草叶原生质体分离期间的膜损伤及有关酶活性变化. 植物生理学报, 20: 100-104.
黄俊丽, 李常军, 王贵学. 2006. 微生物果胶酶的分子生物学及其应用研究进展. 生物技术通讯, 17: 992-994.
李海燕, 肖淑琴, 刘惕若. 2005. 辣椒疫霉菌粗毒素对叶片组织超微结构的影响. 园艺学报, 32: 713-715.
李江华, 刘龙, 陈晟, 等. 2009. 角质酶的研究进展, 生物工程学报, 25: 1289-1237.
刘华峰, 韩舜愈, 盛文军, 等. 2010. 腐烂苹果中棒曲霉素的分布研究. 食品科学, 31: 51-53.
祁高富, 杨斌, 叶建仁. 2000. 植物病原真菌毒素研究进展. 南京农业大学学报, 24: 66-70.
唐亚梅, 薛华丽, 毕阳, 等. 2014. 硫色镰刀菌(*Fusarium sulphureum*)体外产毒条件的筛选. 食品科学, 35: 100-104.
万佐玺, 朱晶晶, 强胜. 2001. 链格孢菌毒素对紫茎泽兰的致病机理. 植物资源与环境学报, 10: 47-50.
王江柱, 董金皋. 1995. 寄主选择性植物病原真菌毒素致病机制研究现状. 河北农业大学学报, 18: 101-106.
王金生. 1999. 分子植物病理学. 北京: 中国农业出版社, 33-36.
王义勋, 柳艳军, 陈敏, 等. 2011. 真菌角质酶研究进展. 湖北林业科技, 4: 35-39.
薛华丽, 毕阳, 王毅, 等. 2013. 单端孢霉烯族毒素毒性、检测和脱毒研究进展. 食品科学, 34: 350-355.
杨志敏, 毕阳, 李永才, 等. 2013. 马铃薯干腐病菌侵染过程中切片组织细胞壁降解酶的变化. 中国农业科学, 45: 127-134.

张桂芝，杨世忠，张维一. 2006. 酚类物质对哈密瓜两种主要致腐病原产生的细胞壁降解酶活性的影响. 食品科学, 27: 125-129.

张维一，毕阳. 1996. 果蔬采后病害与控制. 北京：中国农业出版社.

张艺兵，鲍蕾，褚庆华. 2006. 农产品中真菌毒素检测分析. 北京：化学工业出版社.

张岳平. 2011. 镰刀菌真菌毒素产生与调控机制研究进展. 生命科学, 23: 311-316.

赵蕾，张天宇. 2002. 植物病原菌产生的降解酶及其作用. 微生物学通报, 29: 89-93.

宗元元，李博强，秦国政，等. 2013. 棒曲霉素对果品质量安全的危害及其研究进展. 中国农业科技导报, 15: 36-41.

宗兆锋，康振生. 2002. 植物病理学原理. 北京：中国农业出版社, 214.

Aguirre J, Rios-Momberg M, Hewitt D, et al. 2005. Reactive oxygen species and development in microbial eukaryotes. Trends in Microbiology, 13: 111-118.

Alkan N, Fluhr R, Sherman A, et al. 2008. Role of ammonia secretion and pH modulation on pathogenicity of *Colletotrichum coccodes* on tomato fruit. Molecular Plant-microbe Interactions, 21: 1058-1066.

Artigot M P, Loiseau N, Laffitte J. 2009. Molecular cloning and functional characterization of two CYP619 cytochrome P450s involved in biosynthesis of patulin in *Aspergillus clavatus*. Microbiology, 155: 1738-1747.

Bao G H, Bi Y, Li Y C, et al. 2014. Overproduction of reactive oxygen species involved in the pathogenicity of *Fusarium* in potato tubers. Physiological and Molecular Plant Pathology, 86: 35-42.

Barkai-Golan R. 2001. Postharvest Diseases of Fruits and Vegetables: Development and Control. Amsterdam: Elsevier Science B. V.

Bateman D F, Basham H G. 1976. Degradation of plant cell walls and membranes by microbial enzymes. Physiological Plant Pathology, 4: 316-355.

Beck J, Ripka S, Siegner A. 1990. The multifunctional 6-methylsalicylic acid synthase gene of *Penicillium patulum*. Journal of Europe Biochemistry, 192: 487-498.

Bhattacharjee S. 2005. Reactive oxygen species and oxidative burst: roles in stress, senescence and signal transduction in plants. Current Science, 88: 1113-1121.

Bradley D J, Kjellbom P, Lamb C J. 1992. Elicitor- and wound- induced oxidative cross-linking of a proline-rich plant cell wall protein: a novel, rapid defense response. Cell, 70: 21-30.

Brun S, Malagnac F, Bidard F, et al. 2009. Functions and regulation of the nox family in the filamentous fungus *Podospora anserina*: a new role in cellulose degradation. Molecular Microbiology, 74: 480-496.

Cabanne C, Doneche B. 2002. Purification and characterization of two isozymes of polygalacturonase from *Botrytis cinerea*: effect of calcium ions on polygalacturonase activity. Microbiological Research, 157: 183-189.

Caffallk H, Mohnen D. 2009. The structure, function, and biosynthesis of plant cell wall pectic polysaccharides. Carbohydrate Research, 344: 1879-1900.

Cano-Dominguez N, Alvarez-Delfin K, Hansberg W, et al. 2008. NADPH oxidases NOX-1 and NOX-2 require the regulatory subunit NOR-1 to control cell differentiation and growth in *Neurospora crassa*. Eukaryotic Cell, 7: 1352-1361.

Chen Z, Franco C F, Baptista R P, et al. 2007. Purification and identification of cutinases from *Colletotrichum kahawae* and *Colletotrichum gloeosporioides*. Applied Microbiology and Biotechnology, 73: 1306-1313.

Chiu C M, You B J, Chou C M, et al. 2013. Redox status-mediated regulation of gene expression and virulence in the brown rot pathogen *Monilinia fructicola*. Plant Pathology, 62: 809-819.

Collmer A, Keen N T. 1986. The role of pectic enzymes in plant pathogenesis. Annual Review of Phytopathology, 24: 383-409.

Damann K E, Gardner J M, Scheffer R P. 1974. An assay for *Helminthosporium victoriae* toxin based on induced leakage of electrolytes from oat tissue. Phytopathology, 64: 652-654.

Denison S H. 2000. pH regulation of gene expression in fungi. Fungal Genetics and Biology, 29: 61-71.

Dombrink-Kurtzman A M A. 2008. Gene having sequence homology to isoamyl alcohol oxidase is transcribed during patulin production in *Penicillium griseofulvum*. Current Microbiology, 56: 224-228.

Drysdale R B. 1984. The production and significance in phytopathology of toxins produced by species of *Fusarium*. British Mycological Society Symposium Series, 256-262.

Dutta K, Sen S, Veeranki V D. 2009. Production, characterization and applications of microbial cutinases. Process Biochemistry, 44: 127-134.

Eshel D, Miyara I, Ailinng T, et al. 2002. pH regulates endo-glucanase expression and virulence of *Alternaria alternata* in persimmon fruits. Molecular Plant-Microbe Interactions, 15: 774-779.

Eugene R, Hong J P, Myeong O K. 2001. Expression of exo-polygalacturonases in *Botrytis cinerea*. FEMS Microbiology Letters, 201: 105-109.

Fedeshko R W. 1992. Polyketide enzymes and genes. Canada: University of Calgary, Doctor Thesis.

Foyer C H, Lopez-Delgado H, Dat J F, et al. 1997. Hydrogen peroxide- and glutathione-associated mechanisms of acclimatory stress tolerance and signaling. Physiologia Plantarum, 100: 241-254.

Germeier C, Hedke K, Tiedemann A V. 1994. The use of pH-indicators in diagnostic media for acid-producing plant pathogens. Z Pflanzenkr Pflanzenschutz, 101: 498-507.

Gonzalez A G A, Villa-Rodriguez J A, Ayala-Zavala J F, et al. 2010. Improvement of the antioxidant status of tropical fruits as a secondary response to some postharvest treatments. Trends Food Science Technology, 21: 475-482.

Govrin E M, Levine A. 2000. The hypersensitive response facilitates plant infection by the necrotrophic pathogen *Botrytis cinerea*. Current Biology, 10: 751-757.

Gummadi S N, Panda T. 2003. Purification and biochemical properties of microbial pectinases/a review. Process Biochemistry, 38: 987-996.

Hadas Y, Goldberg I, Pines O, et al. 2007. The relationship between expression of glucose oxidase, gluconic acid accumulation, acidification of host tissue and the pathogenicity of *Penicillium expansum*. Phytopathology, 97: 384-390

Hansberg W, Aguirre J. 1990. Hyperoxidant states cause microbial cell differentiation by cell isolation from dioxygen. Journal of Theoretical Biology, 142: 201-221.

Henk A S, Edwin J B, Dick S. 1995. A xylogalacturonan subunit present in the modified hairy regions of apple pectin. Carbohydrate Research, 279: 265-279.

Hyon G H, Ikeda K, Hosogi N, et al. 2010. Inhibitory effects of antioxitant reagent in reactive oxygen species generation and penetration of appressoria of *Alternaria alternata* Japanese pear pathotype. Biochemical and Cell Biology, 100: 840-847.

Kohmoto K, Otani H. 1991. Host recognition by toxigenic plant pathogens. Cellular and Molecular Life Sciences, 47: 755-764.

Kramer-Haimovich H, Servi E, Katan T, et al. 2006. Effect of ammonia production by *Colletotrichum gloeosporioides* on *pel*B activation, pectate lyase secretion, and fruit pathogenicity. Applied and Environmental Microbiology, 72: 1034-1039.

Lara-Ortiz T, Riveros R H, Aguirre J. 2003. Reactive oxygen species generated by microbial NADPH oxidase NoxA regulate sexual development in *Aspergillus nidulans*. Molecular Microbiology, 50: 1241-1255.

Liu J, Macarisin D, Wisniewski M. 2013. Production of hydrogen peroxide and expression of ROS generating genes in peach flower petals in response to host and non-host fungal pathogens. Plant Pathology, 62: 820-828.

Maekawa N, Yamamoto M, Nishimura S, et al. 1984. Studies on host-specific AF-toxins produced by *Alternaria alternata* strawberry pathotype causing *Alternaria* black spot of strawberry: (2)Role of toxins in pathogenesis. Annals of the Phytopathological Society of Japan, 50: 610-619.

Malagnac F, Bidard F, Lalucque H, et al. 2008. Convergent evolution of morphogenetic processes in fungi: role of tetraspanins and NADPH oxidases 2 in plant pathogens and saprobes. Communicate Integrate Biology, 1: 180-181.

Malagnac F, Lalucque H, Lepere G, et al. 2004. Two NADPH oxidase isoforms are required for sexual reproduction and ascospore germination in the filamentous fungus *Podospora anserina*. Fungal Genetics Biology, 41: 982-997.

Manteau S, Abouna S, Lambert B, et al. 2003. Differential regulation by ambient pH of putative virulence factors secretion by the phytopathogenic fungus *Botrytis cinerea*. FEMS Microbiology Ecology, 43: 359-366.

Marciano P, Lenna P D, Magro P. 1983. Oxalic acid, cell wall-degrading enzymes and pH in pathogenesis and their significance in the virulence of two *Sclerotinia sclerotiorum* isolates on sunflower. Physiological Plant Pathology, 22: 339-345.

Marin-rodriguez M C, Orchard J, Seymour G B. 2002. Pectate lyases, cell wall degradation and fruit softening. Journal of Experimental Botany, 53: 2115-2119.

Miller J D, Ewen M A. 1997. Toxic effects of deoxynivalenol on ribosomes and tissues of the spring wheat cultivars Frontana and Casavant. Natural Toxins, 5: 234-237.

Miyara I, Shafran H, Kramer-Haimovich H, et al. 2008. Multi-factor regulation of pectate lyase secretion by *Colletotrichum gloeosporioides* pathogenic on avocado fruits. Molecular Plant Pathology, 9: 281-291.

Moake M M, Padilla-Zakour O I, Worobo R W. 2005. Comprehensive review of patulin control methods in foods. Comprehensive Review Food Science and Food Safe, 1: 8-21.

Murphy G, Lynen F. 1975. Patulin biosynthesis: the metabolism of m-hydroxybenzyl alcohol and m-hydroxybenzaldehyde by particulate preparations from *Penicillium patulum*. European Journal of Biochemistry, 58: 467-475.

Nema A G. 2001. Production of cellulolytic enzymes by *Xanthomonas campestris* pv. Fici, causing angular leaf-spot of papal. Advances in Plant Sciences, 14: 173-177.

Neway J, Gaucher G M. 1981. Intrinsic limitations on the continued production of the antibiotic patulin by *Penicillium urticae*. Canadian Journal of Microbiology, 27: 206-215.

Otani H, Kohmoto K, Nishimura S, et al. 1985. Biological activities of AK-toxins Ⅰ and Ⅱ, host-specific toxins from *Alternaria alternata* Japanese pear pathotype. Annals of the Phytopathological Society of Japan, 51: 285-293.

Paciolla C, Dipierro N, Mulè G, et al. 2004. The mycotoxins beauvericin and T-2 induce cell death and alteration to the ascorbate metabolism in tomato protoplasts. Physiological and Molecular Plant Pathology, 65: 49-56.

Paciolla C, Ippolito M P, Logrieco A, et al. 2008. A different trend of antioxidant defence responses makes tomato plants less susceptible to beauvericin than to T-2 mycotoxin phytotoxicity. Physiological and Molecular Plant Pathology, 72: 3-9.

Pagel W, Heitefuss R. 1990. Enzyme activities in soft rot pathogenesis of potato tubers: Effects of calcium, pH, and degree of pectin esterification on the activities of polygalacturonase and pectate lyase. Physiological and Molecular Plant Pathology, 37: 9-25.

Paquin R, Coulombe L J. 1962. Pectic enzyme synthesis in relation to virulence in *Fusarium oxysporum* f. *lycopersici* (Sacc.) Snyder and Hansen, Canadian Journal of Botany, 40: 533-541.

Park P, Fukutomi M, Akai S. 1976. Effect of the host-specific toxin from *Alternaria kikuchiana* on the ultrastructure of plasma membranes of cells in leaves of Japanese pear. Physiological Plant Pathology, 9: 167-174.

Peng M, Kuc J. 1992. Peroxidase-generated hydrogen peroxide as a source of antifungal activity in vitro and on tobacco leaf disks. Phytopathology, 82: 696-699.

Piccoli-Valle R H, Passos F J V, Brandi I V. 2003. Influence of different mixing and aeration regimens on pectin lyase production by *Penicillium griseoroseum*. Process Biochemistry, 38: 849-854.

Pickersgill R, Smith D, Worboys K, et al. 1998. Crystal structure of polygalacturonase from *Erwinia carotovora* ssp. *carotovora*. The Journal of Biological Chemistry, 273: 24 660-24 664.

Pio T F, Macedo G A. 2008. Cutinase production by *Fusarium oxysporum* in liquid medium using central composite design. Journal of Industry Microbiology and Biotechnology, 35: 59-67.

Prusky D, Alkan N, Mengiste T, et al. 2013. Quiescent and necrotrophic lifestyle choice during postharvest disease development. Annual Review of Phytopathology, 51: 155-176.

Prusky D, McEvoy J L, Leverentz B, et al. 2001. Local modulation of host pH by *Colletotrichum* species as a mechanism to increase virulence. Molecular Plant-Microbe Interactions, 14: 1105-1113.

Prusky D, McEvoy J L, Saftner R, et al. 2004. The relationship between host acidification and virulence of *Penicillium* spp. on apple and citrus fruit. Phytopathology, 94: 44-51.

Prusky D, Yakoby N. 2003. Pathogenic fungi: leading or led by ambient pH? Molecular Plant Pathology, 4: 509-516.

Rabinovch M L, Mlnick M S, Bolobova A V. 2002. The structure and mechanism of action of cellulolytic enzymes. Biochemistry, 67: 850-871.

Rieko H, Akihisa S, Sheila R, et al. 2006. DNA transposon fossils present on the conditionally dispensable chromosome controlling AF-toxin biosynthesis and pathogenicity of *Alternaria alternata*. Journal of General Plant Pathology, 72: 210-219.

Rocha O, Ansari K, Doohan F M. 2005. Effects of trichothecene mycotoxins on eukaryotic cells: a review. Food Additives and Contaminants, 22: 369-378.

Rollins J A, Dickman M B. 2001. pH signaling in *Sclerotinia sclerotiorum*: Identification of a pacC/RIM1 homolog. Applied and Environmental Microbiology, 67: 75-81.

Rollins J A. 2003. The *Sclerotinia sclerotirum pac*1 gene is required for sclerotial development and virulence. Molecular Plant-Microbe Interactions, 16: 785-795.

Ruijter G J G, van de Vondervoort P J, Visser J. 1999. Oxalic acid production by *Aspergillus niger*: an oxalate-non-producing mutant produces citric acid at pH 5 and in the presence of manganese. Microbiology, 145: 2569-2576.

Samadi L, Behboodi B S, 2006. Fusaric acid induces apoptosis in saffron root-tip cell: roles of caspase-like activity, cytochrome c, and H_2O_2. Planta, 225: 223-234.

Sant'Anaa A S, Rosenthalb A, Massaguera P R. 2008. The fate of patulin in apple juice processing: a review. Internal of Food Research, 41: 441-453.

Sanzani S M, Reverberi M, Punelli M. 2012. Study on the role of patulin on pathogenicity and virulence of *Penicillium expansum*. International of Journal Food Microbiology, 153: 323-331.

Schouten A, Tenberge K B, Vermeer J, et al. 2002. Functional analysis of an extracellular catalase of *Botrytis cinerea*. Molecule Plant Pathology, 3: 227-238.

Segmuller N, Kokkelink L, Giesbert S, et al. 2008. NADPH oxidases are involved in differentiation and pathogenicity in *Botrytis cinerea*. Molecular Plant, 21: 808-819.

Sekiguchi J, Gaucher G M. 1979. Isoepoxydon, a new metabolite of the patulin pathway in *Penicillium urticae*. Journal of Biochemistry, 182: 445-453.

Semighini C P, Harris S D. 2008. Regulation of apical dominance in *Aspergillus nidulans* hyphae by reactive oxygen species. Genetics, 179: 1919-1932.

Sonia L, Christian C. 1999. Structure-activity of cutinase, a small lipolytic enzyme. Biochimica et Biophysica Acta(BBA). Molecular and Cell Biology of Lipids, 1441: 185-196.

Takemoto D, Tanaka A, Scott B. 2007. NADPH oxidase in fungi: diverse roles of reactive oxygen species in fungal cellular differentiation. Fungal Genetics Biology, 44: 1065-1076.

Tang Y, Xue H, Bi Y, et al. 2015. A method of analysis for T-2 toxin and neosolaniol by UPLC-MS/MS in apple fruit inoculated with *Trichothecium roseum*. Food Additive and Contaminants-Part A, Chemistry, Analysis, Control, Exposure and Risk Assessment, 32: 480-487.

Tenberge K B, Beckedorf M, Hoppe B, et al. 2002. In situ localization of AOS in host-pathogen interactions. Microscopy and Microanalysis, 8: 250-251.

Tiedemann A V. 1997. Evidence for a primary role of active oxygen species in induction of host cell death during infection of bean leaves with *Botrytis cinerea*. Physiological and Molecular Plant Pathology, 50: 151-166.

Tobias R, Conway W S, Sams S E. 1993. Polygalacturonase isozymes from *Botrytis cinerea* on apple pectin. Biochemistry Molecular and Biology Internal, 30: 829-837.

Torres P S, Candelas L G. 2003. Isolation and characterization of genes differentially expressed during the interaction between apple fruit and *Penicillium expansum*. Molecular Plant Pathology, 4: 447-457.

Tsuge T, Nishimura S, Omura S, et al. 1985. Metabolic regulation of host-specific toxin production in *Alternaria alternata* pathogens suppression of toxin production from germinating spores by chemical treatments. Annals of the Phytopathological Society of Japan, 51: 277-284.

Tsujimoto I, Nishimura M, KomotoK, et al. 1976. Use of AK-toxin in the diagnosis of susceptibility to *Alternaria kikuchianain* trees of Nijisseiki Japanese pear. Annals of the Phytopathological Society of Japan Nihon Shokubutsubyori Gakkai Ho., 42: 87-88.

van der Vlugt-Bergman C J B, Meeuwsen P J A, Voragen A G J. 2000. Endo-xylogalacturonan hydrolase, a novel pectinolytic enzyme. Applied and Environmental Microbiology, 66: 36-41.

Weisenborn P, Meder H, Egmond M R. 1996. Photophysics of the single tryptophan residue in *Fusarium solani* cutinase: evidence for the occurrence of conformational substrates with unusual fluorescence behaviour. Biophysical Chemistry, 58: 281-288.

Wheeler M M, Zhou X G, Scharf M E, et al. 2007. Molecular and biochemical markers for monitoring dynamic shifts of cellulolytic protozoa in *Reticulitermes flavipes*. Insect Biochemistry and Molecular Biology, 37: 1366-1374.

White S, O'Callaghan J, Dobson A D W. 2006. Cloning and molecular characterization of *Penicillium expansum* genes up-regulated under conditions permissive for patulin biosynthesis. FEMS Microbiology Letter, 255: 17-26.

Xue H L, Bi Y, Tang Y M, et al. 2014. Effect of cultivars, *Fusarium* strains and storage temperature on trichothecenes production in inoculated potato tubers. Food Chemistry, 151: 236-242.

Xue H L, Bi Y, Wei J M, et al. 2013. New method for the simultaneous analysis of types A and B trichothecenes by ultrahigh-performance liquid chromatography in potato tubers inoculated with *Fusarium sulphureum*. Journal of Agricultural and Food Chemistry, 61: 9333-9338.

Yakoby N, Beno-Moualem D, Keen N T, et al. 2001. *Colletotrichum gloeosporioides pel*B, is an important factor in avocado fruit infection. Molecular Plant-microbe Interactions, 14: 988-995.

Yakoby N, Kobiler I, Dinoor A, et al. 2000. pH regulation of pectate lyase secretion modulates the attack of *Colletotrichum gloeosporioides* on avocado fruits. Applied and Environmental Microbiology, 66: 1026-1030.

Yang S L, Ghung K R. 2012. The NADPH oxidase-mediated production of hydrogen peroxide(H_2O_2)and resistance to oxidative stress in the necrotrophic pathogen *Alternaria alternata* of citrus. Molecular Plant Pathology, 13: 900-914.

Zhou X G, Smith-Joseph A, Oi F M. 2007. Correlation of cellulase gene expression and cellulolytic activity throughout the gut of the termite *Reticulitermes flavipes*. Gene, 395: 29-39.

Zhou X, Heyera C, Choi Y E. 2009. The CID1 cyclin C-like gene is important for plant infection in *Fusarium graminearum*. Fungal Genetics and Biology, 47: 143-151.

Zou Z Y, He Z F, Li H J, et al. 2012. Development and application of a method for the analysis of two trichothecenes: deoxynivalenol and T-2 toxin in meat in China by HPLC-MS/MS. Meat Science, 90: 613-617.

第四章　寄主对病原物的防御

在病原物与寄主互作期间，寄主自身也并非完全处于被动的被病原物分解破坏的状态。相反，寄主会对侵染的病原物进行抵抗。病原物必须在克服寄主的防卫抵抗之后，才能够有效获取所需的营养物质，以维持其在寄主组织内生长发育的需要（Sánchez-Estrada et al.，2009）。因此，采后病害的发生与否还取决于寄主抗病性反应的强弱，如果寄主的抗病性反应强烈，病害的发生就会延缓甚至终止。寄主的抗病性包括主动抗病性和被动抗病性两个方面，前者是寄主对病原物侵染作出的主动反应，包括结构改变及抗性反应增强；后者是植物体内预先存在的抗病特性，包括较厚的表皮结构和较高的抗菌物质含量（Vanitha et al.，2009）。

第一节　表皮结构及其成分

果蔬的表皮结构及其成分在抵御采后病原物的侵入方面具有十分重要的作用（张维一和毕阳，1996）。病原物侵染引起的细胞壁结构变化的主要特征是乳突、周皮的形成（Chen and Kim，2009；Jeun et al.，2000）。乳突是病原物侵入时在侵染点下形成的半球状结构，是寄主受病原物刺激后新的碳水化合物在侵入点沉积的结果。周皮是植物根、茎外表由木栓层、木栓形成层和栓内层共同组成的复合组织。次生生长时周皮代替表皮起保护作用。植物受伤或受侵染后细胞重新分裂可形成创伤周皮，由于形成层的活动使受侵染的细胞与健康细胞分离，最后脱去受侵染细胞。周皮细胞中通常含有栓质、木质素和其他一些尚未鉴定的坚韧物质。乳突和周皮具有抵抗病原物酶解和阻止病原物侵入和扩展的作用。

一、角质层

角质层由非水溶性的生物聚脂膜——角质和包埋于角质层的疏水性蜡质构成，包括上表皮蜡质层和镶嵌在角质层内部的蜡质，角质中的蜡质积累形成内部蜡质，并且在表皮上积累形成上表皮晶体（Buschhaus and Jetter，2011），位于表皮细胞的外缘，紧贴细胞壁的果胶层（图 4-1）。

角质层是病原物侵入果蔬的第一个屏障，伤口和采后处理会破坏角质层的完整性，从而加速各种病原物的侵染（Lara et al.，2014）。角质是由 C16 或 C18 的羟基和环氧脂肪酸组成的聚脂。前者为二羟棕榈酸，后者主要是 ω-羟基油酸、ω-羟基-9,10-环氧硬脂酸、9,10,18-三羟基硬脂酸和 C12 位含有另一双键的类似物（Nawrath and Poirier，2008；Pollard et al.，2008；Samuels et al.，2008；Bonaventure，2004）。在多数植物器官中，角质由以上各种单位组成。单体之间主要通过伯醇酯键连接，少数以仲醇酯键连接。角质层的厚度一般为 0.5~14μm。角质层特殊的物理及化学特性使其能有效阻止水分蒸腾、防止紫外线伤害、减少机械损伤及病虫的入侵。

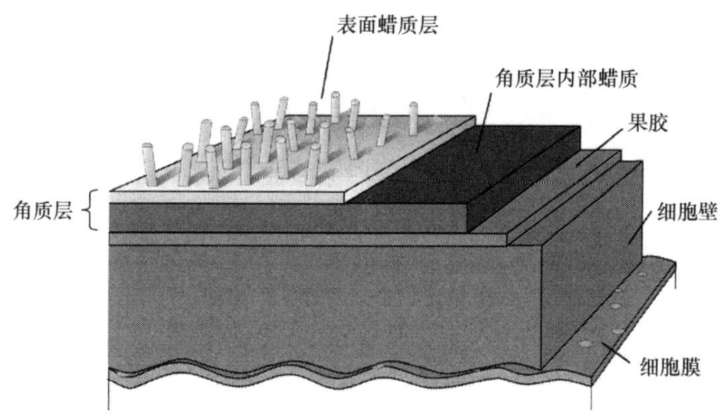

图 4-1　表皮基本结构示意图（Koch and Ensikat，2008）

角质层的抗病作用首先在于其作为化学和物理屏障防止真菌孢子萌发和穿透寄主组织，角质层的厚度与抵挡真菌穿透组织的能力有关。某些角质层中还含有抑制真菌的化学物质。例如，具有较厚角质层和细胞壁的樱桃果实对褐腐病的抵抗性较强。较厚的角质层在寄主抗性能力的增强方面可以表现为：良好的抗外力破坏能力；较强的抑制病原物的穿透能力；较多的胞外酶抑制物质；限制止细胞液的扩散，以及水和营养物质进入孢子萌发和侵入所需的微环境（Lara et al.，2014）。抗病的桃果实比感病果实具有更厚的角质层和更致密的表皮结构，侵入期和潜育期也更长。此外，角质层的疏水性可以防止水膜在表面形成，使水滴中的真菌孢子不易在表面滞留。同时，角质层还可防止细胞内营养成分向外扩散，不利于病原物在表面的定殖（Domínguez，2003；Kolattukudy，1985）。

二、蜡质层

蜡质层分布于果蔬产品的表面，凹凸不平并呈各种形状的突起。蜡质中的脂肪类成分主要是含 C21~C40 的碳骨架复杂化合物。这些化合物的合成取决于脂肪酸合成酶配位延伸酶的作用，再进一步经过含氧取代基的添加和脱除碳原子反应即可形成（Kolattukudy et al.，1995）。蜡质层的作用是防止水分蒸腾，抑制病原物在寄主表面黏附。

蜡质结构可调控病原物的侵入和侵染结构的形成，寄主表皮蜡质结构损坏或溶解易导致病原物的侵染（Yin et al.，2011）。蜡质厚度与番茄果实对灰霉病，以及桃果实对褐腐病的抗性均呈正相关（Adaskaveg et al.，1991）。Biggs 和 Northover（1989）发现，蜡质较厚的樱桃果实内褐腐病菌的潜育期较长，发病率也较低。用氯仿去除蜡质的辣椒果实表面有较多的盘长孢状刺盘孢萌发分生孢子、附着胞和侵染菌丝。此外，病原物的侵染及症状的形成与果皮的蜡质厚度呈明显负相关（Oh et al.，1999）。盘长孢状刺盘孢分生孢子的产生随辣椒果实表皮蜡质层厚度的增加而减少（Manandhar et al.，1995）。抗褐腐病的桃果实表皮较厚且结构致密，从而延缓了病原物穿透表皮和侵入的时间，延长了潜育期（Adaskaveg et al.，1991）。较厚的表皮蜡质结构在增强寄主抗性方面主要表现为：提高抗机械损伤的能力，降低伤口病原物的侵染率，阻止细胞内溶物的外渗，限制孢子萌发和侵染所需的水分和营养物质供给（Lara et al.，2014）。

蜡质成分作为识别的信号分子在寄主-病原物互作中也起着重要作用（Isaacson et al.，2009；Gabler et al.，2003；Belding et al.，2000；Carver et al.，1990）。对盘长孢状刺盘孢等易形成附着胞的病原物来说，其孢子的附着和萌发依赖于寄主表皮蜡质化学信号分子的刺激（Podila et al.，1995）。蜡质成分对病原物孢子萌发和附着胞的形成作用具有专一性（Kolattukudy et al.，1995），例如，鳄梨果实表皮蜡质组分中 C24 和长链脂肪醇能刺激盘长孢状刺盘孢的孢子萌发和附着胞形成，而非寄主植物，如花椰菜、大白菜、菜豆叶片和甘薯块根的蜡质则会抑制该病原物附着胞的形成（Podila et al.，1995）。此外，鳄梨蜡质中的萜类化合物也能诱导盘长孢状刺盘孢附着胞的形成（Kolattukudy et al.，1995）。占蜡质成分 5%的 C30~C32 脂肪醇能诱导盘长孢状刺盘孢的孢子萌发，而其他长链脂肪醇只能抑制附着胞形成。由此表明，蜡质中同时含有孢子萌发和附着胞形成的激活剂和抑制剂，其含量高低决定病程。

三、周皮

周皮是某些果蔬的表皮保护结构。马铃薯块茎的自然周皮由新生表皮组织形成（Vreugdenhil，2007），形成后会在之前表皮组织的气孔上形成皮孔（Peterson and Barker，1979）。马铃薯块茎周皮由木栓层、木栓形成层和栓内层构成，各层细胞结构差异较大（图 4-2）。木栓层由块茎表皮的栓化矩形细胞构成；木栓形成层则是能够产生相邻木栓的分生组织细胞层；栓内层是周皮最内层的细胞层，由木栓形成层产生（Sabba and Lulai，2005）。正常情况下，马铃薯块茎的皮孔被木栓层覆盖，防止了软腐细菌的侵入。如果将木栓层去除，细菌就很容易通过皮孔侵入（Sabba and Lulai，2002，2004，2005）。木栓质也称软木脂，与角质相似，是羟基脂肪酸的聚合物。木栓化细胞中也含蜡质，在防止病原物侵染中起屏障作用（Pollard et al.，2008；Graca and Santos，2007）。木栓质是一个复杂的生物聚酯，由聚酚软木酯（SPP）和聚酯软木酯（SPA）通过甘油交联，其中有蜡质嵌入，层积在细胞壁的内侧（Bernards，2002），可防止水分蒸腾（Graca and Santos，2007）。马铃薯的木栓质构型如图 4-3 所示。

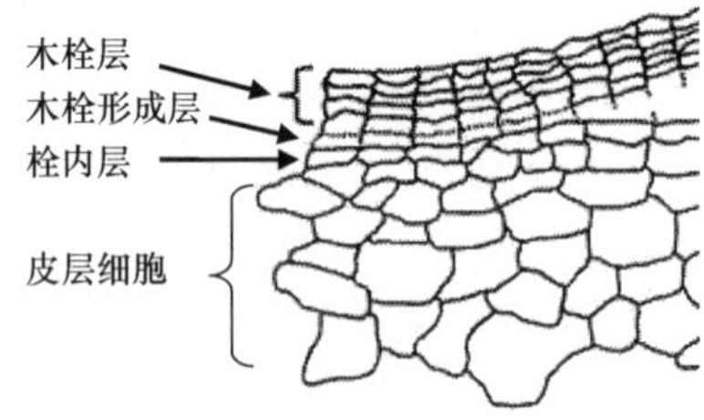

图 4-2 马铃薯块茎的自然周皮（Vreugdenhil，2007）

四、木质素

木质素主要分布于果蔬的表皮细胞中，是复杂的苯丙烷单体聚合物，三种主要单体分别为香豆醇、松柏醇和芥子醇（图 4-4）（Chen et al.，2012；Ralph et al.，2012；Boerjan et al.，2003）。因单体构成不同，可将木质素分为：由紫丁香基丙烷聚合而成的紫丁香

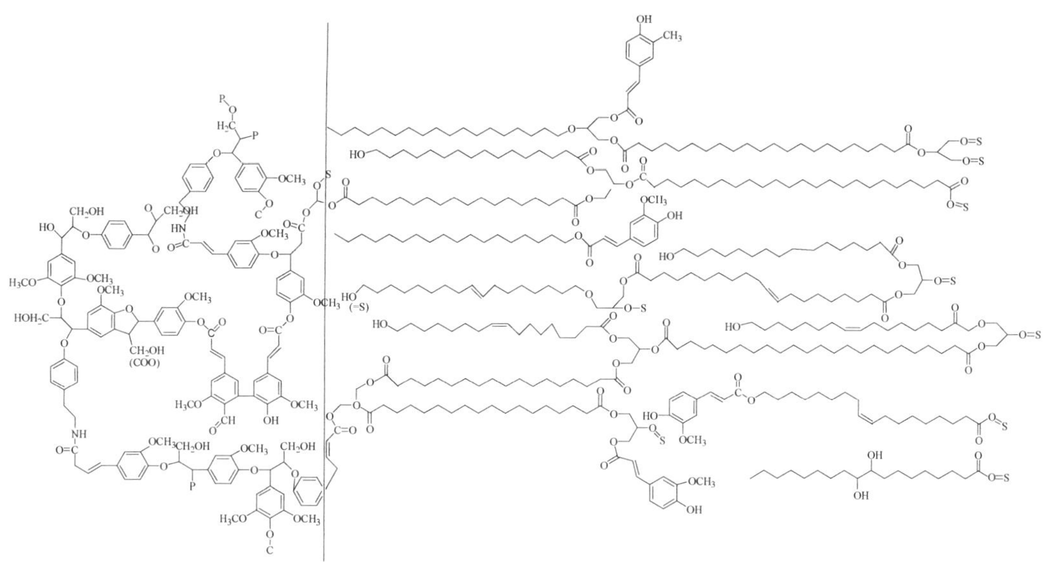

图 4-3　木栓质构型（Bernards，2002）
C：碳水化合物；P：酚类；S：木栓质

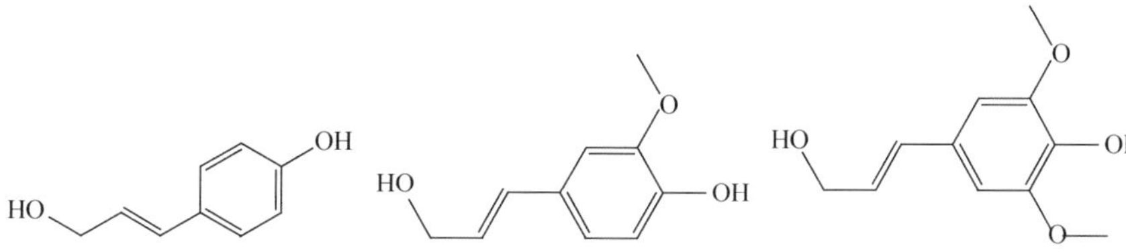

香豆醇　松柏醇　芥子醇

图 4-4　三种木质素单体的结构

基木质素（S-木质素），由愈创木基丙烷聚合而成的愈创木基木质素（G-木质素），以及由对-羟基苯基丙烷单体聚合而成的对-羟基苯基丙烷木质素（H-木质素）三种类型。

早在 1949 年，Behr 在感染疮痂病的黄瓜抗病品种的死细胞中就发现了具有木质素活性的物质。随后，Hijwegen 发现抗黄瓜疮痂病品种的下胚轴在接种 5 天后木质素含量增加。据此，首次提出诱导寄主木质化是抗病的机制。迄今为止，已在众多植物中发现病原物侵染可诱导木质素的合成，从而使细胞壁木质化，为抵御病原物的侵入提供了物理屏障（李惠霞和王蒂，2006；宾金华等，2000；Hammerschmidt et al.，1984）。

木质素在抵御病原物侵入方面发挥着如下作用：加厚细胞壁，提高细胞壁的韧度，增强细胞壁对侵入的抗性；侵入点细胞壁的木质化使其能够抵抗病原物胞外酶的作用，细胞壁多糖的酯化可限制病原物胞外酶对底物的分解，阿魏酸和松柏醇共价结合在细胞壁糖蛋白上可阻止细胞壁多糖与病原物胞外酶的接触；细胞壁的木质化限制了病原物产生的毒素向周边扩散，同时也限制了细胞内水分和营养物质的外渗；木质素聚合中产生的小分子的酚类前体物质和自由基可钝化病原物胞外酶，抑制毒素的作用；病原物菌丝顶端可吸收木质素而木质化，从而失去了生长所必需的黏性，菌丝细胞壁上含有的几丁质、纤维素及富羟脯氨酸糖蛋白还可作为木质素前体物聚合的基质；富羟脯氨酸糖蛋白可作为凝集素将病原菌固定在细胞壁上，阻止病原菌的入侵和扩散，还可作为木质素沉积的位点和结构屏障在植物的抗病反应中起作用（胡景江等，1999）。

第二节　天然抗性物质

一、酚类物质

酚类物质是植物体内重要的次生代谢产物，包括单酚、香豆素、黄酮、木质素等多种（Sánchez-Estrada et al.，2009）。寄主受病原物侵染后酚类物质会显著积累。例如，粉红单端孢侵染甜瓜后果实体内的绿原酸和阿魏酸含量明显增加（刘瑶瑶等，2013）；灰葡萄孢侵染葡萄及交链孢侵染甜瓜后果实体内总酚、类黄酮和木质素含量会显著提高。酚类物质可直接杀菌或抑菌，还可抑制病原物致病因子的作用（Reimers and Leach，1999）。

幼果中存在较多的酚类物质，其抗病性也较强，其中以绿原酸和咖啡酸最为常见（图4-5）。绿原酸和阿魏酸可抑制尖孢镰孢和核盘菌的生长。绿原酸和咖啡酸是桃果实表皮中存在的主要的酚类物质，随着果实成熟这些酚类物质的浓度逐渐下降，果实对果生链核盘菌的敏感性也逐步提高。抗病性强的品种这两种酚类物质的含量较高。体外条件下，相当于或高于未成熟果实组织中的绿原酸和咖啡酸浓度并未抑制果生链核盘菌的孢子萌发和菌丝生长，但这两种酚类物质的存在会显著抑制病原物的角质酶活性。由此表明，未成熟果实中的绿原酸和咖啡酸可通过抑制角质酶活性来阻止病原物的侵入（Bostock et al.，1999）。

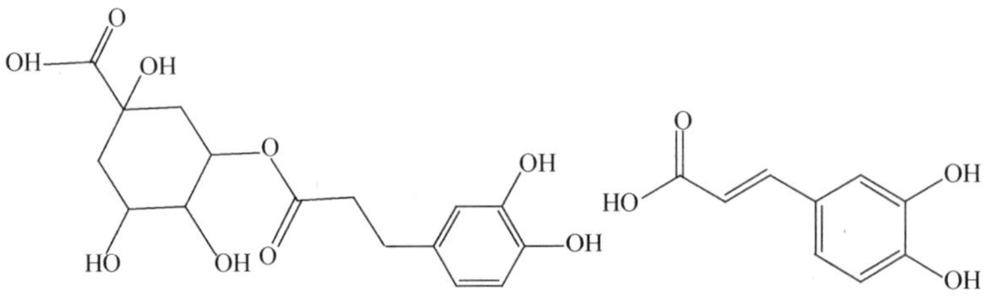

图4-5　绿原酸和咖啡酸的化学结构

酚类物质主要通过莽草酸途径和苯丙烷途径合成（图4-6）。在莽草酸途径中，首先磷酸烯醇式丙酮酸和4-磷酸赤藓糖经过一系列反应生成苯丙氨酸和酪氨酸，接着苯丙氨酸进入苯丙烷途径，先在苯丙氨酸解氨酶的作用下形成肉桂酸，肉桂酸再经过一系列的反应生成生成香豆酸、阿魏酸、绿原酸、芥子酸等中间产物，这些化合物再进一步转化为黄酮、木质素、酚类、植保素、生物碱等化合物。

苯丙氨酸解氨酶（phenylalanine ammonia-lyase，PAL）、4-香豆酰辅酶A连接酶（4-coumarate：CoA ligase，4CL）、查尔酮合成酶（chalcone synthase，CHS）、查尔酮异构酶（chalcone isomerase，CHI）是苯丙烷途径的关键酶和限速酶，这些酶活性的高低直接与

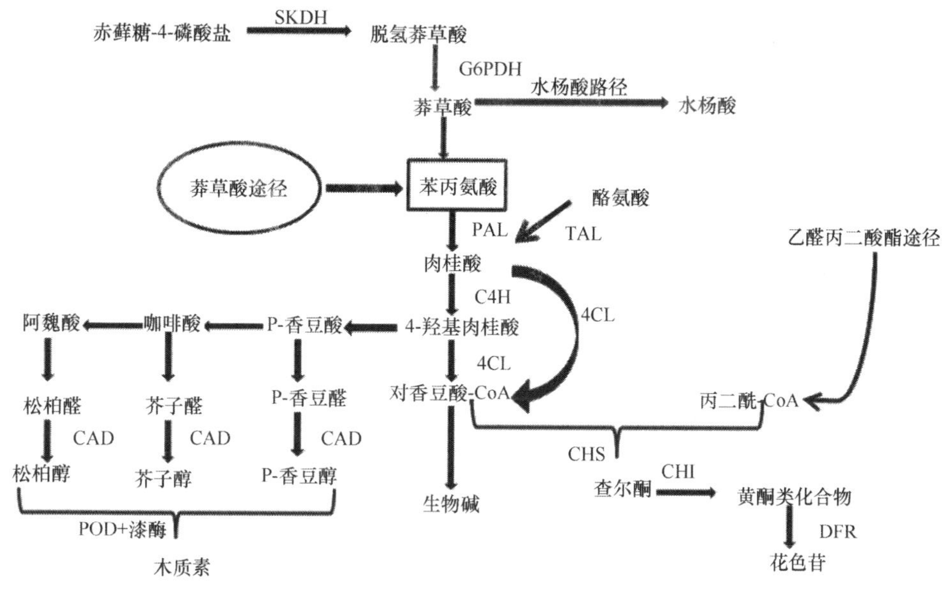

图 4-6　酚类物质的生物合成途径

PAL：苯丙氨酸解氨酶；TAL：酪氨酸脱氨酶；C4H：肉桂酸-4-羟化酶；4CL：4-香豆酰辅酶 A 连接酶；CAD：肉桂酰乙醇脱氢酶；POD：过氧化物酶；SKDH：莽草酸脱氢酶；G6PDH：葡萄糖-6-磷酸脱氢酶；CHS：查尔酮合成酶；CHI：查尔酮异构酶；DFR：二氢黄酮醇-4-还原酶

寄主的抗性强弱相关，其中以苯丙氨酸解氨酶最为重要（Kombrink and Somssich，1995；葛永红等，2012）。因此，苯丙氨酸解氨酶常作为植物抗病性的生化指标（Navarre et al.，2013）。当寄主受病原物侵染后，苯丙氨酸解氨酶活性升高，且会持续一段时间，不同的互作体系苯丙氨酸解氨酶活性持续的时间长短存在差异。如果寄主的抗病性强，苯丙氨酸解氨酶的活性就高，持续的时间也长（邓惠文等，2013）。4-香豆酰辅酶 A 连接酶是苯丙烷代谢分支途径的关键酶，与黄酮类物质的积累密切相关（Vogt，2010）。查尔酮合成酶和查尔酮异构酶是苯丙烷代谢途径下游的关键酶，能催化和调控多种具有抗菌作用的黄酮类物质合成和木质化反应，增强寄主对病原物侵染的抵抗能力（余叔文和汤章城，1998；Nicholson and Hammerschmidt，1992）。

过氧化物酶（peroxidase，POD）和多酚氧化酶（polyphenoloxidase，PPO）是苯丙烷代谢途径的末端相关酶，在抗病性中也起重要作用（Maffei et al.，2006）。过氧化物酶活性的升高有利于木质素和植保素的合成（Ge et al.，2015）；过氧化物酶还能清除对植物细胞有害的 H_2O_2 和·OH 自由基，参与细胞壁的强化（Meena et al.，2001）。多酚氧化酶是植物体内酚类物质代谢的重要酶，能将酚氧化成高毒性的醌，对病原物进行毒杀和限制（Chen et al.，2000；Meena et al.，2001；Mohammadi and Kazemi，2002；Nicholson and Hammerschmidt，1992）。过氧化物酶和多酚氧化酶活性与寄主抗病性呈正相关。病原物侵染后，寄主过氧化物酶和多酚氧化酶活性升高。

二、皂苷类物质

果蔬中的很多皂苷类物质与抗病有关（Barkai-Golan，2001）。其中的番茄素（tomatine）

是在许多植物中都能产生的一类甾族生物碱，该类化合物构成了真菌侵染的预存屏障（Osbourn，1996）。番茄植株的不同器官均含有番茄素，尤其在绿熟番茄的皮层中含量较多。番茄素有 α -和 β-两种构型，以前者常见（图 4-7）。α-番茄素可引起真菌细胞膜的渗漏，其对真菌的毒性取决于与真菌细胞膜脂的结合能力（Quidde et al.，1998）。

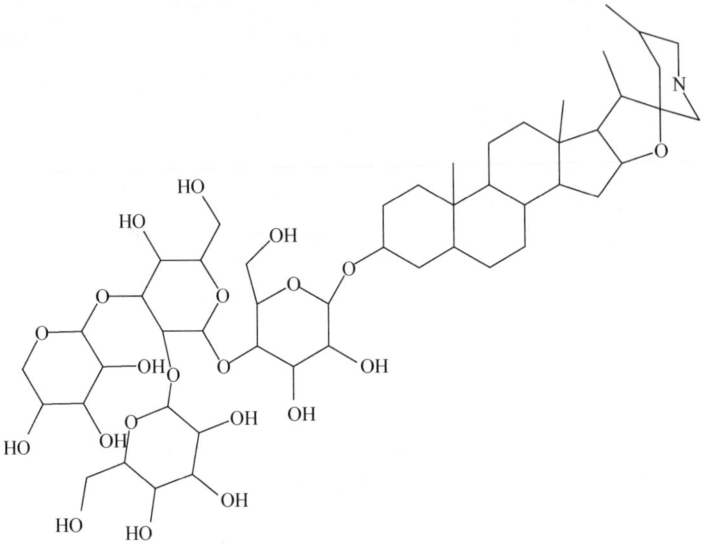

图 4-7　α-番茄素的化学结构（Pegg and Woodward，1986）

病原物可通过两个途径克服番茄素的危害，一是细胞膜可抵抗番茄素的结合，二是对番茄素具有解毒能力。对 α-番茄素具有解毒能力的真菌包括番茄尖镰孢、茄病镰孢、互隔交链孢、番茄壳针孢和灰葡萄孢。Sandrock 和 VanEtten（1998）研究了 23 种真菌对 α-番茄素及其分解产物 β_2-番茄苷和番茄碱的敏感性后发现，2 种腐生菌和 5 种非病原菌对 α-番茄素比较敏感，除两种病原菌外的其他所有菌的敏感性取决于其对 α-番茄素的耐受性。

除致病疫霉和瓜果腐霉外的所有番茄病原菌均可降解 α-番茄素，其中包括最常见的番茄采后病原物互隔交链孢。研究还发现，病原菌对 α-番茄素的耐受性及降解番茄素的能力与这些病原物对番茄的致病性密切相关。对多数病原物表现低毒的 β_2-番茄苷和番茄碱可抑制一些番茄非病原物。由此表明，番茄病原物对 α-番茄素具有多重耐受机制（Sandrock and VanEtten，1998）。

三、二烯物质

一些二烯化合物也与果实的抗病性相关（Barkai-Golan，2001）。例如，未成熟鳄梨果实对病原物的抵抗能力与其果皮中的抗菌二烯（1-乙酸基-2-羟基-4-羰基-12,15-二烯）（图 4-8）含量密切相关，随着成熟的进行，果实中的抗菌二烯浓度明显降低，同时果皮中潜伏的病原物开始恢复活动（Prusky et al.，1991）。体外试验表明，即使抗菌二烯的浓度低于果皮中的浓度，仍能抑制盘长孢状刺盘孢的孢子萌发和菌丝生长。果实体内的脂氧合酶会导致抗菌二烯的分解，从而促进病害的发生（Adikaram et al.，2009）。

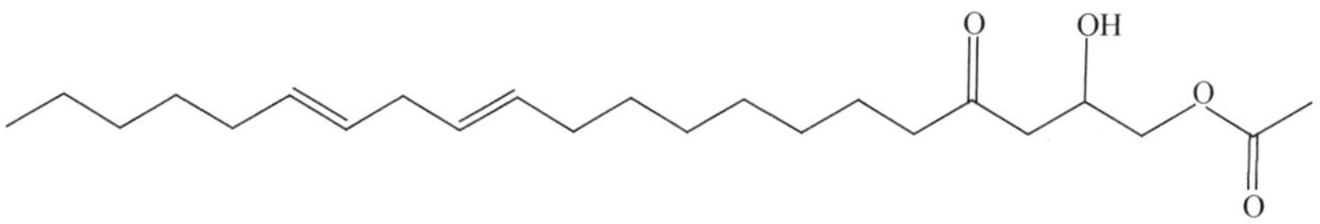

图 4-8　抗菌二烯（1-乙酸基-2-羟基-4-羰基-12,15-二烯）的化学结构

四、精油

果蔬的多种精油成分对采后病原物具有良好的抑制。例如，桃、李等核果类果实中的 16 种挥发性化合物有 9 种以上具有抑制灰葡萄孢和果生链核盘菌产孢的能力，其中以苯甲醛、苯甲醇、γ-缠霉素和 γ-戊内酯最为有效。苯甲醛对灰葡萄孢和果生链核盘菌的抑制效果存在差异，当浓度为 25μl/L 时，就能有效抑制灰葡萄孢产孢，而抑制果生链核盘菌产孢则需 125μl/L 的高浓度。苯甲醛、苯甲基水杨酸盐和苯甲酸乙酯均能抑制灰葡萄孢和果生链核盘菌，但苯甲醛和苯甲基水杨酸盐能对两种病原物产生抑制，而苯甲酸乙酯只能抑制果生链核盘菌（Wilson et al.，1987）。对 15 种树莓的挥发性化合物的抑菌效果测定时发现，其中的 5 种在 0.4μl/ml 时就能直接抑制互隔交链孢、灰葡萄孢和刺盘孢的生长。其中以苯甲醛的抑菌效果最好，0.04μl/ml 就能发挥作用，而 1-正醇、E-己烯醛和 2-壬酮则需要在 0.1μl/ml 时才表现抑制效果（Vaughn et al.，1993）。苯甲醛、肉桂醛、乙醇、苯甲醇、橙花叔醇和 2-壬酮等植物精油成分对指状青霉、匍枝根霉、刺盘孢和胡萝卜欧氏杆菌等果蔬采后病原物表现抑制（Utama et al.，2002）。(E)-2-己烯醛即能强烈抑制灰葡萄孢的生长繁殖（Fallik et al.，1998），又可抑制扩展青霉和灰葡萄孢的菌丝生长（Song et al.，1996）。

第三节　植物保卫素

植物保卫素是植物受到病原物侵染后产生的小分子抗菌化合物，简称植保素（phytoalexins）。植保素的产生除了可被病原物的侵染诱导外，还可由真菌、细菌或病毒的代谢物、机械伤害、受伤后植物释放的化学成分、某些化学物质、低温、辐射及其他胁迫条件所诱导。植保素在植物主动抗病性的形成中具有重要作用，但植保素与抗病性的关系颇为复杂。已知的植保素大多结构较复杂，多属黄酮类和萜类化合物。

一、果蔬中的植保素

植保素的种类与寄主的科属相关，一般同一科的植物产生的植保素类型接近或相同，但个别科也能产生不同类型的植保素。

（一）黄酮类植保素

主要存在于豆科植物中，代表性的有豌豆素、菜豆素、大豆素和苜蓿素等。豌豆感染果生链核盘菌后体内积累豌豆素；菜豆感染刺盘孢或立枯丝核菌后很快形成菜豆素；大豆对大雄疫霉的抗性部分缘于寄主组织中积累的大豆素，致病菌诱导形成的大豆素浓度显著高于非致病菌，抗病品种较感病品种会形成更高浓度的大豆素；黄瓜被黄瓜枝孢霉侵染后能够产生黄酮类植保素（石延霞等，2007）。

（二）萜类植保素

主要由茄科的马铃薯和旋花科的甘薯产生，经典的有甘薯酮、日齐素和辣椒素等（图4-9）。甘薯感染黑斑病菌后体内萜类植保素含量增加，越接近感病部位含量越多，抗病性强的品种较抗病性弱的品种积累量高。马铃薯块茎感染致病疫霉后体内可积累日齐素，抗病品种较感病品种积累速度更快（李明等，2007）。同样，接骨木镰孢侵染马铃薯块茎后也能观察到日齐素的积累（Ray and Hammerschmidt，1998）。由此表明，日齐素参与了马铃薯块茎对晚疫病和干腐病的抗性。辣椒素是辣椒受到真菌侵染后产生的一种倍半萜化合物，灰葡萄孢和辣椒疫霉侵染辣椒后辣椒素的积累量不大，但被镰刀菌等腐生或弱寄生病原物侵染后辣椒素含量显著增加（Barkai-Golan，2001）。

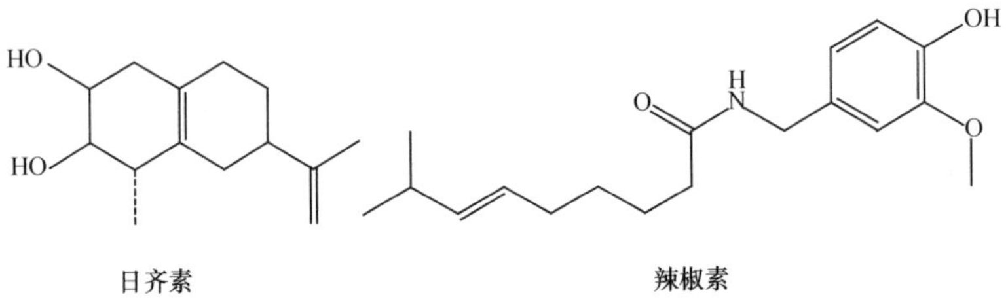

HO HO 日齐素

OH H O N O 辣椒素

图4-9 日齐素和辣椒素的结构

二、植保素的生物合成

植保素是植物的次生代谢产物，不同植保素的合成途径不同，主要涉及莽草酸途径、乙酸-丙二酸途径和乙酸-甲羟戊酸途径。莽草酸途径主要产生环状芳香族化合物，尤其是酚类化合物，很多植保素均由该途径合成。通过莽草酸途径合成的植保素主要有菜豆素、豌豆素、香豆烷素等。由乙酸-丙二酸途径合成的植保素有蚕豆酮酸、6-甲氧蜜咻等。萜类植保素主要由乙酸-甲羟戊酸途径合成，典型的如日齐素、辣椒素、甘薯酮、块茎防疫素等。

植保素结构的多样性表明其生物合成过程的复杂性。例如，参与异黄酮类植保素合成的前体就包括苯丙氨酸、甲羟戊酸及丙二酰辅酶A等物质。由此表明，基础代谢与次生代谢之间的复杂关系。三羧酸循环和磷酸戊糖途径等基础代谢为次生代谢提供了重要的中间产物，同时也为次生代谢提供了所需的大量能量（高必达和陈捷，2006）。

三、植保素在抗病性中的作用

植保素对真菌的抑制作用一直贯穿于病程的各个阶段。许多真菌孢子即使与果蔬表面接触往往也不能萌发，孢子即使萌发也不能侵入。孢子的萌发和侵染受多种因素的影响，植保素就是其中重要的一种。能诱导植保素合成的因子很多，在孢子表面的萌发液中除了一些致病因子外还可能包含能诱导植保素产生的激发子，这些激发子所诱导的植保素均能在抑制病原物侵入中发挥作用。有时在真菌的侵染部位，寄主细胞的内壁常常有各种类型的乳突形成。在一些乳突中可分离到植保素，其不仅对侵入部位的病原菌具有毒性，还可阻止侵染菌丝的扩展（高必达和陈捷，2006）。

在细菌与果蔬的非亲和性互作中，抗性品种能快速产生和积累大量的植保素，限制细菌的繁殖（高必达和陈捷，2006）。例如，用黑胫病菌接种马铃薯块茎后，块茎腐烂的速率与块茎体内日齐素的浓度呈负相关。块茎中不但可以产生日齐素，还可产生日齐醇和块茎防疫素等多种植保素。进一步研究发现，仅日齐素对黑胫病菌有明显的抑制作用，其他植保素对该菌不显示生物活性。由此表明，结构不同的植保素对病原菌的作用机制也不相同，同一种寄主产生的不同植保素对病原菌的抑制效果可以差异很大。

四、植保素的代谢与调控

病原真菌及产生植保素的寄主能代谢植保素，有时植保素在寄主体内的代谢速率对调节受侵染组织中植保素的浓度起重要作用（高必达和陈捷，2006）。寄主对植保素的代谢与寄主的自身保护机制有关。例如，菜豆能使菜豆素转化为菜豆素异黄酮；辣椒可代谢辣椒素使 C-13 羟基化；马铃薯能将日齐素代谢为两个毒性较低的产物；甘薯可将甘薯酮代谢为 4-羟基甘薯酮。

真菌代谢植保素的途径也呈现多样性，绝大多数是通过氧化、水合、碳基还原或醚裂解等方式将植保素转化为低毒、强极性的产物，有时不仅增加极性，也会改变分子结构（高必达和陈捷，2006）。例如，茄病镰孢菜豆专化型代谢菜豆素及赤球丛赤壳菌代谢豌豆素是通过去甲基作用；灰葡萄孢能将维尼酮及维尼酮环氧化物还原为相应的醇；辣椒素可被灰葡萄孢及尖孢镰孢氧化为辣椒酮。植保素对许多病原物表现毒性，但不同真菌对植保素的敏感性存在差异，这可能与病原物的代谢解毒能力有关。例如，不能使豌豆素去甲基的菌株对植保素较敏感，表现出对豌豆不致病或低毒性。对豌豆具高度或中度毒性的菌株均能使豌豆素去甲基，并能耐受豌豆素。植保素毒性和结构及病原物代谢植保素的能力与致病性之间的关系颇为复杂，并非简单的相关。

第四节　愈伤及形成寄主屏障

几乎所有的病原物都可以通过产品表面的伤口造成侵染，但薯类、胡萝卜、柑橘等部分果蔬表面形成的伤口会在一定的条件下愈合或形成寄主屏障，从而保护产品，减轻采后病害的危害，其中以愈伤的作用最为关键（包改红等，2013）。

一、愈伤

愈伤是指植物表面损伤部位在适宜的环境条件下自然形成愈合组织的生物学过程。完全的愈伤应该包括栓质化和形成周皮两个过程。马铃薯块茎受到损伤后，伤口表层细胞的细胞壁会迅速木栓化，在伤口部位形成愈伤周皮（Vreugdenhil，2007）。伤口部位细胞的木栓化就是多酚和脂肪族化合物聚合的过程（Mohan and Kolattukudy，1990）。马铃薯愈伤的形成和周皮的成熟对增强块茎的抗性非常重要（Lulai and Orr，1995；Bowen et al.，1996；Pavlista，2002）。随着愈伤周皮的成熟，木栓层会紧密附着于块茎表面，提高了表皮的抗机械破坏能力（Sabba and Lulai，2004）。愈伤组织的形成可使健康组织与伤口隔离，减少了水分蒸腾（Major and Constabel，2006）。伤口处细胞壁的木质化可抑制病原物胞外酶对中胶层的降解（Vance et al.，1980；Ismail and Brown，1979）。此外，愈伤在减少块茎水分蒸腾的同时还可抑制氧化的发生，有效阻挡病虫的侵染（Vogt et al.，1983；Lulai and Orr，1995；Lulai and Corsini，1998；Schreiber et al.，2005）。

马铃薯块茎的愈伤可避免贮藏期间由胡萝卜欧氏杆菌引起的软腐病和接骨木镰孢引起的干腐病。在木栓化过程中，对细菌和真菌的抵抗作用不同，由于聚酚软木酯和聚酯软木酯的沉积顺序存在差异，聚酚软木酯的沉积要早于聚酯软木酯，前者在第一层细胞壁外的沉积完成后就可实现对细菌的抵抗，而对真菌的抵抗则需要在第一层木栓化细胞中沉积聚酯软木酯（Lulai and Corsini，1998）。接种接骨木镰孢会导致马铃薯块茎中酚类物质的增加，诱导过氧化物酶的产生，酚类物质会在过氧化物酶的作用下聚合为木质素（Ray and Hammerschmidt，1998）。

环境条件对愈伤的完整性和愈伤组织的形成速度影响很大，高湿度和适宜的温度会促进块茎愈伤。虽然常温或低温愈伤均可不同程度地降低硫色镰孢对马铃薯块茎的侵染率和发病率，但常温下愈伤效果更好（吴觉天等，2013；包改红等，2013）。块茎在 15℃愈伤 7 天可显著增强伤口对茄病镰孢蓝色变种和硫色镰孢的抵抗能力（Hide and Cayley，1985）。低温下愈伤速度缓慢，块茎易发生由拟茎点霉引起的坏疽病（Boyd，1972）。因此，贮藏前应尽量创造适宜的愈伤条件，促使产品表面的伤口尽快愈合。在高湿（85%~90%）和高温（26~32℃）条件下甘薯很快形成木栓周皮，从而减轻了匐枝根霉引起的软腐病（Clark，1992）。柑橘在高湿度和适中的温度或高温下（32~36℃），或用塑料薄膜个体包装密封 1~3 天，可使表面伤口木质化，有效减少贮藏期间的腐烂（Eckert et al.，1984；Golomb et al.，1984；Brown and Barmore，1983）。较高的温度和湿度可促进柑橘伤口部位木质素的快速积累，该温度下指状青霉的生长速度减缓，但当将温度降至 27℃时，指状青霉就会先于木质素而快速生长繁殖，导致果实腐烂。当相对湿度低于 75%时，伤口处的细胞就会脱水，导致木质素的产生受阻（Brown，1973）。因此，愈伤的温度与果实的生理状态和真菌的生长状态密切相关（Ben-Yehoshua et al.，1988）。

二、形成寄主屏障

果蔬受到机械损伤后呼吸强度及乙烯释放量会显著提高，受伤的细胞或组织会很快失去活性，而伤口周围的活细胞便会处于胁迫条件下，导致代谢增强，形成具有保护功能的由多细胞组成的紧密坚固的结构屏障。由于这些细胞的细胞壁中可积累大量的木质素和木栓质，从而阻止病原物的侵入，限制病原物胞外酶的降解作用（Sabba and Lulai，2004；Lulai and Corsini，1998；李建宗等，2002）。例如，胡萝卜在高湿度和 22~26℃下放置 2 天可使伤口处的细胞木质化，该结构屏障的形成可有效减轻冷藏期间的灰霉病，降低其他腐烂的发生（Heale and Sharman，1977）。鳄梨果实伤口处的细胞在适宜的条件下可积累木质素及类木质素物质，有效防止病原真菌的侵入（Brown and Barmore，1983）。

幼嫩杏果实在果生链核盘菌的潜伏侵染部位的细胞壁中积累多酚化合物并栓化，可抑制该病原物的扩展（Wade and Cruickshank，1992）。通过延长采收和冷藏的间隔时间可促进猕猴桃愈伤，降低贮藏期间的灰霉病（Pennycook and Manning，1992）。在 10~20℃、相对湿度大于 92%下愈伤 3 天，可有效减轻猕猴桃冷藏期间的腐烂率，对果实品质也没有明显的不良影响（Bautista-Banos et al.，1997）。

第五节　活　性　氧

在正常的生理条件下，植物细胞会产生活性氧，当植物组织或细胞受到病原菌侵染或外界环境胁迫时会在短时间内产生并积累大量活性氧，使细胞中活性氧的水平比正常值高出 2~5 倍，这个过程被称为活性氧迸发或氧爆，活性氧的产生被认为是寄主与病原物互作过程中发生的早期事件之一（Torres et al.，2006；Bhattacharjee，2005；Gozzo，2003）。

一、活性氧的种类和来源

超氧阴离子（O_2^-）和过氧化氢（H_2O_2）是植物中最主要的活性氧。氧爆期间活性氧主要来源于质膜系统和非质膜系统，其中 NADPH 氧化酶（NADPH oxidase，NOX）、脂氧合酶（lipoxygenase，LOX）、细胞壁过氧化物酶（cell wall peroxidase，CWPOD）是产生活性氧的重要来源（del Río and Puppo，2009；Shetty et al.，2008；Bhattacharjee，2005）。NOX 从 NADPH 转移一个电子给 O_2，从而产生 O_2^-；过氧化物酶除了作为 H_2O_2 的清除剂之外，在特定的情况下，也能与 NADH 等反应产生 O_2^-/ H_2O_2，生成的 H_2O_2 则用于细胞壁的木质化；脂氧合酶通过催化顺,顺-1,4-戊二烯结构的不饱和脂肪酸的加氧反应而直接作用于膜脂中的不饱和脂肪酸（如亚油酸、亚麻酸等），最终导致膜脂过氧化，并生成不饱和脂肪酸的过氧化物及 O_2^- 等活性氧（Ren et al.，2012）。Torres 等（2003）在研究损伤及扩展青霉侵染对苹果果实 H_2O_2 积累时发现，损伤及病原物侵染会导致果实 H_2O_2 的显著积累，H_2O_2 的积累与果实的抗病性的增强密切相关。

二、活性氧在抗病中的作用

（一）直接杀菌作用

活性氧对病原菌具有直接毒杀作用（Shetty et al.，2008；Baker and Orlandi，1995）。例如，外源 H_2O_2 处理可强烈抑制硫色镰孢的菌丝生长和孢子萌发，导致菌丝细胞壁加厚且内部出现空腔，菌落分布不均，菌丝缠绕、扭曲，部分菌丝出现断裂、塌陷等现象（胡林刚等，2013）。NO 处理也能诱导扩展青霉活性氧的积累，损伤与孢子萌发相关的蛋白质。外源超氧化物歧化酶和抗坏血酸处理可维持扩展青霉体内活性氧的代谢平衡，在一定程度上修复活性氧对细胞的损伤（Lai et al.，2010）。

（二）参与信号转导

活性氧在植物体内具有双重作用，低浓度活性氧作为信号分子诱导植物体内防卫基因的表达，而高浓度时则会对植物造成伤害（Levine et al.，1994；Kotchoni and Gachomo，2006）。活性氧自身可作为信号分子直接或间接改变转录因子的活性，激活防卫基因的表达（Levine et al.，1994；Klaus and Heribert，2004）。活性氧还能与其他信号分子例如 Ca^{2+}、NO、SA、ABA 等协同作用，组成一个复杂的信号网络，共同转导抗病信号及调节抗性基因的表达（Quan et al.，2008；Shetty et al.，2008；Kotchoni and Gachomo，2006）。

（三）参与细胞壁强化

细胞壁在抵御病原物侵染方面具有关键作用。寄主与病原物互作时氧爆产生的大量活性氧能够诱导寄主在侵染点周围积累大量的木质素和胼胝质，进而强化细胞壁（Shetty et al.，2008）。细胞壁过氧化物酶以 H_2O_2 为电子受体，将香豆醇、松柏醇、芥子醇等木质素前体氧化为木质素（Dunand et al.，2007；Eisenstadt and Bogolitsyn，2010；Holm et al.，2003；Boerjan et al.，2003）。此外，H_2O_2 还参与了寄主细胞壁结构蛋白（富含羟脯氨酸糖蛋白和富含甘氨酸糖蛋白）的氧化交联，以不溶性的二聚体和四聚体的形式沉积于细胞壁中，从而加固细胞壁，增强寄主的抗病性（Shetty et al.，2008；Almagro et al.，2009；Passardi et al.，2004）。

三、活性氧的清除

尽管活性氧在果蔬的抗病防卫反应中具有积极和重要的作用，然而果蔬体内积累的活性氧过多就会对细胞或组织造成毒害。为了避免活性氧的毒害，果蔬体内演化有一套完整的能自动清除活性氧的系统，主要包括酶促和非酶促清除系统。

（一）酶促清除系统

细胞的酶促清除系统包括超氧化物歧化酶（superoxide dismutase，SOD）、过氧化氢酶（catalase，CAT）、过氧化物酶、抗坏血酸过氧化物酶（ascorbate peroxidase，APX）和谷胱甘肽还原酶（glutathione reductase，GR）等抗氧化酶（Gill and Tuteja，2010；Quan et al.，2008；Torres et al.，2006）。超氧化物歧化酶是植物氧化代谢中最重要的一种抗氧化酶，其主要功能是清除由 NOX 产生的 O_2^-，通过歧化反应将 O_2^- 生成无毒的 O_2 和毒性较低的 H_2O_2，H_2O_2 再被过氧化氢酶或过氧化物酶分解成为 H_2O 和 O_2，从而最大限度地限制 O_2^- 与 H_2O_2 反应生成·OH（Gill and Tuteja，2010）。抗坏血酸过氧化物酶和谷胱甘肽还原酶是抗坏血酸-谷胱甘肽（AsA-GSH）循环的关键酶，具有分解 H_2O_2 的功能。在该循环中，抗坏血酸经抗坏血酸过氧化物酶作用形成脱氢抗坏血酸，后者又被谷胱甘肽还原，接着还原型谷胱甘肽经谷胱甘肽还原酶和 NADPH 的作用，还原成谷胱甘肽。通过此循环，可清除体内大量的 H_2O_2（Li et al.，2010）。

（二）非酶促清除系统

果蔬中的非酶促清除系统包括维生素 E（α-生育酚）、维生素 C 或抗坏血酸、谷胱甘肽、类胡萝卜素和原花青素等化合物（Gill and Tuteja，2010；Quan et al.，2008；Torres et al.，2006）。

维生素 E 是自由基捕捉剂，通过与 $^1O_2$ 结合和紧接着的不可逆氧化反应，清除膜环境内的 $^1O_2$。另外，维生素 E 也可提高超氧化物歧化酶活性。维生素 C 与维生素 E 的相对含量决定着植物对氧化伤害的敏感程度，维生素 C/维生素 E 在 10∶1~15∶1 范围内可有效地防止过氧化伤害（李富军和张新华，2004）。维生素 C 和维生素 E 在所有生物膜中的主要功能是作为高度有效的反应链的终点，清除膜脂过氧化过程中产生的多不饱和脂肪酸自由基，如 ROO·、RO·等。维生素 C 是 O_2^- 和·OH 的有效清除剂，同时也是 $^1O_2$ 的猝灭剂。维生素 C 还可将维生素 E 自由基还原为维生素 E，并通过协同效应影响抗坏血酸的抗氧化作用。谷胱甘肽抑制自由基的形成归功于巯基的氧化。类胡萝卜素能有效地清除包括·OH 在内的其他活性氧。原花青素是目前最为引人注目的一种酚类抗氧化剂，原花青素清除自由基、抗氧化的功能是维生素 C 的 20 倍、维生素 E 的 50 倍，是目前发现的功能最强、效果最好的自由基清除剂，原花青素还可以延长体内其他抗氧化剂的作用时间，如维生素 E、维生素 C 的作用时间，维持系统的抗氧化能力（李富军和张新华，2004）。

第六节 病程相关蛋白、保护功能蛋白和胞外酶抑制物质

一、病程相关蛋白

病程相关蛋白（pathogenesis related protein，PR 蛋白）是植物受病原物侵染过程中诱导产生的一类小分子蛋白。除了病原物的侵染可导致 PR 蛋白产生外（Broekaert et al.，1989），一些化学和物理因素也可诱导采后果蔬 PR 蛋白的产生（田世平等，2011）。

（一）PR 蛋白的类型

已从烟草、番茄、马铃薯、黄瓜、大麦、玉米等多种植物中发现了 PR 蛋白，种类达数十种。根据烟草中 PR 蛋白的血清学关系和功能将其分成 PR1、PR2、PR3、PR4、PR5 五组，其他植物的 PR 蛋白与之比较后可归入相应组内。已报道的 17 种 PR 蛋白如表 4-1 所示。

表 4-1 PR 蛋白的种类（Ferreira et al.，2007）

种类	生化特性	分子质量/kDa
PR1	未知	15~17
PR2	β-1,3-葡聚糖酶	30~41
PR3	几丁质酶Ⅰ、Ⅱ、Ⅳ、Ⅵ、Ⅶ	35~46
PR4	几丁质结合蛋白	13~14
PR5	类甜蛋白	16~26

续表

种类	生化特性	分子质量/kDa
PR6	蛋白酶抑制剂	8~22
PR7	内切蛋白酶	69
PR8	几丁质酶Ⅲ	30~35
PR9	过氧化物酶	50~70
PR10	核糖蛋白酶类似物	18~19
PR11	几丁质酶Ⅴ	40
PR12	防御素	5
PR13	硫堇	5~7
PR14	脂质转移蛋白	9
PR15	草酸氧化酶	22~25
PR16	草酸氧化酶类似蛋白	100
PR17	未知	未知

（二）PR 蛋白的性质

PR 蛋白以酸性蛋白居多。酸性 PR 蛋白一般存在于细胞间隙中，碱性 PR 蛋白主要存在于液泡中。PR 蛋白本身并不具有毒性，主要表现活性的有分属 PR-2 的 β-1,3-葡聚糖酶和分属 PR-3 的几丁质酶。β-1,3-葡聚糖酶和几丁质酶在高等植物体内普遍存在，前者的主要功能是降解真菌细胞壁中的主要成分 β-1,3-葡聚糖，后者主要降解真菌细胞壁的主要成分几丁质（*N*-乙酰胺基葡萄糖）。由于 β-1,3-葡聚糖酶和几丁质酶能水解病原真菌的细胞壁成分、破坏其结构，故具有直接抗菌作用（Mauch et al.，1988；Van Loon，1997）。在水解过程中释放出的小分子物质又可作为激发子进一步诱导寄主的抗病性（Keen and Yoshikawa，1983）。由于 β-1,3-葡聚糖酶和几丁质酶水平与植物系统获得抗性的表达密切相关，所以，这两种酶可作为诱导处理后植物系统获得抗病性建立的标志（Sticher et al.，1997；Gaffney et al.，1993；Uknes et al.，1992）。

二、保护功能蛋白

过氧化物酶属另外一组具保护功能的抗性蛋白，其活性和植物抗病性密切相关。作为一种糖蛋白，过氧化物酶能够利用植物体内的多种过氧化物催化一系列的氧化过程，反应内容涉及乙烯的生物合成、植物激素的代谢、呼吸作用、木质素的形成、木栓化作用、生长和衰老等多个方面。在寄主抗病性形成的过程中，过氧化物酶主要参与了细胞壁的强化过程，其活性的提高与木质素、酚类物质和伸展蛋白在细胞壁中的积累密切相关。细胞壁加厚构成了抵抗病原物侵入寄主的第一道防线。对多种寄主和病原物的互作研究表明，病原物的侵入均可导致过氧化物酶活性的明显提高（Chittoor et al.，1999）。此外，还有一些其他的保护功能蛋白也在寄主抗性的形成中发挥了重要作用，其中包括促进形成细胞壁交联复合物的富含羟脯氨酸糖蛋白，以及促进结构屏障形成的富含甘氨酸糖蛋白（张维一和毕阳，1996）。

三、胞外酶抑制物质

病原物分泌的胞外酶是造成寄主细胞死亡和病原物可利用营养物质释放的重要因素。但果蔬体内的多酚等抗氧化物质可抑制胞外酶的活性，从而降低胞外酶的破坏作用（Weichmann，1987）。例如，苹果等果实中的多酚和单宁可有效抑制果生丝核菌分泌的多聚半乳糖醛酸酶的活性（Byrde and Cutting，1973）。由此表明，多酚和单宁是胞外酶的抑制物质。鳄梨果实表皮中的表儿茶酸可抑制盘长孢状刺盘孢分泌的果胶酶活性，表明表儿茶酸可通过抑制胞外酶的活性使病原物潜伏（Wattad et al.，1994）。

另一类胞外酶抑制物质是在侵染和健康组织中存在的多聚半乳糖醛酸酶抑制蛋白（Abu-Goukh et al.，1983），该蛋白是植物抵抗真菌致病因子多聚半乳糖醛酸酶的一种重要蛋白，可有效抑制致病真菌的生长（Chen et al.，2006）。例如，辣椒的细胞壁蛋白可抑制小丛壳孢分泌的果胶酶，但这些蛋白对灰葡萄孢分泌的果胶酶活性影响不大。灰葡萄孢可使未成熟的辣椒果实腐烂，而小丛壳孢仅能侵染成熟的果实。由此表明，细胞壁中的蛋白抑制物质可能在延长辣椒果实被小丛壳孢侵染的潜育期中发挥了作用（Brown and Adikaram，1983）。从苹果中纯化的蛋白质可抑制不同真菌分泌的多聚半乳糖醛酸酶，但其并不影响苹果自生的多聚半乳糖醛酸酶活性。同工酶研究结果表明，在病原物侵染期间，多聚半乳糖醛酸酶抑制蛋白抑制了大多数多聚半乳糖醛酸酶同工酶的产生（Yao et al.，1995）。由此表明，寄主组织中的某些蛋白质抑制了病原物的胞外酶，从而导致感病组织中多聚半乳糖醛酸酶和果胶裂解酶活性降低（Bugbee，1993）。此外，还有一种蛋白抑制物质可抑制灰葡萄孢几丁质的合成，导致病原物细胞质的泄漏（Lorito et al.，1994）。

参考文献

包改红，毕阳，李永才，等. 2013. 不同愈伤时间对低温贮藏期间马铃薯块茎采后病害及品质的影响. 食品工业科技，11: 330-333.

宾金华，姜　胜，黄胜琴，等. 2000. 茉莉酸甲酯诱导烟草幼苗抗炭疽病与PAL活性及细胞壁物质的关系. 植物生理学报, 26: 1-6.

邓惠文，毕　阳，葛永红，等. 2013. 采后 BTH 处理及粉红单端孢(*Trichothecium roseum*)挑战接种对厚皮甜瓜果实苯丙烷代谢活性的诱导. 食品工业科技, 34: 323-326.

高必达，陈捷. 2006. 植物生理病理学. 北京：科学出版社.

葛永红，毕阳，李永才，等. 2012. 苯丙噻重氮(ASM)对果蔬采后抗病性的诱导及机理. 中国农业科学, 45: 3357-3362.

胡景江，朱玮，文建雷. 1999. 杨树细胞壁 HRGP 和木质素的诱导积累与其对溃疡病抗性的关系. 植物病理学报, 29: 151-156.

胡林刚，李渐鹏，李永才，等. 2013. 外源 H_2O_2 处理对马铃薯块茎干腐病的控制及其机理. 中国农业科学, 46: 4745-4752.

李富军，张新华. 2004. 果蔬采后生理与衰老控制. 北京：中国环境科学出版社

李国林，张忠，毕阳，等. 2013. 八种植物精油体外抑菌效果的比较. 食品工业科技, 7: 130-133.

李惠霞，王蒂. 2006. 马铃薯晚疫病抗性反应中木质素及防御酶活性的变化. 甘肃农业大学学报, 6: 52-56.

李建宗，沈明希，周火强，等. 2002. 不同品种与环境对冬瓜创伤周皮形成的影响. 生命科学研究, 2: 163-166.

李明，曾任森，骆世明. 2007. 次生代谢产物在植物抵抗病虫为害中的作用. 中国生物防治, 3: 269-273.

刘瑶瑶，毕阳，李国林. 2013. 热水和壳聚糖处理对厚皮甜瓜采后病害及苯丙烷代谢的影响. 食品工业科技，15: 315-319.

石延霞，李宝聚，刘学敏. 2007. 高温诱导黄瓜抗霜霉病机理. 应用生态学报, 2: 389-394.

田世平，罗云波，王贵禧. 2011. 园艺产品采后生物学基础. 北京：科学出版社.

王云飞，毕阳，任亚琳，等. 2012. 硅酸钠处理对厚皮甜瓜果实采后病害的控制及活性氧代谢的作用. 中国农业科学,

11: 2242-2248.

吴觉天，毕阳，李永才，等. 2013. 不同愈伤时间对常温贮藏期间马铃薯干腐病和品质的影响. 食品工业科技，14: 332-334.

余叔文，汤章城. 1998. 植物生理与分子生物学(第二版). 北京：科学出版社.

张维一，毕阳. 1996. 果蔬采后病害与控制. 北京：中国农业出版社.

Abu-Goukh A A, Strand L L, Labavitch J M. 1983. Development-related changes in decay susceptibility and polygalacturonase inhibitor content of 'Bartlett' pear fruit. Physiological Plant Pathology, 23: 101-109.

Adaskaveg J E, Feliciano A J, Ogawa J M. 1991. Evaluation of the cuticle as a barrier to penetration by *Monilinia fructicola* in peach fruits(Abst.). Phytopathology, 81: 1150.

Adikaram N, Karunanayake C, Abayasekara C. 2009. The role of pre-formed antifungal substances in the resistance of fruits to postharvest pathogens. *In*: Prusky D, Gillino M L. Postharvest Pathology, Plant Pathology in the 21st Century. Heidelberg: Springer

Almagro L, Ros L V G, Belchi-Navarro S, et al. 2009. Class III peroxidases in plant defence reactions. Journal of Experimental Botany, 60: 377-390.

Baker C J, Orlandi E W. 1995. Active oxygen in plant pathogenesis. Annual Reviews of Phytopathology, 33: 299-321.

Barkai-Golan R. 2001. Postharvest Diseases of Fruits and Vegetables: Development and Control. Amsterdam: Elsevier Science B. V.

Bautista-Banos S, Long P O, Ganesh S. 1997. Curing of kiwifruit for control of postharvest infection by *Botrytis cinerea*. Postharvest Biology and Technology, 12: 137-145.

Belding R D, Sutton T B, Blankenship S M, et al. 2000. Relationship between apple fruit epicuticular wax and growth of *Peltaster fructicola* and *Leptodontidium elatius*, two fungi that cause sooty blotch disease. Plant Disease, 84: 767-772.

Ben-Yehoshua S, Shem-Tov N, Shapiro B, et al. 1988. Optimizing conditions for curing of pomelo fruit in order to reduce decay and extend its keeping qualities. Proceedings of the Sixth International Citrus Congress, 3: 1539-1544.

Bernards M A. 2002. Demystifying suberin. Canadian Journal of Botany, 80: 227-240.

Bhattacharjee S. 2005. Reactive oxygen species and oxidative burst: Roles in stress, senescence and signal transduction in plants. Current Science, 89: 1113-1121.

Biggs A R, Northover J. 1989. Association of sweet cherry epidermal characters with resistance to *Monilinia fructicola*. HortScience, 24: 126-127.

Boerjan W, Ralph J, Baucher M. 2003. Lignin biosynthesis. Annual Review of Plant Physiology, 54: 519-546.

Bonaventure G, Beisson F, Ohlrogge J, et al. 2004. Analysis of the aliphatic monomer composition of polyesters associated with *Arabidopsis* epidermis: occurrence of octadeca-cis-6, cis-9-diene-1,18-dioate as the major component. Plant Journal, 40: 920-930.

Bostock R M, Wilcox S M, Wang G, et al. 1999. Suppression of *Monilinia fructicola* cutinase production by peach fruit surface phenolic acids. Physiological and Molecular Plant Pathology, 54: 37-50.

Bowen S A, Muir A Y, Dewar C T. 1996. Investigations into skin strength in potatoes: factors affecting skin adhesion strength. Potato Research, 39: 313-321.

Boyd A E W. 1972. Potato storage diseases. Review of Plant Pathology, 51: 297-321.

Broekaert W F, van Parijs J, Leyns F, et al. 1989. A chitin-binding lectin from stinging nettle rhizomes with anti-fungal properties. Science, 245: 1100-1102.

Brown A E, Adikaram N K B. 1983. The differential inhibition of pectic enzymes from *Glomerella cingulata* and *Botrytis cinerea* by a cell wall protein from *Capsicum annuum* fruit. Phytopathologische Zeitschrift, 106: 27-38.

Brown G E, Barmore C R. 1983. Resistance of healed citrus exocarp to penetration by *Penicillium digitatum*. Phytopathology, 73: 691-694.

Brown G E. 1973. Development of green mold in degreened oranges. Phytopathology, 63: 1104-1107.

Bugbee W M. 1993. A pectin lyase inhibitor from cell walls of sugar beet. Phytopathology, 83: 63-68

Buschhaus C, Jetter R. 2011. Composition differences between epicuticular and intracuticular wax substructures: how do plants seal their epidermal surfaces. Journal of Experimental Botany, 62: 841-853.

Byrde R J W, Cutting C V. 1973. Fungal Pathogenicity and the Plant's Response. London: Academic Press, 39-54.

Carver T L W, Thomas B J, Ingerson-Morris S M, et al. 1990. The role of abaxial leaf surface waxes of *Lolium* spp. in resistance to *Erysiphe graminis*. Plant Pathology, 39: 376-390.

Chen C, Belanger R R, Benhamou N, et al. 2000. Defense enzymes induced in cucumber roots by treatment with plant growth-promoting rhizobacteria(PGPR)and *Pythium aphanidermatum*. Physiological and Molecular Plant Pathology, 56: 13-23.

Chen F, Tobimatsu Y, Havkin-Frenkel D, et al. 2012. A polymer of caffeyl alcohol in plant seeds. Proceedings of the National Academy of Sciences, 109: 1772-1777.

Chen JY, Wen PF, Kong WF, et al. 2006. Effect of salicylic acid on phenylpropanoids and phenylalanine ammonia-lyase in harvested grape berries. Postharvest Biology and Technology, 40: 64-72.

Chen X Y, Kim J Y. 2009. Callose synthesis in higher plants. Plant Signaling and Behavior, 4: 489-492.

Chittoor JM, Leach JE, White FF. 1999. Induction of peroxidase during defense against pathogen. *In*: Datta S K, Muthukrishnan S. Pathogensis: Related Proteins in Plants. Boca Raton: CRC Press, 291.

Clark C A. 1992. Postharvest diseases of sweet potatoes and their control. Postharvest News and Information, 3: 75-79.

del Río L A, Puppo A. 2009. Reactive Oxygen Species in Plant Signaling, Signaling and Communication in Plants. Heidelberg: Springer, 113-133.

Domínguez E, Cuartero J, Heredia A. 2003. An overview on plant cuticle biomechanics. Plant Science, 181: 77-84.

Dunand C, Crèvecoeur M, Penel C. 2007. Distribution of superoxide and hydrogen peroxide in *Arabidopsis* root and their influence on root development: possible interaction with peroxidases. New Phytologist, 174: 332-341.

Eckert J W, Sievert J R, Ratnayake M. 1984. Decay in lemons individually wrapped in plastic film. International Plant Propagators' Society Combined Proceedings, 1: 492-494.

Eisenstadt M A, Bogolitsyn K G. 2010. Peroxidase oxidation of lignin and its model compounds. Russian Journal of Bioorganic Chemistry, 36: 802-815.

Fallik E, Archbold D D, Hamilton-Kemp T R, et al. 1998. (E)-2-hexenal can stimulate *Botrytis cinerea* growth *in vitro* and on strawberry fruit *in vivo* during storage. Journal of American Society Horticultural Science, 123: 875-881.

Ferreira R B, Monteiro S, Freitas R, et al. 2007. The role of plant defence proteins in fungal pathogenesis. Molecular Plant Pathology, 8: 677-700.

Gabler F M, Smilanick J L, Mansour M, et al. 2003. Correlations of morphological, anatomical, and chemical features of grape berries with resistance to *Botrytis cinerea.* Phytopathology, 93: 1263-1273.

Gaffney T, Friedrich L, Vernooij B, et al. 1993. Requirement of salicylic acid for the induction of systemic acquired resistance. Science, 261: 754.

Ge Y H, Deng H W, Bi Y, et al. 2015. Postharvest ASM dipping and DPI pre-treatment regulated reactive oxygen species metabolism in muskmelon(*Cucumis melo* L.)fruit. Postharvest Biology and Technology, 99: 160-167.

Gill S S, Tuteja N. 2010. Reactive oxygen species and antioxidant machinery in abiotic stress tolerance in crop plants. Plant Physiology and Biochemistry, 48: 909-930.

Golomb A, Ben-Yehoshua S, Sarig Y. 1984. High density polyethylene wrap enhances wound healing and lengthens shelf-life of grapefruit. Journal of the American Society of Horticultural Science, 109: 155-159.

Gozzo F. 2003. Systemic acquired resistance in crop protection: from nature to a chemical approach. Journal of Agricultural and Food Chemistry, 51: 4487-4503.

Graca J, Santos S. 2007. Suberin: a biopolyester of plants' skin. Macromolecular Bioscience, 7: 128-135.

Hammerschmidt R, Lamport D T A, Muldoon E P. 1984. Cell wall hydroxyproline enhancement and lignin deposition as an early event in the resistance of cucumber to *Cladosporium cucumerium*. Physiology Plant Pathology, 24: 43-47.

Heale J B, Sharman S. 1977. Induced resistance to *Botrytis cinerea* in root slices and tissue cultures of carrots(*Daucus carota* L.). Physiology Plant Pathology, 10: 51-61.

Hide G A, Cayley G R. 1985. Effects of delaying fungicide treatment of wounded potatoes on the incidence of *Fusarium* dry rot in store. Annals of Applied Biology, 107: 429-438.

Holm K B, Andreasen P H, Eckloff R M G, et al. 2003. Three differentially expressed basic peroxidases from wound lignifying *Asparagus officinalis*. Journal of Experimental Botany, 54: 2275-2284.

Isaacson T, Kosma D K, Matas A J, et al. 2009. Cutin deficiency in the tomato fruit cuticle consistently affects resistance to microbial infection and biomechanical properties, but not transpirational water loss. The Plant Journal, 60: 363-377.

Ismail M A, Brown G E. 1979. Postharvest wound healing in citrus fruit: induction of phenylalanine ammonia-lyase in injured 'Valencia' orange flavedo. Journal of the American Society of Horticultural Science, 104: 126-129.

Jeun Y C, Siegrist J, Buchenauer H. 2000. Biochemical and cytological studies on mechanisms of systemically induced resistance to *Phytophthora infestans* in tomato plants. Journal of Phytopathology, 148: 129-140.

Keen N T, Yoshikawa M. 1983. β-1,3-endoglucanase from soybean releases elicitor-active carbohydrates from fungus cell walls. Plant Physiology, 71: 460-465.

Klaus A, Heribert H. 2004. Reactive oxygen species: metabolism, oxidative stress, and signal transduction. Annual Review of Plant Biology, 55: 373-399.

Koch K, Ensikat H J. 2008. The hydrophobic coatings of plant surfaces: epicuticular wax crystals and their morphologies, crystallinity and molecular self-assembly. Micron, 39: 759-772.

Kolattukudy P E, Rogers L M, Li D, et al. 1995. Surface signaling in pathogenesis. Proceedings of the National Academy of Sciences of the United States of America, 92: 4080-4087.

Kolattukudy P E. 1985. Enzymatic penetration of the plant cuticle by fungal pathogens. Annual Review of Phytopathology, 23: 223-250.

Kombrink E, Somssich IE. 1995. Defense responses of plant to pathogens. Advances in Botanical Research, 21: 1-34.

Kotchoni S, Gachomo E. 2006. The reactive oxygen species network pathways: an essential prerequisite for perception of pathogen attack and the acquired disease resistance in plants. Journal of Biosciences, 31: 389-404.

Lai T F, Li B Q, Qin G Z, et al. 2010. Oxidative damage involves in the inhibitory effect of nitric oxide on spore germination of *Penicillium expansum*. Current Microbiology, 62: 229-234.

Lara I, Belge B, Goulao L F. 2014. The fruit cuticle as a modulator of postharvest quality. Postharvest Biology and Technology, 87: 103-112.

Levine A, Tenhaken R, Dixon R, et al. 1994. H_2O_2 from the oxidative burst orchestrates the plant hypersensitive disease resistance response. Cell, 79: 583-593.

Li Y, Liu Y, Zhang J. 2010. Advances in the research on the AsA-GSH cycle in horticultural crops. Frontiers of Agriculture in China, 4: 84-90

Lorito M, Broadway R M, Hayes C K, et al. 1994. Proteinase inhibitors from plants as a novel class of fungicides. Molecular Plant Microbe Interactions, 7: 525-527.

Lulai E C, Corsini D L. 1998. Differential deposition of suberin phenolic and aliphatic domains and their roles in resistance to infection during potato tuber(*Solanum tuberosum* L.)wound-healing. Physiological and Molecular Plant Pathology, 53: 209-222.

Lulai E C, Orr P H. 1995. Porometric measurements indicate wound severity and tuber maturity affect the early stages of wound-healing. American Potato Journal, 72: 225-241.

Maffei A, Nataraj K, Nelson S B, et al. 2006. Potentiation of cortical inhibition by visual deprivation. Nature, 443: 81-84.

Major I T, Constabel C P. 2006. Molecular analysis of poplar defense against herbivory: comparison of wound and insect elicitor-induced gene expression. New Phytologist, 172: 617-635.

Manandhar J B, Hartman G L, Wang T C. 1995. Anthracnose development on pepper fruits inoculated with *Colletotrichum gloeosporioides*. Plant Disease Journal, 79: 380-383.

Mauch F, Mauch-Mani B, Boller T. 1988. Antifungal hydrolase in pea tissue: II. Inhibition of fungal growth by combination of chitinase and β-1, 3-glucanase. Plant Physiology, 88: 936-942.

Meena B, Marimuthu T, Velazhahan R. 2001. Salicylic acid induces systemic resistance in groundnut against late leaf spot caused by *Cercosporidium personatum*. Journal of Mycology and Plant Pathology, 31: 139-145.

Mohammadi M, Kazemi H. 2002. Changes in peroxidase and polyphenol oxidase activities in susceptible and resistant wheat heads inoculated with *Fusarium graminearum* and induced resistance. Plant Science, 162: 491-498.

Mohan R, Kolanttukudy P E. 1990. Differential activation of expression of a suberization-associated anionic peroxidase gene in near-isogenic resistant and susceptible tomato lines by elicitors of *Verticillium alboatrum*. Plant Physiology, 92: 276-280.

Navarre D A, Payyavula R S, Shakya R, et al. 2013. Changes in potato phenylpropanoid metabolism during tuber development. Plant Physiology and Biochemistry, 65: 89-101.

Nawrath C, Poirier Y. 2008. Pathways for the synthesis of polyesters in plants: cutin, suberin, and polyhydroxyalkanoates. Advances in Plant Biochemistry and Molecular Biology, 1: 201-239.

Nicholson R L, Hammerschmidt R. 1992. Phenolic compounds and their role in disease resistance. Annual Review of Phytopathology, 30: 369-389.

Oh B J, Kim K D, Kim Y S. 1999. Effect of cuticular wax layers of green and red pepper fruits on infection by *Colletotrichum gloeosporioides*. Journal of Phytopathology, 147: 547-552.

Osbourn A E. 1996. Preformed antimicrobial compounds and plant defense against fungal attack. Plant Cell, 8: 1821-1831.

Passardi F, Penel C, Dunand C. 2004. Performing the paradoxical: how plant peroxidases modify the cell wall. Trend in Plant Science, 9: 534-540.

Pavlista A D. 2002. Skin set evaluation by skin shear measurement. American Journal of Potato Research, 79: 301-307.

Pegg G F, Woodward S. 1986. Synthesis and metabolism of α-tomatine in tomato isolines in relation to resistance to *Verticillium alboatrum*. Physiological and Molecular Plant Pathology, 28: 187-201

Pennycook S R, Manning M A. 1992. Picking wound curing to reduce *Botrytis* storage rot of kiwifruit. New Zealand Journal of Crop and Horticultural Science, 20: 357-360.

Peterson R L, Barker W G. 1979. Early tuber development from explanted stolon nodes of *Solanum tuberosum* var. *kennebec*. Botanical Gazette, 140: 398-406.

Podila G K, Rosen E, San Francisco M J D, et al. 1995. Targeted secretion of cutinase in *Fusarium solani f.* sp. pisi and *Colletotrichum gloeosporioides*. Phytopathology, 85: 238-242.

Pollard M, Beisson F, Li Y H, et al. 2008. Building lipid barriers: biosynthesis of cutin and suberin. Trends in Plant Science, 13: 236-246.

Prusky D, Plumbley R A, Kobiler I. 1991. Modulation of natural resistance of avocado fruits to *Colletotrichum gloeosporioides* by CO_2 treatment. Physiology Molecular Plant Pathology, 39: 325-334.

Quan L J, Zhang B, Shi W W, et al. 2008. Hydrogen peroxide in plants: a versatile molecule of the reactive oxygen species network. Journal of Integrative Plant Biology, 50: 2-18.

Quidde T, Osbourn A E, Tudzynski P. 1998. Detoxification of α-tomatine by *Botrytis cinerea*. Physiological and Molecular Plant Pathology, 52: 151-165.

Ralph J, Lundquist K, Brunow G, et al. 2012. Lignins: natural polymers from oxidative coupling of 4-hydroxyphenyl-propanoids. Phytochemistry Reviews, 3: 29-60.

Ray H, Hammerschmidt R. 1998. Responses of potato tuber to infection by *Fusarium sambucinum*. Physiological and

Molecular Plant Pathology, 53: 81-92.

Reimers P J, Leach I E. 1999. Race-specific resistance to *Xanthomonas oryzae* pv. Oryzae conferred by bacterial blight resistance gene Xa-10 in rice *Oryza sativa* involves accumulation of a linin-like substance in host tissues. Physiological and Molecular Plant Pathology, 38: 39-55.

Ren Y L, Wang Y, Bi Y, et al. 2012. Postharvest BTH treatment induced disease resistance and enhanced reactive oxygen species metabolism in muskmelon(*Cucumis melo* L.)fruit. European Food Research and Technology, 234: 963-971.

Sabba R P, Lulai E C. 2002. Histological analysis of the maturation of native and wound periderm in potato(*Solanum tuberosum* L)tuber. Annals of Botany, 90: 1-10.

Sabba R P, Lulai E C. 2004. Immunocytological comparison of native and wound periderm maturation in potato tuber. American Potato Journal, 81: 119-124.

Sabba R P, Lulai E C. 2005. Immunocytological analysis of potato tuber periderm and changes in pectin and extensin epitopes associated with periderm maturation. Journal of the American Society for Horticultural Science, 130: 936-942.

Samuels L, Kunst L, Jetter R. 2008. Sealing plant surfaces: cuticular wax formation by epidermal cells. Annual Review Plant Biology, 59: 683-707.

Sánchez-Estrada A, Ernesto M, Hernández T, et al. 2009. Induction of enzymes and phenolics compounds related to the natural defence response of netted melon fruit by a bio-elicitor. Journal of Phytopathology, 157: 24-32.

Sandrock R W, VanEtten H D. 1998. Fungal sensitivity to and enzymatic degradation of the phytoanticipin alpha-tomatine. Phytopathology, 88: 137-143.

Schreiber L, Franke R, Harmann K. 2005. Wax and suberin development of native and wound periderm of potato(*Solanum tuberosum* L.)and its relation to peridermal transpirations. Planta, 220: 520-530.

Shetty N P, Jørgensen H J L, Jensen J D, et al. 2008. Roles of reactive oxygen species in interactions between plants and pathogens. European Journal of Plant Pathology, 121: 267-280.

Song J, Leepipattanawit R, Deng W, et al. 1996. Hexenal vapor is a natural, metabolizable fungicide: inhibition of fungal activity and enhancement of aroma biosynthesis in apple slices. Journal of American Society Horticultural Science, 121: 937-942.

Sticher L, Mauch-Mani B, Métraux J P. 1997. Systemic acquired resistance. Annual Review of Phytopathology, 35: 235-270.

Torres M A, Jones J D, Dang J L. 2006. Reactive oxygen species signaling in response to pathogens. Plant Physiology, 141: 373-378.

Torres R, Valentines M C, Usall J, et al. 2003. Possible involvement of hydrogen peroxide in the development of resistance mechanisms in 'Golden Delicious' apple fruit. Postharvest Biology and Technology, 27: 235-242.

Uknes S, Mauch-Mani B, Moyer M, et al. 1992. Acquired resistance in *Arabidopsis*. The Plant Cell, 4: 645-656.

Utama I M S, Wills R B H, Ben-Yehoshua S, et al. 2002. *In vitro* efficacy of plant volatiles for inhibiting the growth of fruit and vegetable decay microorganisms. Journal of Agricultural and Food Chemistry, 50: 6371-6377.

Van Loon L C. 1997. Induced resistance in plants and the role of pathogenesis-related proteins. European Journal of Plant Pathology, 103: 753-765.

Vance C P, Kirk T K, Sherwood R T. 1980. Lignification as a mechanism of disease resistance. Annual Review Phytopathology, 8: 259-288.

Vanitha S C, Niranjana S R, Umesha S. 2009. Role of phenylalanine ammonia lyase and polyphenol oxidase in host resistance to bacterial wilt of tomato. Journal of Phytopathology, 157: 552-557.

Vaughn S F, Spencer G F, Shasha B S. 1993. Volatile compounds from raspberry fruit inhibit postharvest decay fungi. Journal of Food Science, 58: 793-796.

Vogt E, Schonherr J, Schmidt H W. 1983. Water permeability of periderm membranes isolated enzymatically from potato tubers(*Solanum tuberosum* L.). Planta, 158: 294-301.

Vogt T. 2010. Phenylpropanoid biosynthesis. Molecular Plant, 3: 2-20.

Vreugdenhil D. 2007. Potato Biology and Biotechnology: Advances and Perspectives. Amsterdam: Elsevier Limited, 471-496.

Wade G C, Cruickshank R H. 1992. The establishment and structure of latent infections with *Monilinia fructicola* on apricots. Journal of Phytopathology, 136: 95-106.

Wattad C, Dinoor A, Prusky D. 1994. Purification of pectate lyase produced by *Colletotrichum gloeosporioides* and its inhibition by epicatechin: a possible factor involved in the resistance of unripe avocado fruits to anthracnose. Molecular Plant Microbe Interactions, 7: 293-297.

Weichmann J. 1987. Postharvest Physiology of Vegetables. New York: Dekker Press, 377-411.

Wilson C L, Franklin J D, Otto B E. 1987. Fruit volatiles inhibitory to *Monilinia fructicola* and *Botrytis cinerea*. Plant Disease, 71: 316-319.

Yao C, Conway W S, Sams C E. 1995. Purification and characterization of a polygalacturonase-inhibiting protein from apple fruit. Phytopathology, 85: 1373-1377.

Yin Y, Bi Y, Chen S J. et al. 2011. Chemical composition and antifungal activity of cuticular wax isolated from Asian pear fruit(cv. Pingguoli). Scientia Horticulturae, 129: 577-582.

第五章　感病果蔬的生理生化变化

在病原物与寄主互作的过程中，病原菌通过侵染寄主获取营养，并破坏寄主的细胞和组织结构。同时，病原物的入侵会激发寄主潜在的防御反应，使其生理代谢发生改变。采后果蔬的生理状态处于植物营养或生殖器官的后熟与衰老阶段，与田间生长的状态不同，由于没有营养物质的来源供给，很易受到病原物的侵袭。病原物侵染后果蔬体内会发生多种生理生化变化，典型的如呼吸强度增高、呼吸途经改变、乙烯释放量增加、抗性物质积累及品质特性的变化，这些变化均是病原物和寄主共同作用的结果。对同一代谢而言，可能既与寄主的抗性发展相关，也与病原物致病因子的活化相关，形成了一种高度错综复杂的关系。

第一节　呼 吸 变 化

呼吸代谢是果蔬采后最重要的生理特征，是物质和能量产生的保证。呼吸代谢的改变是感病果蔬病理变化的显著特点，呼吸作用增强是果蔬对多种病原物侵染的典型早期反应。大多数果实组织受到病原物侵染后，呼吸强度均显著增加，表现出侵染点组织的呼吸强度提高。同时，这种呼吸增强还可扩散到侵染点的邻近组织，从病程初期直到受侵染组织出现坏死，呼吸增强都非常明显。在侵染初期，短时间的呼吸增强不会对果蔬产生严重后果。但如果呼吸强度继续增加，则可大量消耗体内的碳水化合物，导致干物质明显减少，加速品质劣变。侵染后期无氧呼吸产物大量积累，导致果蔬迅速衰老腐烂变质（陈尚武等，1996）。

一、感病组织呼吸强度的变化

病原物侵染果蔬所导致的组织呼吸强度升高属于非特异性反应。呼吸强度增高通常与症状出现同时发生或在症状出现之前发生。当病斑处形成孢子时，呼吸强度会达到最大，以后便逐渐下降，呼吸系数通常为 1，说明呼吸强度的升高主要由碳水化合物的生物氧化为主。此外，感病组织的温度也高于健康组织 0.2~0.3℃。甜瓜感染匍枝根霉后，呼吸强度显著增高，随着病斑直径的扩大，呼吸强度持续上升，病斑部位果皮的呼吸强度显著高于果肉，这种病原物侵染后呼吸强度的增加是寄主防卫反应的结果（毕阳和张维一，1993）。用半裸镰孢和匍枝根霉接种甜瓜果实，接种点及相邻果皮组织呼吸强度持续上升，36h 达到最大，半裸镰孢和匍枝根霉引起的呼吸强度增高分别为起始点呼吸强度的 2.8 倍和 1.7 倍。随着病斑的形成，呼吸强度开始下降（陈尚武等，1996）（图 5-1）。梨感染青霉后呼吸速率的增加在果实呼吸跃变峰值出现前后表现不同，在呼吸跃变前，病原物可使果实呼吸速率的增幅加大，越接近呼吸峰值，呼吸速率的增幅就越小（李志强等，2009）。

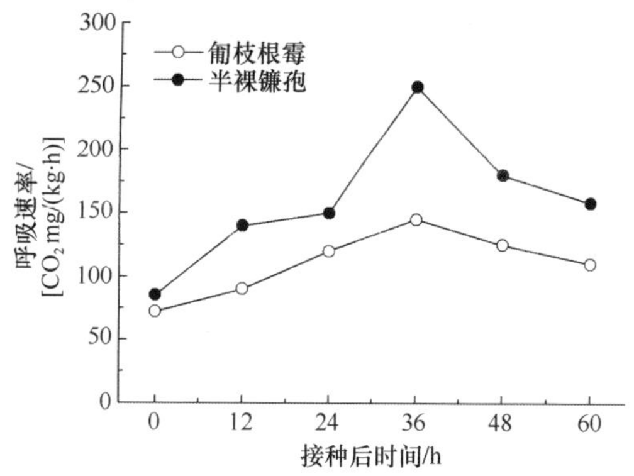

图 5-1　甜瓜接种匐枝根霉和半裸镰孢后病斑部位呼吸速率的变化（陈尚武等，1996）

葡萄果粒感染灰葡萄孢后，有较高的呼吸强度出现，果实呼吸表现出跃变型特征，随着病斑的发展，呼吸强度持续增高。当感染交链孢后，也观察到呼吸强度的增加，但整体强度不及灰葡萄孢（周丽萍等，1996）。炭疽病菌的潜伏侵染对采后 3 天荔枝果实呼吸强度影响不大，但到第 5 天，高侵染率的果实呼吸强度显著增加（Liu et al.，2005）。荔枝果实接种炭疽病菌后呼吸强度显著升高，在 24h 出现一个小呼吸峰，到 60h 大呼吸峰出现，而正常荔枝果实采收后呼吸速率呈先略有上升后缓慢下降的趋势，变化幅度不大（李欣允等，2006）。霜疫霉侵染荔枝果实后呼吸强度不断升高，80h 后达到高峰，然后下降（图 5-2）（刘晋等，2006）。病原物侵染不同抗性品种的寄主后呼吸强度变化也存在差异，抗病品种呼吸强度的增加幅度和持续时间要显著高于感病品种。

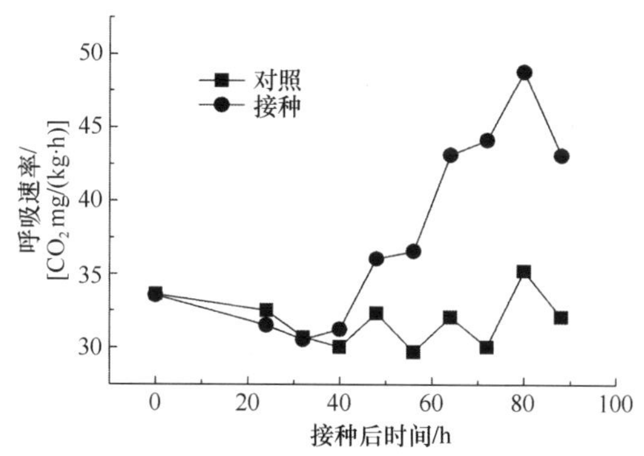

图 5-2　荔枝接种霜疫霉后呼吸速率的变化（刘晋等，2006）

病原物与寄主互作后前期呼吸强度的增加主要来源于寄主，后期部分来源于病原物。李欣允等（2006）认为，荔枝感染炭疽病菌后的呼吸升高主要是果实细胞自身对病原菌的应激反应，和病原菌的呼吸关系不大。感病组织呼吸强度的增加所涉及的生理机制包括：病原物侵染导致寄主组织细胞的机械损伤和化学损伤；寄主细胞建立防御体系时而引起的伤呼吸；感病组织合成代谢增强，如蛋白质、核酸、碳水化合物、芳香族化合物的合成，均使 ATP、NADPH 和其他高能物质的消耗速度加快，积累大量 ADP、无机磷和 $NADP^+$，促进呼吸作用增强；病原真菌产生的真菌毒素致使感病组织氧化磷酸化解偶联，导致能量供应短缺，从而反馈调节增强呼吸作用；病原物诱导寄主组织及自身乙烯的释放，从而刺激呼吸，增高呼吸强度（张维一和毕阳，1996；潘永贵和谢江辉，2009）。

二、感病组织呼吸途径的变化

（一）磷酸戊糖途径加强

果蔬中存在着多条呼吸代谢途径，最主要的是葡萄糖通过糖酵解-三羧酸循环进行彻底的有氧氧化分解，提供能量满足各种代谢所需，但是该途径不是唯一的呼吸代谢途径，果蔬中还存在一条不经糖酵解对葡萄糖进行直接氧化的磷酸戊糖途径（pentose phosphate pathway，PPP），又称己糖磷酸途径（hexose monophosphate pathway，HMP），该途径产生大量的烟酰胺腺嘌呤二核苷酸磷酸（NADPH），可作为主要供氢体提供生物合成中所必需的还原力（图 5-3）。

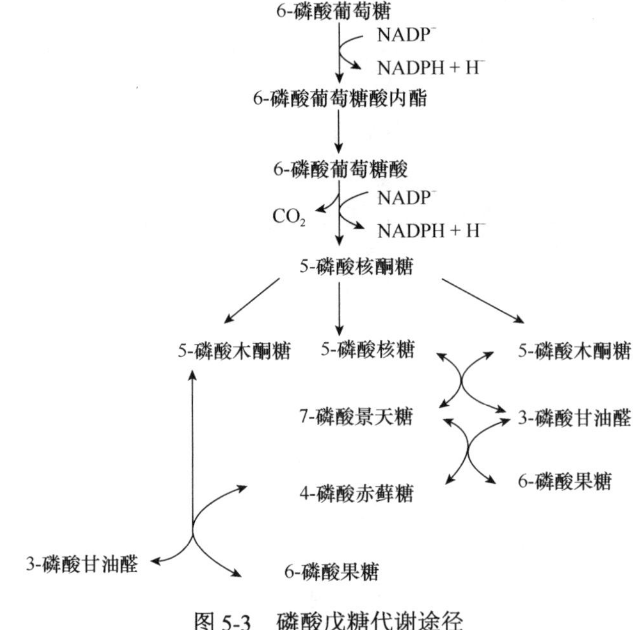

图 5-3　磷酸戊糖代谢途径

在果蔬感染病原物、伤害或失水等胁迫条件下，磷酸戊糖途径显著增强。首先，磷酸戊糖途径中的三个关键酶，如磷酸葡萄糖脱氢酶、磷酸葡萄糖酸脱氢酶、核糖磷酸异构酶活性增强；相反，糖酵解三羧酸循环中的一些重要酶，如磷酸己糖异构酶、磷酸甘油激酶、琥珀酸氧化酶活性降低。其次，磷酸戊糖途径释放出的 CO_2 来自于葡萄糖分子中的 C1，用 ^{14}C 标记葡萄糖 C1、C2 和 C6，发现感病植物组织释放的 CO_2 主要来源于葡萄糖分子的 C1，C6/C1 值下降，证明病原菌侵染后组织中呼吸作用增强的原因主要源自于磷酸戊糖途径（张维一和毕阳，1996）。花端腐病菌侵染番茄后，果实的呼吸强度增高。蛋白质组学分析结果显示，差异表达的蛋白质主要为抗氧化系统及磷酸戊糖途径的蛋白质，从而从蛋白质组学角度证明了病原物侵染番茄果实激活了磷酸戊糖途径，该途径的激活可提供更多的还原力合成抗病所需要的物质，被激活的磷酸戊糖途径只存在于被侵染果实的健康组织中，腐烂组织中几乎检测不出该途径的变化（Casado-Vela et al.，2005）。

磷酸戊糖途径参与果蔬抗病与该呼吸途径产生的重要产物有关。该途经产生的大量NADPH作为重要的还原力供应固醇类、脂肪酸、氨同化等生物合成。同时产生的中间代谢产物包括了C3~C7的各种碳架物质，4-磷酸赤藓糖和7-磷酸景天庚酮糖可进入莽草酸途径，进一步转化合成绿原酸、咖啡酸等多种酚类物质，以及植保素和木质素等抗病物质（潘瑞炽，2008；李唯等，2012）。这些物质的合成或积累可增强果蔬对病原物的抵抗能力。

（二）无氧呼吸加强

被病原物侵染的果蔬组织在呼吸强度增加的同时，无氧呼吸并未受到抑制，对呼吸底物的消耗也随之上升，结果导致了乙醇和乙醛的积累。感病甜瓜组织中乙醇和乙醛的积累量显著增加，病斑中心部位是菌丝体与寄主组织的复合体，乙醇和乙醛的含量最高，从病斑中心处向外过渡，无氧呼吸产物积累逐渐减少，但仍高于健康组织（毕阳和张维一，1993）。有氧和缺氧条件下均可使感病组织中累积乙醇，但在缺氧条件下的积累速度更快。甜瓜分别感染匐枝根霉和半裸镰孢后，呼吸强度开始增加，感病组织呼吸途径改变，对氰化钾（KCN）的敏感性增加，表明细胞色素呼吸途径增强，6-磷酸葡萄糖酸脱氢酶活性锐减，表明磷酸戊糖途径代谢减弱，病程后期瓜内乙醇积累，表明无氧呼吸增强（陈尚武等，1996）。

（三）呼吸链电子传递途径的变化

由糖酵解-三羧酸循环产生的NADH一般通过细胞色素系统发生氧化磷酸化并生成ATP，该电子传递途径中的末端氧化酶是细胞色素c氧化酶，又称为细胞色素呼吸途径，该途径对氰化物敏感。植物组织中还有一条对氰化物不敏感的呼吸链电子传递体系，即抗氰呼吸体系（cyanide-insensitive pathway），又称为交替呼吸途径（alternative respiratory pathway）。该途径从细胞色素呼吸途径的泛醌处分支，由位于线粒体内膜上的交替氧化酶（alternative oxidase，AOX）作为末端氧化酶催化接收电子还原氧气生成水（图5-4）。该途径绕过了复合物Ⅲ和复合物Ⅳ的两个氧化酶位点，形成的跨膜H^+浓度降低，从而减少了ATP的合成，多余的能量则以热的形式被释放（Juszczuk and Rychter，2003；Zhu et al.，2011）。交替呼吸途径的交替氧化酶几乎存在于所有的高等植物，包括果实中，只是运行程度有所不同，其专一的抑制剂是水杨基羟肟酸（SHAM）（Cruz-hernández and Gómez-Lim，1995；Seymour et al.，2009）。

果蔬感病后组织的抗氰呼吸会加强。马铃薯块茎感染病原物或机械伤害均会导致伤呼吸，起初切片呼吸的80%~100%对氰化物敏感，但24h后氰化物对其切片的呼吸抑制作用减弱，表明电子传递途径已经由细胞色素氧化系统为主的途径改变为对氰化物不敏感的交替呼吸途径（李唯等，2012）。甜瓜正常组织对氰化钾具有较高抗性，氰化钾只能抑制19%~20%的耗氧。水杨基羟肟酸可抑制45.3%~46.3%的耗氧，抑制作用大于氰化钾，说明甜瓜健康组织交替氧化酶活性较高。氰化钾与水杨基羟肟酸的联合作用，也只能抑

58.5%，具有很高的残余呼吸。而甜瓜细胞的线粒体则完全不抗氰，耗氧受氰化钾的完全抑制，水杨基羟肟酸只能抑制 20%。线粒体不存在残余呼吸耗氧作用。接种半裸镰孢和匍枝根霉的病斑组织转变成低抗氰性质，对氰化钾变得很敏感，氰化钾可抑制早熟甜瓜“皇后”71.5%的耗氧，抑制晚熟甜瓜“卡拉克赛”87%的耗氧，氰化钾与水杨基羟肟酸联合作用，残余呼吸耗氧为零。也就是感病甜瓜组织末端氧化酶接近正常线粒体末端氧化酶的状态。可以认为甜瓜感病后末端氧化酶系统从非线粒体末端氧化系统，高抗氰性质为主转变为以线粒体系统非抗氰氧化酶为主的细胞色素电子传递系统（张维一和毕阳，1996）。

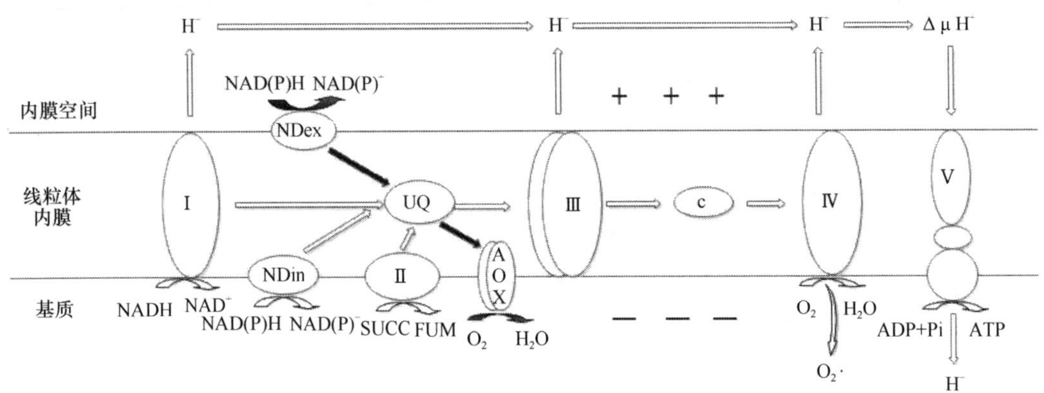

图 5-4　植物线粒体电子传递链图示

Ⅰ（复合物Ⅰ）：NADH 脱氢酶；Ⅱ（复合物Ⅱ）：琥珀酸脱氢酶；Ⅲ（复合物Ⅲ）：泛醌-细胞色素 c 氧化还原酶；Ⅳ（复合物Ⅳ）：细胞色素 c 氧化酶；AOX：交替氧化酶；c：细胞色素 c；UQ：泛醌；Ⅴ（复合物Ⅴ）：ATP 合成酶；$\Delta\mu H^+$：细胞色素 c 途径产生的质子电化学梯度；NDex：外部的 NAD(P)H 脱氢酶；NDin：内部的 NAD(P)H 脱氢酶。黑色箭头连接的方向为交替呼吸途径的电子传递方向

致病力不同的病原物引起果蔬抗氰交替呼吸途径改变的能力存在差异，用致病力强的胡萝卜软腐欧氏杆菌胡萝卜软腐亚种（Ecc）感染马铃薯会导致块茎抗氰呼吸途径的增强，该途径的增强与块茎的抗感病反应调控有关（李红玉等，1999；2000）。Ma 等（2011）利用农杆菌法给番茄中转入含可读框的全长 *aox* 基因，获得了 *AOX* 高表达的转基因番茄，用番茄斑点病毒（tomato spotted with virus，TSWV）侵染转基因番茄，发现 *AOX* 高表达，显著降低了斑点病毒对番茄的侵染，表明交替氧化酶参与了番茄的抗病过程。由于抗病反应中细胞需要大量碳骨架为抗病反应的生物合成提供代谢底物，交替氧化酶活性上升可能加速了碳骨架的供应速度（Mackenzie and McIntosh，1999）。在跃变型果实中，伴随呼吸跃变的发生，氢氰酸作为乙烯生物合成途径的副产物积累，从而增强了果实的抗氰呼吸途径（Cruz-hernández and Gómez-Lim，1995）。抗氰呼吸产生的部分能量以热的形式释放，导致了后熟过程中芒果体温由 29℃升高到 38.9℃（Kumar et al.，1990）。同样，香蕉呼吸跃变时果实体温会由 27℃升高到 30.8℃（Kumar and Sinha，1992）。有报道表明，交替氧化酶参与了果实后熟的呼吸跃变与乙烯的互相作用，调节了果实的后熟及呼吸跃变后的衰老过程，也参与了采后病害发生的调控（Duque and Arrabaca，1999；Considine et al.，2001）。

交替氧化酶是植物线粒体中感受胁迫信号的反应指标（Pasqualini et al.，2007），线粒体内产生的响应各种非生物和生物胁迫信号是植物适应胁迫耐受的细胞反应开始扩大的重要因素。交替氧化酶水平影响胞内的胁迫反应，交替氧化酶的活性是信号强度的调节器。当胁迫条件改变时交替氧化酶能调节信号途径的动态平衡，其表达状况的改变可作为细胞调整这些胁迫信号途径的程序性反应，交替氧化酶的水平可以控制植物胁迫反应的程度和胁迫反应的类型（图 5-5）。

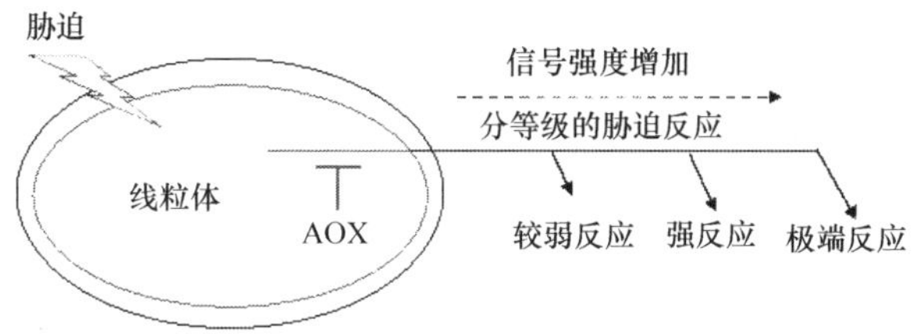

图 5-5　交替氧化酶控制线粒体胁迫信号的工作模式

第二节　乙 烯 变 化

一、感病果蔬乙烯释放量的变化

各种类型的胁迫均能促进果蔬组织的乙烯释放，病原物的侵染同样如此。早在 19 世纪 40 年代人们就发现指状青霉侵染能促进柑橘果实的乙烯释放（Biale，1940；Biale and Shepherd，1941）。很多跃变型果实被病原物侵染后均可观察到乙烯释放量的增加，诸如被果生链核盘菌侵染的桃（Hall，1967），匐枝根霉、灰葡萄孢和白地霉侵染的番茄（Barkai-Golan and Kopeliovitch，1983；Barkai-Golan et al.，1989），以及扩展青霉、交链孢、单端孢、刺盘孢、色二孢和盘多毛孢侵染的香蕉和芒果（Schiffmann-Nadel et al.，1985）；匐枝根霉、半裸镰孢、产黄青霉和互隔交链孢等多种病原物侵染甜瓜后，果腔内积累了较高浓度的乙烯，但致病力不同的病原物引起的乙烯升高的幅度存在差异（毕阳和张维一，1993）；青霉侵染会导致梨果实呼吸跃变前的乙烯产生速率明显升高，但对呼吸跃变后期的果实乙烯产生速率的增加效果不明显（李志强等，2009）；茄病镰孢能加速鳄梨果实乙烯的释放（Zauberman and Schiffmann-Nadel，1974）；对于番茄果实来说，在跃变前（绿熟期）接种灰葡萄孢能显著增强乙烯的释放，而在跃变后（成熟期）接种则能刺激新的乙烯高峰的产生（Barkai-Golan et al.，1989）。 正常后熟的番茄果实和非正常后熟的 *nor* 突变体（未接种时其乙烯含量水平变化不大）感病后均能促进乙烯产生（Tigchelaar et al.，1978）。

同样，在非跃变型果实中也可观察到类似的现象。多种病原真菌侵染柑橘均能促进果实的呼吸增强和乙烯释放（Zauberman and Schiffmann-Nadel，1974）。荔枝接种炭疽病菌后的乙烯释放量在 36h 后开始上升，之后持续增高并显著高于对照（李欣允等，2006）。而接种霜疫霉的荔枝果实乙烯释放量开始上升的时间早于对照，在 32h 后开始上升，72h 达到最大，高出对照 1.8 倍（刘晋等，2006）。葡萄感染致病力强的灰葡萄孢 7 天后出现乙烯释放高峰，果实感染致病力弱的交链孢后虽然也有乙烯的释放，但浓度远低于灰葡萄孢（周丽萍等，1996）。

不同病原物所引起的果蔬呼吸和乙烯变化存在差异。指状青霉对柠檬果实呼吸作用和乙烯释放的促进作用最强，意大利青霉和白地霉次之，串珠镰孢作用最弱。不同病原侵染同一寄主后，乙烯释放的时序性也存在差异（Zauberman and Schiffmann-Nadel，1974）。由此表明，果实乙烯的释放与病原物的致病力强弱有关，致病力强的菌株引起的乙烯释放量更大。与真菌侵染相似，丁香假单胞菌也能促进柑橘果实的呼吸强度和乙烯释放（Cohen et al.，1978）。

病原物接种果实后的乙烯释放具有一定的规律性。Cristescu 等（2007）认为，灰葡萄孢侵染番茄后乙烯的释放可分为三个阶段（图 5-6）：第一阶段为侵入期（0~12h），接种果实的乙烯释放显著增加，出现一个高峰，而体外条件下，灰葡萄孢孢子培养 3h 后才开始萌发，且萌发期间并无乙烯产生，可见接种初期果实乙烯释放的增加并非是病原物产生乙烯的诱导结果，而是寄主的防御反应（Ciardi et al.，2000）；第二阶段为潜育期（12~48h），这一时期乙烯释放量处于较低水平；第三阶段为发病期（48h 后），出现第二次乙烯释放高峰，且峰值明显高于第一次。随后逐渐下降，下降的原因可能是由于侵染破坏了果实组织，而使从 1-氨基-环丙烷-1-羧酸（ACC）转化为乙烯的能力丧失（Achilea et al.，1985a）。

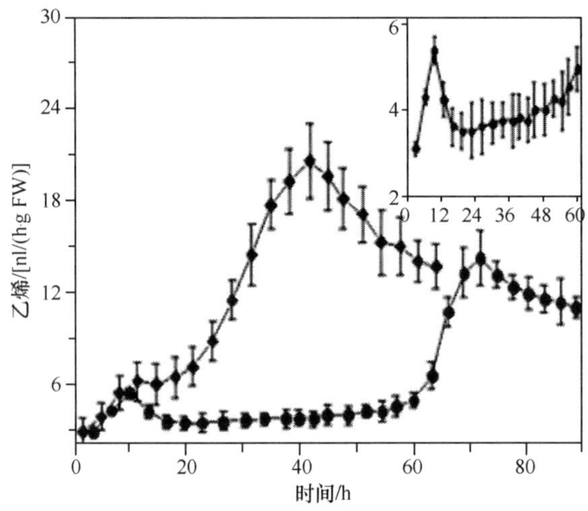

图 5-6　2×10^5/ml（•）和 2×10^7/ml（♦）灰葡萄孢分生孢子接种后番茄果实的乙烯释放（Cristescu et al.，2007）
右上角插图为 2×10^5/ml（■）灰葡萄孢分生孢子接种前 2 天产生的乙烯

机械伤也能促进乙烯的释放，然而在相同大小的伤口和病斑直径下，病原真菌所促进的乙烯生成量要远高于机械伤，表明除了病原物致病过程中产生的机械伤而刺激形成的“伤乙烯”（wound-ethylene）外，病原物侵染还会诱导“侵染乙烯”（infection-ethylene）的合成。此外，“侵染乙烯”的合成在不同真菌之间也存在差异（Barkai-Golan et al.，1989）。致病力不同的病原菌诱导乙烯产生的能力存在差异，与白地霉侵染相比，致病力强的灰葡萄孢能促使番茄提前出现更为明显的乙烯高峰（Barkai-Golan et al.，1989）。

二、感病组织中乙烯的来源

很多病原物在离体条件下均能产生乙烯（Ilag and Curtis，1968）。除了诸如棒曲霉、黄曲霉、指状青霉少数几种病原物外，大多数病原物的乙烯的释放量很少，一般只有

0.5~1.0ppm[①]/g 干重（Miller et al.，1940；Ilag and Curtis，1968）。同一病原物的不同菌株产生乙烯的能力也存在差异，如果病原物在培养基上不能产生乙烯，则这种病原物只有在果实上才能产生乙烯，这是因为果实能为病原物提供特定的底物。因此，感病果实乙烯释放量的增加可能来自损伤的寄主组织或来源于侵染寄主的病原物，或两者兼而有之。青霉感染柑橘果实会释放大量的乙烯，然而，病健交界处果实组织产生的乙烯量却不高，大量的乙烯来自于感病组织（Achilea et al.，1985b）；柑橘果实和青霉均能产生乙烯，但病原物的侵染激活了果实乙烯的生物合成，引起了乙烯释放量的增加，同时促进了 ACC 氧化酶的基因表达（Marcos et al.，2005）。

对褐腐病菌侵染的苹果以及由匍枝根霉和灰葡萄孢侵染的番茄果实的乙烯来源分析结果表明，存在大量菌丝体的病斑组织对乙烯产生的贡献很少，只有少量菌丝侵染的病斑外围健康组织会产生大量的乙烯（Hislop et al.，1973；Barkai-Golan and Kopeliovitch，1983；Barkai-Golan et al.，1989）。同时，不产生乙烯的、非正常后熟的番茄突变体 *nor* 果实组织在其成熟期感病后也能诱导产生乙烯（表 5-1）。由于病原物在体外条件下的乙烯释放量很少，因此，炭疽病菌侵染荔枝后果实乙烯释放量的增加是病原菌诱导果实代谢变化的病理反应，病原物自身对乙烯释放量的贡献不大（李欣允等，2006）。由此表明，互作中诱导产生的乙烯是寄主对病原物侵染的反应。

表 5-1 根霉侵染的“Rutgars”番茄及非正常后熟的 *nor* 突变体番茄的乙烯释放量

（Barkai-Golan and Kopeliovitch，1983）

乙烯/［μl/（kg·h）］			
组织	“Rutgars”绿熟番茄	非正常后熟的 *nor* 突变体	
		绿熟期	成熟期
健康果肉组织	1.2	0.4	0.3
距病斑 1~5cm 的健康组织	8.1	5.8	0.5
病斑外围的健康组织	30.2	19.9	11.2
病健交界处的腐烂组织	2.0	0.0	0.3
病斑中心的腐烂组织	0.0	0.2	0.0

用乙烯生物合成抑制剂氨基氧乙酸（AOA）处理灰葡萄孢接种的番茄果实时发现，经氨基氧乙酸处理的灰葡萄孢侵染点处的乙烯释放量降低了 55%~60%，非正常后熟的 *nor* 突变果实的乙烯释放量降低了 80%。由于氨基氧乙酸是乙烯合成的专一性抑制剂，由此表明，正常和突变体果实的乙烯来源于组织本身及病原物的诱导。氨基氧乙酸之所以未能完全抑制乙烯的生成可能是由于处理与病原物接种之间有一段时间间隔而使氨基氧乙酸未能充分被果实组织吸收（Cristescu et al.，2002）。离体条件下指状青霉能产生高水平的乙烯（Ilag and Curtis，1968），用指状青霉侵染柑橘促进了果实组织中乙烯和乙烯合成前体 1-氨基-环丙烷-1-羧酸的产生（Achilea et al.，1985a），说明病原物的侵染可能激活了乙烯的合成过程。指状青霉侵染柑橘果实后组织中乙烯来源的结果表明，感病组织高水平的乙烯部分来源于在培养基上和果实上均能形成乙烯的病原真菌，说明互作中病原真菌可能也参与了乙烯的释放；乙烯的产生不受 1-氨基-环丙烷-1-羧酸的影响，但能

① $1ppm=10^{-6}$

被谷氨酸显著促进；添加氨基乙氧基乙烯基甘氨酸（AVG）能轻度抑制乙烯的产生，而添加对病原物有毒但能刺激植物乙烯合成的铜离子却显著抑制了乙烯的合成；病斑外围的健康组织因其乙烯合成受 1-氨基-环丙烷-1-羧酸的促进，而受氨基乙氧基乙烯基甘氨酸的抑制，因此其乙烯的产生来源于组织本身（Achilea et al.，1985b）。

ACC 途径是植物体内乙烯合成的主要途径，该途径中的 ACC 合酶和 ACC 氧化酶在乙烯合成中起关键的作用（Yang and Hoffman，1984）。许多微生物（包括病原物）具有合成乙烯的能力，Jia 等（1999）从柑橘青霉中发现了 ACC 合酶的存在，该酶可催化 S-腺苷甲硫氨酸（SAM）合成 1-氨基-环丙烷-1-羧酸（ACC）。1-氨基-环丙烷-1-羧酸是乙烯合成的直接前体，某些真菌具有 1-氨基-环丙烷-1-羧酸的合成能力，可能与其产生乙烯的能力有关。大多数微生物合成乙烯的途径不同于植物，多数真菌如圆弧青霉（Pazout and Pazoutova，1989）和指状青霉（Fukuda et al.，1986），以及丁香假单胞菌（Nagahama et al.，1991）等细菌中普遍存在乙烯合成途径，该途径具有乙烯形成酶（ethylene formation enzyme，EFE）的多功能酶系，可催化一些氨基酸如精氨酸等合成乙烯，被称为 EFE 途径。此外，Chagué 等（2002）发现，一些酵母菌和丝状真菌如指状青霉、灰葡萄孢等体内存在的乙烯合成途径与前两个途径不同，称为 2-酮基-4-甲硫基丁酸（2-keto-4-methylthiobutyric acid，KMBA）途径。由此表明，微生物自身具有乙烯的合成能力，但不同菌种的乙烯合成能力有很大差异（Chagué et al.，2006）。因此，在病原物和寄主的互作中，病原物的种类不同，寄主乙烯的来源也可能不同。

三、乙烯的作用机制

植物与病原物互作时，会激活系统获得性抗性和诱导系统抗性建立有效的防卫反应，其中乙烯可作为信号分子参与植物防卫反应的诱导（Stearns and Glick，2003；Devoto and Turner，2005）。乙烯与茉莉酸（jasmonic acid，JA）途径协同发挥作用是坏死型病原菌侵染植物诱导防卫反应的重要信号途径，参与了诱导系统抗性过程的调控，被称为乙烯/JA 信号途径（图 5-7）（Wang et al.，2002；Lorenzo et al.，2003）。乙烯响应因子（ethylene response factor 1，ERF1）是乙烯信号途径下游的转录因子之一，该因子的表达是植物对乙烯诱导的抗性必需因子，乙烯和茉莉酸处理均可激活 ERF1 的表达，它是乙烯/JA 信号途径的关键。但是乙烯信号分子能否诱导抗病性可能还与植物和病原菌的互作有关（Wang et al.，2002；Van Loon et al.，2006）。果蔬采收后具有特殊的生理状态，这使得乙烯在采后果蔬中的作用机制不能简单沿用乙烯在植物生长发育过程中的作用机制，在果实和病原物的互作中，乙烯在抗病防卫反应中的机制研究还不多。由于不同种类的微生物产生乙烯的能力存在差异，乙烯对果蔬抗病性和感病性的影响也与果蔬的种类和病原物的种类密切相关。

乙烯在不同的果蔬和病原菌之间常常会有不同的作用结果。柑橘感染指状青霉后释放大量的乙烯，用 1-甲基环丙烯（1-MCP）处理可激活防卫相关基因表达，增强果实对指状青霉的抗病性。由此表明，乙烯参与了柑橘果实的抗病防卫反应（Marcos et al.，2005）。Porat 等（1999）发现，外源乙烯处理可增强柑橘的抗病性，减少由真菌引起的腐烂，少量的内源乙烯也增强了果实对环境及病原菌的抗性。乙烯处理番茄可以降低果

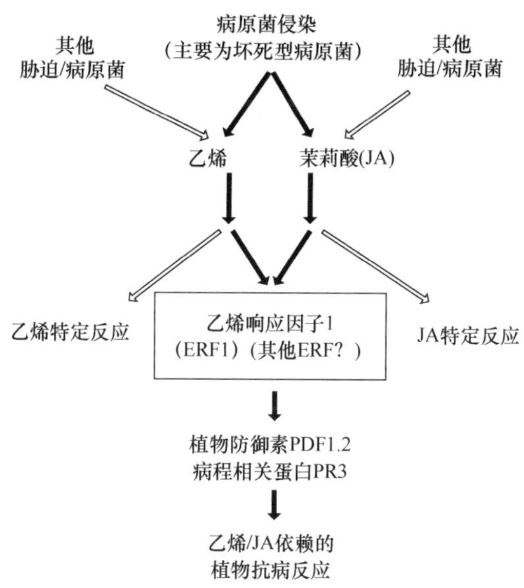

图 5-7 病原物侵染引起的寄主乙烯/JA 信号途径的作用模式
黑色箭头连接的方向为乙烯/JA 信号通路

实灰霉病的发病率，而用乙烯受体抑制剂处理则提高了灰霉病的发病率，乙烯处理后果实会合成几种病程相关蛋白，因此认为番茄果实对乙烯信号的响应能力是产生抗病性的关键（Lutton et al.，2002）。乙烯处理可使胡萝卜大量积累多酚类化合物，如双咖啡酰基奎宁酸、异香豆素、绿原酸等，以提高直根的抗病性。相反，El-Kazzaz 等（1983）发现，乙烯处理促进了草莓灰霉病的发生，以及柑橘的果实腐烂。作为一种成熟衰老促进激素，乙烯可以增强呼吸作用，增加产品对病原物侵染的敏感性（Grierson et al.，1986）。利用对乙烯不敏感的突变体研究寄主与病原物互作中乙烯的作用机制时发现，营养坏死型病原菌对乙烯不敏感突变体的侵染力增加，病害程度加剧，然而对非营养坏死型病原菌的抵抗力增强，表明乙烯可能对这类病原物的致病过程具有促进作用（Van Loon et al.，2006）。由此可见，乙烯在不同的寄主和病原物的互作中表现出了不同的作用效果，乙烯既可参与寄主抗性的调节，又可促进病原菌的侵染，表现出了双重效应。

第三节 品 质 变 化

成熟赋予果蔬令人愉悦的色泽、香味、味觉、质地和营养等品质特点，但对病原物也变得更加敏感（Giovannoni，2001）。病原物侵染果蔬后会引起多种品质性状的改变，还会促进多种次生代谢产物的积累，尤其在侵染的部位会有大量的多酚类、黄酮类、萜类等次生代谢物质合成。病原物侵染寄主后，感病组织中次生代谢产物积累，导致品质变化。

一、色泽

病原菌的侵染可抑制植物营养体的光合作用，使叶绿素降解（Scholes and Rolfe，1996；Scharte et al.，2005）。然而病原菌对果实色素的影响报道较少。叶绿素的降解被认为是衰老的重要表现（Thomas and Stoddart，1980）。灰葡萄孢侵染60天后，辣椒叶绿素降解，而用诱抗剂harpin处理后，可抑制灰葡萄孢所导致的辣椒叶绿素降解，说明抗病性的诱导延缓了辣椒叶绿素的降解过程（Akbudak et al.，2006）。柑橘果皮中的叶绿素在乙烯的作用下可加速降解，由于病原物侵染会引起乙烯释放量的增加，从而促进了叶绿素的降解（Purvis and Barmore，1981）。

二、挥发性成分

病原物侵染促进感病组织乙烯的释放，乙烯的产生增强了呼吸作用，加速了果实的成熟和衰老，同时也促进了挥发性物质的产生与释放（Grierson et al.，1986）。不同的病原物侵染甜瓜果实后果腔内乙醛、乙醇和乙酸乙酯等挥发性物质含量显著提高，病原物的致病力不同，这些挥发性物质的增长量也存在差异。匐枝根霉侵染后，乙醛、乙醇和乙酸乙酯的浓度分别增高了1.78倍、8.75倍和1.10倍，半裸镰孢和产黄青霉也引起了这些物质不同水平的升高，但互隔交链孢引起的增加幅度最小（毕阳和张维一，1993）。苹果会释放300多种挥发性物质，主要包括醇类、醛类、酮类、甲酸酯类、乙酸和己酸酯类等化合物（Power and Chestnut，1920；Meigh，1956；Dimick and Hoskin，1983）。病原菌侵染可使苹果产生498种挥发性物质，有20种挥发性成分与特定的病原物侵染有关。其中7种是病原物侵染产生的特有成分。例如，扩展青霉侵染后有氟乙烷和3,4-二甲基-1-己烯产生；梨形毛霉侵染后有丁酸丁酯、4-甲基-1-己烯、2-甲基四唑产生；而乙酸甲酯、氟乙烷是灰葡萄孢侵染后的特定成分（Vikram et al.，2004）。不同的病原菌侵染马铃薯块茎后，也会产生多种挥发性物质，其中有些挥发性成分只有在特定的病害发生后才能检出。例如，致病疫霉侵染后有正丁醛、3-甲基正丁醛、十一烷、马鞭烯酮产生；而深蓝镰孢的侵染会产生2-戊烷基呋喃（De Lacy Costello et al.，2001）。

三、味觉

（一）糖类物质

病原物侵染会导致果蔬体内含糖量的减少，这种由病原物侵染所导致的含糖量的降低与寄主的呼吸增强有关，在多种果实中均可观察到这一现象，诸如柑橘褐腐疫霉侵染的柠檬（Cohen and Schiffmann-Nadel，1972）、黑曲霉侵染的芒果（Reddy and Laxminarayana，1984）、奇异长喙壳侵染的菠萝（Adisa，1985b）、交链孢侵染的西瓜（Chopra et al.，1974）、瓜果腐霉侵染的黄瓜（McCombs and Winstead，1964），以及多种采后病原物侵染的番木瓜、香蕉和番石榴（Ghosh et al.，1964；Adisa，1985a；Odebode and Sansui，1996）等。

病原物侵染所导致的糖种类的减少存在差异。黄曲霉和寄生曲霉侵染柑橘和番石榴后果实体内的总糖、还原糖和非还原糖含量均显著降低（Singh and Sumbali，2000），而在葡萄穗霉属致病菌和绿色木霉侵染的苹果、尖孢枝孢霉侵染的枇杷中总糖含量降低，还原糖含量升高（Chaudhary et al.，1980；Singh，1980）。在匐枝根霉、黄曲霉、指状青霉、新月弯孢霉和串珠镰孢侵染的番木瓜和香蕉中也观察到类似的现象（Sawant and Gawai，2011a，2011b）。病原菌侵染引起的糖变化与果蔬体内淀粉与糖的转化有关。

健康的香蕉果实中含有葡萄糖、果糖、蔗糖、麦芽糖和棉籽糖，而被可可球二孢侵染的果实中仅含有蔗糖（Odebode and Sansui，1996）。相反，接种弯孢霉会导致菠萝果实糖含量的增加，这可能与病原物分泌的胞外酶促进了糖的增加有关（Adisa，1985a）。用指状青霉接种柑橘果实能明显提高果皮中 D-多聚半乳糖醛酸的含量（Adisa，1985b），这是由于在侵染过程中病原真菌能够产生多聚半乳糖醛酸酶，将果胶降解形成半乳糖醛酸单体而使组织解离（Barmore and Brown，1979）。

（二）有机酸含量

病原物侵染会导致果蔬中常见的有机酸含量增加或降低，这些有机酸包括柠檬酸、苹果酸、反式丁二酸、琥珀酸、酒石酸等（Arya，1993）。长喙壳属霉和弯孢霉侵染的菠萝上甚至检测不到柠檬酸，表明病原真菌可能利用寄主组织中的有机酸进行呼吸代谢，从而使感病组织中有机酸含量降低（Adisa，1985a）。

四、质地

（一）果实软化及果胶物质的变化

腐皮镰孢侵染会导致鳄梨果实组织软化提前，软化不是只发生在侵染点及周围组织，而是整个果实。由此表明，软化不仅是病原物对果实局部组织的影响，病原物侵染还能诱导类似于正常果实的软化，软化的诱导可能与病原物促进的乙烯释放有关（Zauberman and Schiffmann-Nadel，1974）。

多种病原物侵染的苹果中不溶性果胶的含量显著减少，尤以病斑处最为明显（Cole and Wood，1961）。腐皮镰孢侵染能够促进鳄梨果胶物质的变化，感病果实中可溶性果胶的增加和不溶性原果胶的减少速率明显快于未侵染的果实。由于可溶性果胶的增加和不溶性原果胶的降低会导致果实软化，因此感病果实的软化提前（Zauberman and Schiffmann-Nadel，1974）。用意大利青霉产生的内切多聚半乳糖醛酸酶处理柚，能提高果实组织中可溶性果胶的含量，进而导致细胞分离、组织软化（Barmore and Brown，1980）。

（二）感病组织果胶降解酶的活性及来源

感病组织中多聚半乳糖醛酸酶活性的增加主要来源于病原真菌本身。对多种互作系统的研究发现，感病组织中的果胶降解酶不仅来源于病原物，还来源于寄主（Barkai-Golan et al.，1986）。盘长孢状刺盘孢侵染能诱导鳄梨果实产生多聚半乳糖醛酸酶，并且病害扩展期间果肉组织的软化主要由诱导产生的果实多聚半乳糖醛酸酶引起（Barash and Khazzam，1970）。匍枝根霉侵染能促进正常后熟番茄果实多聚半乳糖醛酸酶的产生，但病原物侵染不能诱导不能后熟及本身不产生多聚半乳糖醛酸酶的非正常后熟 *nor* 突变体多聚半乳糖醛酸酶的产生（Barkai-Golan et al.，1986）。

五、营养成分

果蔬含有多种维生素，尤其是维生素 C，赋予其较高的营养价值（Pawar，2012）。然而病原物侵染后会使果蔬中的维生素 C 含量降低（Arya，1993；Pawar，2012）。可可球二孢侵染芒果后果实的维生素 C 含量显著降低。同样，在黑曲霉侵染的番石榴（Singh and Tandon，1971；Madhukar and Reddy，1991）和苹果（Chaudhary et al.，1980；Reddy and Laxminarayana，1984），黄曲霉侵染的枣（Singh and Sumbali，2000）和盘长孢状刺盘孢侵染的柑橘（Agrawal and Ghosh，1979）中均可观察到类似的现象。

病原物侵染会导致寄主组织中蛋白质含量降低，游离氨基酸含量增加。但也有报道表明，侵染对组织的蛋白质含量没有影响，甚至会诱导其含量增加（Adisa，1985a；Khodke and Gahukar，1995）。对不同的病原物与果实互作系统来说，有些病原物侵染能消耗某些果实的氨基酸，但促进另一些氨基酸的合成（Arya，1993）。Khodke 和 Gahukar（1995）发现，盘长孢状刺盘孢侵染后，辣椒组织中的组氨酸、精氨酸、天冬氨酸、甘氨酸、丙氨酸和亮氨酸含量增加，而其他诸如赖氨酸、苏氨酸、谷氨酸、脯氨酸、半胱氨酸、缬氨酸、甲硫氨酸等其他氨基酸含量均降低。

果蔬含有人体所需要的各种矿物质，这些矿物质组成了果蔬的灰分，各种矿物质之间具有特定的比例，适宜人体吸收。病原真菌侵染可引起果实灰分含量的改变，导致其含量及比例发生变化，从而不适于人体吸收（Pawar，2012）。例如，黑曲霉侵染可降低芒果和番木瓜果实中的钙与磷含量（Gadgile and Chavan，2009，2011；Rathod，2010）。烟曲霉侵染可降低木橘果实的灰分含量（Verma et al.，1991）。少根根霉、黄曲霉和指状青霉侵染可降低香蕉果实中的灰分含量（Sawant and Gawai，2011b）。同样，病原物侵染也会引起芒果、番木瓜等果实中灰分含量的减少（Rathod，2010；Bagwan，2010）。

六、其他

多胺在植物的生长发育中发挥着重要作用（Slogum et al.，1984；Galston，1983）。匐枝根霉侵染番茄果实后，组织中多胺的含量与病害的发展呈现一定的相关。随着果实的发育和后熟，健康组织中鸟氨酸脱羧酶和精氨酸脱羧酶的活性显著降低，腐胺及精胺和亚精胺的含量也显著降低，后熟时含量降至最低。跃变前接种匐枝根霉能进一步降低果实鸟氨酸脱羧酶和精氨酸脱羧酶的活性，使果实中多胺含量进一步减少。外源乙烯处理能观察到与病原物侵染及果实后熟期间类似的结果。由此表明，病原物诱导产生的乙烯可能是导致匐枝根霉侵染番茄多胺含量变化的主要原因（Bakanashvili et al.，1987）。

参考文献

毕阳，张维一. 1993. 感病甜瓜果实的呼吸、乙烯及过氧化物酶变化的研究. 植物病理学报，23: 69-73.

陈尚武，周丽萍，张维一. 1996. 匍枝根霉和半裸镰刀菌侵染引起甜瓜采后呼吸代谢途径的变化. 植物病理学报，26: 182-186.

李红玉，周功克，郭进魁，等. 1999.抗氰呼吸途径对寄主植物感病性的调节. 生物物理学报，15: 565-672.

李红玉，周功克，胡铁强，等. 2000. 抗氰交替途径参与马铃薯软腐病菌对马铃薯块茎的侵染. 西北植物学报，20: 997-1002.

李唯，毕玉蓉，刘伟，等. 2012. 植物生理学. 北京：高等教育出版社.

李欣允，陈维信，刘爱媛. 2006. 炭疽病菌侵染对荔枝果实生理生化变化的影响. 亚热带植物科学，35: 1-4.

李志强，乔玉山，章镇，等. 2009. 失水和腐烂对梨果实采后品质和生理的影响.江苏农业学报，25: 387-390.

刘晋，刘爱媛，陈维信. 2006. 霜疫病菌侵染对荔枝果实生理变化的影响. 西南园艺，34: 1-4.

潘瑞炽，王小青，李娘辉. 2012. 植物生理学(第七版). 北京：高等教育出版社.

潘瑞炽. 2008. 植物生理学. 北京：高等教育出版社.

潘永贵，谢江辉. 2009. 现代果蔬采后生理. 北京：化学工业出版社.

张维一，毕阳. 1996. 果蔬采后病害与控制. 北京：中国农业出版社.

周丽萍，陈尚武，张维一. 1996. 无核白葡萄采后果实呼吸和乙烯释放特性及病原侵染的影响. 植物病理学报，26: 330-334.

Achilea O, Chalutz E, Fuchs Y, et al. 1985a. Ethylene biosynthesis and related physiological changes in *Penicillium digitatum*-infected grapefruit(*Citrus paradisi*). Physiological Plant Pathology, 26: 125-134.

Achilea O, Fuchs Y, Chalutz E, et al. 1985b. The contribution of host and pathogen to ethylene biosynthesis in *Penicillium digitatum*-infected citrus fruit. Physiological Plant Pathology, 27: 55-63.

Adisa V A. 1985a. Fruit rot diseases of guava *Psidium guajava* in Nigeria. Indian Phytopathology, 38: 427-430.

Adisa V A. 1985b. Effects of the biodeterioration caused by two molds on some food substances of *Ananas comosus*. Phytoparasitica, 13: 113-120.

Agrawal G P, Ghosh K. 1979. Post-infection changes in ascorbic acid content in lemon, musambi and orange fruits infected by *Colletotrichum gloeosporioides*. Indian Phytopath, 32: 108-109.

Akbudak N, Tezcan H, Akbudak B, et al. 2006. The effect of harpin protein on plant growth parameters, leaf chlorophyll, leaf colour and percentage rotten fruit of pepper plants inoculated with *Botrytis cinerea*. Scientia Horticulturae, 109: 107-112.

Arya A. 1993. Tropical Fruits Diseases and Pests. New Delhi: Kalyani Publishers.

Bagwan N B. 2010. Post-harvest pathogens of mango(*Mangifera indica*)and their effect on fruits quality. Journal of Mycology and Plant Pathology, 40: 352-355.

Bakanashvili M, Barkai-Golan R, Kopeliovitch E, et al. 1987. Polyamine biosynthesis in *Rhizopus*-infected tomato fruits: possible interaction with ethylene. Physiological and Molecular Plant Pathology, 31: 41-50.

Barash I, Khazzam S. 1970. The relationship and properties of pectic glycosidases produced by host and pathogen during anthracnose disease of avocado. Phytochemistry, 9: 1187-1197.

Barkai-Golan R, Kopeliovitch E, Brady C J. 1986. Detection of polygalacturonase enzymes in fruits of both a normal tomato and its non-ripening *nor* mutant with *Rhizopus stolonifer*. Phytopathology, 76: 42-45.

Barkai-Golan R, Kopeliovitch E. 1983. Induced ethylene evolution and climacteric-like respiration in *Rhizopus*-infected *rin* and *nor* tomato mutants. Physiological Plant Pathology, 22: 357-362.

Barkai-Golan R, Lavy Meir G, Kopeliovitch E. 1989. Stimulation of fruit ethylene production by wounding and by *Botrytis cinerea* and *Geotrichum candidum* infection in normal and non-ripening tomatoes. Journal of Phytopathology, 125: 148-156.

Barmore C R, Brown G E. 1979. Role of pectolytic enzymes and galacturonic acid in citrus fruit decay caused by *Penicillium digitatum*. Phytopathology, 69: 675-678.

Barmore C R, Brown G E. 1980. Polygalacturonase from citrus fruit infected with *Penicillium italicum*. Phytopathology, 71: 328-331

Biale J B, Shepherd A D. 1941: Respiration of citrus fruits in relation to metabolism of fungi. Ⅰ. Effects of emanations of *Penicillium digitatum* Sacc. on lemons. American Journal of Botany, 28: 263-270.

Biale J B. 1940. Effect of emanation from several species of fungi on respiration and color development of citrus fruits. Science, 91: 458-459.

Casado-Vela J, Sellés S, Martínez R B. 2005. Proteomic approach to blossom-end rot in tomato fruits(*Lycopersicon esculentum* M.): antioxidant enzymes and the pentose phosphate pathway. Proteomics, 5: 2488-2496.

Chagué V, Danit LV, Siewers R, et al. 2006. Ethylene sensing and gene activation in *Botrytis cinerea*: a missing link in ethylene regulation of fungus-plant interactions. Molecular Plant Microbe Interactions, 19: 33-42.

Chagué V, Elad Y, Barakat R, et al. 2002. Ethylene biosynthesis in *Botrytis cinerea*. FEMS Microbiology Ecology, 40: 143-149.

Chaudhary M, Kaur M, Deshpande K B. 1980. Biochemical changes during fruit rot of apple. Indian Phytopathology, 33: 331-332.

Chopra B L, Jhooty J S, Bajay K L. 1974. Biochemical differences between two varieties of watermelon, resistant and susceptible to *Alternaria cucumerina*. Journal of Phytopathology, 79: 47-52.

Ciardi J A, Tieman D M, Lund S T, et al. 2000. Response to *Xanthomonas campestris* pv. *vesicatoria* in tomato involves regulation of ethylene receptor gene expression. Plant Physiology, 123: 81-92.

Cohen E, Schiffmann-Nadel M. 1972. Respiration pattern of lemon fruit infected with *Phythophthora citrophtora*. Phytopathology, 62: 932-933.

Cohen S, Cohen E, Schiffmarm-Nadel M, et al. 1978. Respiration rate and ethylene evolution of lemon infected by *Pseudomonas syringae*. Phytopathology, 91: 355-358.

Cole M, Wood R K S. 1961. Types of rot, rate of rotting, and analysis of pectic substances in apples rotted by fungi. Annals of Botany, 25: 417-434.

Considine M J, Daley D O, Whelan J. 2001. The expression of alternative oxidase and uncoupling protein during fruit ripening in mango. Plant Physiology, 126: 1610-1629.

Cristescu S M, De Martinis D, Hekkert S L, et al. 2002. Ethylene production by *Botrytis cinerea in vitro* and in tomatoes. Applied and Environmental Microbiology, 68: 5342-5350.

Cristescu S M, Woltering E J, Harren F J M. 2007. Real time monitoring of ethylene during fungal plant interaction by laser based photoacoustic spectroscopy. *In*: Dijksterhuis J, Samson R A. Food Mycology. Boca Raton: CRC Press.

Cruz-hernández A, Gómez-Lim M A. 1995. Alternative oxidase from mango(*Mangifera indica* L.)is differentially regulated during fruit ripening. Planta, 197: 569-576.

De Lacy Costello B P J, Evans P, Ewen R J, et al. 2001. Gas chromatography-mass spectrometry analyses of volatile organic compounds from potato tubers inoculated with *Phytophthora infestans* or *Fusarium coeruleum*. Plant Pathology, 50: 489-496.

Devoto A, Turner J G. 2005. Jasmonate-regulated *Arabidopsis* stress signalling network. Physiologia Plantarum, 123: 161-172.

Diaz J, ten Have A, van Kan J. 2002. The role of ethylene and wound signaling in resistance of tomato to *Botrytis cinerea*. Plant Physiology, 129: 1341-1351.

Dimick P S, Hoskin J C. 1983. Review of apple flavor-state of the art. CRC Critical Reviews in Food Science and Nutrition, 18: 387-409.

Duque P, Arrabaca J D. 1999. Respiratory metabolism during cold storage of apple fruit. Ⅱ. Alternative oxidase is induced at the climacteric. Physiologia Plantarum, 107: 24-31.

El-Kazzaz M K, Sommer N F, Kader A A. 1983. Ethylene effects on *in vitro* and *in vivo* growth of certain postharvest fruit-infecting fungi. Phytopathology, 73: 998-1001.

Fukuda H, Fujii T, Ogawa T. 1986. Preparation of a cell-free ethylene forming system from *Penicillium digitatum*. Agricultural Biology and Chemistry, 50: 977-981.

Gadgile D P, Chavan A M. 2009. Changes in calcium contents of mango pulp due to different isolates of *Aspergillus niger*. Journal of Mycology and Plant Pathology, 39: 166-168.

Gadgile D P, Chavan A M. 2011 Changes in phosphorous contents of mango pulp due to colonization of *Aspergillus niger*. Indian Phytopathology, 64: 192-193.

Galston A W. 1983. Polyamines as modulators of plant development. BioScience, 33: 382-388.

Ghosh A K, Tandon R N, Bilgrani K S, et al. 1964. Studies on fungal diseases of some tropical fruits. II. Post-infection changes in the sugar content of some fruit. Journal of Phytopathology, 50: 283-288.

Giovannoni J. 2001. Molecular biology of fruit maturation and ripening. Annual Review of Plant Physiology and Plant Molecular Biology, 52: 725-749.

Grierson W, Cohen E, Kitagawa H. 1986. Degreening. *In*: Wardowski W F, Nagy S, Grierson W. Fresh Citrus Fruit. Wesport: AVI Publishing Co. Inc., 253-274.

Hall R. 1967. Effect of *Monilinia fructicola* on oxygen uptake of peach fruits. Journal of Phytopathology, 58: 131-136.

Hislop H C, Hoad G V, Archer S A. 1973. The involvement of ethylene in plant disease. *In*: Byrde R J W, Cutting C V. Fungal Pathogenicity and the Plant's Response. London and New York: Academic Press, 87-117.

Ilag L, Curtis R W. 1968. Production of ethylene by fungi. Science, 159: 1357-1358.

Jia Y J, Kakuta Y, Sugawara M, et al. 1999. Synthesis and degradation of 1-aminocyclopropane-1-carboxylic acid by *Penicilium citrinum*. Bioscience Biotechnology and Biochemistry, 63: 542-549.

Juszczuk I M, Rychter A M. 2003. Alternative oxidase in higher plants. Acta Biochimica Polonica, 50: 1257-1271.

Khodke S W, Gahukar K B. 1995. Changes in biochemical constituents of chili fruits infected with *Colletotrichum gloeosporioides*. Journal of Maharashtra Agricultural University, 20: 142-143.

Kumar S, Patil B C, Sinha S K. 1990. Cyanide resistant respiration is involved in temperature rise in ripening mangoes. Biochemical and Biophysical Research Communications, 168: 818-822.

Kumar S, Sinha S K. 1992. Alternative respiration and heat production in ripening banana fruits(*Musa paradisiaca* van Mysore Kadali). Journal of Experimental Botany, 43: 1639-1642.

Liu A, Chen W, Li X. 2005. Changes in the postharvest physiology and lychee fruits latently infected by anthracnose fungus and the biological characteristic of the pathogenic fungus of the disease. Acta Horticulturae, 665: 365-372.

Lorenzo O, Piqueras R, Sanchez-Serrano J J, et al. 2003. Ethylene response factor 1 integrates signals from ethylene and jasmonate pathways in plant defense. Plant Cell, 15: 165-178.

Lutton J D, Solangi K B, Ibraham N G, et al. 2002. The role of ethylene and wound signaling in resistance of tomato to *Botrytis cinerea*. Plant Physiology, 129: 1341-1351.

Ma H, Song C F, Borth W, Sether D, et al. 2011. Modified expression of alternative oxidase in transgenic tomato and petunia affects the level of tomato spotted wilt virus resistance. BMC Biotechnology, 11: 96.

Mackenzie S, McIntosh L. 1999. Higher Plant Mitochondria. Plant Cell, 11: 571-586.

Madhukar J, Reddy S M. 1991. Biochemical changes in guava fruits due to the infection by two pathogenic fungi. Indian Journal of Mycology and Plant Pathology, 21: 179-182.

Marcos J F, González-Candelas L, Zacarías L. 2005. Involvement of ethylene biosynthesis and perception in the susceptibility of citrus fruits to *Penicillium digitatum* infection and the accumulation of defence-related mRNAs. Journal of Experimental Botany, 56: 2183-2193.

McCombs C L, Winstead N N. 1964. Changes in sugars and amino acids of cucumber fruits infected with *Pythium aphanidermatum*. Phytopathology, 54: 233-234.

Meigh D F. 1956. Volatile compounds produced by apples. I. Aldehydes and ketones. Journal of the Science of Food and Agriculture, 6: 396 .

Miller V E, Winston J R, Fisher D F. 1940. Production of epinasty by emanations from normal and decaying citrus fruits and from *Penicillium digitatum*. Journal of Agricultural Research, 60: 269-277.

Nagahama K, Ogawa T, Fujii T, et al. 1991. Purification and properties of an ethylene-forming enzyme from *Pseudomonas syringae* pv. *phaseolocola* PK2. Journal of General Microbiology, 137: 2281-2286.

Odebode A C, Sansui J. 1996. Influence of fungi associated with bananas on nutritional content during storage. European Food Research and Technology, 201: 471-473.

Pasqualini S, Paolocci F, Borgogni A, et al. 2007. The overexpression of an alternative oxidase gene triggers ozone sensitivity in tobacco plants. Plant Cell and Environment, 30: 1545-1556.

Pawar V P. 2012. Biochemical status of fruit under the influence of post-harvest fungi: A review. Current Botany, 3: 26-27.

Pazout J, Pazoutova S. 1989. Ethylene is synthesized by vegetative mycelium in surface cultures of *Penicillium cyclopium* Westling. Canadian Journal of Microbiology, 35: 384-387.

Porat R, Weiss B, Cohen L, et al. 1999. Effects of ethylene and 1-methylcyclopropene on the postharvest qualities of "Shamouti" oranges. Postharvest Biology and Technology, 15: 155-163.

Power F B, Chestnut V K. 1920. The odorous constituents of apple, Emanation of acetaldehyde from the ripe fruit. Journal of the American Chemical Society, 42: 1509.

Purvis A C, Barmore C R. 1981. Involvement of ethylene in chlorophyll degradation in peel of citrus fruits. Plant Physiology, 68: 854-856.

Rathod G M. 2010. Studies on post-harvest diseases of papaya. Dr. Babasaheb Ambedkar Marathwada University, Ph. D thesis.

Reddy S M, Laxminarayana P.1984. Post infection changes in ascorbic acid contents of mango and amla caused by two fruit-rot fungi. Current Science, 53: 927-928.

Sawant S G, Gawai D U. 2011a. Effect of fungal infections on nutritional value of papaya fruits. Current Botany, 2: 43-44.

Sawant S G, Gawai D U. 2011b. Biochemical changes in banana fruits due to postharvest fungal pathogens. Current Botany, 2: 41-42.

Scharte J, Schon H, Weis E. 2005. Photosynthesis and carbohydrate metabolism in tobacco leaves during an incompatible interaction with *Phytophthora nicotianae*. Plant Cell and Environment, 28, 1421-1435.

Schiffman-Nadel M. 1974. Relation between fungal attack and postharvest maturation. Coll. Internation CNRS, 238: 139-145.

Schiffmann-Nadel M, Michaely H, Zauberman G, et al. 1985. Physiological changes occurring in picked climacteric fruit infected with different pathogenic fungi. Journal of Phytopathology, 113: 277-284.

Scholes J D, Rolfe S A. 1996. Photosynthesis in localised regions of oat leaves infected with crown rust(*Puccinia coronata*): quantitative imaging of chlorophyll fluorescence. Planta, 199: 573-582.

Seymour R S, Ito Y, Onda Y, et al. 2009. Effects of floral thermogenesis on pollen function in Asian skunk cabbage *Symplocarpus renifolius*. Biology Letters, 5: 568-570.

Singh N. 1980. Some physiological and pathological studies of *Myrothecium carmichaei*, *Alternaria tenuissima*, *Drechslera rostrata* and *Cladosporium oxysporum* causing post-harvest diseases of tomato, field bean, cape gooseberry and loquat respectively. Doctoral dissertation, D. Phil. thesis. Allahabad University, India, 248.

Singh R H, Tandon R N. 1972. Vitamin C content of guava fruits infected with *Aspergillus niger*. Indian Phytopathology, 24: 807-809.

Singh Y P, Sumbali G. 2000. Ascorbic acid status and aflatoxin production in ripe fruits of jujube infected with *Aspergillus flavus*. Indian Phytopathology, 53: 38-41.

Slogum R D, Kaur-Sawhney R, Galston A W. 1984. The physiology and biochemistry of polyamines in plants. Archives of Biochemistry and Biophysics, 235: 283-303.

Stearns J C, Glick B R. 2003. Transgenic plants with altered ethylene biosynthesis or perception. Biotechnology Advances, 21: 193-210.

Thomas H, Stoddart J L. 1980. Leaf senecence. Annual Review of Plant Physiology, 31: 83-111.

Tigchelaar E C, McGlasson W B, Buescher R W. 1978. Genetic regulation of tomato fruit ripening. HortScience, 13: 508-513.

Van Loon L C, Geraats B P, Linthorst H J. 2006. Ethylene as a modulator of disease resistance in plants. Trends in Plant Science, 11: 184-191.

Verma S, Gupta S, Singh R V, Abidi A B. 1991. Changes in biochemical constituents of bael fruits infected with

Aspergillus species. Indian Phytopathology, 44: 405-406.

Vikram A, Prithiviraj B, Hamzehzarghani H, et al. 2004. Volatile metabolite profiling to discriminate diseases of McIntosh apple inoculated with fungal pathogens. Journal of the Science of Food and Agriculture, 84: 1333-1340.

Wang L C, Li H, Ecker J R. 2002. Ethylene biosynthesis and signaling networks. Plant Cell, 14 Supplement: S131-S151.

Yang S F, Hoffman N E. 1984. Ethylene biosynthesis and its regulation in higher plants. Annual Review Plant Physiology, 35: 155-189.

Zauberman G, Schiffmann-Nadel M. 1974. Changes in the ripening process of avocado fruit infected by *Fusarium solani*. Phytopathology, 64: 188-190.

Zhu Y, Lu J, Wang J, et al. 2011. Regulation of thermogenesis in plants: the interaction of alternative oxidase and plant uncoupling mitochondrial protein. Journal of Integrative Plant Biology, 53: 7-13.

第六章　采前因素对采后病害的影响

果蔬的品种及采前的生长环境对采后病害的发生及发展影响很大。如果选择了抗病品种，使其在适于品质及抗病性发展的条件下栽培，果蔬在采后期间发生病害的程度便相对较轻。相反，如果选择了感病品种，栽培期间又疏于管理，采后病害就很严重。多种采前因素与果蔬采后病害的发生及发展密切相关，这些因素主要包括生物因素、生态因素和农业技术因素三大类。其中生物因素涉及果蔬的种类和品种、植株田间生长发育及病虫危害状况；生态因素包括环境温度、光照、水分、土壤和地理条件；农业技术因素包括灌溉、施肥、修剪、疏花疏果、套袋及化学药物的使用等。因此，为了减少果蔬采后病害的发生，需要采前因素的管理与采后因素控制之间的密切配合。

第一节　生 物 因 素

一、种类和品种

果蔬的抗病性在很大程度上取决于种类和品种的遗传特性。因此，要使果蔬具备良好的采后抗病性，选择合理的种类及品种是做好采后防腐工作的基础（Barkai-Golan，2001）。

（一）种类

果蔬种类繁多，不同种类对病害的敏感程度差异很大。一般生产于热带地区，采收于高温季节或生长期短的种类，由于生长迅速，组织结构疏松，采后呼吸旺盛，不耐低温，蒸腾失水快，体内物质消耗多，易被病菌侵染而腐烂变质。温带地区的果蔬生长期较长，且在低温冷凉季节成熟，采收时体内营养物质积累多，代谢水平较低，对病害的抗性相对较强。例如，香蕉、芒果和荔枝的抗病性远不及苹果、梨和柑橘；苹果、梨和山楂等仁果类果实的抗病性远高于桃、杏、李和樱桃等核果类果实。即使同一类型的果实，不同种类间的抗病性也存在较大的差异。例如，浆果类果实中葡萄和猕猴桃的抗病性就显著高于草莓和桑葚；柑橘类果实中的橙和柚就比橘和柑的抗病性强。

对于蔬菜来说，不同器官的抗病性之间存在较大差异。其中以地下根茎类蔬菜的抗病性最强，叶菜类最弱，茄果类、瓜类和豆类等果实类蔬菜介于其间。属于营养贮藏器官的块茎、球茎、鳞茎、根茎类蔬菜，具有明显的休眠期，代谢水平较低，抵抗病原菌侵染的能力也较强。茄果类、瓜类、豆类等果实类蔬菜由于其采收时大多为幼嫩果实，表面保护组织不发达，采后呼吸旺盛，易受病原物的侵染。但个别瓜类，如充分成熟的南瓜和冬瓜，其表皮已形成了完整的角质层、蜡粉或茸毛等保护组织，抗病性也较强。叶菜类的叶片是植物的同化器官，组织幼嫩，采后呼吸和蒸腾作用均十分旺盛，极易受损而腐烂。但大白菜和甘蓝等结球类蔬菜其叶球已发育为营养贮藏器官，采收时营养生长已停止，抗病性则相对较强。

（二）品种

同一种类不同品种间的果蔬对采后病害的抗性也存在较大的差异。晚熟品种比早熟和中熟品种的抗病性强。晚熟品种的果实生长发育期长，表面保护组织发达，果面常密被茸毛、蜡质和蜡粉等保护层，果肉质地致密，硬度较高，营养物质积累较多，抗氧化能力较强，有利于抵抗病原物的侵染。

不同苹果品种对灰霉病、毛霉病、牛眼病和青霉病的抗性表现出差异，其中“嘎啦”对这三种病均表现出较强的抗性，而“富士”和“Oregon SpurⅡ”则对牛眼病具有良好的抵抗力，其原因与不同品种间果皮抵抗损伤的能力有关（Spotts et al.，1999）。同样，“金冠”对青霉病敏感，而“富士”对灰霉病敏感（Konstantinou et al.，2011）。对于霉心病来说，“小国光”的抗性最强，采后几乎观察不到症状，其次为“富士”，“元帅”最易发病。不同草莓品种与灰霉病发生的关系研究表明，“Sweet Charlie”的发病率最高，其次是“Camarosa”和“Rosa Linda”（Legard et al.，2000）。西瓜品种繁多，各品种间的贮藏性各不相同，“京欣 2 号”瓜皮厚，室温条件下可贮藏 30 天，“京秀”贮藏 15 天即会出现腐烂、水渍等现象（侯田莹等，2011）。厚皮甜瓜的不同品种间抗病性差异较大，总体上是晚熟品种抗病性强，网纹类型的比非网纹类型的更易发生采后病害。例如，“黄河蜜瓜”的抗病性远高于“银帝”，“伽师瓜”的抗病性远高于“8601”和“皇后”（Bi et al.，2003）。

二、田间生长

（一）砧木

果树的砧木多属野生或半野生种类，表现出不同程度的抗寒、抗旱、抗涝、耐盐碱和抗病虫等特性。砧木类型不同会对嫁接后果树的生长发育、环境的适应性及果实的产量、品质、化学成分和抗病性造成直接的影响。砧木类型与李（Sayler et al.，2002）、甜樱桃（Spotts et al.，2010）、苹果（Norelli et al.，2003；Russo et al.，2008）等果树的田间抗病性密切相关，但与采后病害的抗性之间存在何种关系尚鲜见报道。

（二）树龄与树势

树龄与树势不仅影响果实的产量和品质，而且对果实的抗病性也有一定的影响。盛果期树所产果实对病害的抵抗能力强于幼龄树和老龄树。这是因为幼龄树营养生长旺盛，结果少，果实大小不一，组织疏松，含钙少，氮含量高，贮藏期间品质变化快，易受病原物侵染；而老龄树营养生长缓慢，衰老退化严重，地下根部吸收营养物质的能力和地上部光合同化能力均较低，所结果实偏小，干物质含量少，着色差，其抗病性也弱。Tahir 等（2007）发现，不足 6 年的幼龄苹果树所产的果实对牛眼病的抵抗力较弱，而超过 20 年的老龄树所产果实的抗病性也不高。

（三）果实大小与结果部位

果实的大小不同，抗病性也存在差异。一般大个果实不如中等大小果实抗病。这是由于大个果实的果肉硬度下降更快，生理失调出现较早，因此更易受到病原物的侵染。同一植株不同部位着生的果实，其大小、颜色和化学成分有所不同。例如，向阳面或树冠外围的苹果果实着色好，肉质硬，贮藏中不易萎蔫皱缩，因而对病原物也有较强的抵抗能力。茄果类及瓜类果实一般以生长在植株中部的果实品质最好，抗病性也较强。

（四）采收与产品成熟度

采收是果蔬田间生产中的最后一个环节，也是进行采后处理的第一个环节，是连接生产与消费的关键。由于不当的采收常会导致果蔬表面的机械损伤，所以采收方式和方法对果蔬的抗病性影响很大，对鲜食果蔬来说，尽量采用人工采收，这样可以最大限度地减少机械损伤的发生。机械采收易损伤果蔬，病原菌侵入的概率就会增大（Barkai-Golan，2001）。

成熟度对果蔬的抗病性也有较大的影响。过早采收的果实成熟度不高，虽然抗病性较强，但产量与品质均欠佳；采收过晚，成熟度过高，产品趋于衰老，易受病原菌侵染。因此，适时采收至关重要。例如，早采的洋葱比晚采的更易受到病原物的侵染（Ali and Yamani，1977；Wright et al.，1993）。马铃薯的成熟度与其对早疫病的抗性之间呈显著的正相关。成熟度低的品种对该病较敏感，而成熟度高的品种则抗性较强（Johanson and Thurston，1990）。Xu 和 Robinson（2005）发现，随着苹果成熟度的提高，果实对黑星病的抗性也显著增强。不同成熟度的苹果对青霉的抵抗力也存在一定差异，成熟度过高的苹果易被青霉侵染（Chávez et al.，2014）。在气温较低的 1 月和果实充分成熟的 3 月中上旬采收的“不知火”橘橙，贮藏期间的腐烂率相对较高；在 12 月和翌年 2 月中旬采收的腐烂率则相对较低（卿尚模等，2010）。如果采收恰逢阴雨天气，就会增加病原物侵染的风险。例如，雨后即刻采收的苹果和梨，贮藏期间的腐烂率显著高于雨后 3 天采收者。

三、田间感病状况

田间的感病程度越高，果蔬采后的抗病性也越差。潜伏侵染是导致多种果蔬采后病害发生的重要原因。潜伏侵染不仅降低果蔬的品质，刺激乙烯产生，加速衰老和生理失调，还会导致大量采后腐烂的发生。例如，猕猴桃果实萼片和茎端的潜伏侵染率与果实冷藏期间的灰霉病发病率呈正相关，如果潜伏侵染率高，则灰霉病的发病率也高。在梨果实上也可以观察到类似的现象（Lennox and Spotts，2004）。果生链核盘菌在果实体内的潜伏侵染率与甜樱桃、李、油桃、梨等果实采后褐腐病的发病率均呈正相关（Gell et al.，2008；Emery et al.，2000；Luo and Michailides，2001）。在互隔交链孢潜伏侵染的柿（Kobiler et al.，2011）、甜瓜、枣、梨、桃、番茄等果蔬上均可以观察到类似的现象。因此，根据果蔬潜伏侵染的发生情况可以预测某些采后病害的发生程度（张维一和毕阳，1996）。

第二节 生 态 因 素

生长期间的温度、降雨量、光照、土壤类型及其结构等生态环境条件不仅影响果蔬的产量及品质，还影响抗病性。不利的环境因素不仅会降低植株的抗病性，也会影响病原物在田间的越冬及传播。例如，温度、湿度、降雨量、风速等环境条件均会影响核盘菌的越冬、潜伏、定殖、繁殖和传播（Corbin et al.，1968；Bannon et al.，2009）。生态因素中以气候的影响最为明显，果蔬田间或采后病害的发生均与气候密切相关，气候不仅直接影响病害能否发生及发生的严重程度，还影响寄主与病原物的互作（Bourke，1970；Colhoun，1973）。

一、温度

温度是影响果蔬生长及其抗病性的重要因素。生长发育期间如遇高温，生长发育速度就快，可溶性固形物等营养物质的积累就少，抗病性也不高。例如，高温可加速花器的衰老，促进灰葡萄孢通过花器侵染番茄（Eden et al.，1996）。较大的昼夜温差可促使果蔬生长健壮，营养及活性物质积累较多，表面保护组织及内部组织结构致密，抗病性也较强。

温度可直接影响病原物的生长繁殖。例如，由致病疫霉引起的晚疫病是马铃薯和番茄的毁灭性病害，温度对该病原物的孢子萌发、侵染、病斑扩展、孢子形成等影响很大，当温度低于 15℃时可形成游动孢子，高于 18℃时孢囊孢子可形成芽管，18~22℃可形成较多的孢子囊。另外，温度也可对卵孢子的存活产生影响（Maziero et al.，2009）。苹果的黑星病病原物多在落叶上产生子囊壳越冬，子囊孢子至翌年春季开始成熟，20℃为成熟的适温，10℃以下则成熟迟缓。因此，翌年新病原物的侵染数量取决于上一年末期病害发生的程度及病原物的越冬能力。由果生链核盘菌引起的褐腐病是核果类果实最常见的真菌性病害，该病原物可通过风、水、昆虫、鸟等传播（Byrde and Willetts，1977）。在 10~25℃范围内，随着温度的升高，病原物的产孢能力逐渐下降。但日产孢能力在 10~15℃范围内呈上升趋势，在 20℃和 25℃下保持在较高水平，15℃时产孢能力最强。孢子萌发和芽管伸长在 7~15℃范围内逐渐增加，当温度大于 15℃时孢子萌发和芽管伸长均不再增加（Hong and Michailides，1998）。镰刀菌可引起莴苣的枯萎病，温度较高时有利于该病的发展，在 10~25℃范围内随着温度的升高，病害渐趋严重（Scott et al.，2010）。冬季气温对越冬病原物的数量也会产生很大的影响，如果冬季寒冷，病原物越冬的存活率就低。相反，暖冬条件下病原物越冬存活的数量较多，如遇温暖和湿润的春季，病原物就会大量传播流行。

二、降雨量

降雨量会对土壤水分和空气湿度造成很大的影响，也是影响果蔬抗病性的关键。自然降雨是果蔬获得水分的重要来源，降雨会增加土壤湿度和空气湿度。在潮湿多雨的地区或年份，土壤的pH一般多为酸性，土壤中的可溶性盐类（如钙盐等）几乎被冲洗流失，造成果蔬钙含量降低，组织含水量高，结构疏松，固形物含量低，加之阴雨天光照不足，致使果蔬的抗病性减弱。此外，高湿还有利于病原物的生长与繁殖，加剧病害的发生。生长期间的降雨对病原物潜伏侵染的影响很大。例如，生长期多雨或高湿环境中生产的柑橘果实，不仅含糖量低，而且真菌侵染严重；采前遇雨会加重马铃薯块茎的采后腐烂；成熟前频繁降雨会导致土壤过度潮湿，易使洋葱和大蒜等鳞茎类蔬菜外层革质化鳞片腐烂而促进病原菌侵染；生长在潮湿地区或多雨年份的苹果，果实体内可溶性固形物和抗坏血酸含量较低，贮藏期间易发生轮纹病和炭疽病。此外，降雨也容易促使苹果裂果，为病原物的侵入开辟了通道；葡萄如果生长在光照不足、湿度较大、昼夜温差较小的地区或在雨量较多的年份，浆果的灰霉病发病率就显著提高（张维一和毕阳，1996）。

叶面湿润期的长短可显著影响病害的发生。随着叶面湿润期的增加，草莓和梨褐斑病的发病率均显著上升（Nita et al.，2003；Llorente and Montesinos，2002）。马铃薯晚疫病孢子只有在土壤或空气湿度大的情况下才能萌发（Lapwood，1977）。柑橘园中由寄生疫霉引起的褐腐病的发病率与降雨量直接相关（Timmer and Fucik，1975）。苹果黑星病子囊孢子的释放取决于雨水有无，子囊孢子易随雨水传播，寄主最易受害的时期为花蕾开放与花瓣脱落期，萼片上的病斑成为以后侵染果实的最好菌源，故早春为病害发生的重要时期（Rose et al.，1951）。虽然，由该病原物引起的侵染主要在春季发生，但苹果在以后的生长期间均可被早期侵染的叶片及果实上产生的子囊孢子侵染，后期引起的侵染可潜伏至采收以后，在贮运期间的果实表面产生黑星症状。早春冷凉多湿的气候条件，有利于孢子的传播和侵染。雨后是子囊孢子的散布高峰时段，也为孢子的萌发创造了良好的条件。持续的降雨条件适于病菌的侵染，如果果实成熟期间天气连绵多雨，该病的采后发生率便会显著增加（Barkai-Golan，2001）。

苹果贮藏期间的皮孔腐烂发生率主要受生长期间附着于果面病原物数量的影响。该病原物在高温、高湿、多雨的情况下，潜伏侵染率高，繁殖快，传播迅速。引起皮孔腐烂的白盘长孢孢子和菌丝生长最适温度为18.5℃，相对湿度为95%以上。生长期间的温度均能满足孢子萌发的需要。因此，湿度显得更为重要，高湿度会促进病原菌的侵入。此外，较高的空气湿度还可加速孢子的形成，降低寄主的抗性。此外，降雨还可促进孢子飞溅传播。因此，生长期间降雨的天数与采前潜伏侵染程度及采后发病率之间存在明显的正相关。如果采前降雨量或降雨天数增加，采后由该病引起的腐烂损失便十分严重。一般认为，采前一个月的降雨量是影响苹果皮孔腐烂发生率的关键。同样，引起核果类果实褐腐病的链核盘菌侵染也与生长期间的降雨直接相关。当采前两个月的降雨量和降雨天数较多时，潜伏侵染就很严重，采后褐腐病的发病率便很高。相反，如果采前两个月的降雨量和降雨天数不多，该病采后的发生率便很低（张维一和毕阳，1996）。

引起柑橘果实茎端腐的色二孢、拟茎点霉、交链孢等病原物会通过幼果的花萼进入果实，该侵染过程取决于果实生长早期的降雨量。此外，葡萄和草莓的灰霉病、西瓜的炭疽病、甜瓜的白霉病、香蕉的炭疽病、苹果的霉心病、柑橘的褐斑病及多种果蔬的黑斑病等病害的采后发病率均与这些果蔬生长期间的降雨量、降雨天数和表面湿润时间有关（Bassimba et al.，2014）。甜瓜细菌性斑点病和细菌性果斑病的发生与生长季节的降雨密切相关，降雨越多，病害发生就越严重（任毓忠等，2005）。

通常，病害的发生与发展必须经历一系列的过程，从一个阶段向下一个阶段过渡。病原物先与寄主接触，初侵染寄主，在寄主体内定殖扩展，形成繁殖体，再对新的寄主造成侵染，不断循环往复。其中每一个阶段的环境温湿度条件只有在一定适宜的范围内才有利于病害的发展；如果条件不适，病害的发生就可能减少或完全终止。例如，在适宜的气温下，柑橘溃疡病的发生与雨量和雨日呈正相关。雨量越大，相对湿度也越大，有利于病菌的侵染、繁殖、为害和传播；但雨日越多，特别是连续的强降雨，不一定有利于病害的发生，因为连续降雨会将叶面上的病原菌冲刷至土壤中，减少了树体上的病原物数量；另外，虽有雨日，但雨量不大，不能提高空气相对湿度（相对湿度小于 80%），也不利于病害的发生（杨秀娟等，2004）。

环境温湿度均可对病害的发生、发展及传播产生决定性影响。如果其中一个因素适宜，另一因素便成为限制因素。在生长期间的温度和湿度变动幅度很大，只有在一定范围时才会适宜于病害的发展。如果在一定的时期内，这两项因素均很适宜，便会导致病害的大流行。例如，菠菜的白锈病同时受温度和湿度的影响。温度为 12~18℃时有利于病害的发展，在此条件下只要有 3h 的叶面湿润期病害就可以发生（Sullivan et al.，2002）。苹果黑星病在 22℃时发病率较低，但随着叶面湿润期的增加，发病率会逐渐提高（Hartman et al.，1999）。同样，叶片湿润期的增加也有利于梨黑星病的发生，20℃最适于病原物的侵染（Li et al.，2005）。当温度为 17~20℃时，橄榄炭疽病较严重且潜伏期较短；当温度不再成为限制因素时，发病率会随叶面湿润期的延长而提高（Moral et al.，2012）。同样，蓝莓炭疽病的菌丝生长适温为 26℃，在 5℃和 35℃时生长基本停止；但当延长叶面湿润期时，侵染率也随之增加（Miles et al.，2013）。温度和湿度对芒果炭疽病病原物的孢子萌发和附着胞形成也会产生影响（Estrada et al.，2000）。此外，温度及湿度对甜橙溃疡病、桃溃疡病、扁桃炭疽病、油桃黑星病、柑橘褐腐病和枇杷疮痂病等多种病害也都有不同程度的影响（Pria et al.，2006；Lalancette et al.，2003；Lalancette et al.，2012；Timmer et al.，2000）。

对青霉、根霉、地霉等采后病原物来说，虽然它们只能通过采收及采后过程中果实表面形成的伤口侵入，但这类病害的发生在一定程度上也受到气候的影响，因为在温暖湿润的条件下，田间脱落的果实表面这类病原物的数量就会明显增多，病原物接触果实的概率就会增大。此外，温暖湿润的条件下果实表皮脆嫩，易被外力破坏（张维一和毕阳，1996）。

三、光照

光照强度直接影响植株的光合效率和组织器官的形态建成，并且与果实的着色密切相关，进而影响品质及抗病性。光照不足时，植株光合效率低，同化产物积累少，着色不良，品质降低，抗病性减弱，易受病原物的侵染。

遮光处理可通过改善光照强度影响果实的品质，进而影响其抗病性。Lee 等（2015）发现，采前遮光处理可使椪柑具有较高的出汁率，较低的失重率和腐烂率。此外，光质对果蔬的生长发育和品质也有显著的影响。套袋处理可有效改善光照和光质条件，利于果皮着色，还能减少昆虫和病原物对果实的侵染。运用不同光质选择性材料进行套袋处理，可显著减少芒果病害的发生，提高果实的贮藏品质（Chonhenchob et al.，2011）。同样，套袋还会显著减轻灰葡萄孢对葡萄和猕猴桃、互隔交链孢对苹果和梨等果实的潜伏侵染率。

四、土壤

土壤厚度、质地、结构及理化性质等直接影响果蔬在田间的生长发育和组织结构，进而影响品质和抗病性。不同种类的果蔬对土壤的要求不同，但大多数种类适合于生长在土质疏松、酸碱适中、养分充足、温湿度适宜的土壤中。沙壤土含沙多，黏性低，保水保肥能力差，通气透水性强，适于梨、桃、山楂、杏、李、枣等果树生长。但在沙壤土中种植的蔬菜，早期生长快，根部老化快，植株易早衰，品质差，抗病性不高。黏壤土颗粒细小，质地黏重，保水保肥性好，矿质营养丰富，但通气透水性差，易积水。此类土壤适于板栗、柿子、酸樱桃、李、柑橘等栽培，而不适于桃、扁桃、杏等栽培。种植于此类土壤的晚熟品种蔬菜，植株虽生长迟缓，但根部不易老化，成熟迟，抗病、耐寒、耐热性强，品质较好，耐贮藏。壤土沙黏适中，通气透水性好，保水保肥能力也较强，土温稳定，是多数果蔬生长较为理想的土壤类型。此外，土壤厚度也会对病害的发生产生影响。例如，马铃薯晚疫病的侵染大多发生在土壤表层，随着土壤厚度的增加，块茎受到的侵染便明显减少（Porter et al.，2005）。

五、地理条件

纬度、地形、地势、海拔等地理条件直接影响果蔬生长期间的温度、光照、降雨量和空气相对湿度，从而影响品质和抗病性。中、晚熟苹果品种较耐贮藏，但因生长纬度、海拔的不同，果实的抗病性也存在显著差异。同一品种的苹果，在高纬度地区生长的比在低纬度地区生长的抗病性要强，如生长在华北一带的苹果，不如生长在西北的苹果抗病性强。另外，山地或高原地区，海拔高、日照强、昼夜温差大，有利于花青素的形成及糖分和维生素 C 的积累，因而生长在这些地区的果蔬品质较好，抗病性也强。

第三节　农业技术因素

施肥、灌水、修剪、病虫防治等农业技术因素对果蔬的品质及抗病性有重要影响，其中许多措施与生态因素密不可分，二者常常表现为联合、互补或者对抗等复杂关系。适宜的生态条件与良好的农业技术措施相结合，有助于改善果蔬品质，提高抗病性。

一、施肥

只有合理施肥，才能提高果蔬的品质，增加其抗病性。在果蔬产品生长发育中除了适量的施用氮肥外，还应注意增施有机肥和复合肥，特别应适当增施磷、钾、钙肥及硼、锰、锌肥。果蔬对各类元素的需要量有一定的范围，如果某种元素缺乏或过多，就会引起产品生理紊乱，降低抗病性。许多研究表明，氮和钙与产品的抗病性关系最为密切，苹果果实中氮含量高会降低其抗病性，而钙含量高则会增强抗病性。

（一）氮

氮是果蔬生长发育最重要的营养元素，是获得高产的必要条件。施氮过量或不足，都会产生不利影响。氮素缺乏常常是制约正常生长发育的主要因素，故生产中为了提高产量，常采用增施氮肥的措施。但是，氮肥施入量过多，果蔬的营养生长旺盛，组织内矿质营养平衡失调，果实着色差，质地疏松，呼吸强度增大，成熟衰老加快，抗病性也不高。例如，过量施氮会使苹果含糖量降低而风味不佳，肉质疏松而粉质化加快，果面着色差而易发生虎皮病（Bramlage et al.，1980）。过量施氮会明显增加春甘蓝的“干烧心”，而施用有机肥可以减轻该病（陶辛秋等，1986）。过量施氮的马铃薯块茎在贮藏一段时间后品质明显下降。同样，过量施氮的甜椒果实转红速度更快，贮藏期更短（Carballo et al.，2008）。因此，适当施氮而不过量，虽然会影响产量，但能保证品质和良好的抗病性。氮对果蔬品质的影响不仅取决于其绝对含量的多少，还取决于与其他矿质元素的配比关系。例如，氮钙比增大苹果易发生水心病、苦痘病等生理性病害。

氮肥会显著影响果实的采后抗病性。植株施氮（如硝酸钙、硝酸钾）所产的果实比未施者或施用氯化钙或氯化钾者更易受到病原物的侵染，采后腐烂率也较高（Segall et al.，1977）。过量施氮会显著增加果蔬贮藏期间的腐烂率（Mondy，1994）。Woldetsadik 和 Workneh（2010）发现，大葱施用高水平的氮肥后，其腐烂率、发芽率和失重率均有所增加。生长期间氮肥施用过量会增加洋葱在贮藏期间的腐烂率（Batal，1991）。但经施一定量的氮和钙肥后，梨果实对采后腐烂的抵抗力有所增强（Sugar and Righetti，1992）。

（二）钙

钙是植物细胞壁和细胞膜的结构物质，在保持细胞壁结构、维持细胞膜功能方面具有重要作用。钙可以维持细胞膜结构的稳定，缺钙易引起细胞膜崩溃。大量研究表明，钙在调节果蔬的呼吸代谢、减少乙烯释放、保持硬度、抑制成熟衰老、防止腐烂及控制生理性病害等方面都具有重要的作用。

通常，土壤中并不缺钙，但是果蔬常常表现出缺钙现象，其原因首先在于土壤中钙的利用率很低，即有效钙或活性钙偏少。其次是钙在植物体内的移动非常缓慢，故树冠上部与外围的果实常表现为缺钙。另外，土壤中大量施氮或钾和镁等，也影响果蔬对钙的吸收利用。有研究指出，土壤中的有效钙低于土壤盐类总含量的 20%，蔬菜则表现缺钙；如果土壤含盐量高，水分中盐浓度增大，也会妨碍植株对钙的吸收。甘蓝和大白菜缺钙时容易发生“干烧心”，抗病性也不高。缺钙还与多种果蔬的生理紊乱有关，如苹果的苦痘病、皮孔斑点病和水心病，樱桃的裂果病，草莓叶顶烧，梨木栓斑点病，柑橘枯水与浮皮病，番茄脐腐病，菜豆下胚轴坏死，甘蓝内部褐变与枯尖，胡萝卜斑点病与裂根，芹菜黑心病，莴苣顶心病，辣椒顶腐病及马铃薯内部褐斑病等（Shear，1975）。苹果苦痘病是由生长期间钙元素的缺乏造成的（Atkinson et al.，1980）。果实钙含量低易发生果肉和内部褐变。果皮钙含量低的番木瓜果实易软化（Qiu et al.，1995）。

解决果蔬缺钙的根本措施是对土壤增施有机肥，以改善土壤的理化性状，提高植株对钙的吸收利用率。另外，叶面喷施、树干注射和采后浸钙均能增加果蔬的钙含量。苹果生长期间喷施 0.3%~0.5% $CaCl_2$，可以显著增加果实的钙含量。另外，果蔬不同的生长时期影响对钙的吸收利用效果。细胞分裂初期的果实细胞代谢活性高，在长成的果实中，90%的钙都是通过这个时期积累的，而果实生长末期转移到果实中的钙很少。因此，喷钙应在盛花期后 6~8 周进行，此时果实正值旺盛生长阶段，增钙效果较好。Sharples 和 Johnson（1977）发现，采前钙处理可以显著降低苹果采后苦痘病、果肉衰老褐变及皮孔腐烂病的发生。

采前钙处理可提高果蔬的硬度和结合态钙含量，降低膜透性，有效地抑制成熟和衰老期间的细胞壁和细胞膜降解，增强果蔬的抗病性，延长产品的贮藏期。例如，低钙果实贮藏期间细胞原生质膜和液泡膜的降解比高钙果实要早（Fuller，1976）。草莓施钙后，显著抑制了果实的采后灰霉病（Singh et al.，2007）。苹果施钙后果实含钙量增加，内源乙烯释放量和淀粉指数降低，苹果苦痘病等贮藏病害的发病率减少。梨施钙后提高了采收时的果实钙含量和硬度，减轻了采后腐烂的发生（Sugar et al.，1994）。蓝莓施钙后，浆果在低温贮藏期间的失重率和软化进程均有所降低（Angeletti et al.，2010）。此外，采前施钙还能有效减轻葡萄冷藏期间的灰霉病（Chervin et al.，2009）、桃的软腐病（Singh et al.，1982）、苹果和桃的褐腐病（Holb et al.，2012；Elmer et al.，2007）及番木瓜的炭疽病（Madani et al.，2014）。

完整的细胞壁可抵抗病原菌的侵入。因此，维持细胞壁的完整在抗病中具有重要作用（Verhoeff，2003）。钙处理苹果硬度较高的原因是钙离子可与多聚半乳糖醛酸中的羧基键合形成钙桥，保持了细胞壁的完整性，提高了硬度。此外，果胶酶对钙含量高果实的果胶分解能力也低（Rees，1975）。番茄成熟期间，细胞壁抵御多聚半乳糖醛酸酶的能力下降，但由于钙的存在，细胞壁及中胶层的分解过程明显受到抑制，果实的采后腐烂率也较低（Buescher and Hobson，1982）。

（三）磷

磷是植物体内能量代谢的主要物质，对维持细胞膜结构的稳定具有重要作用。低磷果实的呼吸强度高，冷藏时组织易发生低温崩溃，果肉褐变严重，腐烂率较高。果蔬感病性的增加与缺磷时醇、醛、酯等挥发性物质提高有关。土壤缺磷，果实着色不良，含糖量低，贮藏中容易发生果肉和果心褐变。适当增施磷肥，可提高果实含糖量，促进着色。采前施磷还可降低洋葱贮藏期间的失重率、发芽率和腐烂率（Singh et al.，2000）。

（四）钾

适量施用钾肥，不仅能使果实增产，还能使果实产生鲜艳的色泽和芳香的气味，并对质量、抗病性和贮藏性产生积极的影响。Nigro 等（2006）发现，采前施用碳酸钾可显著降低采后葡萄的灰霉病。但过量用钾会拮抗植株对钙的吸收，导致组织中矿质营养失衡，增加缺钙性生理病害和某些真菌性病害。

（五）镁

镁是组成叶绿素的重要元素，与光合作用关系极为密切。植物体内的镁通常是从土壤中摄入，一般不进行人工施肥。镁与钾一样，会影响果蔬对钙的吸收利用，如含镁量高的苹果也易发生苦痘病。研究发现，马铃薯细胞壁和胞间层中镁的含量与其对采后病害的抗性密切相关，当马铃薯表皮和皮层中镁含量较高时，抗病性显著增强（Olsson，1988）。

（六）硼

硼是细胞壁和细胞膜的重要组成成分，对稳定细胞结构和功能有特殊影响，与细胞衰老也密切相关。果实缺硼会造成生理失调，引起生理病害的发生，导致果实组织坏死。合理施硼可改善果实的外观和内在品质，降低生理病害和贮藏期间的腐烂率。苹果、柑橘、番茄等果实的栓化病、裂果病及苦痘病均与缺硼有关，喷硼后症状减轻或完全消失，品质改善。采前施硼可降低柑橘果实贮藏期间的腐烂率（梁和等，2000），减少草莓的畸形果（Singh et al.，2007）。苹果花后喷硼，果实失重率、硬度有所降低，但增加了苦痘病、心腐病和炭疽病的发病率；但土壤施硼后果实中钙含量增加，减轻了上述病害（Wójcik et al.，1999）。

土壤中有机肥和矿物质的含量、种类、配合比例、施肥时间等对果蔬的产量、质量及抗病性均有显著的影响。生产中采用的氮肥、磷肥、农家肥相结合的施肥方式可推迟猕猴桃的腐烂，显著延长果实的贮藏期（别智鑫等，2006）。

二、灌水

灌水时间和灌溉量对果蔬的品质及抗病性影响很大。土壤中水分供应不足会造成果蔬生长发育受阻，产量减少，质量降低，易受病原菌侵染。例如，采前几周缺水，桃果实生长受阻，果肉坚韧，产量低，品质差。但是，供水太多又会延长果实的生长期，风味寡淡，着色差，采后易发生腐烂。愈伤期间的灌水会导致洋葱贮藏期间细菌性软腐病的发生（Wright，1993）。香蕉采前灌水易引起裂果，增加了病原菌侵染的概率（Thompson and Burden，1995）。采前 1 周灌水，会提高温州蜜柑的采后腐烂率。Johnson 等（2003）发现，随着灌溉量的增大，马铃薯晚疫病的发病率显著上升。

灌水次数对果蔬的抗病性也有一定的影响。例如，随着生长期间灌水次数的增加，洋葱贮藏期间灰霉病、黑腐病、茎盘腐及各类细菌性软腐病的发病率也会升高（Ali and Yamani，1977）。也有人认为，灌水对采后鳞茎腐烂没有直接的影响。但随着灌水次数的增加，鳞茎中的含水量提高，导致愈伤困难，对病原物的敏感度也就提高（Vaughan et al.，1964）。减少灌水次数，采前停止灌水，可以提高番茄果实硬度，并减轻番茄果实的采后腐烂（张维一和毕阳，1996）。

灌溉方式会影响采后病害的发生。Wu 和 Subbarao（2003）发现，沟灌莴苣的菌核病发病率显著高于表面滴灌，原因在于沟灌有利于菌核的萌发及后续的侵染。生长期间采用节水灌溉的杏果实具有较高的可溶性固形物含量及含酸量，采后失重率较低，对软腐病和褐腐病的抗性也较强（Pérez-Pastor et al.，2007）。

因此，掌握灌溉的适宜时期和合理的灌水量，对于保证果蔬的产量和质量非常重要。采用喷灌或滴灌，既能节约用水，又能满足果蔬对水分的需要，保证果蔬的产量及质量，还可减轻采后病害的发生。

三、修剪、疏花疏果和套袋

适当的整枝、修剪可以调节果树营养生长与生殖生长的平衡，减轻或克服生产中的大小年现象，增加树冠透光面积和结果单位，使果实在生长期间获得足够的营养，从而影响果实的营养和贮藏品质。但如果修剪过重，会使枝叶旺长，结果量减少，枝叶生长对水分和营养的竞争突出，使果实中钙含量降低，易导致发生多种缺钙性生理病害。重剪会造成苹果树冠郁闭，光照不良，果实着色差，贮藏中易发生虎皮病。Holb 等（2005）发现，重剪可显著降低感病品种和中等感病品种的叶片黑星病，对果实病害的影响没有叶片明显，重剪仅降低了感病品种的果实黑星病。重剪柑橘的粗皮大果比例增加，果实在贮藏中易发生枯水病。但是，修剪过轻，开花结果数量多，果实生长发育不良，果个小，品质差，也不耐贮藏。修剪有冬剪和夏剪之分，以冬剪最为重要。无论冬剪还是夏剪，都应根据树龄、树势、结果量、肥水条件等综合确定合理的修剪量，确保达到高产、稳产、优质和耐贮藏的目的。在番茄、茄子、西瓜等生产中经常要进行打杈，其作用与果树的修剪相同。及时摘除叶腋处长出的侧芽，减少非生产性营养消耗，对于保证产量和质量有很大作用。此外，修剪结合改良的灌溉方式还可有效减轻桃果实的褐腐病（Mercier et al.，2008）。

疏花疏果是许多种果蔬生产中采用的技术措施，目的是保证叶和果的适当比例，使叶片光合作用制造的养分能够满足果实正常生长发育的需要，从而使果实具有一定的大小和良好的品质。疏花措施应尽早进行，以减少植株体内营养物质的消耗。疏果的时间对疏果效果的影响很大，一般应在果实细胞分裂高峰期之前进行，可以增加果实中的细胞数；疏果较晚只能使细胞的膨大有所增加，但对果实大小的影响不明显。Tahir 等（2007）发现，合适的夏季疏果可提高苹果的色泽，降低果实的采后腐烂。

引起核果类褐腐病的果生链核盘菌主要以菌丝体在僵果或枝梢的溃疡部越冬（Szkolnik，1973）。悬挂在树上或落于地面的僵果，在第二年的开花早、中、后期遇温暖、湿润的气候均能产生大量的分生孢子，借风、雨、昆虫传播，引起初次侵染。通常，杀菌剂喷洒对僵果内的病原物影响不大，但通过修剪、疏果及清园管理，可彻底清除僵果、病枝，并将其集中烧毁，同时结合土壤消毒或深翻，将地面病残体深埋地下，及时喷药防治桃象鼻虫、桃食心虫、桃蛀螟、桃蝽象等传病害虫，均可有效地减少该病的发生。Hong 等（1997）发现，桃树经疏果后，疏除的幼果会被果生链核盘菌大量侵染，这些幼果若不及时清除，会成为桃褐腐病的重要侵染源。

果实生长期套袋，可以减轻病虫危害，减少用药次数，降低农药残留，改善果实的外观及内在品质，减少果实采后病害的发生，延长果实的贮藏期和货架期。葡萄生长期套袋，浆果的耐贮性明显提升（黄凤珠等，2005）。套袋梨枣具有较高的果肉硬度和较低的采后腐烂率（李润开等，2008）。芒果套袋可减少果实的炭疽病和梗端腐（Hofman et al.，1997）。套袋还可以明显减轻龙眼果实的潜伏侵染，提高果实耐贮性，延长贮藏期（林河通等，2006）。

四、药物处理

在果蔬生产中，为了提高产量和质量、减少病虫害的发生，需要对植株喷洒生长调节剂、杀菌剂、杀虫剂等化学药物。这些药剂除了达到栽培目的外，对果蔬的耐贮性及抗病性也会产生一定的影响。

（一）植物生长调节剂

植物生长调节剂是采用化学方法，仿照植物激素的化学结构，人工合成的具有生理活性的一类物质。根据其生化功能，可将植物生长调节剂分为生长促进剂、生长延缓剂和生长抑制剂。采前喷施生长调节剂，是增强果蔬贮运性和防治病害的辅助措施之一。

生长素类的吲哚乙酸（IAA）、萘乙酸（NAA）、2,4-二氯苯氧乙酸（2,4-D）等能促进果蔬的生长，减少落花落果，同时也可以促进果实的成熟。用萘乙酸于“红星”苹果采前 1 个月树体喷洒，能有效控制采前落果，促进果实着色，但果实后熟衰老加快，不利于贮藏。用 2,4-D 喷洒番茄，可防止早期落花落果，促进果实膨大，形成少籽或无籽果实，但会使果实成熟期提前。大白菜采前叶球上喷洒 2,4-D，可以减少贮藏期间的脱帮现象。采前喷洒 2,4-D，可以保持柑橘果蒂新鲜，有效控制蒂腐、黑腐等采后病害。用吡效隆等果实膨大素在猕猴桃幼果期蘸果，能促进果实膨大，增加单果重，但会使果实风味变劣，外观畸变不雅，成熟软化速度加快，抗病性降低，贮藏期缩短。

赤霉素（GA）具有促使植物细胞分裂和伸长的作用，也能抑制一些果蔬的成熟衰老。赤霉素种类很多，其中以 GA_3 活性最高。采前用 20μg/ml 的 GA_3 定期处理柿果实三次，可有效控制黑斑病的发生。柑橘于谢花期喷洒 50μg/g GA_3，坐果率和产量可增加两倍多，对果实成熟影响不大；但喷洒 100μg/g 时，则会延迟成熟，而且果皮变粗增厚，质量有所下降。用 70~150μg/g GA_3 在菠萝开花一半到完全开花之前喷洒，有明显的增产效果，果实光洁饱满，可食率增加，含酸量下降，成熟期延迟 8~15 天。在无核葡萄的坐果期喷 40μg/g GA_3，能使果粒明显增大。对于某些有核葡萄品种用 100μg/g GA_3 在盛花期蘸花穗，可抑制种子发育，得到无核、早熟的果穗。然而，过度使用 GA_3 可增加葡萄果实灰霉病的发生（Zoffoli et al.，2009）。2,4-D 若与赤霉素混合使用，可推迟柑橘果实的成熟，延长其贮藏寿命。

细胞分裂素可促进细胞分裂，诱导细胞膨大，促进果蔬生长和抑制成熟衰老。同类物质包括 6-苄基腺嘌呤（6-BA）、激动素（KT）等。用 6-BA 处理甘蓝、花椰菜、芹菜、莴苣、菠菜、萝卜等都能有效保持其采后新鲜状态，提高品质和商品价值。ComCat®是一种从植物中提取的复合型植物激素，其成分包括生长素、赤霉素、激动素等。采前用 ComCat®处理番茄，果实可溶性固形物、可滴定酸及蔗糖含量均有所增加，果面微生物数量显著减少，因此 ComCat®可有效控制番茄果实的采后腐烂，提高其贮运性（Workneh et al.，2012）。

乙烯是促进果蔬成熟和衰老的重要激素。由于乙烯本身是气体，难以直接使用，在生产中多使用能释放乙烯的乙烯利（2-氯乙基膦酸）。乙烯利通过缓慢释放乙烯调节果实的成熟代谢，进而间接影响病害的发生，而乙烯本身对病原物无毒害作用。乙烯利不论是采前还是采后使用，都有明显的催熟效果。采前乙烯利处理可减轻某些果实的采后病害。例如，用乙烯利在越橘果实的粉色期至全紫期进行植株喷洒，可明显减少采后的灰霉病（Dekazos，1976）。采前 5~7 天用乙烯利喷洒红橘树体，果实采后的炭疽病发生率明显降低（Barmore and Brown，1978）。但也有研究发现，采前乙烯利处理会加重采后腐烂。例如，采前使用落叶剂（其中包括乙烯利）可以增加由葱腐葡萄孢和假单胞菌引起的洋葱采后茎端腐烂（Bubl et al.，1979）。此外，落叶剂还可引起洋葱组织中的一些生理变化，例如，改变气孔结构，影响新的蛋白质的合成、运输及稳定性，造成外皮开裂，产生化学毒害，降低贮运品质。

1-甲基环丙烯（1-MCP）是典型的乙烯作用抑制剂，可延缓果蔬的成熟衰老进程，对果实采后病害也有一定的抑制作用，现已广泛应用于果蔬的贮藏保鲜。Freiman 等（2012）报道，采前应用 1-甲基环丙烯处理无花果，不仅推迟了果实的成熟进程，而且降低了果实的采后腐烂。氨基乙氧基乙烯基甘氨酸（AVG）也是一种乙烯合成抑制剂，采前氨基乙氧基乙烯基甘氨酸处理可减少梨果实内部褐变，显著降低果实腐烂率，延长货架期（D'Aquino et al.，2010）。

其他植物生长抑制剂主要有三碘苯甲酸（TIBA）、青鲜素（MH）和整形素，而作为五大内源激素之一的脱落酸，也是重要的生长抑制剂。洋葱采收前 10~15 天用青鲜素处理，可明显延长采后的休眠期，显著降低采后腐烂率。植物生长延缓剂主要包括矮壮素（CCC）、多效唑（PP_{333}）、烯效唑（S-3307）等。多效唑可抑制赤霉素的合成，除能抑制营养生长外，还可促进花芽形成，提高坐果率，并且还具有一定的杀菌作用。苹果和梨采前用多效唑喷洒，果实着色好，硬度大，采后贮藏过程中虎皮病、苦痘病等生理病害发生率降低。

（二）杀菌剂和杀虫剂

防治田间病虫害对控制果蔬采后病害尤为重要。可供田间使用的杀菌剂和杀虫剂种类很多，只要用药准确，喷洒及时，浓度适当，就能有效地控制病虫危害。导致苹果、香蕉、西瓜和甜瓜等多种果蔬的炭疽病病菌一般是在生长期间潜伏侵染，当果实成熟时才陆续发病，如果在病菌的侵入期（花期或果实发育期）喷洒对炭疽病菌有效的杀菌剂，就可以预防潜伏侵染，减少附着在果实表面的孢子数量，降低采后发病率（张维一和毕阳，1996）。关于杀菌剂对潜伏侵染的控制在第八章有详细论述，在此不做赘述。

有些在采前侵染的采后病害，其病菌孢子除借风雨传播外，一些有害昆虫也是病害的重要传播者。因此，从一定角度上讲，在田间喷洒杀虫剂也能减轻采后病害的发生。最为典型的例子就是核果类的褐腐病，桃象鼻虫、桃食心虫、桃蛀螟、桃蟒象等害虫通过咬伤果实来传播病菌，通过及时喷药防治上述害虫，可减少伤口及传病机会，从而减轻病害的发生。虽然果蔬采后使用某些杀菌剂有一定的效果，但这种效果是建立在田间良好管理基础之上的，如果田间病虫害防治不及时，尤其对潜伏侵染性病害来说，采后药剂处理效果就不会很好。因此，田间管理也应是控制采后病害的重点。

每种杀菌剂仅对一定的病原物具有控制效果，对另一些病原物则表现无效或减效，因此，在采前杀菌剂的使用中，应注意选择那些对所欲控制的主要病原物有效的药物，至于对那些非主要病原物是否有效则关系不大，因为这类病原物造成的腐烂损失在总的损失中仅占很小的比例。但要注意对引起采后病害的病原物进行连续、系统的跟踪调查，因为眼下一种引起少量损失的病原物有可能在将来造成较大的损失，当主要病原物受到严重抑制时，非主要病原物也可发展成为主要病原物。

五、保护地栽培

保护地栽培又称为设施栽培，是指利用温室、塑料大棚或其他设施，通过控制植株生长的环境因子（包括光照、温度、水分、CO_2、土壤条件等），达到生产目标的人工调节技术。设施栽培可以避免低温、高温、暴雨、强光等逆境对果蔬产生的危害，使其提早或延后上市。设施栽培的果蔬由于生长环境改变较大，对其品质和抗病性会产生明显的影响。保护地栽培的类型较多，可以是简单的地膜覆盖，也可以是复杂的自动化温室或大棚。各种类型的保护地栽培对果蔬的抗病性均会产生不同的影响。例如，覆膜栽培的辣椒贮藏期间软腐病的发病率低于露地栽培，由于软腐病菌随病残体在土壤中越冬，借雨水飞溅从伤口侵入，覆膜栽培将土壤盖住，在一定程度上限制了病原物的传播（罗永兰和李蜜，2003）。但也有人认为，地膜覆盖的番茄果实对细菌性软腐病的敏感程度比露地栽培的果实要高（Segall et al.，1977）。此外，地膜覆盖还会降低甜瓜的耐藏性与抗病性。通常，保护地生产的蔬菜采后腐烂率往往较高（Segall et al.，1973），温室或大棚中高温及高湿的环境会促进病原物的潜伏侵染，加之果蔬生长发育的环境过度适宜，导致保护组织不发达，品质及抗病性较低，发生采后病害的概率会远高于露地。

六、其他

果蔬栽培的行间距也能影响采后病害的发生。Legard 等（2000）发现，行间距大的比行间距小的草莓果实采后灰霉病的发病率低。此外，植株密度过大也会减弱杀菌剂的使用效果，从而加重采后病害。使用透光地膜覆盖可加热土壤，减少土壤中的病原菌数量，达到土壤消毒的目的。通过轮作倒茬也可减轻病害的发生（Palti，1981）。例如，果蔬的多种病害，如甜瓜的白霉病、西瓜的炭疽病、马铃薯的晚疫病和干腐病等病原物均通过土壤转播，如将感病的寄主作物与非寄主作物实行轮作，便可杜绝或减轻病原物在土壤中的数量，从而减少病害的发生。免耕法是一种新型的耕作技术。采用免耕法，可有效控制西瓜的炭疽病（Zhou and Everts，2012）。

参考文献

别智鑫，翟梅枝，李春茂，等. 2006. 不同施肥处理对‘秦美’猕猴桃贮藏性及其品质的影响. 西北植物学报，26: 1950-1953.

侯田莹，宋曙辉，李武，等. 2011. 不同品种西瓜常温贮藏期间品质变化及贮藏特性研究. 现代食品科技，27: 242-245.

黄凤珠，朱建华，彭宏祥，等. 2005. 葡萄果穗生长期套袋对果实贮藏性的影响. 中国南方果树，34: 67-68.

李润开，张信号，王如福. 2008. 采前套袋对梨枣贮藏效果的影响. 山西农业大学学报(自然科学版)，28: 446-449.

梁和，石伟勇，马国瑞，等. 2000. 叶面喷硼对柑桔硼钙、果实生理病害及耐贮性的影响. 浙江大学学报(农业与生命科学版)，26: 509-101.

林河通，瓮红利，张居念，等. 2006. 果实采前套袋对龙眼果实品质和耐贮性的影响. 农业工程学报，22: 232-237.

罗永兰，李蜜. 2003. 覆膜栽培对辣椒贮期软腐病的防治效果. 中国蔬菜，(6): 39-40.

卿尚模，陈克玲，曾杰梅，等. 2010. 不同采摘期对不知火桔橙果实贮藏性及品质的影响. 中国南方果树, 39: 15-18.

任毓忠，李国英，江连成，等. 2005. 气象因子对新疆甜瓜细菌性斑点病发生的影响. 西北农林科技大学学报(自然科学版). 33: 127-130.

陶辛秋，赵华，程歧峰，等. 1986. 春甘蓝耐藏性与品种、施肥条件和采收期的关系. 园艺学报, 13: 42-48.

杨秀娟，陈福如，阮宏椿，等. 2004. 柑橘溃疡病发生测报模型的建立. 江西农业大学学报, 26: 881-884.

曾凯芳，姜微波. 2008. 芒果生长期喷施水杨酸处理对果实采后品质和病害的影响. 园艺学报, 35: 427-432.

张维一，毕阳. 1996. 果蔬采后病害与控制. 北京：中国农业出版社.

Ali A A, El Yamani T. 1977. Studies on the effect of some cultural practices on the storage diseases of onion. Agricultural Research Review, 55: 123-128.

Angeletti P, Castagnasso H, Miceli E, et al. 2010. Effect of preharvest calcium applications on postharvest quality, softening and cell wall degradation of two blueberry(*Vaccinium corymbosum*)varieties. Postharvest Biology and Technology, 58: 98-103.

Atkinson D, Jackson J E, Sharples R O, et al. 1980. Symposium on mineral nutrition and fruit quality of temperate zone fruit trees. Acta Horticulturae, 1: 435.

Bannon F, Gort G, van Leeuwen G, et al. 2009. Diurnal patterns in dispersal of *Monilinia fructigena* conidia in an apple orchard in relation to weather factors. Agricultural and Forest Meteorology, 149: 518-525.

Barkai-Golan P. 2001. Postharvest Diseases of Fruits and Vegetables: Development and Control. Amsterdam: Elsevier Science B. V.

Barmore C R, Brown E G. 1978. Preharvest ethephon application reduces anthracnose on Robinson tangerines. Plant Disease Reporter, 62: 541-544.

Bassimba D D M, Mira J L, Vicent A. 2014. Inoculum sources, infection periods, and effects of environmental factors on *Alternaria* brown spot of mandarin in mediterranean climate conditions. Plant Disease, 98: 409-417.

Batal K M. 1991. Effects of nitrogen sources, rate and application frequency on yield and quality of onion. HortScience, 26: 490-491.

Bi Y, Tian S P, Liu H X. et al. 2003. Effect of temperature on chilling injury, decay and quality of Hami melon during storage. Postharvest Biology Technology, 29: 229-232

Bourke P M A. 1970. Use of weather information in the prediction of plant disease epiphytotics. Annual Review of Phytopathology, 8: 345-370.

Bramlage W J, Drake M, Lord W J. 1980. The influence of mineral nutrition on the quality and storage performance of pome fruits grown in North America. Symposium on Mineral Nutrition and Fruit Quality of Temperate Zone Fruit Trees, 92: 29-39.

Bubl E E, Richardson D G, Mansour N S. 1979. Preharvest foliar desiccation and onion storage quality. Journal of American Society for Horticultural Science, 104: 773-777.

Buescher R W, Hobson G E. 1982. Role of calcium and chelating agents in regulating the degradation of tomato fruit tissue by polygalacturonase. Journal of Food Biochemistry, 6: 147-160.

Byrde R J, Willetts H J. 1977. The Brown Rot Fungi of Fruit: Their biology and control. Oxford: Pergamon Press.

Carballo S J, Blankenship S M, Sanders D C, et al. 2008. Drip fertigation with nitrogen and potassium and postharvest susceptibility to bacterial soft rot of bell peppers. Journal of Plant Nutrition, 17: 1175-1191.

Chávez R A S, Peniche R A M, Medrano S A M, et al. 2014. Effect of maturity stage, ripening time, harvest year and fruit characteristics on the susceptibility to *Penicillium expansum* Link of apple genotypes from Queretaro, Mexico. Scientia Horticulturae, 180: 86-93.

Chervin C, Lavigne D, Westercamp P. 2009. Reduction of gray mold development in table grapes by preharvest sprays with ethanol and calcium chloride. Postharvest Biology and Technology, 54: 115-117.

Chonhenchob V, Kamhangwong D, Kruenate J, et al. 2011. Preharvest bagging with wavelength-selective materials enhances development and quality of mango(*Mangifera indica* L.)cv. Nam Dok Mai #4. Journal of the Science of Food and Agriculture, 91: 664-671.

Colhoun J. 1973. Effects of environmental factors on plant disease. Annual Review of Phytopathology, 11: 343-364.

Corbin J B, Ogawa J M, Schultz H B.1968. Fluctuations in numbers of *Monilinia laxa* conidia in an apricot orchard during the 1966 season. Phytopathology, 58: 1387-1394.

D'Aquino S, Schirra M, Molinu M G, et al. 2010. Preharvest aminoethoxyvinylglycine treatments reduce internal browning and prolong the shelf-life of early ripening pears. Scientia Horticulturae, 125: 353-360.

Dekazos E D. 1976. Effects of preharvest applications of ethephon and SADH on ripening, firmness, and storage quality of Rabbit Eye blueberries(cv. 'T-19'). Proceedings of the Florida State Horticultural Society, 89: 266-270.

Eden M A, Hill R A, Beresford R, et al. 1996. The influence of inoculum concentration, relative humidity, and temperature on infection of greenhouse tomatoes by *Botrytis cinerea*. Plant Pathology, 45: 798-806.

Elmer P A G, Spiers T M, Wood P N. 2007. Effects of pre-harvest foliar calcium sprays on fruit calcium levels and brown rot of peaches. Crop Protection, 26: 11-18.

Emery K M, Michailides T J, Scherm H. 2000. Incidence of latent infection of immature peach fruit by *Monilinia fructicola* and relationship to brown rot in Georgia. Plant Disease, 84: 853-857.

Estrada A B, Dodd J C, Jeffries P. 2000. Effect of humidity and temperature on conidial germination and appressorium development of two philippine isolates of the mango anthracnose pathogen *Colletotrichum gloeosporioides*. Plant Pathology, 49: 608-618.

Freiman Z E, Rodov V, Yablovitz Z, et al. 2012. Preharvest application of 1-methylcyclopropene inhibits ripening and improves keeping quality of 'Brown Turkey' figs(*Ficus carica* L.). Scientia Horticulturae, 138: 266-272.

Fuller M M. 1976. The ultrastructure of the outer tissues of cold stored apple fruits of high and low calcium content in relation to cell breakdown. Annals of Applied Biology, 83: 299-304.

Gell I, De Cal A, Torres R, et al. 2008. Relationship between the incidence of latent infection caused by *Monilinia* spp. and the incidence of brown rot of peach fruit: Factors affecting latent infection. European Journal of Plant Pathology, 121: 487-498.

Hartman J R, Parisi L, Bautrais P. 1999. Effect of leaf wetness duration, temperature, and conidial inoculum dose on apple scab infections. Plant Disease, 83: 531-534.

Hofman P J, Beasley D R, Joyce D C, et a1. 1997. Bagging of mango(*Mangifera indica* cv. 'Keitt')fruit influences fruit quality and mineral composition. Postharvest Biology and Technology, 12: 83-91.

Holb I J, Balla B, Vámos A, et al. 2012. Influence of preharvest calcium applications, fruit injury, and storage atmospheres on postharvest brown rot of apple. Postharvest Biology and Technology, 67: 29-36.

Holb I J, Heijne B, Jeger M J. 2005. The widespread occurrence of overwintered conidial inoculum of *Venturia inaequalis* on shoots and buds in organic and integrated apple orchards across the Netherlands. European Journal of Plant Pathology, 111: 157-168.

Hong C, Holtz B A, Morgan D P, et al. 1997. Significance of thinned fruit as a source of the secondary inoculum of *Monilinia fructicola* in California nectarine orchards. Plant Disease, 81: 519-524.

Hong C, Michailides T J. 1998. Effect of temperature on the discharge and germination of ascospores by apothecia of *Monilinia fructicola*. Plant Disease, 82: 195-202.

Johanson A, Thurston H D. 1990. The effect of cultivar maturity on the resistance of potatoes to early blight caused by *Alternaria solani*. American Journal of Potato Research, 67: 615-623.

Johnson D A, Alldredge J R, Hamm P B, et al. 2003. Aerial photography used for spatial pattern analysis of late blight infection in irrigated potato circles. Phytopathology, 93: 805-812.

Kobiler I, Akerman M, Huberman L, et al. 2011. Integration of pre- and postharvest treatments for the control of black spot caused by *Alternaria alternata* in stored persimmon fruit. Postharvest Biology and Technology, 59: 166-171.

Konstantinou S, Karaoglanidis G S, Bardas G A, et al. 2011. Postharvest fruit rots of apple in Greece: pathogen incidence and relationships between fruit quality parameters, cultivar susceptibility, and patulin production. Plant Disease, 95: 666-672.

Lalancette N, Foster Ka, Robison. 2003. Quantitative models for describing temperature and moisture effects on sporulation of *Phomopsis amygdali* on peach. Phytopathology, 93: 1165-1172.

Lalancette N, Mcfarland K A, Burnett A L. 2012. Modeling sporulation of *Fusicladium carpophilum* on nectarine twig lesions: relative humidity and temperature effects. Phytopathology, 102: 421-428.

Lapwood D H. 1977. Factors affecting the field infection of potato tubers of different cultivars by blight(*Phytophthora infestans*). Annals of Applied Biology, 85: 23-42.

Lee T C, Zhong P J, Chang P T. 2015. The effects of preharvest shading and postharvest storage temperatures on the quality of 'Ponkan'(*Citrus reticulata* Blanco)mandarin fruits. Scientia Horticulturae, 188: 57-65.

Legard D E, Xiao C L, Mertely J C, et al. 2000. Effects of plant spacing and cultivar on incidence of *Botrytis* fruit rot in annual strawberry. Plant Disease, 84: 531-538.

Lennox C L, Spotts R A. 2004. Timing of preharvest infection of pear fruit by *Botrytis cinerea* and the relationship to postharvest decay. Plant Disease, 88: 468-473.

Li B H, Xu X M, Li J T, et al. 2005. Effects of temperature and continuous and interrupted wetness on the infection of pear leaves by conidia of *Venturia nashicola*. Plant Pathology, 54: 357-363.

Llorente I, Montesinos E. 2002. Effect of relative humidity and interrupted wetness periods on brown spot severity of pear caused by *Stemphylium vesicarium*. Phytopathology, 92: 99-104.

Luo Y, Michailides T J. 2001. Factors affecting latent infection of prune fruit by *Monilinia fructicola*. Phytopathology, 91: 864-872.

Madani B, Mohamed M T M, Biggs A R, et al. 2014. Effect of pre-harvest calcium chloride applications on fruit calcium level and post-harvest anthracnose disease of papaya. Crop Protection, 55: 55-60.

Maziero J M N, Maffia L A, Mizubuti E S G. 2009. Effects of temperature on events in the infection cycle of two clonal lineages of *Phytophthora infestans* causing late blight on tomato and potato in Brazil. Plant Disease, 93: 459-466.

Mercier V, Bussi C, Plenet D, et al. 2008. Effects of limiting irrigation and of manual pruning on brown rot incidence in peach. Crop Protection, 27: 678-688.

Miles T D, Gillett J M, Jarosz A M, et al. 2013. The effect of environmental factors on infection of blueberry fruit by

Colletotrichum acutatum. Plant Pathology, 62: 1238-1247.

Mondy A. 1994. Nitrogen fertilizers and the amount of vitamins in plants: a review. Journal of Plant Nutrition, 16: 247.

Moral J, Jurado-Bello J, Sánchez M I, et al. 2012. Effect of temperature, wetness duration, and planting density on olive anthracnose caused by *Colletotrichum* spp. Phytopathology, 102: 974-981.

Nigro F, Schena L, Ligorio A, et al. 2006. Control of table grape storage rots by pre-harvest applications of salts. Postharvest Biology and Technology, 42: 142-149.

Nita M, Ellis M A, Madden L V. 2003. Effects of temperature, wetness duration, and leaflet age on infection of strawberry foliage by *Phomopsis obscurans*. Plant Disease, 87: 579-584.

Norelli J L, Robinson T L, Aldwinckle H S, et al. 2003. Resistance of geneva and other apple rootstocks to *Erwinia amylovora*. Plant Disease, 87: 26-32.

Olsson K. 1988. Resistance to gangrene(*Phoma exigua* var. *foveata*)and dry rot(*Fusarium solani* var. *coeruleum*)in potato tubers. I: the influence of pectin-bound magnesium and calcium. Potato Research, 31: 413-422.

Palti J. 1981. Cultural practices and infectious crop diseases. Heidelberg: Springer-Verlag.

Pérez-Pastor A, Martínez J A, Nortes P A, et al. 2007. Effect of deficit irrigation on apricot fruit quality at harvest and during storage. Journal of the Science of Food and Agriculture, 87: 2409-2415.

Porter L D, Dasgupta N, Johnson D A. 2005. Effects of tuber depth and soil moisture on infection of potato tubers in soil by *Phytophthora infestans*. Plant Disease, 89: 146-152.

Pria M D, Christiano R C S, Furtado E L, et al. 2006. Effect of temperature and leaf wetness duration on infection of sweet oranges by Asiatic citrus canker. Plant Pathology, 55: 657-663.

Qiu Y, Nishina M S, Paull R E. 1995. Papaya fruit-growth, calcium-uptake, and fruit ripening. Journal of the American Society for Horticulture, 120: 246-253.

Rees D A. 1975. Stereochemistry and binding behavior of carbohydrate chains. In Biochemistry of Carbohydrates. Baltimore: University Park Press, 1-42.

Rose D H, McColloch L P, Fisher D F. 1951. Market Diseases of Fruits and Vegetables-Apples, Pears, Quinces. U.S. Dept. Agric. Misc. Pub. 168.

Russo N L, Robinson T L, Fazio G, et al. 2008. Fire blight resistance of Budagovsky 9 apple rootstock. Plant Disease, 92: 385-391.

Sayler R J, Glozer K, Southwick S M, et al. 2002. Effects of rootstock and budding height on bacterial canker in French prune. Plant Disease, 86: 543-546.

Scott J C, Gordon T R, Shaw D V, et al. 2010. Effect of temperature on severity of *Fusarium* wilt of lettuce caused by *Fusarium oxysporum* f. sp. *lactucae*. Plant Disease, 94: 13-17.

Segall R H, Dow A T, Geraldson C M. 1977. The effects of fertilizer components on yield, ripening, and susceptibility of tomato fruit to postharvest soft rot. Proceedings of the Florida State Horticultural Society, 90: 393-394.

Segall R H, Geraldson C M, Everett P H. 1973. The effects of cultural and postharvest practices on postharvest decay and ripening of two tomato cultivars. Proceedings of the Florida State Horticultural Society, 86: 246-249.

Sharples R O, Johnson D S. 1977. The influence of calcium on senescence changes in apples. Annals of Applied Biology, 85: 450-453.

Shear C B. 1975. Calcium related disorders of fruits and vegetables. HortScience, 10: 361-65.

Singh B P, Gupta O P, Chavhan K S. 1982. Effect of pre-harvest calcium nitrate spray on peach on storage life of fruits. Indian Journal of Agricultural Sciences, 52: 235-239.

Singh R P, Jain N K, Poonia B L. 2000. Response of Kharif onion to nitrogen, phosphorus and potash in eastern plains of Rajasthan. Indian Journal of Agricultural Sciences, 70: 871-872.

Singh R, Sharma R R, Tyagi S K. 2007. Pre-harvest foliar application of calcium and boron influences physiological disorders, fruit yield and quality of strawberry(*Fragaria ananassa* Duch.). Scientia Horticulturae, 112: 215-220.

Spotts R A, Cervantes L A, Mielke E A. 1999. Variability in postharvest decay among apple cultivars. Plant Disease, 83: 1051-1054.

Spotts R A, Wallis K M, Serdani M, et al. 2010. Bacterial canker of sweet cherry in Oregon-infection of horticultural and natural wounds, and resistance of cultivar and rootstock combinations. Plant Disease, 94: 345-350.

Sugar D, Righetti T L. 1992. Management of nitrogen and calcium in pear trees for enhancement of fruit resistance to postharvest decay. HortTechnology, 2: 382-387.

Sugar D, Roberts R G, Hilton R J, et al. 1994. Integration of cultural methods with yeast treatment for control of postharvest fruit decay in pear. Plant Disease, 78: 791-795.

Sullivan M J, Damicone J P, Payton M E. 2002. The effects of temperature and wetness period on the development of spinach white rust. Plant Disease, 86: 753-758.

Szkolnik M. 1973. Brown rot of stone fruits-progress in control with fungicides. Research Agriculture, 4: 8-16.

Tahir I I, Johansson E, Olsson M E. 2007. Improvement of quality and storability of apple cv. aroma by adjustment of some pre-harvest conditions. Scientia Horticulturae, 112: 164-171.

Thompson A K, Burden O J. 1995. Harvesting and fruit care. *In*: Gowen S. Bananas and Plantains. Heidelberg: Springer,

Timmer L W, Fucik J E. 1975. The effect of rainfall, drainage, tree spacing, and fungicide application on the incidence of citrus brown rot. Phytopathology, 65: 241-242.

Timmer L W, Zitko S E, Gottwald T R, et al. 2000. *Phytophthora* brown rot of citrus: temperature and moisture effects on infection, sporangium production, and dispersal. Plant Disease, 84: 157-163.

Vaughan E K, Cropsey M G, Hoffman E N. 1964. Effects of field-curing practices, artificial drying, and other factors in the control of neck rot in stored onions. Technical Bulletin.

Verhoeff K. 2003. Latent infections by fungi. Annual Review of Phytopathology, 12: 99-110.

Wójcik P, Cieslinski G, Mika A. 1999. Apple yield and fruit quality as influenced by boron applications. Journal of Plant Nutrition, 22: 1365-1377.

Woldetsadik S K, Workneh T S. 2010. Effects of nitrogen levels, harvesting time and curing on quality of shallot bulb. African Journal of Agricultural Research, 5: 3342-3353.

Workneh T S, Osthoff G, Steyn M. 2012. Effects of preharvest treatment, disinfections, packaging and storage environment on quality of tomato. Journal of Food Science and Technology, 49: 685-694.

Wright P J, Hale C N, Fullerton R A. 1993. Effect of husbandry practices and water applications during field curing on the incidence of bacterial soft rot of onions in store. New Zealand Journal of Crop and Horticultural Science, 21: 161-164.

Wright P J. 1993. Effects of nitrogen fertiliser, plant maturity at lifting, and water during field-curing on the incidence of bacterial soft rot of onions in store. New Zealand Journal of Crop and Horticultural Science, 21: 377-381.

Wu B M, Subbarao K V. 2003. Effects of irrigation and tillage on temporal and spatial dynamics of *Sclerotinia minor* sclerotia and lettuce drop incidence. Phytopathology, 93: 1572-1580.

Xu X M, Robinson J. 2005. Modeling the effects of wetness duration and fruit maturity on infection of apple fruits of Cox's Orange Pippin and two clones of Gala by *Venturia inaequalis*. Plant Pathology, 54: 347-356.

Zhou X G, Everts K L. 2012. Anthracnose and gummy stem blight are reduced on watermelon grown on a no-till hairy vetch cover crop. Plant Disease, 96: 431-436.

Zoffoli J P, Latorre B A, Naranjo P. 2009. Preharvest applications of growth regulators and their effect on postharvest quality of table grapes during cold storage. Postharvest Biology and Technology, 51: 183-192.

第七章　采后环境因素对病害发生的影响

病原物在寄主体内成功扩展就必须要求寄主组织处于适宜于其扩展的条件，同时，果蔬的抗病能力也直接影响病原物的扩展速度（张维一和毕阳，1996；Barkai-Golan，2001）。影响病原物在寄主体内生长及寄主抗性的采后环境因素主要包括温度、相对湿度、气体成分及化学药物等。

第一节　温　　度

作为重要的环境因子，温度对果蔬采后病害扩展的影响主要表现在两个方面，一是对病原物孢子萌发、菌丝生长及侵入速度的直接影响，另一方面是通过影响果蔬的生理代谢而间接影响产品的抗病性（田世平等，2011）。

一、对病原物生长的影响

温度对真菌孢子的萌发及菌丝的生长具有直接而显著的影响。各种真菌的孢子都具有其最高、最适及最低萌发温度，越远离最适温度，孢子萌发所需的时间就越长，超出最高或最适温度，孢子便不能萌发。大多数采后真菌的最适生长温度为 20~25℃，只有少数菌株的生长适温偏高或偏低。最适温度也因病原物的种类及菌株不同，或病原物所处的生长阶段不同而存在差异。例如，灰葡萄孢的最适生长温度为 20~25℃（图 7-1），接种在葡萄上的灰葡萄孢在 0~30℃时均可萌发，18℃为适温，在 15~20℃时大约需要 15h，10℃下孢子萌发需要 4~5 天，在 0~2.2℃下 7 天才能萌发。但最适生长温度与最适萌发温度存在差异（Kerssies，1994）。当温度分别低于 10℃、7℃和 5℃时，白地霉、匍枝根霉和恶疫霉的孢子均不能萌发，菌丝生长也非常缓慢（Sommer，1985）。0℃以下的低温可

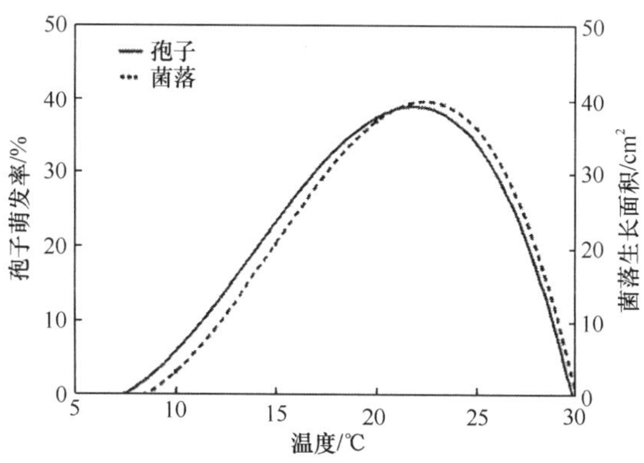

图 7-1　灰葡萄孢的孢子萌发和菌丝生长温度曲线（Kerssies，1994）

延缓多毛青霉的生长和孢子萌发，–2℃下 3 周内未能观察到菌丝显著生长，16 周后孢子才开始萌发；–4℃下 19 周后才观察到微弱的菌丝生长，孢子基本不萌发。0℃下果生链核盘菌的菌丝生长速度明显受到抑制，产孢时间也随着温度的降低而推迟。在 25℃、10℃和 5℃下，其菌落直径分别在 6 天、12 天和 14 天达到最大。而在 0℃和–2℃下菌丝分别在 12 天和 21 天才开始生长，–4℃时基本观察不到菌丝生长（Barkai-Golan，2001）。

病原真菌获得启动其孢子萌发和菌丝生长的最适温度需要的时间越长，其在寄主组织中的潜育期也就越长。在潜育期延长的同时，病原物的扩展速率也随之降低。例如，将接种灰葡萄孢的番茄置于远离该病原物生长适温（17~20℃）的环境中，灰霉病的病程就显著推迟。接种离生青霉的苹果 20℃下培养 21 天后才能观察到明显的腐烂，随着培养温度由 10℃降至 0℃，病斑直径显著缩小（Vico et al.，2010）。Bertolini 和 Tian（1995）发现，当温度从 20℃降至–1.5℃时，甜菜茎点病的发病率和病斑扩展速度明显受到抑制。当温度为 20℃、10℃、4℃、2℃、0℃时，甜菜分别在贮藏第 4 周、6 周、8 周、9 周、10 周后全部感病，但在–1.5℃下的甜菜贮藏 12 周的发病率仅为 53%。同样，接种青霉的大蒜在 0~20℃下 4 周后均会发病，但–4℃下贮藏 16 周的感病大蒜即使与健康大蒜接触，也不侵染健康大蒜，当温度在–4℃以上时，则会导致接触侵染的发生（Bertolini and Tian，1996）。

各类采后病原物的最低生长温度存在差异。通常，5℃以下的低温就足以抑制大多数常见病原物的生长。例如，0℃左右的低温可强烈抑制盘长孢、刺盘孢、根霉、地霉及疫霉的孢子萌发及菌丝生长；0℃下的低温可致死已发芽的匐枝根霉孢子，但休眠孢子仍可保持活力。但是，有些低温型病原物仍能在 0℃左右的条件下生长，这些病原物包括青霉、交链孢、枝胞霉、梨形毛霉和灰葡萄孢（Sommer，1985）。

同一病原物的不同菌株或来源于不同生长环境的菌株具有不同的最低生长温度，这就是各类文献报道的同一病原物最低生长温度存在差异的原因。有些真菌的最低生长温度低于 0℃（Sommer，1985）。例如，灰葡萄孢的最低生长温度为–2℃，故在 0℃下贮藏的葡萄、猕猴桃、大白菜、芹菜、胡萝卜等果蔬中常见灰霉病；扩展青霉和互隔交链孢的最低生长温度为–3℃，故可在 0℃或更低温度下贮藏的苹果、梨及葡萄上继续发病。表 7-1 列出了主要采后真菌性病原物的最低生长温度。

表 7-1　主要采后真菌性病原物的最低生长温度（Sommer，1985）（单位：℃）

病原物	最低生长温度
互隔交链孢	–3
柑橘链隔孢	–2
黑曲霉	11
可可球二孢菌	8
灰葡萄孢	–2
多主枝孢	–4
盘长孢状刺盘孢	9
芭蕉刺盘孢	9
蒂腐色二孢	–2

续表

病原物	最低生长温度
白地霉	2
果生链核盘菌	1
指状青霉	3
扩展青霉	–3
意大利青霉	0
柑橘拟茎点霉	–2
匐枝根霉	2

一些真菌性病原孢子需要在较高的温度下才能萌发和生长。例如，在 0℃左右的条件下，盘长孢、刺盘孢、根霉、地霉及疫霉等病原物的孢子萌发及菌丝生长均受到强烈抑制。刺盘孢和曲霉的菌丝体对低温敏感，其最低生长温度分别为 9℃和 11℃。刺盘孢因其对低温敏感而多在贮藏于较高温度下的热带和亚热带果蔬上发病。匐枝根霉也对低温敏感，一般在 5℃以下该病原物就不能进一步扩展，尽管在 2℃下其孢子仍有一定程度的萌发，但在这一温度下下芽管不能伸长（Dennis and Cohen，1976）。对于根霉来说，休眠和萌发的孢子对低温的敏感程度存在显著差异，在预萌发阶段低温不会伤害休眠的孢子，但在萌发初期孢子对低温的敏感性显著增加，0℃下几天便会死亡（Matsumoto and Sommer，1968）。通常，存在于较小病斑上的幼嫩菌丝对低温比较敏感，而存在于较大病斑中的成熟菌丝对低温则具有较强的抗性。低温对附着胞的形成也有一定的影响，12℃以下尖孢刺盘孢和盘长孢状刺盘孢均不产生附着胞，尖孢刺盘孢在 22℃时形成的附着胞最多（Barkai-Golan，2001）。

二、对果蔬抗病性的影响

果蔬的抗病性与其成熟衰老的程度有关，温度会通过影响果蔬的成熟衰老进程来间接影响产品的抗病性，影响的内容涉及呼吸及乙烯代谢、水分蒸腾及生理紊乱等多个方面。在一定范围内，随着温度的降低，呼吸及乙烯代谢、水分蒸腾速率均会减弱，果蔬体内的抗氧化物含量和抗性酶活性均维持在较高水平，采后寿命也会延长。相反，较高的温度则会加速果蔬的氧化和衰老，降低对病害的抵抗力。例如，温度每升高 10℃，果实的呼吸强度便会增大 2.4 倍左右，而对于跃变型果实来说，高温不仅会使呼吸跃变提早出现，而且会升高呼吸峰值，加速成熟和衰老，降低产品的抗病性。因此，采后低温常可通过延缓成熟衰老，维持果蔬的抗病性来减轻采后病害的发生（张维一和毕阳，1996）。与常温相比，低温冷藏显著降低了芒果的失重率和发病率，延缓了果实软化和皮色转黄，保持了果实的品质。同时，低温还延缓了超氧阴离子的产生速率，抑制了丙二醛的产生，维持了果实的维生素 C 含量（弓德强等，2008）。低温可降低枇杷果实的呼吸速率和乙烯释放量，有效维持玉米黄质和总酚含量（Ding et al.，1998）。低温贮藏（13℃）的面包果呼吸峰值只有常温（24~30℃）贮藏时的 1/5，且推迟出现 5~10 天，乙烯的峰值也推迟出现，释放量下降到原来的 1/8（Worrell et al.，2002）。低温（0.5℃和 10℃）可有效维持草莓贮藏期间的硬度、可溶性固形物含量及果实的总抗氧化能力（Shin et al.，2007）。与常温（28℃）贮藏相比，低温（4℃和 10℃）贮藏可以延缓甘蓝的叶片黄化，保持叶绿素的含量，降低失重率、呼吸速率及乙烯的释放量，有效维持可溶性固形物和抗坏血酸的含量，延长甘蓝的采后寿命（Kramchote et al.，2012）。

采后不适宜的高温或低温，常常会导致果蔬的生理紊乱，降低产品的抗病性。例如，低温会导致有些果蔬的冷害，冷害温度不仅不能抑制果蔬腐烂的发生，反而会促进低温型病原物通过冷害伤口或组织侵入，导致腐烂加速。与冷害的发生密切相关的低温型病原物主要包括交链孢、枝孢霉、灰葡萄孢、青霉及刺盘孢。柠檬通常在 13~14℃的条件下贮藏，以避免冷害的发生，但该条件下白地霉导致的酸腐病就无法避免。同样，冷藏也不能抑制某些品种柑橘果实上的青霉病。由于番茄的贮藏温度与其成熟度密切相关，绿熟番茄常在 12℃下贮藏，而红熟番茄可在 8~10℃下贮藏。但贮藏在 8~12℃下的番茄容易受到互隔交链孢和匐枝根霉等病原物的侵染。甜椒在低于 7℃的条件下贮藏会发生冷害，易被互隔交链孢及灰葡萄孢侵染。甘薯在低于 10℃的条件下贮藏也容易受到交链孢、灰葡萄孢和青霉的侵染（Barkai-Golan，2001）。

第二节　果蔬的水分状态和空气相对湿度

一、对病原物生长的影响

在一定温度下，病原物的萌发和生长与寄主的水分活度（a_w）及空气相对湿度具有显著的相关。大多数细菌生长所需的 a_w 为 0.94~0.99，大多数霉菌为 0.80~0.94。离病原物最适温度和 a_w 越远，孢子萌发所需的时间就越长，孢子萌发和菌丝生长的速率也越低。例如，指状青霉、意大利青霉和白地霉在 4~30℃，a_w 为 0.995 时均能萌发。当 a_w 为 0.95 时，意大利青霉低温下的萌发和生长速率均高于指状青霉和白地霉，且意大利青霉在较为干燥的条件（a_w 为 0.87）下也能萌发和生长，而白地霉在 a_w 低于 0.95 时则不能萌发。由此表明，青霉是导致冷藏柑橘腐烂的主要病原物（Plaza et al.，2003）。温度对果生链核盘菌分生孢子活力的影响大于相对湿度，低温和较高的相对湿度均能降低分生孢子的活力。在较低的相对湿度（75%）下，果生链核盘菌在苹果上的定殖率随温度（5~25℃）的升高而增大，当侵染完成后，孢子的形成则不受温度（10~20℃）或相对湿度（45%~98%）的影响（Xu et al.，2001）。

高湿度条件有利于病原物在寄主体内的扩展。高湿度虽然可以有效抑制果蔬贮藏期间的水分蒸腾，但会促进环境和产品表面的病原物生长。通常，果蔬表面的凝水往往会增加腐烂的风险。同样，采用透水性不良的塑料薄膜包裹果蔬，若不在薄膜上打孔或及时通风，会因水汽凝结导致袋内湿度增加而促进腐烂的发生。因此，使用吸湿材料降低薄膜包装内部的湿度可以达到减轻腐烂的目的（张维一和毕阳，1996）。例如，使用氯化钠等吸湿剂可降低聚乙烯薄膜袋中的湿度，减轻辣椒贮藏期间的腐烂率，而不使用吸湿剂的对照贮藏期间袋内湿度很快达到饱和，凝水会在果实表面和袋内形成，增加了腐烂（Barkai-Golan，2001）。

寄主的含水量是影响软腐细菌扩展的主要因素。例如，甜椒和大白菜等高含水量的蔬菜细菌性软腐病的发病风险较高（Bartz and Eckert，1987）。马铃薯块茎在相对湿度大于 95%的低温下贮藏，由皮孔侵染所造成的细菌性软腐病的发生率就会增加。因此，采用通风库及保持块茎表面干燥能有效减轻细菌性软腐病的发生。当萝卜开始萎蔫或失重率为 8%时，很容易发生灰霉病和软腐病，表明脱水会使组织细胞分离及细胞间隙增大，降低了抗病性。

二、对果蔬抗病性的影响

高湿度下大多果蔬对病原物的敏感性增加，这与高湿度条件下果蔬的生理代谢改变有关。在高湿度条件下果蔬自然孔口开张度大，表面保护组织柔软，愈伤组织形成缓慢，自然孔口及伤口中的水分含量也较多。因此真菌孢子易于萌发侵染。对于诸如苹果、梨等表皮组织发育比较完整、对较低湿度不敏感的产品来说，可通过调整适当的低湿度来抑制孢子萌发，从而降低贮藏期间的腐烂（Spotts and Peters，1982）。此外，柑橘果实表面的凝水会促进绿霉病的扩展。同样，较高的相对湿度也会促进哈密瓜贮藏期间黑斑病、白霉病和青霉病的发生。因此，适度干燥的果蔬表面环境有利于降低果实对病原物的敏感性（Eckert，1978）。甘蓝、大白菜、花椰菜、萝卜、芹菜等结球和绿叶蔬菜在接近饱和湿度下贮藏可有效维持紧实度和新鲜度，灰葡萄孢和丝核菌的危害也较轻（van den Berg and Lentz，1968）。

另外，高湿度还可延缓叶菜类在贮藏期间的衰老，减少病原物赖以生存的寄主死组织的出现（Yoder and Whalen，1975）。用聚乙烯薄膜包裹绿叶蔬菜能有效防止失水，保持组织的坚挺状态，减少腐烂的发生。但贮运期间的温度波动常会导致塑料薄膜包装内部的水分凝结。因此，打孔不仅可促进薄膜内外气体交换、防止袋内乙烯积累，还能有效控制产品失重，降低腐烂率（Aharoni，1994）。表 7-2 和表 7-3 分别列出了常见果蔬的贮藏推荐温度和湿度条件。

表 7-2 常见水果的推荐贮藏温度、湿度条件

种类	温度/℃	相对湿度/%
苹果		
金冠	1~2	85~90
元帅	0~2	85~90
红富士	−1~1	85~90
梨		
砂梨	1	85~90
西洋梨	−1.5~0.5	85~90
白梨	0~1	85~90
桃	0.5~1	85~90
油桃	−1~0	85~90
杏	−0.5~0	85~90

续表

种类	温度/℃	相对湿度/%
李、梅	–0.5~0	85~90
樱桃	–1~0.5	85~90
枣	0~1	85~90
无花果	0	85~90
葡萄	–1~-0.5	85~90
番石榴	5~10	85~90
猕猴桃	–0. 5~0	85~90
柿子	–1~0	85~90
柚	7~9	85~90
葡萄柚	10~15	85~90
柑橘	4~7	85~90
柠檬	10~14	90
甜橙	9~10	90
荔枝	5~10	85~90
龙眼	1~5	85~90
枇杷	0	85~90
芒果	10~13	85~90
菠萝		
绿熟	10~13	90
成熟	7~10	90
番木瓜		
绿色	10~13	90
转色	7~10	90
石榴	5~6	90
红毛丹	10~12	90~95
草莓	0~1	85~90
甜瓜	7~10	80~85
哈密瓜	3~7	80~85
白兰瓜	10~12	80~85
西瓜	10~15	80~85

表 7-3　常见蔬菜的推荐贮藏温度、湿度条件

种类	温度/℃	相对湿度/%
番茄		
绿熟期	12~15	85~90
粉色期	10~12	85~90
红熟期	8~10	85~90
茄子	8~12	85~90
辣椒	7~10	85~90
甜椒	7~13	85~90

续表

种类	温度/℃	相对湿度/%
黄瓜	10~12	90~95
佛手瓜	7	85~90
苦瓜	12~13	85~90
南瓜	10~13	60~70
菜豆	4~7	85~90
豇豆	4~7	85~90
扁豆	4~7	85~90
豌豆	0~1	85~90
花椰菜	0~1	85~90
茎椰菜	0~1	85~90
芜菁甘蓝	0	85~90
球茎甘蓝	0	85~90
孢子甘蓝	0	85~90
羽衣甘蓝	0	85~90
大白菜	0~1	85~90
油菜	0~1	85~90
芹菜	0~1	85~90
菊苣	0~1	85~90
胡萝卜	0~1	85~90
水萝卜	0~1	85~90
木薯	0~2	85~90
马铃薯		
早熟	10~16	80~85
晚熟	4.5~13	80~85
甘薯	12~14	85~90
洋葱（绿）	0	85~90
洋葱（干）	0	65~70
大蒜		
新鲜	0~1	60~70
晾干	0~1	60~70
生姜	12~14	70
荸荠	0~2	85~90
芋头	7~10	85~90
菠菜	0	90~95
香葱	0~1	90~95
青葱	0~1	90~95
芫荽	0~1	90~95
菊苣	0~1	90~95
茴香	0~1	90~95
茼蒿	0~1	90~95

续表

种类	温度/℃	相对湿度/%
百里香	1~3	95~98
水田芥	0~1	95~98
莴苣	0~1	90~95
葱（新鲜）	0~1	90~95
石刁柏	0~2	90~95
白芦笋	0~2	90~95
甜玉米	0~1	95~98
蘑菇	0	90~95

第三节 气体成分

一、对病原物生长的影响

低 O_2 和高 CO_2 可直接抑制病原物的孢子萌发、菌丝生长及孢子的形成等，但其抑制效果因 O_2 和 CO_2 浓度、病原物的种类及其存在的生理状态而异（de Vries-Paterson et al.，1991；Sitton and Patterson，1992；Ahmadi et al.，1999；田世平等，2011）。

（一）低 O_2 的作用

低 O_2 主要通过影响呼吸电子传递链而抑制病原物生长（Sommer，1985）。无氧条件可完全抑制大多数真菌的生长，但不同病原物及同一病原物的不同生理阶段对 O_2 的敏感性存在很大的差异。当 O_2 浓度从 21%降至 5%时对真菌的生长没有显著的影响，若要抑制大多数真菌孢子萌发，O_2 浓度常需低于 1%。在这样 O_2 浓度下，匍枝根霉和多主枝孢霉的孢子萌发率可降至 50%。随着 O_2 浓度从 1%降至 0.25%，会进一步降低孢子萌发率（Well and Uota，1970）。对于互隔交链孢、灰葡萄孢和粉红镰孢来说，当 O_2 浓度降至 0.25%或以下时，这些病原物的孢子萌发率才会明显减少。移入正常空气中后，所有病原物的正常生长便可恢复。当 O_2 浓度降至 4%时，上述大多数病原物的菌丝生长水平可减至一半，但若使匍枝根霉的菌丝生长达到同样水平，O_2 浓度则需降至 2%。即使在无氧的条件下，有些病原物的菌丝也能生长（Follstad，1966；Well and Uota，1970）。大多数孢囊孢子在无氧条件下的存活时间不长，但匍枝根霉的孢囊孢子可在无氧条件下存活 72h（Bussel et al.，1969）。

低 O_2 对不同真菌孢子形成的影响也存在差异。例如，在 1% O_2 浓度下灰葡萄孢只能产生丰富的气生菌丝，而不能形成孢子。当 O_2 浓度为 0.25%时，明显抑制了互隔交链孢和多主枝孢霉的菌丝生长，但孢子可以形成（Follstad，1966）。低 O_2 也会影响菌核的形成。例如，1% O_2 浓度下小核盘菌的菌落可以生长，但菌核难以形成（Imolehin and Grogan，1980）。1%~3%的低 O_2 浓度能显著降低胡萝卜欧氏杆菌、欧氏杆菌黑胫亚种和荧光假单胞菌等细菌的生长量，但即使在缺 O_2 的条件下这些细菌也能生长（Wells，1974）。

（二）高 CO_2 的作用

高浓度 CO_2 可改变病原物细胞膜的功能从而影响营养物质的吸收，高 CO_2 可直接抑制酶的活性或降低酶的反应速率，导致胞内 pH 变化或直接通过改变菌体蛋白质结构来抑制病原物的生长（Farber，1991）。此外，高 CO_2 还可影响菌体代谢、抑制病原物的呼吸作用（Sommer，1985）。因此，高 CO_2 具有减轻果蔬采后病害的作用（Sitton and Patterson，1992；Tian et al.，2001；Sanchez-Ballesta et al.，2006；Romero，2006；Singh and Pal，2008）。

高 CO_2 对不同病原物孢子萌发和菌丝生长的抑制效果存在差异（Well and Uota，1970）。例如，当 CO_2 浓度高达 16%时，可抑制 90%以上的匐枝根霉、多主枝孢霉和灰葡萄孢的孢子萌发。但即使 CO_2 浓度高达 32%时，对互隔交链孢的孢子萌发也没有影响。高 CO_2 对菌丝生长具有强烈的抑制效果。当 CO_2 浓度为 20%时，互隔交链孢、多主枝孢霉和灰葡萄孢的菌丝生长抑制率可达 50%，但对粉红镰孢来说，当 CO_2 浓度高达 45%时，其菌丝生长的抑制率才能达到 50%。当 CO_2 浓度为 10.4%时，灰葡萄孢、青霉和匐枝根霉的菌丝生长和孢子形成均受到抑制，但意大利青霉的菌丝干重只较对照减少 32%，当 CO_2 浓度高达 50%时，菌丝生长才完全停止（Well and Uota，1970）。当 CO_2 浓度在 0~15%时，对灰葡萄孢和扩展青霉的菌落生长无显著影响，但当 CO_2 浓度高达 20%时，两种菌的菌落生长均明显受到抑制。8% CO_2 结合 3% O_2 比 3% CO_2 结合同样 O_2 浓度具有更好的抑菌效果（Tian et al.，2002）。果生链核盘菌的菌丝生长会随 CO_2 浓度的提高而逐渐受到抑制，当 CO_2 浓度达 30%时可完全抑制菌落扩展（Tian et al.，2001）。

高 CO_2 还能延长菌体的发育期和对数生长期，但作用效果依赖于 CO_2 浓度和产品的贮藏温度（Phillips，1996）。用高 CO_2 长时间处理灰葡萄孢，其菌丝生长量随 CO_2 浓度（5%~20%）的增加而降低，降低的程度在培养 30~40 天后表现更为明显。同时，孢子萌发率也显著减少，当 CO_2 达到 20%时，完全抑制了孢子萌发和芽管伸长（Bertolini et al.，2003）。

（三）高 O_2 的作用

不同病原物对高 O_2 浓度的敏感程度存在差异。高 O_2 浓度可激活大肠杆菌体内的超氧化物歧化酶，从而清除自由基，提高了菌体的抗性；然而对枯草芽孢杆菌来说，高 O_2 浓度不能活化其超氧化物歧化酶，故该菌对高 O_2 敏感（Fridovich，1975）。Gonzalez-Roncero 和 Day（1998）发现，99kPa O_2 对假单胞菌、嗜水气单胞菌、结肠炎耶尔森杆菌和单增李斯特菌等病原物的生长抑制效果不强，对前两种细菌的抑制作用仅为 14%和 15%。然而，当用 80kPa O_2 和 20kPa CO_2 结合处理时能够抑制 8℃条件下上述所有细菌的生长，其效果明显优于单一气体处理。此外，80% O_2 和 20% CO_2 配合处理还能显著抑制匐枝根霉、灰葡萄孢和变色青霉的生长，其效果也显著优于单一气体处理（Hoogerwerf et al.，2002）。5kPa O_2 和 15kPa CO_2 能有效控制芹菜的采后病害，贮藏 5 周后无腐烂现象发生（Gómez and Artés，2004）。

二、对果蔬抗病性的影响

早期研究发现，将 O_2 浓度从 21%减少到 2.5%或者将 CO_2 浓度从 0.03%增加到 10%可推迟鳄梨果实的呼吸高峰（Biale，1946；Young et al.，1962）。低 O_2 和高 CO_2 能通过抑制乙烯的生成和作用来延缓成熟和衰老进程，从而维持果蔬的抗病性（Yang and Hoffman，1984）。例如，乙烯在花椰菜花序衰老中具有关键作用，高 CO_2 对衰老的抑制与其阻碍乙烯的作用有关。高 CO_2 可明显降低花椰菜损伤接种灰葡萄孢的腐烂率，但如在贮藏环境中通入 10ppm 乙烯，高 CO_2 对腐烂的抑制效果则完全消失（Aharoni et al.，1985）。1%O_2 结合 0℃贮藏可以显著减轻猕猴桃的灰霉病，还可减少乙烯产生，延迟果实软化（Niklis et al.，1992）。

气调贮藏延长果蔬采后寿命的能力与其抑制细胞壁的降解密切相关。低 O_2 和高 CO_2 可有效阻止细胞壁中果胶物质的分解，保持果实的硬度，减轻病原物的危害（Smock，1979）。成熟衰老期间，果蔬细胞壁中的不溶性原果胶会转变为可溶性的果胶，导致组织软化。可溶性果胶更易被病原物分泌的果胶酶利用。气调环境还可抑制病原物胞外酶的活性。例如，低 O_2 浓度既能抑制匍枝根霉的菌体生长，也能抑制果胶甲酯酶、多聚半乳糖醛酸酶和纤维素酶等胞外酶的活性。同样，5% CO_2 和 3% O_2 能显著降低白盘长孢和辣椒盘长孢在苹果上的生长，并抑制多聚半乳糖醛酸酶和多聚半乳糖甲酯酶的活性（Edney，1964）。

高 CO_2 可显著提高果实体内抗菌物质的含量。鳄梨经 30%的 CO_2 短暂处理后，果皮中抗菌二烯的含量明显增加，炭疽病的发病率显著降低；而经 11%~16%的 CO_2 处理后，抗菌二烯的含量增加不明显，炭疽病的发病率也较高（Prusky and Keen，1993）。甜樱桃果实贮藏于 5% O_2+20% CO_2 中 9 天后转入 5% O_2+10% CO_2 中，维生素 C 含量低于一直贮藏于 5% O_2+10% CO_2 气体成分条件，贮藏后期的果实褐变和腐烂明显减少（姜爱丽等，2011）。15% CO_2 可以维持杨梅贮藏期间的固酸比，抑制病害的发生。20% CO_2 虽然可以显著抑制病害发展，但导致了果实的无氧呼吸（王宝刚等，2011）。30%的高 CO_2 浓度会导致草莓贮藏期间产生异味（Hardenburg et al.，1990）。Artés 等（1996）发现，气调贮藏（5% O_2 和 5% CO_2、5% O_2 和 0% CO_2）可以减轻石榴的失重率及果皮褐变。高 CO_2 处理可降低葡萄的采后病害，但未能诱导病程相关蛋白基因的过量表达（Romero et al.，2006）。由此表明，高 CO_2 处理并非通过诱导果实抗性的方式来减轻腐烂。

第四节　化 学 药 物

采后使用的多种化学药物可对病原物的生长及果蔬的抗病性产生影响。这些化学药物主要为生长调节剂、钙盐、1-MCP 及诱抗剂。杀菌剂及诱抗剂处理在第八章和第十一章中有详细介绍，在此不做赘述。

一、生长调节剂

（一）对病原物生长的影响

高浓度的乙烯能促进病原物的生长，增加果实的腐烂率。例如，乙烯处理增加了蜜橘的炭疽病，乙烯对该病的促进作用可能与处理刺激了果实表面的附着胞形成侵染丝有关。当刺盘孢孢子与柑橘果实接触时，附着胞的形成不多。当用乙烯对果实进行褪绿处理后，果实表面就会产生大量的附着胞，并对果实造成侵染（Brown，1975）。同样，外源乙烯可诱导芭蕉刺盘孢和盘长孢状刺盘孢分生孢子的萌发和附着胞的形成（Flaishman and Kolattukudy，1994）。Prusky 等（1996）发现，外源乙烯处理未成熟的鳄梨果实能促进盘长孢状刺盘孢附着胞的形成，并可诱导果实呼吸跃变的提前出现，但乙烯处理并未促进病斑的进一步扩展。生长调节剂赤霉素（GA_3）处理可抑制病原物的胞外酶产生。例如，赤霉素结合异菌脲和扑海因处理可减轻柿果实的软化，更好地抑制由互隔交链孢引起的果实黑斑病。进一步研究发现，赤霉素处理果实中由互隔交链孢产生的内切 β-1,4-葡聚糖酶活性显著降低（Perez et al.，1995；Eshel et al.，2000）。

（二）对果蔬抗病性的影响

植物激素在果蔬衰老中发挥着重要作用，衰老的进行伴随着赤霉素、细胞分裂素及生长素等促进生长激素的减少，以及乙烯和脱落酸等抑制生长激素的增加。这些激素的变化均可通过调节果蔬的生理代谢来影响病害的发生。果蔬的衰老通常表现为核酸、蛋白质、脂肪、碳水化合物、有机酸和维生素的降解，以及核酸酶、蛋白酶、纤维素酶及其他水解酶和与脂肪氧化有关酶活性的增高。随着衰老的发生，果蔬逐渐丧失其自身抵抗病原物的能力而变得易于腐烂（Aharoni，1994）。

外源乙烯处理会促进果蔬采后病害的发生。柑橘采后用外源乙烯进行褪绿处理，可提高果实对病害的敏感性（Brown，1975）。乙烯处理不仅促进了果实成熟，也活化了蒂腐色二孢在果实茎端的潜伏侵染，提高了柑橘茎端腐的发生率（Brown and Burns，1998）。乙烯处理促使病原物在果蔬中生长，可能与外源乙烯降低寄主体内抗菌物质的含量有关。Ben-Yehoshua 等（1995）发现，乙烯处理可使果皮中柠檬醛等抗菌物质含量降低，降低了柑橘果实对绿霉病的抗性。乙烯引起的后熟会导致鳄梨果皮中抗菌二烯含量降低，促进了附着胞的活化（Prusky et al.，1981）。外源乙烯也能促进草莓灰霉病及番茄灰霉病与黑斑病的发生（El-Kazzaz et al.，1983；Segall et al.，1974）。乙烯处理后果实对病害敏感性的增强不仅与促进病原物生长及降低果实抗菌物质含量有关，还与提高果实多聚半乳糖醛酸酶和纤维素酶的活性显著相关。与低浓度（0.002ml/L）的褪绿乙烯处理相比，高浓度（0.055ml/L）的乙烯处理能迅速提高甜橙果实中多聚半乳糖醛酸酶和纤维素酶的活性，显著增加了果实的茎端腐（Brown and Burns，1998）。用抑制多聚半乳糖醛酸酶和纤维素酶的活性的 2,4-D 或抑制乙烯作用的硫代硫酸银处理柑橘，能显著增强果实对茎端腐的抗性。同样，在高浓度乙烯处理诱导果实褪绿的早期，用蛋白质合成抑制剂环己酰亚胺处理也能抑制病害的发展（Veen，1983）。然而，对有些果实来说，乙烯处理不但不能促进病害的发生，反而会增强寄主对病原物的抗性。例如，外源乙烯处理会提高甘薯块根对甘薯长喙壳菌及柑橘对盘长孢状刺盘孢的抗性（Stahmann et al.，1966；Brown，1975）。

赤霉素和 2,4-D 可对果蔬的采后生理代谢产生重要的影响。Martínez-Romero 等（2000）发现，赤霉素可以增加桃果实硬度，降低对机械伤的敏感性和呼吸速率，提高果实的耐贮性，减轻病害的发生。此外，赤霉素处理还可推迟芒果的成熟（Khader，1991）。

贮藏前用 2,4-D 处理可有效推迟柑橘果梗的衰老，延迟果梗从果实上脱落的时间，减轻果实贮藏期间的茎端腐及果梗腐（Ben-Arie and Lurie，1986）。贮藏前用赤霉素或 2,4-D 浸泡柠檬，可以维持贮藏期间果皮中抗菌物质柠檬醛的含量，提高果实的抗病性。Valero 等（1998）发现，赤霉素处理柠檬后，可有效增加果皮中丁二胺和亚精胺的含量，同时推迟了颜色的变化，延缓了果实的软化。赤霉素处理可以延迟柑橘果皮软化，提高果实对指状青霉和意大利青霉侵染的抵抗能力（Coggin and Lewis，1965）。赤霉素处理延缓了甜樱桃在低温贮藏期间可溶性固形物、维生素 C 和可滴定酸的下降，维持了过氧化物酶和过氧化氢酶的活性，减轻了果实的腐烂率和果柄干枯率（李夫庆等，2009）。赤霉素处理可延迟莴苣叶片的黄化，减轻由核盘菌引起的腐烂及细菌性软腐病的发生；赤霉素处理还可有效延缓芹菜幼叶和叶柄的黄化，减少由核盘菌、灰葡萄孢和胡萝卜欧氏杆菌引起的腐烂。同时，赤霉素浸泡处理可有效降低枸杞果实在低温贮藏期间的腐烂率（袁莉等，2011）。这些结果表明，赤霉素可通过延缓衰老来提高果实的抗病性（Perez et al.，1995；Eshel et al.，2000）。然而，Zoffoli 等（2009）发现，过量使用赤霉素会增加葡萄在冷藏期间对灰葡萄孢的敏感性。

其他生长调节剂也对果实的抗病性有一定的影响作用。Zheng 等（2007）发现，用 N6-苄基腺嘌呤（6-BA）结合罗伦隐球酵母处理梨果实，可有效抑制由扩展青霉引起的青霉病，处理提高了过氧化氢酶活性，抑制了过氧化物酶和脂氧合酶的活性，乙烯产量也有所降低。

二、钙处理

钙是维持植物生长发育的重要元素。在果实成熟和衰老阶段，钙可维持细胞结构完整及细胞膜与细胞壁的功能。果实中钙含量增加能明显减少采后病害的发生，并维持果实的硬度。采后钙处理可减轻苹果的青霉病和炭疽病（Sharples and Johnson，1977）、葡萄的灰霉病和酸腐病（Miceli et al.，1999）、桃的褐腐病及马铃薯块茎的细菌性软腐病（McGuire and Kelman，1984）等多种采后病害。

（一）对病原物生长的影响

钙可直接抑制孢子萌发和菌丝生长。随着氯化钙浓度的增加，扩展青霉和灰葡萄孢的孢子萌发和芽管伸长被显著抑制（Conway et al.，1994）。低浓度钙处理可抑制 90%以上的扩展青霉胞外多聚半乳糖醛酸酶的活性（Conway et al.，1994）。Biggs（1999）发现，钙盐可以直接抑制由盘长孢状刺盘孢和尖孢刺盘孢引起的腐烂。100μg/ml 的氯化钙和丙酸钙虽然没有影响这两种病原物的孢子萌发，但可显著地抑制这两种病原物的芽管伸长。除了这两种盐以外，硅酸钙也可以抑制真菌菌丝体的生长，在液体培养基中，真菌干重减小。氯化钙或丙酸钙处理可推迟苹果损伤接种盘长孢状刺盘孢分生孢子盘的出现时间。钙盐可以抑制果生链核盘菌的菌落生长，其中以丙酸钙的处理效果最好，氢氧化钙、氧化钙、硅酸钙和焦磷酸钙次之。大多钙盐均可以抑制果生链核盘菌产生的多聚半乳糖醛酸酶的活性，同样以丙酸钙的抑制效果最好，然后依次为三磷酸钙、葡萄糖酸钙和琥珀酸钙（Biggs et al.，1997）。

（二）对果蔬抗病性的影响

钙处理可增强细胞壁的结构，维持果蔬的硬度和紧实度，减少采后病害的发生（Preston，1979；毕阳和刘红霞，2000）。采后钙处理可显著提高苹果和马铃薯细胞壁中的钙含量（Conway et al.，1987；McGuire and Kelman，1984）。由于细胞壁中钙含量提高而增加了组织结构的完整性从而减轻了苹果的青霉病（Conway et al.，1987）。采后氯化钙浸泡处理可促进草莓果胶分子间形成钙桥，延缓了果胶的降解，维持了果实的硬度，降低了腐烂率（Chen et al.，2011）。采后氯化钙处理可增加苹果表皮下2~4mm皮层组织和细胞壁中的K、Na、Mg等元素水平，维持阿拉伯糖和葡萄糖含量，延缓了细胞壁的降解（Chardonnet et al.，2003）。

三、1-甲基环丙烯

1-甲基环丙烯（1-methylcyclopropene，1-MCP）是美国科学家Sylvia在20世纪90年代发现的一种新型乙烯抑制剂，1-MCP可与乙烯竞争性结合乙烯受体，阻断乙烯的信号转导，从而抑制乙烯的感受和生理效应的发挥，在延缓果蔬成熟衰老，维持和诱导抗性方面具有重要的作用（李辉等，2015）。

（一）对病原物生长的影响

1-甲基环丙烯对一些病原物具有直接的抑制作用。该化合物可抑制互隔交链孢的孢子萌发和菌丝生长，处理菌丝疏松交联，不能形成侵染结构。此外，1-甲基环丙烯也可抑制灰葡萄孢的孢子萌发和菌丝生长。

（二）对果蔬抗病性的影响

1-甲基环丙烯具有诱导果实抗病性的能力。该化合物可诱导桃、杏等果实的采后抗病性，有效降低由扩展青霉引起的桃果实的青霉病（Dong et al.，2002；Liu et al.，2005）。1-甲基环丙烯处理李果实后，果实体内几丁质酶、β-1,3-葡聚糖酶、苯丙氨酸解氨酶、多酚氧化酶及过氧化物酶等抗性相关酶活性增高，果实贮藏期间的腐烂率降低（李辉等，2015）。但也有研究发现，1-甲基环丙烯可促进由指状青霉引起的柑橘果实的采后腐烂（Jiang et al.，2001）。呼吸代谢的差异可能是导致1-甲基环丙烯处理诱导果蔬抗病性存在差异的原因，1-甲基环丙烯对跃变型果实的诱导效果较好（李辉等，2015）。1-甲基环丙烯可降低跃变型果实的果实的呼吸速率，抑制果实的后熟，提高果实的贮藏品质（Fan et al.，2000；樊秀彩和张继澍，2001）。1-甲基环丙烯对呼吸的抑制与果蔬的成熟度有关，成熟度越高，抑制效果就越好（Fan et al.，2000）。

1-甲基环丙烯还可降低鳄梨、苹果、猕猴桃等果实的乙烯释放高峰，延迟跃变高峰的出现（Feng et al.，2000；Rupasinghe et al.，2000；樊秀彩和张继澍，2001）。在果蔬成熟衰老过程中，乙烯合成的关键酶ACC合酶和ACC氧化酶的转录水平明显提高，内源乙烯释放，成熟衰老进程加速（Ross et al.，1992；Lelievre et al.，1997）。用1-甲基环丙烯处理苹果、梨、桃和番茄，可抑制果蔬中这两种酶的基因在后熟中的表达，从而抑制乙烯的生物合成（Ben-Amor et al.，1999；Fan et al.，1999；Wills et al.，1999；Selvarajah et al.，2001；Dong et al.，2002；Pesis et al.，2002）。由此表明，1-甲基环丙烯可通过抑制乙烯的作用，延缓后熟和衰老，诱导抗病物质的合成，从而有效抑制采后病害的发生。

参 考 文 献

毕阳, 刘红霞. 2000. 钙对果蔬采后腐烂的控制及作用. 甘肃农业大学学报, 35: 1-5.

樊秀彩, 张继澍. 2001. 1-甲基环丙烯对采后称猴桃果实生理效应的影响. 园艺学报, 28: 399-402.

弓德强, 马蔚红, 王松标, 等. 2008. 低温冷藏对芒果品质及膜脂过氧化的影响. 中国农学通报, 24: 401-404.

姜爱丽, 何煜波, 兰鑫哲, 等. 2011. 动态气调贮藏对甜樱桃果实采后生理、品质和贮藏性的影响. 食品工业科技, 32: 354-357.

李夫庆, 张子德, 李素玲, 等. 2009. 赤霉素处理对甜樱桃果实品质和采后生理的影响. 食品工业科技, 30: 301-304.

李辉, 林毅雄, 林河通, 等. 2015. 1-甲基环丙烯控制采后"油柰"果实腐烂与抗病相关酶诱导的关系. 热带作物学报, 36: 786-791.

田世平, 罗云波, 王贵禧. 2011. 园艺产品采后生物学基础. 北京: 科学出版社.

王宝刚, 李文生, 冯晓元, 等. 2011. 高 CO_2 气调箱贮运杨梅技术研究. 食品科技, 36: 42-45

袁莉, 毕阳, 李永才, 等. 2011. 采后赤霉素处理对低温贮藏期间枸杞鲜果腐烂的抑制和品质的影响. 食品与生物技术学报, 30: 1673-1689.

张维一, 毕阳. 1996. 果蔬采后病害与控制. 北京: 中国农业出版社.

Aharoni N, Philosoph-Hadas S, Barkai-Golan R. 1985. Modified atmospheres to delay senescence and decay of broccoli. Proceedings of the 4th National Controlled Atmosphere Conference, Department of Horticultural Science, Raleigh, NC.

Aharoni N. 1994. Postharvest physiology and technology of fresh culinary herbs. Israel Agresearch, 7: 35-59.

Ahmadi H, Biasi W V, Mitcham E J. 1999. Control of brown rot decay of nectarines with 15% carbon dioxide atmospheres. Journal of the American Society for Horticultural Science, 124: 708-712.

Artés F, Marín J G, Martínez J A. 1996. Controlled atmosphere storage of pomegranate. European Food Research and Technology, 203: 33-37.

Barkai-Golan P. 2001. Postharvest Diseases of Fruits and Vegetables: Development and Control. Amsterdam: Elsevier Science B. V.

Bartz J A, Eckert J W. 1987. Bacterial diseases of vegetable crops after harvest. *In*: Weichmann J. Postharvest Physiology of Vegetables. New York: Dekker Press, 351-376.

Ben-Amor M, Flores B, Latche A, et al. 1999. Inhibition of ethylene biosynthesis by antisense ACC oxidase RNA prevents chilling injury in charentais cantaloupe melons. Plant Cell and Environment, 22: 1579-1586.

Ben-Arie R, Lurie S. 1986. Prolongation of fruit life after harvest. *In*: Monselise S P. CRC Handbook of Fruit Set and Development. Boca Raton: CRC Press, 493-520.

Ben-Yehoshua S, Rodov V, Fang D Q, et al. 1995. Preformed antifungal compounds of citrus fruit: effect of postharvest treatments with heat and growth regulators. Journal of Agricultural and Food Chemistry, 43: 1062-1066.

Bertolini P, Baraldi E, Mari M, et al. 2003. Effects of long term exposure to high CO_2 during storage at 0℃ on biology and infectivity of *Botrytis cinerea* in red chicory. Journal of Phytopathology, 151: 201-207.

Bertolini P, Tian S P. 1995. Effect of low temperature on growth and pathogenicity of *Phoma betae* on sugar beet steckling in storage. Petria, 6: 215-223.

Bertolini P, Tian S P. 1996. Low-temperature biology and pathogenicity of *Penicillium hirsutum* on garlic in storage. Postharvest Biology and Technology, 7: 83-89.

Biale J B. 1946. Effect of oxygen concentration on respiration of the Fuerte avocado fruit. American Journal of Botany, 33: 363-373.

Biggs A R, El-Kholi M M, El-Neshawy S, et al. 1997. Effects of calcium salts on growth, polygalacturonase activity, and infection of peach fruit by *Monilinia fructicola*. Plant Disease, 81: 399-403.

Biggs A R. 1999. Effects of calcium salts on apple bitter rot caused by two *Colletotrichum* spp. Plant Disease, 83: 1001-1005.

Brown G E, Burns J K. 1998. Enhanced activity of abscission enzymes predisposes oranges to invasion by *Diplodia natalensis* during ethylene degreening. Postharvest Biology and Technology, 14: 2 17-227.

Brown G E. 1975. Factors affecting postharvest development of *Colletotrichum gloeosporioides* in citrus fruits. Phytopathology, 65: 404-409.

Bussel J, Sommer N F, Kosuge T. 1969. Effect of anaerobiosis on germination, survival and ultrastructure of *Rhizopus stolonifer* sporangiospores. Phytopathology, 59: 946-952.

Chardonnet C O, Charron C S, Sams C E, et al. 2003. Chemical changes in the cortical tissue and cell walls of calcium-infiltrated 'Golden Delicious' apples during storage. Postharvest Biology and Technology, 28: 97-111.

Chen F S, Liu H, Yang H S, et al. 2011. Quality attributes and cell wall properties of strawberries(*Fragaria annanassa* Duch.)under calcium chloride treatment. Food Chemistry, 126: 450-459.

Coggins C W, Lewis L N. 1965. Some physical properties of the Navel orange rind as related to ripening and to gibberelic acid treatments. Proceedings American Society for Horticultural Science, 86: 272-279.

Conway W S, Gross K C, Sams C E. 1987. Relationship of bound calcium and inoculum concentration to the effect of postharvest calcium treatment on decay of apples by *Penicillium expansum*. Plant Disease, 71: 78-80.

Conway W S, Sams C E, Hickey K D. 1994. Commercial potential for increasing apple tissue calcium sufficiently to maintain fruit quality in storage. *In*: Ait-Oubahou A, Otmani M. Postharvest Physiology, Pathology and Technology for Horticultural Commodities: Recent Advances. Morocco: Proc Int Symp Agadir, 70-74.

de Vries-Paterson R M, Jones A L, Cameron A C. 1991. Fungistatic effects of carbon dioxide in a package environment on the decay of Michigan sweet cherries by *Monilinia fructicola*. Plant Disease, 75: 943-946.

Dennis C, Cohen E. 1976. The effect of temperature on strains of soft fruit spoilage fungi. Annals of Applied Biology, 82: 51-56.

Ding C K, Chachin K, Hamauzu Y, et al. 1998. Effects of storage temperatures on physiology and quality of loquat fruit. Postharvest Biology and Technology, 14: 309-315.

Dong L, Lurie S, Zhou H. 2002. Effect of l-MCP on ripening of Canino apricots and Royal Zee plums. Postharvest Biology and Technology, 24: 135-145.

Eckert J W. 1978. Pathological diseases of fresh fruits and vegetables. *In*: Hultin H O, Milner N. Postharvest Biology and Biotechnology. Westport: Food and Nutrition Press, 161-209.

Edney K L. 1964. The effect of the composition of the storage atmosphere on the development of rotting of Cox's Orange Pippin apples and the production of pectolytic enzymes by *Gloeosporium* spp. Annals of Applied Biology, 54: 327-334.

El-Kazzaz M K, Sommer N F, Kader A A. 1983. Ethylene effects on *in vitro* and *in vivo* growth of certain postharvest fruit-infecting fungi. Phytopathology, 73: 998-128.

Eshel D, Ben-Arie R, Dinoor A, et al. 2000. Resistance of gibberellin-treated persimmon fruit to *Alternaria alternata* arises from the reduced ability of the fungus to produce endo-1,4-β-glucanase. Postharvest Pathology and Mycotoxins, 90: 1256-1262.

Fan X, Argenta L, Mattheis J P. 1999. Methyl jasmonate promotes apple fruit degreening independently of ethylene action. HortScienee, 34: 310-312.

Fan X, Argenta L, Mattheis J P. 2000. Inhibition of ethylene action by 1-methylcyclopropene prolongs storage life of apricots. Postharvest Biology and Technology, 20: 135-142.

Farber J M. 1991. Microbiological aspects of modified atmosphere packaging technology-a review. Journal of Food Protection, 54: 58-70.

Feng X, Apelbaum A, Sisler E C, et al. 2000. Control of ethylene responses in avocado fruit with 1-methylcyclopropene. Postharvest Biology and Technology, 20: 143-150.

Flaishman M A, Kolattukudy P E. 1994. Timing of fungal invasion using host's repining hormone as a signal. Proceedings of the National Academy of Sciences of the United States of America, 4: 388-389.

Follstad M N. 1966. Mycelial growth rate and sporulation of *Alternaria tennis*, *Botrytis cinerea, Cladosporium herbarum* and *Rhizopus stolonifer* in low-oxygen atmospheres. Phytopathology, 56: 1098-1099.

Fridovich I. 1975. Superoxide dismutases. Annual Review of Biochemistry, 67: 509-544.

Gómez P A, Artés F. 2004. Controlled atmospheres enhance postharvest green celery quality. Postharvest Biology and Technology, 34: 203-209.

Gonzalez-Roncero G, Day B. 1998. The effects of novel MAP on fresh prepared produce microbial growth. Proceedings of the Cost 915 Conference. Madrid: Ciudad Universitaria.

Hardenburg R E, Watada A E, Wang C Y. 1990. The Commercial Storage of Fruits, Vegetables, and Florist and Nursery Stocks. Washington D C: USDA Handbook No. 66.

Hoogerwerf S W, Kets E P W, Dijksterhuis J. 2002. High-oxygen and high-carbon dioxide containing atmospheres inhibit growth of food associated moulds. Letters in Applied Microbiology, 35: 419-422.

Imolehin E D, Grogan R G. 1980. Effects of oxygen, carbon dioxide, and ethylene on growth, sclerotial production, germination, and infection by *Sclerotinia minor*. Phytopathology, 70: 1158-1161.

Jiang Y M, Joyce D C, Terry L A. 2001. 1-Methylcyclopropene treatment affects strawberry fruit decay. Postharvest Biology and Technology, 23: 227-232.

Kerssies A. 1994. Effects of temperature, vapour pressure deficit and radiation on infectivity of conidia of *Botrytis cinerea* and on susceptibility of gerbera petals. European Journal of Plant Pathology, 100: 123-136.

Khader S E S A. 1991. Effect of preharvest application of GA_3 on postharvest behavior of mango fruits. Scientia Horticulturae, 47: 317-321.

Kramchote S, Srilaong V, Wongs-Aree C, et al. 2012. Low temperature storage maintains postharvest quality of cabbage(*Brassica oleraceae* var. *capitata* L.)in supply chain. International Food Research Journal, 19: 759-763.

Lelievre J M, Tichit L, Dao P, et al. 1997. Effects of chilling on the expression of ethylene biosynthetic genes in Passe-Crassane pear(*Pyrus communis* L.)fruits. Plant Molecular and Biology, 33: 847-855.

Liu H X, Jiang W B, Zhou L G, et al. 2005. The effects of 1-methylcyclopropene on peach fruit(*Prunus persica* L. cv. Jiubao)ripening and disease resistance. International Journal of Food Science and Technology, 40: 1-7.

Martínez-Romero D, Valero D, Serrano M, et al. 2000. Effects of post-harvest putrescine and calcium treatments on reducing mechanical damage and polyamines and abscisic acid levels during lemon storage. Journal of the Science of Food and Agriculture, 79: 1589-1595.

Matsumoto T T, Sommer N F. 1968. Sensitivity of *Rhizopus stolonifer* to chilling. Phytopathology, 57: 881-887.

McGuire R G, Kelman A. 1984. Reduced severity of *Erwinia* soft rot in potato tubers with increased calcium content. Phytopathology, 74: 1250-1256.

Miceli A, Ippolito A, Linsalata V, et al. 1999. Effect of preharvest calcium treatments on decay and biochemical changes in table grape during storage. Phytopathology Mediterr, 38: 47-53.

Niklis N D, Thanassoulopoulos C C, Sfakiotakis E M. 1992. Ethylene production and growth of *Botrytis cinerea* in kiwifruit as influenced by temperature and low oxygen storage. *In*: Verhoeff K, Malathrakis N E, Williamson B. Recent Advances in Botrytis Research. Proc. 10th Int. Botrytis Symposium. Wageningen: Pudoc Scientific Publishers, 113-118.

Perez A, Ben-Arie R, Dinoor A, et al. 1995. Prevention of black spot disease in persimmon fruit by gibberellic acid and iprodione treatments. Phytopathology, 85: 221-225.

Pesis E, Ackerman M, Ben-Aire R, et al. 2002. Ethylene involvement in chilling injury symptoms of avocado during cold storage. Postharvest Biology and Technology, 24: 171-181.

Phillips C A. 1996. Review: modified atmosphere packaging and its effects on the microbiological quality and safety of produce. International Journal of Food Science and Technology, 31: 463-480.

Plaza P, Usall J, TorresR, et al. 2003. Control of green and blue mould by curing on oranges during ambient and cold storage. Postharvest Biology and Technology, 28: 195-198.

Preston R D. 1979. Polysaccharide formation and cell wall function. Annals Review of Plant Physiology, 30: 55-78.

Prusky D, Ben-Arie R, Guelfat-Reich S. 1981. Etiology and histology of *Alternaria* rot of persimmon fruits. Phytopathology, 71: 1124-1128.

Prusky D, Keen N T. 1993. Involvement of preformed antifungal compounds and the resistance of subtropical fruits to fungal decay. Plant Disease, 77: 114-119.

Prusky D, Wattad C, Kobiler I. 1996. Effect of ethylene on activation of lesion development from quiescent infections of *Colletotrichum gloeosporioides* in avocado fruits. Molecular Plant-Microbe Interaction, 9: 864-868.

Romero I, Sanchez-Ballesta M T, Maldonado R, et al. 2006. Expression of class I chitinase and β-1,3-glucanase genes and postharvest fungal decay control of table grapes by high CO_2 pretreatment. Postharvest Biology and Technology, 41: 9-15.

Ross G S, Knighton M L, Lay-Yee M. 1992. An ethylene-related cDNA from ripening apples. Plant Molecular and Biology, 19: 231-238.

Rupasinghe H P V, Murr D P, Paliyath G, et al. 2000. Inhibitory effect of l-MCP on ripening and superficial scald development in Mclntosh and Delicious apples. Journal of Horticulture Science Biotechnology, 75: 271-276.

Sanchez-Ballesta M T, Jimenez J B, Romero I, et al. 2006. Effect of high CO_2 pretreatment on quality, fungal decay and molecular regulation of stilbene phytoalexin biosynthesis in stored table grapes. Postharvest Biology and Technology, 42: 209-216.

Segall R H, Geraldson C M, Everett P H. 1974. The effects of cultural and postharvest practices on postharvest decay and ripening of two tomato cultivars. Proceeding of Florida State Horticultural Society, 86: 246-249.

Selvarajah S, Bauchot A D, John P. 2001. Internal browning in cold-stored pineapples is suppressed by a postharvest application of 1-methylcyclopropene. Postharvest Biology and Technology, 23: 167-170.

Sharples R O, Johnson D S. 1977. The influence of calcium on senescence changes in apples. Annals of Applied Biology, 85: 450-453.

Shin Y, Liu R H, Nock J F, et al. 2007. Temperature and relative humidity effects on quality, total ascorbic acid, phenolics and flavonoid concentrations, and antioxidant activity of strawberry. Postharvest Biology and Technology, 45: 349-357.

Singh S P, Pal R K. 2008. Controlled atmosphere storage of guava(*Psidium guajava* L.)fruit. Postharvest Biology and Technology, 47: 296-306.

Sitton J W, Patterson M E. 1992. Effect of high-carbon dioxide and low-oxygen controlled atmospheres on postharvest decays of apples. Plant Disease, 76: 992-995.

Smock R M. 1979. Controlled atmosphere storage of fruit. Horticultural Reviews, 1: 301-336.

Sommer N F. 1985. Role of controlled environments in suppression of postharvest diseases. Canadian Journal of Plant Pathology, 7: 331-339.

Spotts R A, Peters B B. 1982. The effect of relative humidity on spore germination of pear decay fungi and d'Anjou pear decay. Acta Horticulturae, 124: 75-78.

Stahmann M A, Claire B G, Woodbury W. 1966. Increased disease resistance and enzyme activity induced by ethylene production by black rot-infected sweet potato tissue. Plant Physiology, 41: 1505-1512.

Tian S P, Fan Q, Xu Y, et al. 2001. Evaluation of the use of high CO_2 concentrations and cold storage to control *Monilinia fructicola* on sweet cherries. Postharvest Biology and Technology, 22: 53-60.

Tian S P, Fan Q, Xu Y, et al. 2002. Biocontrol efficacy of antagonist yeasts to gray mold and blue mold on apples and pears in controlled atmospheres. Plant Disease, 86: 848-853.

Valero D, Martinez-Romero D, Serrano M, et al. 1998. Postharvest gibberellin and heat treatment effects on polyamines, abscisic acid and firmness in lemons. Journal of Food Science, 63: 611-615.

van den Berg L, Lentz C P. 1968. The effect of relative humidity and temperature on the survival and growth of *Botrytis cinerea* and *Sclerotinia sclerotiorum*. Canadian Journal of Botany, 46: 1477-1481.

Veen H. 1983. Silver thiosulfate: an experimental tool in plant science. Scientia Horticulturae, 20: 211-224.

Vico I, Jurick W M, Camp M J, et al. 2010. Temperature suppresses decay on apple fruit by affecting *Penicillium solitum* conidial germination, mycelial growth and polygalacturonase activity. Plant Pathology Journal, 9: 144-148.

Wells J M, Uota M. 1970. Germination and growth of five fungi in low- oxygen and high-carbon dioxide atmospheres. Phytopathology, 60: 50-53.

Wells J M. 1974. Growth of *Erwinia carotovor*a, *E. atroseptica* and *Pseudomonas fluorescens* in low oxygen and high carbon dioxide atmospheres. Phytopathology, 64: 1012-1015.

Wills R B H, Ben-Yehoshua S, Ku V V. 1999. 1-Methylcyclopropene can differentially affect the postharvest life of strawberries exposed to ethylene. HortScience, 34: 119-120.

Worrell D B, Carrington C M S, Huber D J. 2002. The use of low temperature and coatings to maintain storage quality of breadfruit, *Artocarpus altilis*(Parks.)Fosb. Postharvest Biology and Technology, 25: 33-40.

Xu X M, Robinson J D, Berrie A M, et al. 2001. Spatio-temporal dynamics of brown rot(*Monilinia fructigena*)on apple and pear. Plant Pathology, 50: 569-578.

Yang S F, Hoffman N E. 1984. Ethylene biosynthesis and its regulation in higher plants. Annual Review of Plant Physiology, 35: 155-189.

Yoder O C, Whalen M L. 1975. Factors affecting postharvest infection of stored cabbage tissues by *Botrytis cinerea.* Canadian Journal of Botany, 53: 691-699.

Young R E, Romani R J, Biale J B. 1962. Carbon dioxide effects on fruit respiration. II Response of avocados, bananas and lemons. Plant Physiology, 37: 416-422.

Zheng X D, Yu T, Chen R L, et al. 2007. Inhibiting *Penicillium expansum* infection on pear fruit by *Cryptococcus laurentii* and cytokinin. Postharvest Biology and Technology, 45: 221-227.

Zoffoli J P, Latorre B A, Naranjo P. 2009. Preharvest applications of growth regulators and their effect on postharvest quality of table grapes during cold storage. Postharvest Biology and Technology, 51: 183-192.

第八章　果蔬采后病害的化学控制

对采后病害进行控制的前提是先要明确所要控制病害的种类及其病原物，然后要清楚病原物侵入的时期。如果病原物的侵入时期始于采前，就应重点控制潜伏侵染；如果病原物是典型的采后侵染，就应以采后控制为主。在潜伏侵染性病害的控制中，采用化学药物喷洒处理是常用的措施，而在采后侵染性病害的控制中，就应当采用减少伤口、环境消毒、避免接触侵染和杀菌剂处理等措施。

第一节　采前化学药物处理

通过采后使用杀菌剂或防腐剂对潜伏侵染进行有效控制是十分困难的。因为杀菌剂或防腐剂不具备渗透到组织内部的能力，即使处理浓度很高效果也很一般。因此，为了控制潜伏侵染的发生，生产实践中通常在果实未被侵染前或已侵染但尚未表现出任何症状前喷施杀菌剂。由于果蔬在田间生长期间自身的抗病性较强，而已侵入的病原物对杀菌剂又十分敏感。因此，采用内吸性杀菌剂喷洒处理可显著减轻潜伏侵染的发生（张维一和毕阳，1996）。例如，采前喷洒苯莱特和噻苯唑可有效控制苹果的皮孔腐烂及柑橘的蒂腐病（Brown and Albrigo，1972）；喷施波尔多液可有效控制柑橘的疫霉病，由于疫霉孢子的萌发依赖于水分，因此处理最好在雨季到来之前进行；采前每隔 7~14 天喷洒一次甲基托布津、苯莱特、代森锰锌等杀菌剂，可有效控制芒果（Prusky et al.，1983）、鳄梨（Darvis，1982；Muirhead，1981）、木瓜（Alvarez et al.，1977）、香蕉（Griffee and Burden，1974；Slabaugh and Grove，1982）等果实的炭疽病；采前使用苯并咪唑类杀菌剂多次喷洒可以明显降低草莓的灰霉病（Dekker，1977）。此外，采前扑海因和戴挫霉处理还可有效地减少苹果霉心病和厚皮甜瓜的潜伏侵染。采前苯莱特结合氯化铜处理可以有效控制鳄梨的黑斑病（Korsten et al.，1997）。同样，采前喷洒苯莱特、腐霉利和氯化铜可显著降低鳄梨的炭疽病、条斑病和煤污病（Kotzé et al.，1982）。桃褐腐病的防治关键时期在果实生长的后期，采前 30~40 天采用戊唑醇、丙环唑、氟硅唑、腈苯唑等处理可以有效控制该病害（李世访和陈策，2009）。

有些采前杀菌剂处理还能在一定程度上降低采后侵染性病害的发生。例如，采前一周氯硝胺处理可减轻桃的软腐病（Eckert and Ogawa，1988）。采前喷洒苯莱特和噻苯唑可有效控制梨和柑橘的青霉病和绿霉病（Eckert and Ogawa，1988；Brown and Albrigo，1972；Gutter and Yanko，1971）。采前多菌灵和苯莱特处理可抑制多种草莓和树莓的采后病害（Dennis，1975）。采前施用克菌丹和福美双可减轻草莓果实在采前和采后的灰霉病（Blacharski et al.，2001）。采前喷施嘧菌环胺、啶酰菌胺和吡唑嘧菌酯可显著减轻苹果的灰霉病和青霉病（Sholberg et al.，2003；Xiao and Boal，2009）。采前施用苯莱特、甲基托布津、嘧菌酯、咯菌腈、吡唑嘧菌酯可有效控制柑橘的炭疽病、蒂腐病和绿霉病（Zhang and Timmer，2007）。

采前嘧菌酯单独或与百菌清、啶酰菌胺结合处理可显著控制地下根茎类蔬菜的多种采后病害（Robak and Adamicki，2007）。采前使用 1-(2-氯-4-吡啶)-3-苯基脲（CPPU）或多抗霉素 B（polyoxin B）处理可有效抑制柿子的采后黑斑病（Ebata，1983）。采前吡唑嘧菌酯和啶酰菌胺处理可延缓番茄果实成熟和衰老，降低其失重率，对采后病害也有很好的控制效果（Domínguez et al.，2012）。

进行采前杀菌剂处理时，选择适宜的药物、确定处理的时间和次数非常重要。例如，采前分别喷施两次氯化铜、三次敌菌丹、两次苯莱特均可有效控制鳄梨的炭疽病（Labuschagne and Rowell，1983）。苹果生长前期喷洒多菌灵、苯莱特，中后期采用波尔多液与多菌灵、苯莱特、福星等加三乙膦酸铝交替使用，对防治苹果轮纹病有良好的作用。采前嘧菌酯处理不仅对甜瓜生长期间的白粉病和霜霉病有良好的控制作用，可以明显降低果实生长发育期间的潜伏侵染率及采后常温贮藏期间粉霉病和白霉病的发病率，其中以 400mg/L 处理效果最好，且嘧菌酯采前处理 4 次的效果优于 3 次（马凌云等，2004）。

从花期到采收期间施用杀菌剂对芒果的蒂腐病、褐腐病和炭疽病具有良好的控制效果，通过增加嘧菌酯的用量可提高其抑制率。从落花期到坐果前期，应用多菌灵和氟硅唑、嘧菌酯和戊唑醇可降低蒂腐病的发病率，炭疽病只有在杀菌剂的用量和喷洒频率充足的条件下才能得到有效控制。咯菌腈可有效控制蒂腐病，并降低炭疽病的发病率，而咪鲜胺可高效控制炭疽病，对蒂腐病也有一定的作用（Swart et al.，2006）。同样，在厚皮甜瓜的网纹形成期采用嘧菌酯处理可显著减轻果实贮藏期间黑斑病和白霉病的发生。

因此，需要掌握各类潜伏侵染性病害的发生规律及其特点，针对病原物的种类及侵染规律确定杀菌剂的类型、处理浓度、时期及次数。由于杀菌剂的连续使用会导致病原物产生抗药性。所以，处理时要注意药物的交替使用（Eckert and Ogawa，1988）。

第二节　采后化学药物处理

虽然采前杀菌剂的使用可以控制以潜伏侵染为特征的果蔬采后病害，但采后杀菌剂处理依旧是控制采后病害的重点（Adaskaveg et al.，2002；Eckert and Ogawa，1988）。由于采收、分级、包装及运输等环节的操作可在果蔬表面造成伤口，因此，采用化学药物处理不仅对伤口可起到一定的保护作用，而且能有效杀灭伤口中已存在的病原物。在各类伤口中，除采收时造成的伤口外，还包括一系列采后操作环节在果蔬表面产生的各类开放性机械损伤。此外，伤口的形成还会增加自然孔口对病原物侵染的敏感度。由于所有的病原物都可以通过表面的伤口进入产品体内，所以尽量减少产品表面机械伤口的产生无疑是一种非常有效的控制方法，尤其对于那些由青霉、根霉、地霉和细菌引起的采后病害。通过无伤采收、轻拿轻放、减少中转环节等措施均可有效地减少或者避免表面机械伤口的产生。此外，采用合理的包装，如以纸箱代替箩筐、提高纸箱强度、缩小包装容量、进行单果包装等均可显著降低机械损伤的发生概率。由于位于伤口表面或附近的病原孢子只要条件适宜，几小时之内便可萌发。因此，一旦伤口形成，就应尽快进行消毒或杀菌处理（张维一和毕阳，1996）。

病原孢子往往存在于果蔬包装间、运输工具及贮藏库内，清洗、预冷、输送或进行化学处理的水中，以及承装容器、传送带或涂蜡的毛刷表面。因此，及时清除感病的果蔬，进行环境消毒是减轻采后病害的基本措施。采用的消毒方法主要包括甲醛及 SO_2 熏蒸、漂白粉浸泡或刷洗及臭氧处理。甲醛对微生物有极强的杀伤作用。甲醛可使菌体蛋白变性，从而使菌体和芽孢死亡。用 1%水溶液，每平方米喷施 30ml，处理后封库 24h，然后开门通风即可消毒。高锰酸钾与甲醛混合可加速甲醛气化，增加杀菌效果。每 $100m^3$ 用 0.5kg 高锰酸钾加 0.5kg 甲醛溶液，或者 0.5kg 高锰酸钾加 1~1.5kg 甲醛。先将高锰酸钾放在容器内，然后加入甲醛溶液，产生高浓度的甲醛气体后迅速封库，48~72h 后通风即可消毒。采用 SO_2 熏蒸也能达到良好的消毒效果，主要利用亚硫酸的还原性杀灭微生物。可采用每立方米用硫磺 20~25g 点燃的方法或直接通入 SO_2 气体的方法，封库 48h 后通风即可消毒。硫磺燃烧生成的 SO_2 与水结合生成的亚硫酸易腐蚀金属，故冷库中避免使用此法。漂白粉是传统的消毒剂，主要杀菌成分是次氯酸，主要利用氯离子的还原性杀灭微生物，尤其是细菌。常用 1%漂白粉对用具进行浸泡或刷洗。臭氧是强氧化剂，可杀灭各种微生物，其杀菌速度也快，消毒处理时也可以采用臭氧发生器进行。采后处理中用于清洗、预冷、输送或进行杀菌剂处理的水中也会存在病原物，通常循环利用的次数越多，病原物的积累量也就越大，杀菌剂的浓度也越低。因此，及时更换处理用水，或对水进行氯处理也可有效降低病原物的再次污染（张维一和毕阳，1996）。

用于采后病害控制的杀菌剂有几十种，使用这些杀菌剂时首先要对症用药，即根据杀菌剂的杀菌谱来确定所要控制的病原物种类；其次要注意药物使用的条件，如浓度、温度、pH、时间、处理方式等，以提高药物的积累量和渗透性；此外，还应避免药物浓度过大对产品造成的伤害及残留量过高等问题（Eckert and Ogawa，1985）。采后化学药物处理的效果受多种因素的影响，这些因素包括伤口处病原物的数量、孢子的萌发率、菌丝生长状况、寄主的抗病性、环境条件及化学药物在寄主组织中的渗透性。通常，采收后即刻使用化学药物处理的效果不是十分理想，相反，略有推后反而会提高处理的效果，这是因为萌发的孢子比处于休眠的孢子对化学药物更为敏感（Eckert，1978）。在生产实践中，由于采收和药物处理之间往往会间隔较长的时间，为了避免孢子在寄主体内萌发，芽管或菌丝深入寄主组织，则应尽快进行化学药物处理。

熏蒸和浸泡是采后杀菌剂处理时常用的两种方法，熏蒸颇适于草莓、葡萄等浆果，在贮藏期间还可多次使用。但用于熏蒸处理的杀菌剂不多，只有 SO_2、ClO_2、三氯化氮、仲丁胺等几种。时间和浓度是影响熏蒸效果的两个主要因素。只有病原物或寄主伤口组织吸收了足够剂量的药物，才有可能抑制侵染。此外，提高环境温度可提高熏蒸剂的扩散能力，但空气相对湿度过高会降低熏蒸效果。浸泡是采后杀菌剂处理最为常用，也是最为有效的方法。浸泡处理的效果常与杀菌剂浓度、药液温度、pH、浸泡时间及表面活性剂的种类密切相关。此外，病原物的种类及寄主对病原物的敏感程度等因素也会影响杀菌剂的处理效果。在实际操作中，必须经常对所用杀菌剂的浓度进行监测，以免因数次使用后降低药效。

如果长期连续使用同一种药物，病原物就会产生抗药性。病原物产生抗药性的原因很多，主要包括两个方面：一是连续使用一种杀菌剂，致使病原物产生变异，出现了抗药的新类型；二是药物杀灭了病原物中的敏感类型，保留了抗药类型，改变了病原物的群落组成，对病菌的自然突变起了筛选作用。由于病原物的抗药性存在“交叉抗性”现象，即对某种药剂有了抗性之后，对作用机制相同的其他药剂也有抗性。例如，抗苯莱特的也抗托布津，抗氯硝胺的也抗五氯硝基苯等。因此，在使用杀菌剂防病时，不能连续使用同种或同类药物。药物的交替使用或混合使用，是防止病菌产生抗药性的主要方法。此外，环境消毒及杀菌剂结合处理不仅可以提高采后杀菌剂的处理效果，还可降低病原物的耐药性和抗药性（张维一和毕阳，1996）。

第三节 常用的杀菌剂

一、联苯类杀菌剂

（一）联苯

联苯（diphenyl）是较早使用的挥发性杀菌剂（图 8-1），主要用于柑橘青霉病和绿霉病的控制。由于可以有效抑制青霉孢子的形成，故可阻止病害在贮运期间的接触侵染。一般是用联苯处理的包装纸对果实进行单果包装，或在纸箱底部和顶部用经联苯处理的纸板衬垫或覆盖，通过挥发在包装箱内形成高浓度的联苯环境而达到防腐的目的。联苯对引起柑橘茎端腐的色二孢和拟茎点霉作用不大，对地霉、交链孢及疫霉无效。此外，联苯还会给果实带来不愉快的气味。

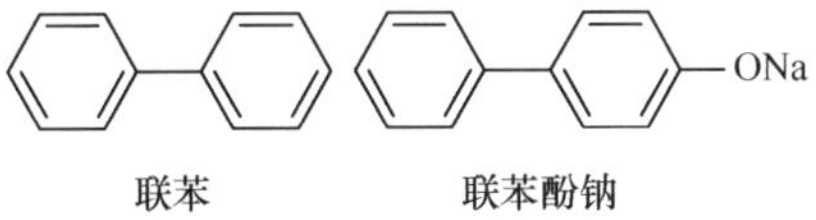

ONa

联苯 联苯酚钠

图 8-1 联苯类杀菌剂的化学结构

（二）联苯酚钠

联苯酚钠（sodium ortho-phenylphenate，SOPP）是一种广谱杀菌剂（图 8-1），商品名为百灵。联苯酚钠不仅能杀死多种真菌性病原物，而且还有一定的抗细菌特性。由于未解离的联苯酚钠很容易渗入果蔬，引起药害，并在果蔬体内大量残留。因此，用含有过量碱液的联苯酚钠溶液处理，能够抑制在 pH11.5 左右的联苯酚钠水解，保证处理的有效性和安全性。联苯酚钠可用于柑橘、苹果、梨、桃、番茄、辣椒、黄瓜、胡萝卜及甘薯的采后处理。果蔬表面的大部分联苯酚钠可经轻度冲洗去除，但伤口部位会有较多的残留。联苯酚钠除了可致死产品表面的真菌孢子和细菌个体外，残留在伤口处的杀菌剂还可以防止采后病原物的再次侵染（Eckert，1978）。连续使用联苯酚钠会导致指状青霉和意大利青霉抗性菌株的产生（Dave et al.，1980；Eckert and Wild，1983；Houck，1977）。由于化学结构相似，抗联苯酚钠的青霉菌株一般对联苯也表现抗性。

二、胺类杀菌剂

（一）仲丁胺

仲丁胺（butylamino），又名橘腐净，是一种脂肪族胺，化学名称为 2-氨基丁烷（图

8-2）。仲丁胺是一种保护性杀菌剂，已广泛应用于柑橘、苹果、梨、桃、葡萄等多种果蔬的采后病害控制（何晓晗和纪淑娟，2004）。仲丁胺的抗菌谱较窄，对指状青霉和意大利青霉的伤口侵染有良好的控制效果，但不能抑制感病果实上的孢子形成。仲丁胺对柑橘的茎端腐也有一定的作用，但对地霉、交链孢和疫霉基本无效。由于仲丁胺对动植物表现低毒，所以处理后的果蔬可不必进行清洗（Eckert and Ogawa，1985）。仲丁胺可采用熏蒸，也可采用浸泡处理，还可加入果蜡中使用。另外，经熏蒸处理后的果实伤口处会有仲丁胺的残留（Eckert and Kolbezen，1970）。我国《食品添加剂使用卫生标准》（GB 2760—1996）规定的控制残留量为：柑橘（果肉）0.005mg/kg，荔枝（果肉）0.009mg/kg，苹果（果肉）0.001mg/kg。

（二）氯硝胺

氯硝胺（dichloran），又名氯硝柳胺、灭绦灵，其化学名称为2,6-二氯-4-硝基苯胺（图8-3）。氯硝胺对控制由匐枝根霉引起的核果类及甘薯的软腐病颇为有效（卞生珍和甄卫军，2004），但对核果类的褐腐病和青霉病效果不大（Daines，1970）。氯硝胺处理不仅可以有效地抑制病斑的扩展，还可渗透果实组织深层（Ogawa and Lyda，1972）。氯硝胺对病害的控制效果取决于处理后残留的浓度，用于控制褐腐病的浓度要显著高于控制软腐病的浓度。通过加热杀菌剂或者与其他杀菌剂（如苯莱特或扑海因）混合，可以有效地提高氯硝胺对核果类褐腐病的控制效果（Eckert and Ogawa，1988）。

（三）嘧霉胺

嘧霉胺（pyrimethanil），又称甲基嘧啶胺、二甲嘧啶胺，化学名称为 *N*-(4,6-二甲基嘧啶-2-基)苯胺（图8-4）。嘧霉胺属嘧啶胺类杀菌剂，对灰葡萄孢和镰刀菌有效，主要用于防治番茄、葡萄、草莓、黄瓜等果蔬的灰霉病和枯萎病，具有高效、低毒的特点，可内吸传导和熏蒸（孙晓红等，2004）。《食品安全国家标准 食品中农药最大残留限量》（GB 2763—2012）规定，嘧霉胺的最大残留限量：黄瓜2mg/kg，番茄1mg/kg，梨1mg/kg，葡萄4mg/kg。

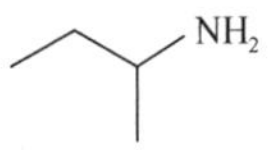

NH_2

图8-2　仲丁胺的化学结构

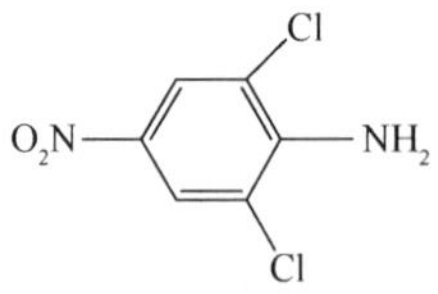

Cl　O_2N　NH_2　Cl

图8-3　氯硝胺的化学结构

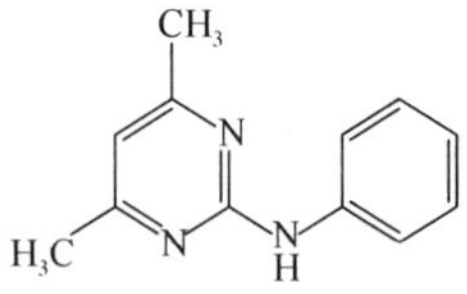

CH_3　N　H_3C　N　N　H

图8-4　嘧霉胺的化学结构

三、二甲酰亚胺类杀菌剂

（一）异菌脲

异菌脲（iprodione），商品名为扑海因，化学名称为3-(3,5-二氯苯基)-1-异丙基氨基甲酰基乙内酰脲（图 8-5），属二甲酰亚胺类杀菌剂，已逐渐取代噻苯唑并在多种果蔬中广泛应用（Lorenz，1988）。虽然异菌脲的作用机理还不清楚，但明显不同于苯并咪唑类杀菌剂。该杀菌剂对葡萄孢、核盘菌、念珠菌和镰刀菌均有良好的控制效果。由于异菌脲可阻止葡萄孢、青霉、链核盘菌及根霉的扩展，所以能有效控制核果类和仁果类的主要采后病害（Heaton，1980；Bompeix and Morgat，1977）。异菌脲还能有效抑制交链孢的生长，并减少由该病原引起的芒果黑斑病和马铃薯早疫病（Droby et al.，1984；Prusky et al.，1983）。异菌脲对茄果类蔬菜的灰霉病防治效果颇佳（沈建生等，2006）。异菌脲结合噻苯唑处理可有效控制芹菜的灰霉病（Barkai-Golan et al.，1993）。GB 2763—2012 规定的异菌脲最大残留限量为：苹果、梨和番茄 5mg/kg，葡萄和香蕉 10mg/kg，黄瓜 2mg/kg。

（二）环酰菌胺

环酰菌胺（fenhexamid），商品名为 Elevate、Password、Teldor 等，化学名称为 *N*-(2,3,4-三氯-苯基)-1-甲基环己甲酰胺（图 8-6）。环酰菌胺是一种酰胺类杀菌剂，属于内吸、保护性杀菌剂。对灰霉病有特效，主要用于防治葡萄、核果类、草莓、蔬菜、柑橘等果蔬的灰霉病及相关的菌核病、黑斑病等，对人畜表现低毒（凌岗和刘晓智，2009）。

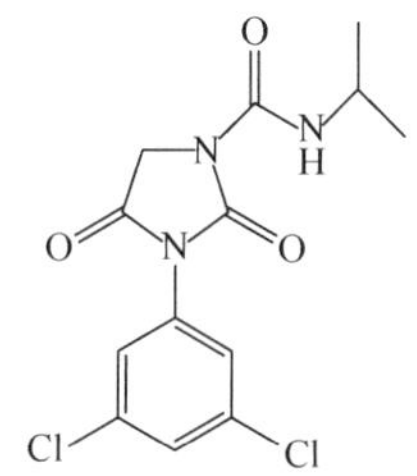

图 8-5　异菌脲的化学结构

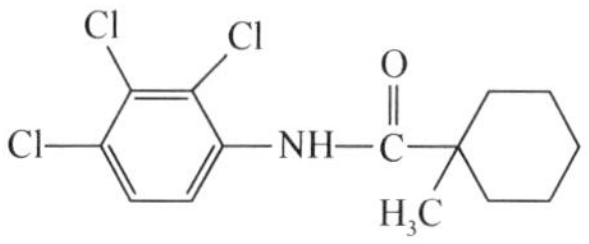

图 8-6　环酰菌胺的化学结构

四、苯并咪唑类杀菌剂

苯并咪唑类杀菌剂是 20 世纪 60~70 年代研发的一类活性很强的内吸性杀菌剂，主要有噻苯唑、苯莱特、多菌灵及托布津 4 种（陈兴权和赵天生，2004）。该类杀菌剂可有效控制由指状青霉、意大利青霉、扩展青霉、果生链核盘菌、灰葡萄孢及刺盘孢引起的多种果蔬采后病害。其作用机理是抑制有丝分裂中 β-微管蛋白的聚合（李焱等，2008；高成庄和李焱，2010）。该类杀菌剂对根霉、疫霉、交链孢及胡萝卜欧氏杆菌没有效果（Eckert and Ogawa，1988）。

（一）噻苯唑

噻苯唑（thiabendazole，TBZ），又称噻苯咪唑、噻菌灵，商品名为特克多，化学名称为 2-(1,3-噻唑-4-萘)苯并咪唑（图 8-7）。噻苯唑是一种高效、广谱、通用的杀菌剂，无致畸、致癌、致突变等慢性毒性问题，主要用于防治多种作物的真菌病害。GB 2763—2012 规定的噻苯唑最大残留限量为：柑橘 10mg/kg，橙 10mg/kg，柚 10mg/kg，柠檬 10mg/kg，香蕉 5mg/kg。

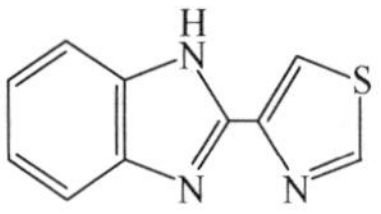

噻苯唑 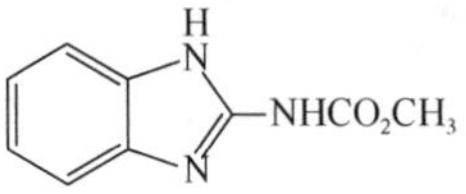　多菌灵 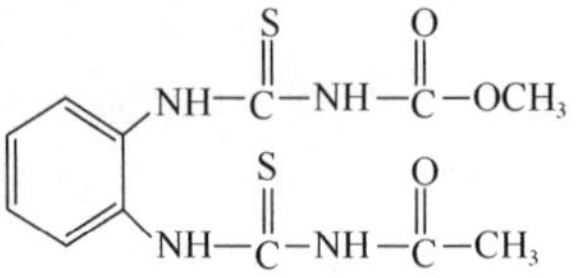　托布津 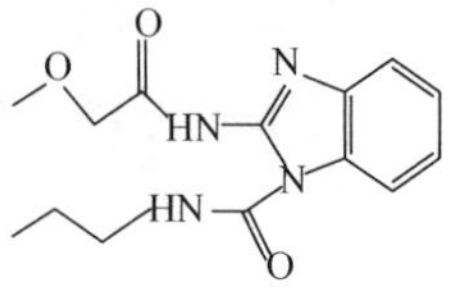　苯莱特

图 8-7　苯并咪唑类杀菌剂的化学结构

（二）苯莱特

苯莱特（benomyl），又称苯菌灵或苯诺米尔，化学名称为 1-(丁基氨甲酰)-2-苯丙咪唑氨基甲酸酯（图 8-7）。主要用于防治多种作物的真菌病害。GB 2763—2012 规定的苯莱特最大残留限量为：柑橘 5mg/kg，梨 3mg/kg。

（三）多菌灵

多菌灵（carbendazim），化学名称为 *N*-苯并咪唑-2-基氨基甲酸甲酯（图 8-7）。多菌灵为高效、低毒、广谱的内吸性杀菌剂，具有内吸治疗和保护双重作用，主要用于防治多种作物的真菌病害。GB 2763—2012 规定的多菌灵的最大残留限量：番茄 3mg/kg，黄瓜 0.5mg/kg，辣椒 2mg/kg，苹果 3mg/kg，梨 3mg/kg，桃 2mg/kg，李子 0.5mg/kg，香蕉 0.1mg/kg。

（四）托布津

托布津（thiophanate），商品名为硫菌灵，化学名称为 1,2-二-(3-乙氧羰基-2-硫代脲基)苯（图 8-7）。主要用于防治多种作物的真菌病害。GB 2763—2012 规定的托布津的最大残留限量：苹果 2mg/kg，梨 2mg/kg，柑橘 2mg/kg。

上述 4 种苯并咪唑类杀菌剂的作用效果之间存在差异。苯莱特对蜡质及气孔的渗透能力强，可有效控制热带果实的炭疽病和柑橘的茎端腐等潜伏侵染性病害。噻苯唑和苯莱特均可用于控制柑橘果实的青霉病和绿霉病，但苯莱特的抑菌效果要优于噻苯唑。在控制由刺盘孢、镰刀菌、轮枝孢和球二孢引起的香蕉花端腐中，托布津和多菌灵均优于噻苯唑，但均不及苯莱特（Eckert，1990）。噻苯唑不溶于水，但完全溶于稀酸和稀碱，常以悬浮液或蜡液的形式使用，也可用于保鲜膜中（Eckert，1975）。噻苯唑采后应用时较为稳定，苯莱特则会在水溶液中逐渐分解为 2-苯并咪唑氨基甲酸甲酯（MBC），虽然 2-苯并咪唑氨基甲酸甲酯对病害仍有一定的控制效果，但其渗透性较差，活性不及苯莱特（Eckert，1978）。

采前和采后长期并连续使用苯并咪唑类杀菌剂易导致抗药菌株的出现（Georgopoulus，1977）。此外，对一种苯并咪唑类杀菌剂表现抗性的病原菌，对其他苯并咪唑类杀菌剂也会表现出抗性（Eckert and Ogawa，1985）。将不同化学结构和作用原理的杀菌剂混合使用可降低抗药菌株出现的频率，同时扩大苯并咪唑类杀菌剂的应用范围。例如，将苯莱特和咪鲜胺结合使用可控制冷藏期间梨的青霉病和黑斑病；苯莱特结合氯硝胺可有效控制核果类的褐腐病和软腐病（Wade and Gipps，1973）；噻苯唑结合克菌丹，并与戴挫霉、异烟酰异丙肼交替使用，可有效减少梨果实扩展青霉抗噻苯唑菌株的出现（Prusky et al.,

1985)。

五、咪唑类杀菌剂

(一)戴挫霉

戴挫霉(imazalil),又名戴唑霉、抑霉唑和万利得。化学名为 1-[2-(2,4-二氯苯基)-2-(2-烯丙氧基)乙基]-1H-咪唑(图 8-8),属内吸性杀菌剂,自 20 世纪 70 年代早期以来广泛用于多种采后病害的控制。由于麦角甾醇是真菌细胞膜的重要组分,戴挫霉可抑制麦角甾醇的生物合成,因此是第一个用于采后病害控制的麦角甾醇抑制剂。戴挫霉能有效控制指状青霉和意大利青霉,以及这两种真菌的抗噻苯唑、苯莱特、联苯酚钠和仲丁胺菌株(Eckert and Ogawa,1985;Harding,1976)。因此,戴挫霉已成为控制柑橘采后病害的特效药剂。戴挫霉的水剂可通过保护作用以及阻止孢子形成而抑制指状青霉和意大利青霉(Laville et al.,1977)。当戴挫霉和果蜡共用时,其效果就会降低,要达到良好的处理效果,使用浓度就要比水剂处理成倍增加,一般在蜡液中的浓度可高达 2~4g/L(Brown,1984)。

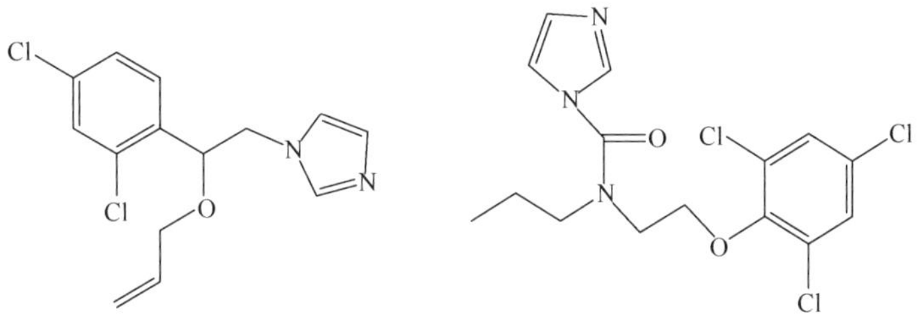

戴挫霉　　　　咪鲜胺

图 8-8　咪唑类杀菌剂的化学结构

戴挫霉的抗菌谱与苯并咪唑类杀菌剂相似,但对交链孢也有良好的控制效果。戴挫霉还能用于柑橘的茎端腐的控制,但效果不及苯莱特(Brown,1984)。戴挫霉对白地霉引起的柑橘酸腐病无效。戴挫霉还能有效抑制芒果的抗苯并咪唑类杀菌剂的刺盘孢和球二孢菌株(Spalding,1982)。当用 53℃戴挫霉热溶液处理时,可有效控制柑橘的茎端腐和炭疽病,并显著提高果实的商品性(Spalding and Reeder,1986b)。戴挫霉不仅可以抑制交链孢的孢子萌发,也可以抑制其菌丝的生长。因此,戴挫霉可用于苹果、梨、柿、番茄及甜椒黑斑病的控制(Miller et al.,1984;Prusky et al.,1981;Spalding,1980)。此外,戴挫霉还可控制番茄的灰霉病(Manji and Ogawa,1985),以及由奇异长喙壳引起的菠萝黑腐病(Eckert,1990)。GB 2763—2012 规定的戴挫霉最大残留限量为:柑橘、橙、柚和柠檬均为 5mg/kg。

(二)咪鲜胺

咪鲜胺(prochloraz),又称扑菌唑,其化学名称为 *N*-丙基-*N*-[2-(2,4,6-三氯苯氧基)乙基]-1H-咪唑-1-甲酰胺(图 8-8)。咪鲜胺是一种高效、低毒、低残留的广谱性咪唑类杀菌剂,也是麦角甾醇的生物合成抑制剂。咪鲜胺可抑制指状青霉和意大利青霉,以及抗噻苯唑和苯莱特的一些青霉菌株。由于咪鲜胺也能抑制孢子的活性（Muirhead，1981），所以其对柑橘青霉病和绿霉病的抑制效果与苯莱特和戴挫霉不相上下（Tuset et al.，1981）。此外，咪鲜胺还能有效控制木瓜的炭疽病和茎端腐及芒果的炭疽病（Knights，1986）。咪鲜胺不仅对镰刀菌和根霉引起的甜瓜白霉病和软腐病有抑制作用，而且对地霉引起的酸腐病也有效果（Wade and Morris，1983）。GB 2763—2012 规定的咪鲜胺最大残留限量：黄瓜 1mg/kg，辣椒 2mg/kg，柑橘 5mg/kg，葡萄 2mg/kg，西瓜 0.1mg/kg。

六、三唑类杀菌剂

（一）乙环唑

乙环唑（etaconazole），又称 CGA64251 或 Benil，化学名称为 1-[2-(2,4-二氯苯基)-4-乙基-1,3-二氧戊环-2-甲基]-1H-1,2,4-三唑（图 8-9）（黄振东，2005）。乙环唑可有效控制意大利青霉和指状青霉及其抗苯并咪唑类杀菌剂菌株对柑橘的侵染，还可有效抑制这些真菌孢子在感病果实上的萌发，并保护果实免受病原物通过处理过程中形成的新伤口侵染（Brown，1984）。此外，乙环唑对酸腐病也有显著的抑制效果，但对交链孢、拟茎点霉及色二孢引起的茎端腐烂只有中度的抑制。由于乙环唑能有效抑制主要的采后病原物，从而被广泛用于控制柑橘果实的采后病害。此外，乙环唑也能有效控制鳄梨的蒂腐病，但对炭疽病无效（Muirhead et al.，1982）。该杀菌剂还能有效控制芒果成熟和贮藏期间的蒂腐病和炭疽病（Spalding，1982）。

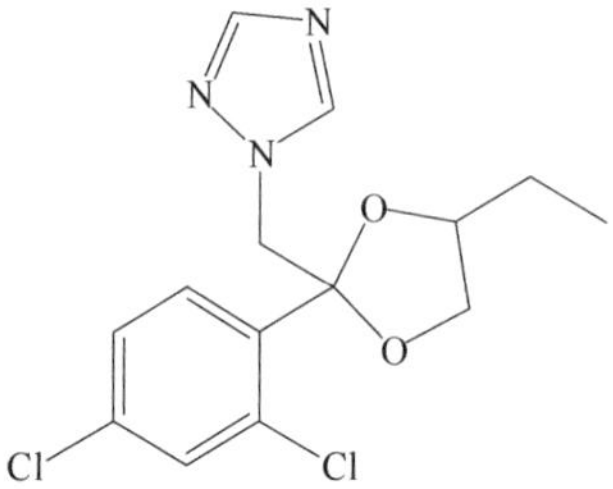

乙环唑 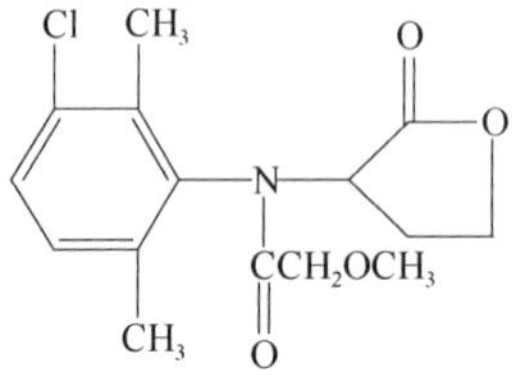　　抑霉胺

图 8-9　三唑类杀菌剂的化学结构

（二）抑霉胺

抑霉胺（vangard），化学名称为α-[*N*-(3-氯-2,6-二甲基苯基)-2-甲氧基乙酰氨基]γ-丁内酯（图 8-9）。抑霉胺是新型内吸性苯酞胺类杀菌剂，对霜霉目的疫霉属和腐霉属真菌有特效，该药剂在土壤中稳定、不易被微生物降解。土壤处理时，药剂可迅速被根吸收且在根部积累，故更适宜作土壤杀菌剂。同时，抑霉胺还具有使用时用量低、施药次数少等特点。

七、苯吡咯类杀菌剂

咯菌腈（fludioxonil）是一种新型的非内吸性苯基吡咯类杀菌剂，商品名为适乐时

（Celest 025 FS），化学名称为 4-(2,2-二氟-1,3-苯并二氧-4-基)-吡咯-3-腈（图 8-10）。咯菌腈是一种新型的非内吸性苯基吡咯类杀菌剂，是吡咯菌素假单胞菌（*Pseudomonas pyrrocinia*）产生的次生代谢物硝吡咯菌素（pyrrolnitrin）的类似物，由于咯菌腈比天然产物硝吡咯菌素抗光解，能专一性地抑制真菌而广泛用于真菌性病害的防治。咯菌腈既可以抑制孢子萌发、芽管伸长、菌丝生长，又可以有效控制链核盘菌、丝核菌和扩展青霉，对子囊菌、担子菌、半知菌也有良好的防效，可用于多种采后病害的控制。咯菌腈具有低毒、低残留的特点，可显著控制柑橘的绿霉病和青霉病，有效解决柑橘青绿霉菌对噻苯唑和戴挫霉的抗药性问题（杨玉柱和焦必宁，2007）。

八、酸酯类杀菌剂

（一）嘧菌酯

嘧菌酯（azoxystrobin）是一种新型高效、广谱、内吸性杀菌剂。商品名为 Abound、Amistar、Heritage、Quadris 和 Admire，化学名称为(E)-2-{2-[6(2-氰基苯氧基)嘧啶-4-基氧]苯基}-3-甲氧基丙烯酸酯（图 8-11）。嘧菌酯是先正达公司开发的甲氧基丙烯酸酯类杀菌剂或 Strobilurin 类似物（刘长令和关爱莹，2002）。STROBY®为第一个 Strobilurin 类杀菌剂，不仅可用于防治苹果和梨的黑星病和白粉病等，也可用于多种甜瓜采后病害的控制（马凌云等，2004）。GB 2763—2012 规定的嘧菌酯最大残留限量：黄瓜 0.5mg/kg，冬瓜 1mg/kg，荔枝 1mg/kg，葡萄 5mg/kg，草莓 2mg/kg，甜瓜 1mg/kg。

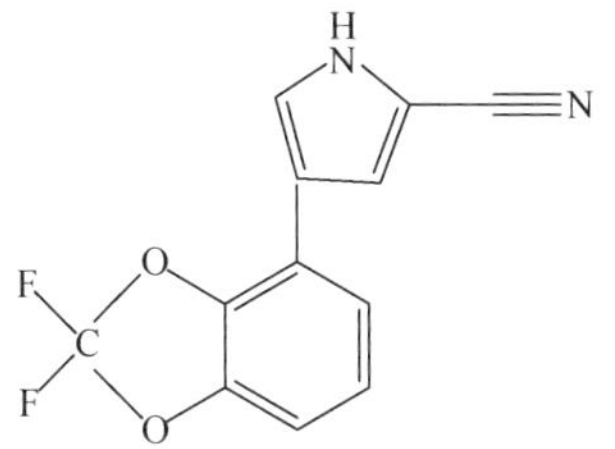

图 8-10　咯菌腈的化学结构

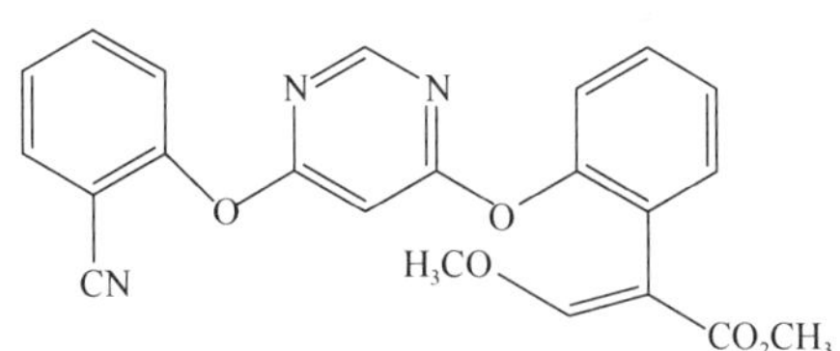

图 8-11　嘧菌酯的化学结构

（二）瑞毒霉

瑞毒霉（ridomil），又名甲霜安、甲霜灵和安丙灵，化学名称为 *N*-(2-甲氧基乙酰基)-*N*-(2,6-二甲基苯基)-DL-α-氨基丙酸甲酯（图 8-12），是一种易被植物吸收、上行传导的高效杀菌剂（侯经国等，2003）。瑞毒霉对不同生长发育阶段的疫霉都有显著的抑制效果。除了抑制真菌菌丝的生长外，低浓度的瑞毒霉还能抑制孢子囊、厚垣孢子及卵孢子的形成。该杀菌剂是唯一可以有效抑制柑橘褐腐病的系统杀菌剂。此外，还能预防柑橘长期贮藏期间褐腐病的接触侵染（Cohen，1981；1982）。用含瑞毒霉的果蜡处理损伤接种疫霉的甜橙后经采后标准程序处理（清洗后用 0.5%的联苯酚钠在 36℃下浸泡 3min，用自来水冲洗后晾干）后发现，瑞毒霉显著推迟或阻止了贮藏期间褐腐病的发展。瑞毒霉对疫霉的抗菌效果显著优于噻苯唑和戴挫霉，但对其他采后病原物的生长没有效果。

然而，瑞毒霉与乙环唑和果蜡结合使用后其抗菌谱明显扩大，可控制青霉病、酸腐病及褐腐病等多种柑橘病害（Cohen，1981）。

Ferrin 和 Kabashima（1991）发现，瑞毒霉抑制疫霉抗性菌株菌丝生长的半最大效应浓度（EC_{50}）超过了 700μg/ml，而敏感菌株仅为 0.25~3.08μg/ml。但瑞毒霉对疫霉菌丝生长的抗性与其对孢子囊和卵孢子的抗性存在差异。由于疫霉对瑞毒霉的抗性是由单基因控制的（Cooke，1991），将瑞毒霉和百菌清混合使用能有效减缓抗药性的发展（Cooke，1991；Kadish et al.，2000）。GB 2763—2012 规定的瑞毒霉最大残留限量：黄瓜 0.5mg/kg，马铃薯 0.05mg/kg，葡萄 1mg/kg，荔枝 0.5mg/kg。

（三）苯噻菌胺

苯噻菌胺（benthiavalicarb-isopropyl）是一种新型杀菌剂，其化学名称为{[(6-氟苯并噻唑-2-基)-乙基氨基甲酰基]-2-甲基丙基}氨基甲酸异丙酯（图 8-13）。苯噻菌胺是由日本组合化学工业公司和 Ihara 公司于 1992 年联合开发的一种新型杀菌剂，对多种作物的卵菌纲病菌具有良好的活性，低剂量就能有效地控制马铃薯和番茄的晚疫病、葡萄和瓜类的霜霉病。苯噻菌胺具有较好的毒理性和环保性，对许多果蔬无毒害（陈启辉，2005）。

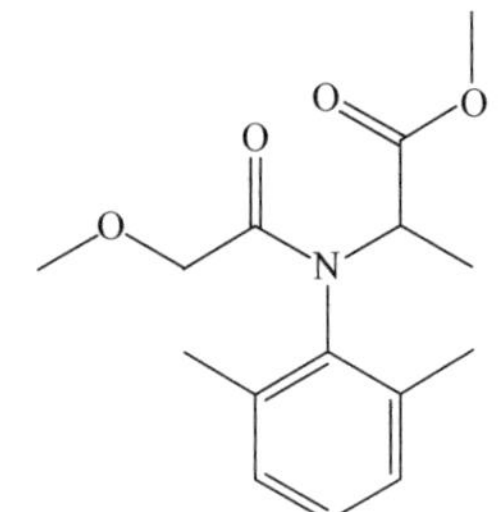

图 8-12　瑞毒霉的化学结构

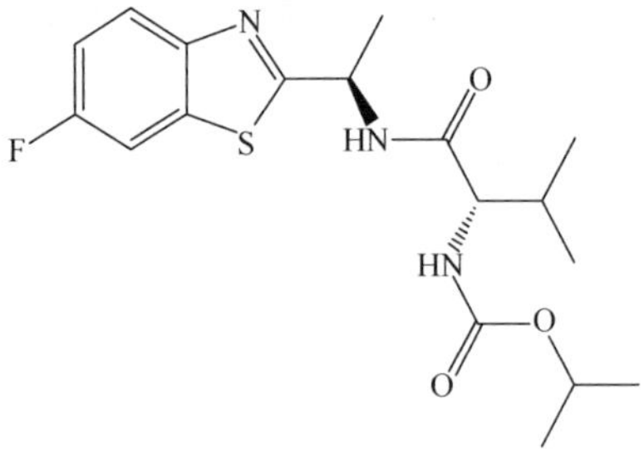

图 8-13　苯噻菌胺的化学结构

九、其他杀菌剂

（一）乙磷铝

乙磷铝（phosethyl-Al），又称疫霉灵、三乙膦酸铝、霉菌灵、克菌灵、霜霉灵、疫霉净和酸乙酯铝，商品名称为霜霉净。是另一种对疫霉的初期侵染具有选择活性的杀菌剂（Gaulliard and Pelossier，1983），乙磷铝不仅可控制柑橘疫霉，也能减少果实贮藏期间绿霉病的发病率（Eckert and Ogawa，1985）。GB 2763—2012 规定的乙磷铝最大残留限量：黄瓜 30mg/kg，苹果 30mg/kg，荔枝 1mg/kg。

（二）二氧化硫

二氧化硫（sulfur dioxide）是控制灰葡萄孢的有效杀菌剂，SO_2 熏蒸可杀灭孢子、抑制侵染和减轻接触侵染。由于葡萄对 SO_2 具有良好的耐受性，故主要用于控制葡萄的采后灰霉病。但 SO_2 会导致葡萄果粒漂白和果柄干缩，因此既想有效控制病害又使 SO_2 对果实的伤害最小，就必须认真考虑处理的剂量和时间（Eckert and Ogawa，1988）。

通常的做法是，葡萄采后立即用 0.5%（*V*/*V*）SO_2 熏蒸 20min，贮藏期间每隔 7~10 天采用低浓度（0.1%~0.2%）的 SO_2 熏蒸 30~60min。此外，也可每周采用 0.2%的 SO_2 熏蒸三次，与传统的高剂量处理相比，这种处理方法不仅可以减少亚硫酸盐在葡萄上的残留，还减轻了对果实的漂白作用（葛毅强等，1997）。在美国、澳大利亚、南非、智利及以色列等葡萄出口国，通常是将亚硫酸盐及偏重亚硫酸盐放入承装有葡萄的包装内，通过亚硫酸盐及偏重亚硫酸盐的分解将 SO_2 释放到果粒周围的环境中，便可有效阻止灰葡萄孢的接触侵染。此外，人们还开发了可产生 SO_2 的衬垫材料，这些纸质的衬垫中间涂有不同配比的亚硫酸盐及偏重亚硫酸盐，将面积适当的衬垫覆盖在承装葡萄的包装箱内的顶部，通过贮藏和运输期间衬垫中 SO_2 的不断释放来达到控制葡萄灰霉病的目的。

用 1600ppm 的 SO_2 熏蒸 20~30min 或者 3200ppm SO_2 处理 5min 可以完全控制猕猴桃的灰霉病。当熏蒸的时间由 5min 增加到 30min 时，果实的 SO_2 吸收量逐渐增加，SO_2 的总残留量与熏蒸的时间长短及处理的次数呈正比，熏蒸结束后，SO_2 的总残留量会急剧降低。此外，不同浓度和熏蒸时间结合试验的结果表明，SO_2 处理未对果实造成伤害（Cheah et al.，1997）。此外，2%的 SO_2 浸泡处理可有效减少柠檬绿霉病的发病率，对果实也没有造成伤害，但若想提高处理效果，就应对溶液进行加热（Smilanick et al.，1995）。

需要强调的是，杀菌剂处理不能代替适宜的贮藏条件，适宜的贮藏条件有利于维持果蔬的抗性且抑制病原物的生长，此时杀菌剂的药效也更有利于发挥。但对于缺乏贮运条件控制的果蔬来说，杀菌剂处理是唯一可减轻采后腐烂的有效措施。

第四节　公认安全的化学药物

人工合成的杀菌剂存在药物残留、病原物产生抗药性及环境污染等问题。因此人们一直在寻找低残留或无残留的采后处理化学药物，这些化学药物由于无毒而使用安全，能在果实体内迅速降解，被认为是公认安全的化学药物（generally regard as safe，GRAS）。

一、过氧化氢和三诺西-25

过氧化氢（hydrogen peroxide）易分解成氧气和水，无有害残留物，已被美国食品和药物管理局（FDA）列为公认安全的化合物。过氧化氢熏蒸可显著减少葡萄表面灰葡萄孢萌发孢子的数量，也可有效降低葡萄在 10℃贮藏期间的腐烂率，且对果实的色泽和可溶性固型物含量没有影响（Forney et al.，1991）。

三诺西-25（Sanosil-25）是一种含 48%过氧化氢和以银盐作为稳定剂的消毒剂，可有效抑制互隔交链孢、茄镰孢和灰葡萄孢的孢子萌发和菌丝生长，当与果蜡混合处理后，5000μl/L 的三诺西-25 可显著降低瓜类果实的腐烂率，且不产生药害（Aharoni et al.，1994）。0.5%三诺西-25 浸泡处理能显著降低茄子和甜椒在贮藏和货架期由互隔交链孢和灰葡萄孢引起的黑斑病和灰霉病（Fallik et al.，1994）。但用过氧化氢含量为 5%~15%的三诺西-25 浸泡处理损伤接种的柠檬后，没有减轻绿霉病，当处理时间增加到 90s 时还导致了药害（Smilanick et al.，1995）。

二、乙酸及短链有机酸

乙酸（acetic acid）和其他短链有机酸（如丙酸）作为抗菌剂和酸化剂而广泛应用于各类食品加工（Davidson and Juneja，1989）。乙酸在多种果蔬采后病害控制中表现有效（Sholberg，1998；Sholberg and Gaunce，1995，1996；Sholberg et al.，1996）。低浓度的乙酸（2~4mg/L）熏蒸可显著降低或预防多种果蔬腐烂，包括苹果和梨的青霉病和灰霉病，番茄、葡萄和猕猴桃的灰霉病，以及脐橙的青霉病（Sholberg and Gaunce，1995）。乙酸也可用于核果类的采后病害控制，1.4mg/L 的乙酸熏蒸就可显著抑制果实的褐腐病和软腐病（Liu et al.，2002；Chu et al.，2001；Sholberg and Gaunce，1996）。0.27%的乙酸熏蒸可显著控制鲜食葡萄的灰霉病和青霉病，其效果与商业化 SO_2 处理相当。因此，乙酸可用于替代 SO_2 熏蒸而应用于葡萄。因为 SO_2 处理会使亚硫酸盐在浆果表面残留，而乙酸处理不会残留任何有害物质，且对果实的外观质量和内部品质的影响不大。此外，乙酸熏蒸也可用于酿酒葡萄的腐烂控制（Sholberg et al.，1996）。乙酸（1.9μl/L）、甲酸（1.2μl/L）和丙酸（2.5μl/L）熏蒸可显著降低樱桃的褐腐病、青霉病及软腐病，但熏蒸会导致果实药害。此外，这三种酸处理可有效控制仁果类果实的青霉病，且不表现药害（Sholberg，1998）。

过氧乙酸也可用于核果类采后病害的控制，其可直接作用于链核盘菌孢子，500μg/ml 过氧乙酸处理 5min 便可完全抑制孢子萌发。1000μg/ml 过氧乙酸处理可有效抑制李果实的褐腐病，在中试条件下，250μg/ml 的过氧乙酸处理可完全控制果实的腐烂（Mari et al.，1999）。

三、碳酸盐和重碳酸盐

碳酸盐（carbonate）和重碳酸盐（bicarbonate）是食品工业中的常见添加剂，可用于调整食品的 pH、味觉和质地，以及控制细菌和酵母引起的腐败。早期研究发现，重碳酸钠浸泡柑橘可显著降低果实的绿霉病（Fawcett，1936）。由于碳酸盐和重碳酸盐成本低廉，对果实的伤害不大，还能有效控制抗药菌株（Smilanick et al.，1999）。所以，这两类碳酸盐具有良好的开发潜力（Smilanick et al.，1999；Fallik et al.，1997；Aharoni et al.，1997）。

碳酸钠、碳酸钾、重碳酸钠、重碳酸铵和重碳酸钾对指状青霉的孢子萌发均具有显著的抑制效果，但将处理后的孢子转移到正常马铃薯琼脂培养基中后孢子会重新萌发，表明盐处理只是抑制了孢子萌发，并未将其致死。尽管重碳酸钠和碳酸钠对孢子萌发的抑制存在差异，但用这两种盐处理柠檬和甜橙后对绿霉病的控制效果相当。由此表明，体外试验的效果并非与实际的腐烂控制效果一致。由于碳酸根离子的浓度和 pH 有关，且 pH 对病原物的生长也具有影响。所以，处理时需要考虑 pH 的影响。但实际上单独 pH 的影响远低于重碳酸盐和碳酸盐的作用，表明碳酸根和重碳酸根离子在抑制病原物生长中发挥了重要作用（Palmer et al.，1997）。灰葡萄孢和互隔交链孢是甜椒采后的主要病原物，重碳酸钾可抑制这两种病原物的孢子萌发、芽管伸长和菌丝生长。当将菌丝从含有重碳酸钾的马铃薯琼脂培养基转移到不含的培养基上时，菌丝的生长和对照相当（Fallik et al.，1997）。当碳酸钾的浓度分别高于1%和2%时，培养基上灰葡萄孢和互隔交链孢的孢子形成受到抑制，菌丝体仍然是白色。扫描电镜观察到碳酸盐处理使孢子和菌丝塌陷和萎缩，抑制了孢子萌发。用1%或2%重碳酸钾浸泡甜椒可显著降低果实在贮藏期和货架期的腐烂率。但3%高浓度处理则会降低果实硬度，并促进了果实发病（Fallik et al.，1997）。此外，菌丝塌陷和灰葡萄孢分生孢子的萎缩与重碳酸根离子引起的细胞膨压减少和细胞膜渗透性增加有关（Palmer et al.，1997；Fallik et al.，1997）。碳酸钠和重碳酸钠对甜瓜的多种主要病原物具有直接的抑制作用。用含2%重碳酸钠的果蜡涂膜后，果实贮藏期的腐烂率显著减少，果实的新鲜度和商品性得以保持，并可部分代替杀菌剂戴挫霉的使用（Aharoni et al.，1997）。体外条件下，0.06~0.2mol/L的丙酸钙、碳酸钙、碳酸钠、重碳酸钠、碳酸钾、重碳酸钾和重碳酸铵抑制了马铃薯银屑病菌的菌落生长，用这些盐处理块茎后完全抑制了贮藏期间的银屑病（Olivier et al.，1998）。对于碳酸盐和重碳酸盐的研究已证实，阴离子是无机盐抑制病原菌的主要原因，阳离子只起到了很少的作用。但重碳酸铵除了阴离子的作用外，铵离子也发挥了重要的作用（DePasquale and Montville，1990）。

四、氯

作为廉价、安全和有效的杀菌剂，氯（chlorine）已广泛应用于环境消毒（Eckert and Ogawa，1988）。在果蔬采后处理的洗涤用水中添加次氯酸钙和次氯酸钠使之氯化是进行消毒的标准方法，该方法主要通过降低水中的细菌数量从而减少腐烂的发生。氯可直接作用于水中和果蔬表面的真菌病原物，钝化其孢子，使之不能萌发。但氯对已经潜伏于果蔬体内的病原物表现无效。由于氯的抗菌活性在有机物质中会迅速消失，所以氯被二氧化氯代替。二氧化氯比氯性质稳定，在较大的pH范围内均可发挥作用。此外，二氧化氯对包装设备和液体容器没有腐蚀作用（Bartz and Eckert，1987）。二氧化氯可直接作用于核果链核盘菌的分生孢子，100μg/ml处理20s或50μg/ml处理1min可完全抑制孢子萌发。此外，用二氧化氯处理损伤接种的油桃和李，可有效抑制果实腐烂。二氧化氯的处理效果与浓度、孢子的接种时间和果实的种类有关（Mari et al.，1999）。氯处理结合低温贮藏还可有效控制葡萄的灰霉病，对果实无伤害，在一定程度上可替代二氧化硫（Zoffoli et al.，1999）。

五、山梨酸钾及苯甲酸钠

山梨酸钾（potassium sorbate）和苯甲酸钠（sodium benzoate）是国际粮农组织（FAO）和世界卫生组织（WHO）推荐的高效安全的防腐剂，广泛应用于食品、饮料等行业，能有效抑制霉菌、酵母菌和好氧性细菌，延长食品的保存期。山梨酸钾可抑制甜樱桃的采后腐烂，但效果不及重碳酸钠（Karabulut et al.，2005）。山梨酸钾还能显著降低核果类果实的褐腐病（Gregori et al.，2008）。此外，山梨酸钾与乙醇结合处理可控制鲜食葡萄的灰霉病（Karabulut et al.，2005），和热处理及杀菌剂结合可有效抑制柑橘的青霉病和酸腐病（Smilanick et al.，2008）。山梨酸钾和苯甲酸钠可有效控制柑橘的绿霉病和青霉病，两种化合物的作用主要为抑菌而非杀菌，效果存在温度依赖（Palou et al.，2002，2008）。此外，山梨酸钾和苯甲酸钠可有效控制核果类的褐腐病和灰霉病等多种采后病害。

六、柠檬酸

柠檬酸（citrate acid）是一种重要的有机酸，是重要的酸味剂和防腐剂。柠檬酸在自然界中分布广泛，主要存在于柑橘、菠萝等果实中。用柠檬酸处理马铃薯，可有效抑制马铃薯干腐病，并提高其过氧化物酶、多酚氧化酶、苯丙氨酸解氨酶和 β-1,3-葡聚糖酶等防御酶的活性（张庆春等，2009）。2%柠檬酸处理套袋鸭梨，可有效延缓果实硬度、可溶性固形物、可滴定酸和维生素 C 含量的下降，并有效控制果皮褐变、果柄失水干枯和腐烂的发生（曹建康和姜微波，2005）。采用 5mmol/L 和 10mmol/L 的柠檬酸处理芒果，能有效延缓果实成熟，抑制腐烂（郑小林和吴小业，2010）。2%的柠檬酸处理能显著减少鲜切香蕉的失重，还可抑制多酚氧化酶及过氧化氢酶的活性，降低丙二醛含量，保持良好的品质（李胤楠等，2013）。

七、肉桂醛和 2-脱氧-D-葡萄糖

肉桂醛（cinnamaldehyde）是一种醛类有机化合物，大量存在于肉桂等植物体内。肉桂醛作为食品防腐剂，对人体无毒或低毒，对微生物具有较强的抑制作用。例如，肉桂醛对互隔交链孢、粉红单端孢、扩展青霉和黄曲霉 4 种真菌均有显著的抑制效果，其中对粉红单端孢的作用效果最好（李国林等，2013）。肉桂的石油醚提取物也可显著抑制粉红单端孢的生长（李科玮等，2010）。

糖的类似物会干扰真菌细胞的新陈代谢（Moore，1981）。当 2-脱氧-D-葡萄糖和 L-山梨糖作为唯一碳源时，会抑制真菌的生长。2-脱氧-D-葡萄糖可抑制扩展青霉、灰葡萄孢、果生链核盘菌及匍枝根霉的生长，并能够有效控制苹果的灰霉病和青霉病及桃的褐腐病，该化合物的作用主要表现为直接抑菌（El Ghaouth et al.，1995）。

第五节　天然化学成分

许多天然化学成分均表现出不同程度的抗菌活性，其中多数来源于植物，少数来源于动物（杨书珍等，2009）。这些化合物不仅抗菌谱广，环境安全，对人畜表现低毒，还可作为合成杀菌剂的替代品。此外，这些化合物还可单独用作杀菌剂或作为合成化学杀菌剂的前体物质（Knight et al.，1997）。其中有些成分已被认定为公认安全的化学药物。

一、乙醛和乙醇

乙醛（acetaldehyde）是植物产生的挥发性化合物，可抑制多种采后病原真菌的孢子萌发和菌丝生长，减轻采后病害的发生（Aharoni and Stadelbacher，1973；Prasad，1975；

Vaughn et al.，1993；Hamilton-Kemp et al.，1992）。乙醛熏蒸可抑制苹果中扩展青霉的生长（Stadelbacher and Prasad，1974），控制草莓的软腐病和灰霉病（Pesis and Avissar，1990；Prasad and Stadelbacher，1974）。葡萄用 5000μl/L 的乙醛处理 1h 或 1500μl/L 处理 4h，在 5℃下贮藏 4 天，然后在 20℃下贮藏 1 天后真菌性腐烂显著降低。该处理还可促进乙醇、乙酸乙酯和丁酸乙酯等挥发性物质的释放（Pesis and Avissar，1990）。用 0.5%的乙醛处理 24h 可抑制由灰葡萄孢、匐枝根霉和黑曲霉引起的葡萄腐烂，处理对果实未造成药害，对风味也没有影响。此外，乙醛熏蒸还可防止葡萄货架期的失重（Avissar and Pesis，1991）。

高浓度的乙醛可抑制扩展青霉的分生孢子萌发，但可导致甜樱桃果柄褐变，对果实产生毒性，浓度越高伤害也越严重。甜樱桃果柄的质量是评价其新鲜度的关键，因此乙醛处理引起的果柄褐变会限制其在鲜食樱桃上的应用。由于加工樱桃很少考虑其果柄质量，故可在加工樱桃的防腐中采用乙醛熏蒸（Mattheis and Roberts，1993）。此外，乙醛熏蒸还会造成苹果（Stadelbacher and Prasad，1974）、草莓（Prasad and Stadelbacher，1974）、葡萄（Pesis and Frenkel，1989）、莴苣（Stewart et al.，1980）和胡萝卜（Perata and Alpi，1991）等多种果蔬的伤害。

乙醇（ethanol）广泛存在于水果中，早在 20 世纪 60 年代人们就发现乙醇对桃褐腐病和软腐病具有良好的控制效果（Ogawa and Lyda，1972）。采用 10%~20%的乙醇浸泡能有效抑制柑橘、桃和油桃的采后腐烂（Smilanick et al.，1995；Margosan et al.，1997）；70%乙醇浸泡还可明显减轻葡萄的真菌和细菌性病害（Karabulut et al.，2005）；40%乙醇可抑制灰葡萄孢的孢子萌发，乙醇蒸气可有效控制葡萄的灰霉病，热乙醇处理的效果更好（Chervin et al.，2005）。

二、植物精油

植物精油是一类植物的次生代谢产物，可随水蒸气蒸馏，常温下能挥发，且具有调香、抗氧化、抗菌、驱虫等作用的挥发性油状液体的总称（胡林峰等，2011）。植物精油对樱桃番茄、葡萄、蓝莓、木莓、黑莓、莴苣和胡萝卜等多种果蔬均有显著的防腐效果（吴新等，2011）。虽然许多精油成分是公认安全的化学物质，且病原菌不易对其产生抗性（Cardile et al.，2009）。但有研究表明，精油中的某些成分具有刺激性和毒性，某些精油或其单组分还会导致过敏性皮炎。此外，精油的使用还会引起果蔬风味的显著变化。

体外条件下多种植物精油对细菌、真菌和酵母菌均显示较强的抗菌活性（Dorman and Deans，2000；Gutierrez et al.，2009；Belletti et al.，2010）。例如，丁香、牛至、薰衣草和罗勒精油对尖孢镰孢、灰葡萄孢、互隔交链孢、扩展青霉具有显著的抑制（Alves-Silva et al.，2013；Kumar et al.，2013；Zuzarte et al.，2012；胡林峰等，2011；Soylu et al.，2010）；香茅和柠檬桉精油对串珠镰孢表现抑菌活性，浓度越高活性也越强（Baruah et al.，1996）；肉桂、丁香、百里香、孜然、当归、花椒、荜拨和草果精油对互隔交链孢、粉红单端孢、扩展青霉、黄曲霉 4 种真菌和枯草芽孢杆菌、荧光假单胞菌、金黄色葡萄球菌和大肠杆菌 4 种细菌均有显著的抑制效果，以粉红单端孢和大肠杆菌对上述精油最为敏感。孜然精油及其主要成分枯茗醛对粉红单端孢、互隔交链孢、扩展青霉和半裸镰孢具有良好的抑菌活性，其中对粉红单端孢的抑制效果最佳（李国林等，2013）；薄荷精油可抑制丝核菌、根霉、毛霉、曲霉、念珠菌、交链孢和毛癣菌的生长（Sokovic et al.，2006）；甜橙和橘子精油分别对黑曲霉和黄曲霉的生长抑制表现有效，葡萄柚精油对产黄青霉和疣孢青霉最为有效（Viuda-Martos et al.，2008）。精油的组分复杂，不同组分的抑菌活性贡献存在差异（Kimbaris et al.，2012），其中萜烯类等少数几种组分的抑菌活性较大（Lima et al.，2013）。

精油处理还可有效抑制果蔬的采后病害。花椒精油及其主要成分 α-蒎烯处理可有效抑制马铃薯块茎切片损伤接种硫色镰孢的病斑直径扩展，其中以精油处理效果更为明显（Li and Xue，2014）。精油涂膜可明显控制柑橘的采后病害，减少杀菌剂的用量（Plooy et al.，2009）。同样，百里香和墨西哥酸橙精油不仅对刺盘孢和匐枝根霉表现抑制，加入可食性涂膜中还可以减轻番木瓜的炭疽病和软腐病（Bosquez-Molina et al.，2010）。肉桂精油与多种柑橘果蜡结合处理有效控制了柑橘的青霉病和绿霉病（Kouassi et al.，2012）。香芹酚不仅可以抑制马铃薯的块茎发芽，同时还可减轻块茎的采后腐烂（Hartmans et al.，1995）。

抑菌是精油发挥作用的重要方面，由于成分不同，作用机理颇为复杂，主要为破坏细胞膜的结构，导致细胞内容物外泄或细胞内外离子梯度发生变化，从而影响细胞膜的正常功能，最终造成菌体死亡。例如，孜然精油能破坏细胞膜的完整性，导致菌体形态和亚细胞结构的改变（李国林等，2013）；香叶醇可促进 K^+向细胞外渗透并增加细胞膜的流动性（Bard，1988）。精油具有良好的表面活性，常以菌体细胞膜为靶标，使脂溶性成分从膜上溶解分离，从而影响脂双层的稳定性（Bard，1988）。精油还可对病原物的还原酶系和能量代谢产生影响。例如，萜类物质可抑制病原物的呼吸电子传递及氧化磷酸化，减少 NADH 的积累（Knobloch，1986）；柠檬醛可通过其结构中的不饱和键与某些酶的活性中心结合，进而导致菌体代谢紊乱（胡林峰等，2011）。

三、植物提取物

（一）日扁柏素

日扁柏素（honokiol）是提取于千叶侧柏（*Hiba arborvitae*）树干或树根中的挥发性物质，具有抗真菌活性。15~30μg/ml 的日扁柏素对果生链核盘菌、黑根霉和灰葡萄孢的孢子萌发抑制率可达 50%。同样，该化合物还可显著抑制桃的采后腐烂（Sholberg and Shimizu et al.，1991）。对灰葡萄孢和互隔交链孢的体外抑菌效果比较时发现，日扁柏素对前者更为有效，萌发阶段的孢子对日扁柏素更为敏感（Fallik and Grinberg，1992）。用 750μl/L 的日扁柏素处理能有效防止茄子和辣椒的采后腐烂，且无药害。处理后的茄子可在 12℃下贮藏 14 天，并有 4 天的货架期。日扁柏素的防腐效果甚至优于 200μl/L 的咪鲜胺处理（Fallik and Grinberg，1992）。同样，日扁柏素也能有效控制厚皮甜瓜在低温贮藏期间由互隔交链孢和镰刀菌引起的腐烂，该提取物还可与果蜡结合处理（Aharoni et al.，1993）。

（二）硫代葡萄糖苷

硫代葡萄糖苷（glucosinolate）是十字花科植物产生的一类化合物（Mari and Guizzardi，

1998)，具有潜在的抗菌活性。当十字花科植物组织受损时其体内的硫代葡萄糖苷就会在黑芥子酶的作用下水解，同时释放具有抗菌活性的水解产物，包括D-葡萄糖、硫酸根离子、异硫氰酸盐、硫氰酸盐和腈类等化合物（Mari et al.，1993）。体外条件下5种异硫氰酸盐（ITC）对梨褐腐病菌孢子萌发和菌丝生长均表现不同程度的抑制，其中以4-甲硫基丁基-异硫氰酸盐的效果最好，但在体内试验中，只有-异硫氰酸丙烯酯和异硫氰酸丁烯酯显著降低了褐腐病的发病率（Mari et al.，1996）。由于异硫氰酸丙烯酯具有良好的抗菌活性，已成功应用于梨果实青霉病的控制（Mari et al.，2002）。

（三）乳胶及芦荟

乳胶（latex）是大部分热带水果及植物的分泌物，具有潜在的抗菌活性，可有效控制香蕉、番木瓜及其他多种果实的病害（Adikaram et al.，1996）。番木瓜乳胶是蛋白酶、葡萄糖苷酶、几丁质酶、酯酶和糖的混合物，番木瓜乳胶可以分解多种采后病原真菌的分生孢子（Indrakeerthi and Adikaram，1996）。从橡胶树上分离得到的乳胶蛋白富含半胱氨酸，在体外条件下对灰葡萄孢、镰刀菌和木霉均表现良好的抗菌活性（Van Parijs et al.，1991）。橡胶蛋白还含有几丁质酶，可通过分解真菌细胞壁的几丁质从而抑制真菌的生长（Cabib，1987；Van Parijs et al.，1991）。芦荟中含有多种活性成分，其中的芦荟酊具有良好的抗菌活性，能有效抑制多种真菌、细菌和病毒的生长及繁殖。芦荟胶涂膜不仅延缓了桃和李果实的后熟，还有效减轻了采后腐烂（Guillén et al.，2013）。

（四）抗生素

有拮抗作用的细菌分泌的抗生素也可抑制采后病原菌的生长及繁殖。例如，伊枯草菌素是由枯草芽孢杆菌产生的一种抗生素，该抗生素可有效抑制核果类果实的褐腐病（Pusey，1991）。吡咯菌素由假单胞菌产生，该抗生素可有效抑制草莓果实的灰霉病（Takeda et al.，1990）。

许多植物及微生物体内均存在种类繁多的抗菌或抑菌活性物质，可用于天然抑菌剂的开发，从而逐渐替代化学合成杀菌剂。由于天然抑菌剂具有安全和环境友好的特点，易被广大消费者接受。与化学杀菌剂的开发相比，天然抑菌剂的开发成本较低，注册时间较短，故开发的力度应该加大。在对天然抑菌剂的使用效果评价时，除了通过体内和体外试验筛选适宜的处理条件和方法外，还需要对处理果蔬的色泽、芳香、味觉、质地及感官等品质性状进行评价。

参考文献

卞生珍，甄卫军. 2004. 哈密瓜常温贮运膜剂保鲜剂的研制. 食品科学, 25: 171-174.

曹建康，姜微波. 2005. 柠檬酸处理对鸭梨果实贮藏特性的影响. 食品科技, (10): 84-87.

陈启辉. 2005. 新型杀菌剂苯噻菌胺. 农药, 43: 515-517.

陈兴权，赵天生. 2004. 2-氨基苯并咪唑的合成. 精细石油化工, (1): 45-46.

高成庄，李焱. 2010. 苯并咪唑衍生物的特性及应用研究进展. 郑州轻工业学院学报(自然科学版), (3): 35-36.

葛毅强，谭敦炎，张维一，等. 1997. SO_2对鲜葡萄采后熏蒸处理的组织解剖研究. 西北植物学报, 4: 1-6.

何晓晗，纪淑娟. 2004. 仲丁胺在果蔬保鲜中的应用及其检测技术研究现状. 食品研究与开发, 25: 144-146.

侯经国，孟晓荣，何天稀，等. 2003. 农药甲霜灵对映体的高效液相色谱分离及手性拆分热力学研究. 分析化学, 3: 307-310.

胡林峰, 许明录, 朱红霞. 2011. 植物精油抑菌活性研究进展. 天然产物研究与开发, 23: 384-391.
黄振东. 2005. 乙环唑的合成研究. 农化新世纪, (9): 20.
李国林, 张忠, 毕阳, 等. 2013. 八种植物精油体外抑菌效果的比较. 食品工业科技, 34: 130-133.
李科玮, 毕阳, 张忠, 等. 2010. 肉桂提取液对果蔬致病菌的体外抑菌试验.甘肃农业大学学报, 6: 81-84.
李世访, 陈策. 2009. 桃褐腐病的发生和防治. 植物保护, 35: 134-139.
李焱, 马会强, 王玉炉. 2008. 苯并咪唑及其衍生物合成与应用研究进展. 有机化学, 28: 210-217.
李胤楠, 刘程惠, 胡文忠, 等. 2013. 柠檬酸处理抑制鲜切香蕉褐变的研究. 食品工业科技, 34: 304-307.
凌岗, 刘晓智. 2009. 环酰菌胺的合成. 农药, 48: 333-334.
刘长令, 关爱莹. 2002. 广谱高效杀菌剂嘧菌酯. 世界农药, 24: 46-49.
马凌云, 毕阳, 张正科, 等. 2004. 采前嘧菌酯处理对"银帝"甜瓜采前及采后主要病害的控制. 甘肃农业大学学报, 39: 14-17.
沈建生, 滕元文, 王华新, 等. 2006. 速克灵单用及混用防治葡萄灰霉病田间药效试验. 中国南方果树, 34: 66-67.
孙晓红, 王慧芳, 刘源发, 等. 2004. 新杀菌剂嘧霉胺盐的合成. 有机化学, 24: 506-511.
吴新, 金鹏, 孔繁渊, 等. 2011. 植物精油对草莓果实腐烂和品质的影响. 食品科学, 32: 323-327.
杨书珍, 彭丽桃, 潘思轶, 等. 2009. 蜂胶乙酸乙酯提取物对意大利青霉菌的抑制作用及稳定性研究. 食品科学, 31: 87-90.
杨玉柱, 焦必宁. 2007. 新型杀菌剂咯菌腈研究进展. 现代农药, 6: 35-39.
张庆春, 李永才, 毕阳等. 2009. 柠檬酸处理对马铃薯干腐病的抑制作用及防御酶活性的影响. 甘肃农业大学学报, 44: 146-150.
张维一, 毕阳. 1996. 果蔬采后病害与控制. 北京: 中国农业出版社.
郑小林, 吴小业. 2010. 柠檬酸处理对采后芒果保鲜效果的影响. 食品科学, 31: 381-384.
Adaskaveg J E, Förster H, Sommer N F. 2002. Principles of postharvest pathology and management of decays of edible horticultural crops. *In*: Kader A. Postharvest Technology of Horticultural Crops, 4th edn. Oakland: UC DANR Publ. 3311, 163-195.
Adikaram N K B, Indrakeerthi S R P, Charmalie A, et al. 1996. Antifungal activity in fruits and postharvest disease. Proc. Australian Postharvest Hortic. Conf. 'Science and Technology for the Fresh Food Revolution', Melbourne, Australia, 381-385.
Aharoni Y, Barkai-Golan R. 1987. Preharvest fungicide sprays and polyvinyl wraps to control *Botrytis* rot and prolong the post-harvest storage life of strawberries. Journal of Horticultural Science, 62: 177-181.
Aharoni Y, Copel A, Fallik E. 1993. Hinokitiol(β-thujaplicin), for postharvest decay control of 'Galia' melons. New Zealand Journal of Crop Horticultural Science, 21: 165-169.
Aharoni Y, Copel A, Fallik E. 1994. The use of hydrogen peroxide to control postharvest decay on 'Galia' melons. Annual of Applied Biology, 125: 189-193.
Aharoni Y, Fallik E, Copel A, et al. 1997. Sodium bicarbonate reduces postharvest decay development in melons. Postharvest Biology and Technology, 10: 201-206.
Aharoni Y, Stadelbacher G J. 1973. The toxicity of acetaldehyde vapors to postharvest pathogens of fruits and vegetables. Phytopathology, 63: 544-545.
Alvarez A M, Hylin J W, Ogata J N. 1977. Postharvest diseases of papaya reduced by biweekly orchard sprays. Plant Disease Reporter, 61: 731-735.
Alves-Silva J M, Dias dos Santos S M, Pintado M E, et al. 2013. Chemical composition and *in vitro* antimicrobial, antifungal and antioxidant properties of essential oils obtained from some herbs widely used in Portugal. Food Control, 32: 371-378.
Avissar I, Pesis E. 1991. The control of postharvest decay in table grapes using acetaldehyde vapors. Annual Applied Biology, 118: 229-237.
Bard M. 1988. Geraniol interferes with membrane functions in strains of *Candida* and *Saccharomyces*. Lipids, 23: 534-538.
Barkai-Golan R, Afek U, Aharoni N. 1993. The advantage of TBZ^+ iprodione treatment for control of gray mold decay of cellery caused by the heterogenic spore population of *Botrytis cinerea* in Israel. Phytoparasitica, 21: 293-301.
Barkai-Golan R, Aharoni Y. 1976. The sensitivity of food spoilage yeasts to acetaldehyde vapors. Journal of Food Science, 41: 717-718.
Bartz J A, Eckert J W. 1987. Bacterial diseases of vegetable crops after harvest. *In*: Weichmann J. Postharvest Physiology of Vegetables. New York: Dekker Press, 351-376.
Baruah P, Sharma R K, Singh R S, et al. 1996. Fungicidal activity of some naturally occurring essential oils against *Fusarium moniliforme*. Journal of Essential Oil Research, 8: 411-441.
Belletti N, Kamdem S S, Tabanelli G, et al. 2010. Modeling of combined effects of citral, linalool and β-pinene used against *Saccharomyces cerevisiae* in citrus-based beverages subjected to a mild heat treatment. International Journal of Food Microbiology, 136: 283-289.

Blacharski R W, Bartz J A, Xiao C L, et al. 2001. Control of postharvest *Botrytis* fruit rot with preharvest fungicide applications in annual strawberry. Plant Disease, 85: 597-602.

Bompeix G, Morgat F. 1977. Cires, anti-échaudures, fongicides et conservation des pommes. Fruits, 32: 189-196.

Bosquez-Molina E, Ronquillo-de Jesús E, Bautista-Baños S, et al. 2010. Inhibitory effect of essential oils against *Colletotrichum gloeosporioides* and *Rhizopus stolonifer* in stored papaya fruit and their possible application in coatings. *Postharvest Biology and Technology*, 57: 132-137.

Brown G E, Albrigo L G. 1972. Grove application of benomyl and its persistence in orange fruit. Phytopathology, 62: 1434-1438.

Brown G E. 1984. Efficacy of citrus postharvest fungicides applied in water or resin solution water wax. Plant Disease, 68: 415-418.

Cabib E. 1987. The synthesis and degradation of chitin. Advances in Enzymology, 59: 59-101.

Cardile V, Russo A, Formisano C, et al. 2009. Essential oils of *Salvia bracteata* and *Salvia rubifolia* from Lebanon: Chemical composition, antimicrobial activity and inhibitory effect on human melanoma cells. Journal of Ethnopharmacology, 126: 265-272.

Cheah L H, Page B B C, Shepherd R. 1997. Chitosan coating for inhibition of *Sclerotinia* rot of carrots. New Zealand Journal of Crop Horticultural Science, 25: 89-92.

Chervin C, Westercamp P, Monteils G. 2005. Ethanol vapours limit *Botrytis* development over the postharvest life of table grapes. Postharvest Biology and Technology, 36: 319-322.

Chu C L, Liu W T, Zhou T. 2001. Fumigation of sweet cherries with thymol and acetic acid to reduce post harvest brown rot and blue mold rot. Fruits, 56: 123-130.

Cohen E. 1981. Metalaxyl for postharvest control of brown rot of citrus fruit. Plant Disease, 65: 672-675.

Cohen E. 1982. Prevention of spread and contact infection of brown rot disease in citrus fruit by metalaxyl postharvest treatments. Phytopathology, 103: 120-125.

Cooke L R. 1991. Current problems in the chemical control of late blight, the Northern Ireland experience. *In*: Lucas L, Shatock R C, Shau D C, et al. Phytophthora. Cambridge: Cambridge University Press, 337-348.

Daines R H. 1970. Effects of fungicide dip treatments and dip temperatures on postharvest decay of peaches. Plant Disease Reporter, 54: 764-767.

Darvis J M. 1982. Preharvest chemical control of the postharvest diseases of Fuerte avocados. South African Avocado Growers' Association Yearbook, 5: 56-57.

Dave B A, Kaplan H J, Petri J F. 1980. The isolation of *Penicillium digitatum* Sacc. strains tolerant to 2-AB, SOPP, TBZ and benomyl. Proceeding of the Florida State Horticultural Society, 93: 344-347.

Davidson P M, Juneja V K. 1989. Antimicrobial agents. *In*: Branen A L, Davidson P M, Salminen S. Food Additives. New York: Marcel Dekker, 83-137.

Dekker J. 1977. Tolerance and mode of action of fungicides. Proceedings Brighton Crop Protection Conference-Pests and Diseases, 3: 689-697.

Dekker T. 1985. The development of resistance to fungicides. Progress in Pesticide Biochemistry and Toxicology, 4: 165-218.

Dennis C. 1975. Effect of pre-harvest fungicides on the spoilage of soft fruit after harvest. Annuals of Applied Biology, 81: 227-234.

Dennis C. 1983. Soft fruits. *In*: Dennis C. Postharvest Pathology of Fruits and Vegetables. New York, Academic Press, 23-42.

DePasquale D A, Montville T J. 1990. Mechanism by which ammonium bicarbonate and ammonium sulfate inhibit mycotoxigenic fungi. Applied and Environmental Microbiology, 56: 3711-3717.

Domínguez I, Ferreres F, Riquelme F P, et al. 2012. Influence of preharvest application of fungicides on the postharvest quality of tomato(*Solanum lycopersicum* L.). Postharvest Biology and Technology, 72: 1-10.

Dorman H J D, Deans S G. 2000. Antimicrobial agents from plants: antibacterial activity of plant volatile oils. Journal of Applied Microbiology, 88: 308-316.

Droby S, Prusky D, Dinoor A, et al. 1984. *Alternaria alternata*: a new pathogen on stored potatoes. Plant Disease, 68: 160-161.

Ebata E. 1983. Residue analysis of polyoxins B, D and blasticidin S in crops and soils. Natural Products, 1: 309-316.

Eckert J W, Kolbezen M J. 1970. Fumigation of fruits with 2-aminobutane to control certain postharvest diseases. Phytopathology, 60: 545-550.

Eckert J W, Ogawa J M. 1988. The chemical control of postharvest diseases: deciduous fruits, berries, vegetables and root/tuber crops. Annual Review Phytopathology, 26: 433-469.

Eckert J W, Wild B L. 1983. Problems of fungicide resistance in *Penicillium* rot of citrus fruits. *In*: Georghiou G P, Saito T. Pest Resistance to Pesticides. New York, London: Plenum, 525-556 .

Eckert J W. 1975. Postharvest diseases of fresh fruits and vegetables - etiology and control. *In*: Haard N F, Salunkhe D K. Postharvest Biology and Handling of Fruits and Vegetables. Westport: Avi Publishing Co, 81-117 .

Eckert J W. 1978. Pathological diseases of fresh fruits and vegetables. *In*: Hultin H O, Milner N. Postharvest Biology and Biotechnology. Westport: Food and Nutrition Press, 161-209.

Eckert J W. 1990. Recent development in the chemical control of postharvest diseases. Acta Horticulturae, 269: 477-494.

Eckert J W, Ogawa J M. 1985. The chemical control of postharvest diseases: subtropical and tropical fruits. Annual Review Phytopathology, 23: 421-454.

El Ghaouth A, Wilson C L, Wisniewski M E. 1995. Sugar analogs as potential fungicides for postharvest pathogens of apple and peach. Plant Disease, 79: 254-258.

Fallik E, Aharoni Y, Grinberg S, et al. 1994. Postharvest hydrogen peroxide treatment inhibits decay in eggplant and sweet red pepper. Crop Protection, 13: 451-454.

Fallik E, Grinberg S, Ziv O. 1997. Potassium bicarbonate reduces postharvest decay development on bell pepper fruits. Journal of Horticultural Science, 72: 35-41.

Fallik E, Grinberg S. 1992. Hinokitiol: a natural substance that controls postharvest diseases in eggplant and pepper fruits. Postharvest Biology and Technology, 2: 137-144.

Fawcett H S. 1936. Citrus Diseases and Their Control. 2nd edition. New York: McGraw Hill, 582.

Ferrin D M, Kabashima J N. 1991. *In vitro* sensitivity to metalaxyl of isolates of *Phytophthora citricola* and *P. parasitica* from ornamental hosts in Southern California. Plant Disease, 75: 1041-1044.

Forney C F, Rij R E, Denis-Arrue R, et al. 1991. Vapor phase hydrogen peroxide inhibits postharvest decay of table grapes. HortScience, 26: 1512-1514.

Gaulliard J M, Pelossier R. 1983. Efficacite de phosethyl Al en trempage des agrumes(fruits)contre *Phytophthora parasitica* agent de la pourriture brune et contre *Penicillium digitatum*. Fruits, 38: 693-697.

Georgopoulus S G. 1977. Development of fungal resistance to fungicide. *In*: Siegel M R, Sisler H D. Antifungal Compounds, Vol. 2. New York: Marcel Dekker, Inc.

Gregori R, Borsetti F, Neri F. 2008. Effects of potassium sorbate on postharvest brown rot of stone fruit. Journal of Food Protection, 71: 1626-1631.

Griffee P L, Burden O J. 1974. Incidence of bananas and control of *Colletotrichum musae* on bananas in the Windward Islands. Annal of Applied Biology, 77: 11-16.

Guillén F, Díaz-Mula H M, Zapata P J, et al. 2013. *Aloe arborescens* and *Aloe vera* gels as coatings in delaying postharvest ripening in peach and plum fruit. Postharvest Biology and Technology, 83: 54-57.

Gutierrez J, Barry-Ryan C, Bourke P. 2009. Antimicrobial activity of plant essential oils using food model media: Efficacy, synergistic potential and interactions with food components. Food Microbiology, 26: 142-150.

Gutter Y, Yanko U. 1971. The protective effect of four benzimidazoles applied preharvest for the postharvest control of orange decay. Israel Journal of Agricultural Research, 21: 105-109.

Hamilton-Kemp T R, McCracken C T, Loughrin J H, et al. 1992. Effects of some natural volatile compounds on the pathogenic funngi *Alternaria alternata* and *Botrytis cinerea*. Journal of Chemistry Ecology, 18: 1083-1091.

Harding P R. 1976. A new imidazole derivative effective against postharvest decay of citrus by molds resistant to thiabendazole, benomyl, and 2-aminobutane. Plant Disease Reporter, 60: 643-646.

Hartmans K J, Diepenhorst P, Bakker W. et al. 1995. The use of carvone in agriculture, sprout suppression of potatoes and antifungal activity against potato tuber and other plant diseases. Industrial Crops and Products. 4: 3-13.

Heaton J B. 1980. Control of brown rot and transit rot of peaches with postharvest fungicidal dips. Journal of Agricultural Animal Science, 37: 155-159.

Houck L G. 1977. Problems of resistance to citrus fungicides. Proceeding of the International Society of Citriculture, 1: 263-269.

Indrakeerthi S R P, Adikaram N K B. 1996. Papaya latex, a potential postharvest fungicide. Proceeding of the Australian Postharvest Horticulture conference 'Science and Technology for the Fresh Food Revolution', Melbourne, Australia, 423-427.

Kadish D, Grinberger M, Cohen Y. 2000. Fitness of metalaxyl-sensitive and metalaxyl-resistant isolate of *Phytophthora infestans* on susceptible and resistant potato cultivars. Phytopathology, 80: 200-205.

Karabulut O A, Romanazzi G, Smilanick J L, et al. 2005. Postharvest ethanol and potassium sorbate treatments of table grapes to control gray mold. Postharvest Biology and Technology, 37: 129-134.

Kimbaris A C, Koliopoulos G, Michaelakis A, et al. 2012. Bioactivity of *Dianthus caryophyllus*, *Lepidium sativum*, *Pimpinella anisum*, and *Illicium verum* essential oils and their major components against the West Nile vector *Culex pipiens*. Parasitology Research, 111: 2403-2410.

Knight S C, Anthony V M, Brady A M, et al. 1997. Rationale and perspectives on the development of fungicides. Annual of Review Phytopathology, 35: 349-372.

Knights I K. 1986. Developments in the use of prochloraz for tropical fruit disease control. British Crop Protection Conference, 1: 331-338.

Knobloch K. 1986. Mechanism of antimicrobial activity of essential oils. Planta Medica, 52: 556.

Korsten L, Villiers E E, Wehner F C, et al. 1997. Field sprays of *Bacillus subtilis* and fungicides for control of preharvest fruit diseases of avocado in South Africa. Plant Disease, 81: 455-459.

Kotzé J M, Toit F L, Durand B J. 1982. Pre-harvest chemical control of anthracnose, sooty blotch and *Cercospora* spot of avocados. South African Avocado Growers' Association Yearbook, 5: 54-55.

Kouassi K H S, Bajji M, Jijakli H. 2012. The control of postharvest blue and green molds of citrus in relation with essential oil-wax formulations, adherence and viscosity. Postharvest Biology and Technology, 73: 122-128.

Kumar A, Dubey N K, Srivastava S. 2013. Antifungal evaluation of *Ocimum sanctum* essential oil against fungal deterioration of raw materials of *Rauvolfia serpentina* during storage. Industrial Crops and Products, 45: 30-35.

Labuschagne N, Rowell A W G. 1983. Chemical control of postharvest diseases of avocados by pre-harvest fungicide application. South African Avocado Growers' Association Yearbook, 6: 46-47.

Laville E, Harding P R, Dagan Y, et al. 1977. Studies on imazalil as a potential treatment for control of citrus fruit decay. Proceedings of the International Society of Citriculture, 1: 269-273.

Li X D, Xue H L. 2014. Antifungal activity of the essential oil of *Zanthoxylum bungeanum* and its major constituent on *Fusarium sulphureum* and dry rot of potato tubers. Phytoparasitica, 42: 509-517.

Lima I O, Pereira F O, Oliveira W A, et al. 2013. Antifungal activity and mode of action of carvacrol against *Candida albicans* strains. Journal of Essential Oil Research, 25: 138-142.

Liu W T, Chu C L, Zhou T. 2002. Thymol and acetic acid vapors reduce post harvest brown rot of apricot and plums. HortScience, 37: 151-156.

Lorenz G. 1988. Dicarboximide fungicides: history of resistance development and monitoring methods. *In*: Delp C J. Fungicide Resistance in North America. St. Paul: APS Press, 45-51.

Manji B T, Ogawa J M. 1985. Suppression of *Botrytis cinerea* lesions in fresh market tomato fruit with fungicides(Abst). Phytopathology, 75: 1329.

Margosan D A, Smilanick J L, Simmons G F, et al. 1997. Combination of hot water and ethanol to control postharvest decay of peaches and nectarines. Plant Disease, 81: 1405-1409.

Mari M, Guizzardi M. 1998. The postharvest phase: emerging technologies for the control of fungal diseases. Phytoparasitica, 26: 59-66.

Mari M, Leoni O, Lori R, et al. 2002. Antifungal vapour-phase activity of allyl isothiocyanate against *Penicillium expansum* on pears. Plant Pathology, 51: 231-236.

Mari M, Lori R, Leoni O, et al. 1993. *In vitro* activity of glucosinolate-derived isothiocyanates against postharvest fruit pathogens. Annal of Applied Biology, 123: 155-164.

Mari M, Lori R, Leoni O, et al. 1996. Bioassays of glucosinolate-derived isothiocyanates against postharvest pear pathogens. Plant Pathology, 45: 753-760.

Mari M, Cembali T, Baraldi E, et al. 1999. Peracetic acid and chlorine dioxide for postharvest control of *Monilinia laxa* in stone fruits. Plant Disease, 83: 773-776.

Mattheis J P, Roberts R G. 1993. Fumigation of sweet cherry(*Prunus avium* 'Bing')fruit with low molecular weight aldehydes for postharvest decay control. Plant Disease, 77: 810-814.

Miller W R, Spalding D H, Risse L A, et al. 1984. The effects of an imazalil-impregnated film with chlorine and imazalil to control decay of bell peppers. Proceedings of the State for Horticultural Science, 97: 108-111.

Moore D. 1981. Effects of hexose analogs on fungi: Mechanisms of inhibition and resistance. New Phytologist, 87: 487-515.

Muirhead I F, Fitzell R D, Davis R D, et al. 1982. Postharvest control of anthracnose and stem-end rots of Fuerta avocados with prochloraz and other fungicides. Austrian Journal of Experimental Agriculture, 22: 441-446.

Muirhead I F. 1981. Postharvest diseases of tropical and subtropical fruits. Proc. Postharvest Hortic. Workshop, Brisbane, Queensland(Pub. by CSIRO, 1982), 125-130.

Ogawa J M, Lyda S D. 1972. Effect of alcohols on spores of *Sclerotinia fructicola* and other peach fruit rotting fungi in California. Phytopathology, 50: 790-792.

Olivier C, Halseth D E, Mizubuti E S G, et al. 1998. Postharvest application of organic and inorganic salts for suppression of silver scurf on potato tubers. Plant Disease, 82: 213-217.

Palmer C L, Horst R K, Langhans R W. 1997. Use of bicarbonates to inhibit *in vitro* colony growth of *Botrytis cinerea*. Plant Disease, 81: 1432-1438.

Palou L, Montesinos-Herrero C, Rio M A. 2008. Short-term CO_2 exposure at curing temperature to control postharvest green mold of mandarins. Acta Horticulturae, 768: 1-6.

Palou L, Usall J, Smilanick J L, et al. 2002. Evaluation of food additives and low-toxicity compounds as alternative chemicals for the control of *Penicillium digitatum* and *Penicillium italicum* on citrus fruit. Pest Management Science, 58: 459-466.

Perata P, Alpi A. 1991. Ethanol-induced injuries to carrot cells, the role of acetaldehyde. Plant Physiology, 95: 748-752.

Pesis E, Avissar I. 1990. Effect of postharvest application of acetaldehyde vapour on strawberry decay, taste and certain volatiles. Journal of the Science of Food and Agriculture, 52: 377-385.

Pesis E, Frenkel C. 1989. Acetaldehyde vapors influence postharvest quality of table grapes. HortScience, 24: 315-317.

Plooy W, Regnier T, Combrinck S. 2009. Essential oil amended coatings as alternatives to synthetic fungicides in citrus postharvest management. Postharvest Biology and Technology, 53: 117-123.

Prasad K, Stadelbacher G J. 1974. Effect of acetaldehyde on postharvest decay and market quality of fresh strawberry. Phytopathology, 64 : 948-951.

Prasad K. 1975. Fungitoxicity of acetaldehyde vapor to some major postharvest pathogens of citrus and subtropical fruits. Annal of Applied Biology, 81: 79-81.

Prusky D, Bazak M, Ben-Arie R. 1985. Development, persistence, survival and strategies for control of thiabendazole-resistant strains of *Penicillium expansum* on pome fruits. Phytopathology, 75: 877-882.

Prusky D, Ben-Arie R, Guelfat-Reich S. 1981. Etiology and histology of *Alternaria* rot of persimmon fruits. Phytopathology, 71: 1124-1128.

Prusky D, Fuchs Y, Yanko U. 1983. Assessment of latent infections as a basis for control of postharvest disease of mango. Plant Disease, 67: 816-818.

Pusey P L. 1991. Antibiosis as a mode of action in postharvest biological control. *In*: Wilson C L, Chalutz E. Biological Control of Postharvest Diseases of Fruits and Vegetables. Workshop Proc, U.S. Department of Agriculture, ARS-92, 127-141.

Robak J, Adamicki F. 2007. The effect of pre-harvest treatment with fungicide on the storage potential of root vegetables. Vegetable Crops Research Bulletin, 67: 187-196.

Sholberg P L, Bedford K E, Stokes S. 2003. Effect of preharvest application of cyprodinil on postharvest decay of apples caused by *Botrytis cinerea*. Plant Disease, 87: 1067-1071.

Sholberg P L, Gaunce A R. 1996, Fumigation of stone fruit with acetic acid to control postharvest decay. Crop Protection, 15: 681-686.

Sholberg P L, Reynolds A G, Gaunce A P. 1996. Fumigation of table grapes with acetic acid to prevent postharvest decay. Plant Disease, 80: 1425-1428.

Sholberg P L, Shimizu B N. 1991. Use of the natural plant product, Hinokitiol, to extend shelf-life of peaches. Canadian of Institution Science Technology, 24: 273-277.

Sholberg P L. 1998. Fumigation of fruit with short-chain organic acids to reduce the potential of postharvest decay. Plant Disease, 82: 689-693.

Sholberg P L, Gaunce A P. 1995. Fumigation of fruit with acetic acid to prevent postharvest decay. HortScience, 30: 1271-1275.

Slabaugh W R, Grove M D. 1982. Postharvest diseases of bananas and their control. Plant Disease, 66: 746-750.

Smilanick J L, Mansour M F, Gabler F M, et al. 2008. Control of citrus postharvest green mold and sour rot by potassium sorbate combined with heat and fungicides. Postharvest Biology and Technology, 47: 226-238.

Smilanick J L, Margosan D A, Hensen D J. 1995. Evaluation of heated solutions of sulfur dioxide, ethanol and hydrogen peroxide to control postharvest green mold of lemons. Plant Disease, 79: 742-747.

Smilanick J L, Margosan D A, Milkota F, et al. 1999. Control of citrus green mold by carbonate and bicarbonate salts and the influence of commercial postharvest practices on their efficacy. Plant Disease, 83: 139-145.

Sokovic M D, Glamoclija J, Marin P D, et al 2006. Antifungal activity of the essential oil of *Mentha piperita*. Pharma Biology, 44: 511-515.

Soylu E M, Kurt Ş, Soylu S. 2010. *In vitro* and *in vivo* antifungal activities of the essential oils of various plants against tomato grey mould disease agent *Botrytis cinerea*. International Journal of Food Microbiology, 143: 183-189.

Spalding D H, Reeder W F. 1986. Decay and acceptability of mangos treated with combinations of hot water, imazalil, and gamma-radiation. Plant Disease, 70: 1149-1151.

Spalding D H. 1980. Control of *Altemaria* rot of tomatoes by postharvest application of imazalil. Plant Disease, 64: 169-171.

Spalding D H. 1982. Resistance of mango pathogens to fungicides used to control postharvest diseases. Plant Disease, 66: 1185-1186.

Stadelbacher G J, Prasad K. 1974. Postharvest decay control of apple by acetaldehyde vapor. Journal of American Society Horticultural Science, 99: 364-368.

Stewart J K, Aharoni Y, Hartsell P L, et al. 1980. Symptoms of acetaldehyde injury on head lettuce. HortScience, 15: 148-149.

Swart S H, Swart G, Labuschagne C. 2006. The effect of strategically timed pre-harvest fungicide applications on post-harvest decay of mango. Acta Horticulturae, 820: 511-519.

Takeda F, Janisiewicz W J, Roitman J, et al. 1990. Pyrrolnitrin delays postharvest fruit rot in strawberries. HortScience, 25: 320-322.

Tuset J J, Piquer J, Garcia J, et al. 1981. Activity of imidazol fungicide to control postharvest citrus decay. Proceedings of the International Society for Citrus, 2: 784-787.

Van Parijs J, Broekaert W F, Peumans W J. 1991. Hevein: an antifungal protein from rubber tree(*Hevea brasiliensis*)latex. Planta, 183: 258-264.

Vaughn S F, Spencer G F, Shasha B S. 1993. Volatile compounds from raspberry fruit inhibit postharvest decay fungi. Journal of Food Science, 58: 793-796.

Viuda-Martos M, Ruiz-Navajas Y, Fernández-López J, et al. 2008. Antibacterial activity of different essential oils obtained from spices widely used in Mediterranean diet. International Journal of Food Science and Technology, 43: 526-531.

Wade N L, Gipps P G. 1973. Postharvest control of brown rot and *Rhizopus* rot in peaches with benomyl and dicloran. Australian Journal of Experimental Agriculture, 13: 600-603.

Wade N L, Morris S C. 1983. Efficacy of fungicides for postharvest treatment of muskmelon fruits. HortScience, 18: 344-345.

Xiao C L, Boal R J. 2009. Preharvest application of a boscalid and pyraclostrobin mixture to control postharvest gray mold and blue mold in apples. Plant Disease, 93: 185-189.

Zhang J X, Timmer L W. 2007. Preharvest application of fungicides for postharvest disease control on early season tangerine hybrids in Florida. Crop Protection, 26: 886-893.

Zoffoli J P, Latorre B A, Rodriguez E J, et al. 1999. Modified atmosphere packaging using chlorine gas generators to prevent *Botrytis cinerea* on table grapes. Postharvest Biology and Technology, 15: 135-142.

Zuzarte M, Gonçalves M J, Cruz M T, et al. 2012. *Lavandula luisieri* essential oil as a source of antifungal drugs. Food Chemistry, 135: 1505-1510.

第九章　果蔬采后病害的物理控制

化学杀菌剂虽能有效控制采后病害，但使用时会在果蔬体内残留药物，对消费者的健康造成危害，杀菌剂的生产和使用会污染环境、破坏生态平衡，长期使用还会导致病原物产生抗药性。因此，急需开发新型安全的、可替代化学杀菌剂的采后病害防控技术。有研究表明，热处理、电离辐射和短波紫外线照射等物理方法对果蔬进行短时处理可以有效控制采后腐烂。这些物理方法具有安全、无毒、无药害的特点，有望替代或减少化学杀菌剂的使用（张维一和毕阳，1996）。

第一节　热　处　理

热处理（heat treatment）即采用35~50℃的热水或热蒸汽处理，以杀死或抑制病原菌的活动，延缓果蔬的成熟和衰老进程，从而达到防腐保鲜目的的一种物理方法。早在20世纪初，热处理就用来控制柳橙的采后腐烂，但由于处理时间长、成本高、效果一般，逐渐被高效、廉价且使用方便的化学杀菌剂所取代。自20世纪80年代以来，人们对化学杀菌剂残留和环境问题日益关注，采后热处理又被重新认识和进一步开发，现已广泛用于控制多种果蔬的采后病害及调控成熟衰老（Fallik，2004；陈金印和吴友根，2003；Paull and Chen，2000；Lurie，1998）。

一、热处理方法

（一）热蒸汽处理

热蒸汽处理（vapor heat）即利用40~50℃的饱和水蒸气处理以杀灭产品表面或体内的病原物，热可通过水蒸气在温度较低的果蔬表面传递，从而达到处理的效果。目前的商业化处理设施多采用换气扇强制循环热蒸汽的方法。该方法已在芒果、番木瓜等亚热带水果上普遍应用（Jacob et al.，2001）。热蒸汽处理时应注意三个阶段的温度控制，首先是预热，该阶段的处理时间与产品的热敏性相关；其次是恒温处理，这个阶段要求产品内部温度足以杀灭病原物；最后是冷却，即通过冷空气或冷水使产品迅速降到适宜的温度（Lurie，1998）。

（二）强制热空气处理

强制热空气处理（forced air-hot heat）就是通过精确控制的高速热空气来处理果蔬。热先从空气传导至温度较低的果蔬表面，进而传递至产品中心部位，初期热的传递速度较慢，后期逐渐加快。强制热空气处理与热蒸汽处理的区别就是前者处理期间始终保持果实表面干燥，热主要是通过对流进行传递（Hallman and Armstrong，1994）。处理时空气湿度太低会造成产品失重，因此为了减轻失重，处理期间需要增加湿度（Williamson and Winkelman，1994）。强制热空气处理能显著降低苹果的青霉病和灰霉病（Klein et al.，1997；Fallik et al.，1996a）及番茄的灰霉病（Fallik et al.，1993）。但该法处理时间较长，一般需要在38~46℃的温度范围内处理12~96h，故效率不高（Lurie，1998）。

（三）热水处理

热水处理即采用热水浸泡或喷淋（hot water dips and sprays）处理产品。处理期间热首先从热水传递至果蔬表面，进而到达产品中心部位。热水浸泡能显著促进热在表皮和中心组织的传递，因此，处理效率较高。与热蒸汽和强制热空气处理相比，热水处理时间较短，果蔬和热水温度易于精确控制，可有效杀死果蔬表面的病原物，钝化内部的潜伏侵染，清除产品表面的分泌物。此外，热水浸泡处理还具有处理费用相对较低的特点，便于采后商业化应用。在热水处理的基础上，人们开发了更为有效的高压热水冲洗系统（high-pressure hot-water washing treatment，HPHW），即采用40~55℃热水喷淋的处理系统（图9-1）。该法已作为控制果蔬腐烂、改善采后品质的有效手段而广泛应用（Bai et al.，2006；Spotts et al.，2006；Hansen et al.，2006；Neven et al.，2006）。

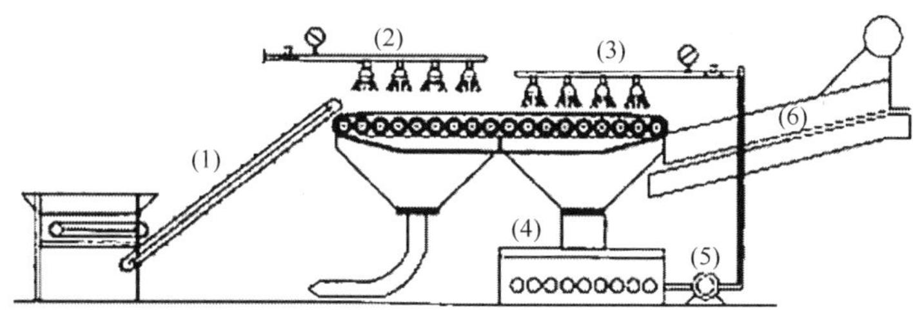

图9-1 热水冲刷处理示意图（Fallik，2004）

（1）传送带；（2）自来水喷淋处理；（3）热水冲刷处理；（4）热水箱；（5）热水泵；（6）风力干燥器

二、热处理的作用机理

（一）直接抑制病原物

热处理可钝化病原物胞外酶，使病原物蛋白变性、脂质降解、激素破坏、营养消耗，在病原物体内积累有毒中间产物，导致代谢失调从而达到对病原物的致死或半致死作用，一般是上述多种机制共同作用的结果。病原物对热的反应受孢子含水量、生理状态、浓度及寄主状态的影响（Klein and Lurie，1991）。病原物的种类决定了其对热的敏感性，因此杀死或抑制各种真菌孢子萌发和菌丝生长的温度也存在显著差异（Castejon-Munoz and Bollen，1993）。灰葡萄孢对热的敏感性要高于互隔交链孢，故导致灰葡萄孢孢子半数致死量（LD_{50}）的热处理温度及时间要显著低于互隔交链孢（Fallik et al.，1996b）。在55℃下25s和65℃下16s互隔交链孢即可半致死，而对于茄镰孢来说，60℃下18s才能半致死（Fallik et al.，2000a）。真菌的热敏性也依赖于其生理状态。42℃的热水能显著地抑制互隔交链孢的孢子萌发，但对休眠的孢子活力没有影响（Barkai-Golan，1973）。热处理能显著改变果生链核盘菌休眠孢子的超微结构，导致线粒体结构破坏、液泡膜崩溃和胞质形成裂隙（Margosan and Phillips，1990）。而对已萌发的果生链核盘菌分生孢子而言，热处理会破坏细胞核和细胞壁的结构（Baker and Smith，1970）。

萌发的孢子较生长的菌丝体对热更为敏感（Fallik et al.，1993）。对扩展青霉来说，在 38℃、42℃和 46℃下抑制其半数孢子萌发所需要的时间要比抑制半数菌丝生长的时间分别缩短 12%、23%和 45%（Fallik et al.，1995）。盘长孢状刺盘孢分生孢子的热致死温度分别为 50℃ 10min 或 55℃ 5min，而菌丝的热致死温度则为 60℃ 30min（程海慧等，2005）。真菌孢子的含水量显著影响热的传递和孢子的生活力（Edney and Burchill，1967），通过对湿润和干燥的指状青霉分生孢子比较研究发现，70℃处理 30min 90%湿润孢子被致死，而干燥孢子的致死率只有 10%。虽然处理后存活的干燥孢子仍具有侵染柑橘果实的能力，但显著推迟了症状出现的时间（Barkai-Golan，1972）。

（二）诱导产品抗性

除了对病原物的直接抑制作用外，热处理还能诱导果蔬的抗性防御反应，内容涉及产生抗菌物质、积累病程相关蛋白和提高抗性酶活性等方面（Liu et al.，2012）。

热处理的苹果表皮粗提液能显著抑制扩展青霉的生长并导致其菌丝体畸形，表明热处理可诱导苹果产生抗菌物质从而提高对扩展青霉的抵抗能力（Fallik et al.，1995）。愈伤处理（36℃，相对湿度 97%，3 天）维持了柠檬果皮中抗菌物质的含量、抑制了柠檬醛的下降，有效减轻了果实的腐烂（Ben-Yehoshua et al.，1995）。热水处理可促进柑橘果实金雀花酮的积累（Ben-Yehoshua et al.，1998）。接种前热水冲洗（62℃，20s）能诱导柚果实形成抗菌物质，从而提高果实的抗病性（Porat et al.，2000b）。另外，热处理还能够延缓编码阴离子过氧化物酶的 mRNA 的降解速率，以保持果实组织的抗病性（Lurie et al.，1997）。柑橘果实经愈伤处理（32℃，相对湿度 97%，3 天）可诱导木质素类似物的合成而增强果实的抗病性（Ben-Yehoshua et al.，1987a，1987b）。热水浸泡可有效促进绿柠檬果实木质素的合成，持续时间可长至 1 周（Nafussi et al.，2000；Ben-Yehoshua et al.，1998）。53℃热水处理 3min 能明显提高厚皮甜瓜果实多酚类物质、类黄酮及羟脯氨酸的含量（Yuan et al.，2013）。

热处理能诱导果实积累病程相关蛋白和热激蛋白。热处理能诱导柑橘果皮中几丁质酶的合成（Rodov et al.，1995），还能促进柚果实中 β-1,3-葡聚糖酶和几丁质酶的积累（Porat et al.，2000b）。热激蛋白是植物在高温胁迫下诱导产生一些特殊的蛋白质，其分子质量一般在 15~115kDa，热激蛋白的积累与植物或果实组织的抗热性相关（Sabehat et al.，1998；Howarth and Ougham，1993；Vierling，1991）。热处理诱导了番木瓜、李、苹果、番茄和梨等多种果实中不同分子质量热激蛋白的积累（Lurie，1998）。热处理（62℃，20s）及处理后挑战接种能诱导柚果皮组织中产生一系列 17~105kDa 的热激蛋白。虽然这些热激蛋白与其他植物的热激蛋白具有同源性，但其中大多数与热处理诱导柚果实的抗病性之间没有直接的相关，表明热激蛋白在果实诱导抗病性中的功能尚待揭示（Pavoncello et al.，2001）。

热处理能提高柑橘及猕猴桃果实苯丙氨酸解氨酶的活性（Ippolite et al.，1994；Golomb et al.，1984）。热处理（52℃，10min）对香蕉苯丙氨酸解氨酶活性影响不显著，但降低了果皮多酚氧化酶、过氧化物酶和超氧化歧化酶的活性，显著提高了脂氧合酶的活性（庞学群等，2008）。53℃热水处理 3min 能明显增强厚皮甜瓜果实苯丙氨酸解氨酶、过氧化物酶、多酚氧化酶、肉桂酸-4-羟化酶及 4-香豆酰辅酶 A 连接酶的活性（Yuan et al.，2013）。

三、热处理在采后病害控制中的应用

热处理已在柑橘、芒果、番木瓜、苹果、甜瓜、李、桃和油桃等多种果蔬采后病害的控制中发挥了良好的控制效果（表 9-1）。需要注意的是，热处理对采后病害的控制效果除与适宜的处理温度、时间相关之外，也与处理方法、果实组织结构、病原物侵染程度、处理前的预处理及处理后的冷却速度等密切相关（Fallik，2004）。此外，与其他方法结合可进一步增强热处理的效果。

表 9-1　热处理控制部分果蔬采后病害的方法及条件（1998 年后文献）

品名	控制的主要病害（病原物）	热处理方法	处理温度/℃	处理时间	参考文献
柑橘	绿霉病（指状青霉）	热水浸泡	45	2.5min	Larrigaudiere 等（2002）
柚（cv. Star Ruby）	绿霉病（指状青霉）	热水喷淋	59~62	20s	Porat 等（2000b）
金钱橘	绿霉病（指状青霉）	热水喷淋	58	20s	Ben-Yehoshua 等（2000）
柠檬	绿霉病（指状青霉）	热水浸泡	52~53	2min	Nafussi 等（2001）
柠檬	绿霉病（指状青霉）	热水喷淋	62.8	15s	Smilanick 等（2003）
芒果	黑斑病（互隔交链孢）	热水喷淋	43~49	65~90min	Prusky 等（1999）
甜瓜（Galia-type）	黑斑病（互隔交链孢）	热水喷淋	59	15s	Fallik 等（2000a）
橙（cv. Shamouti）	绿霉病（指状青霉）	热水喷淋	56	20s	Porat 等（2000a）
橙（cv. Tarocco）	绿霉病（指状青霉）	热水喷淋	62.8	15s	Smilanick 等（2003）
甜椒	灰霉病（灰葡萄孢）	热水喷淋	55	15s	Fallik 等（1999）
甜椒	灰霉病（灰葡萄孢）	热水浸泡	45 或 53	15min 或 4min	González-Aguilar 等（2000）
柑橘（cv. Minneola）	绿霉病（指状青霉）	热水喷淋	56	20s	Porat 等（2000a）
番茄（cv. 144 and 189）	灰霉病（灰葡萄孢）	热水喷淋	52	15s	Fallik 等（2002）；Ilic 等（2001）
番茄（cv. Sunbean）	灰霉病（灰葡萄孢）	热水浸泡	39 或 45	60min	McDonald 等（1999）
苹果	青霉病（扩展青霉）	热水喷淋	55	15s	Fallik 等（2000a，2000b）
鳄梨	炭疽病（盘长孢状刺盘孢）	热水浸泡	40~42	20~30min	Hofman 等（2002）
柚（cv. Star Ruby）	绿霉病（指状青霉）	热水喷淋	59~62	20s	Pavoncello 等（2001）；Porat 等（2000b）
李（cv. Friar）	褐腐病（果生链核盘菌）	热水浸泡	45~50	35~30min	Abu-Kpawoh 等（2002）
荔枝	炭疽病（盘长孢状刺盘孢）	热水喷淋	55	20s	Lichter 等（2000）
香蕉	炭疽病（芭蕉刺盘孢）	热水浸泡	52	10min	庞学群等（2008）
甜瓜（cv. Yindi）	粉霉病（粉红单端孢.）	热水浸泡	53	3min	Yuan 等（2013）

（一）与化学物质结合

热处理与杀菌剂结合处理，不仅可以缩短热处理的时间，减少杀菌剂的用量，还可增强杀菌剂的活性并提高其渗透速度，具有良好的协同效应。杀菌剂加热处理在控制核果类软腐病方面效果明显优于热水和杀菌剂单独处理（Jones and Burton，1973；Wells and Harvey，1970）。热处理结合杀菌剂能有效控制芒果的炭疽病，还可减轻高温对果实造成的伤害（Spalding and Reeder，1986）。热水喷淋（48~64℃）结合咪鲜胺处理及涂蜡能显著减轻由互隔交链孢引起的芒果黑斑病，并显著提高果实的商品性（Prusky et al.，1999）。抑霉唑与热水结合能有效抑制指状青霉产孢，降低葡萄柚的采后病害，显著延长果实的贮藏期（Schirra et al.，1995）。37.8℃抑霉唑浸泡显著促进了杀菌剂在柑橘果实中的积累，提高了防腐效果，其效果要优于含抑霉唑的果蜡涂膜处理（Smilanick et al.，1997）。

热处理能增强乙醇对采后病害的控制效果。与32℃、38℃或44℃热水单独处理相比，10%~20%的热乙醇处理能有效控制柠檬果实的绿霉病。当处理温度达50℃时，即使乙醇浓度较低（2.5%~5%），也能将绿霉病的发病率降至5%以下（Smilanick et al.，1995）。热乙醇处理对桃和油桃的主要采后病原物果生链核盘菌和匍枝根霉的致死速度较单独热水处理要快许多，46℃或60℃的10%的乙醇处理能显著提高对这两种病原物的致死率。同样，46℃或60℃ 10%的乙醇及46℃ 20%的乙醇处理，桃和油桃损伤接种果实褐腐病的发病率分别为83%、25%和12%，效果与杀菌剂处理相当，且对果实外观和风味未造成任何不良影响（Margosan et al.，1997）。

钙与热水复合处理也能增强热处理在保持果实硬度和控制采后病害方面的作用。45℃的热水处理虽然能降低圆盘孢引起的苹果腐烂，但会导致组织溃烂。在热水中添加 $CaCl_2$ 能有效控制果实的组织溃烂并延缓采后病害的发生（Sharples and Johnson，1976）。苹果经2%~4% $CaCl_2$ 压力渗透后再进行较长时间的热处理（38℃，4天），冷藏和货架期间的软化和腐烂率均显著降低（Conway et al.，1994）。

（二）与其他物理方法结合

热与电离辐射结合较两者单独处理能更有效的控制柑橘绿霉病、油桃褐腐病、芒果炭疽病以及番木瓜的多种采后病害（Spalding and Reeder，1986；Brodrick et al.，1976；Barkai-Golan et al.，1969；Sommer et al.，1967）。结合处理不仅减轻了采后病害，还缩短了单独处理所需的时间。需要注意的是，结合处理的效果与处理的前后顺序相关，一般热处理后24h之内再进行辐射处理效果会更好（Spalding and Reeder，1986；Barkai-Golan et al.，1969）。

热处理作为替代化学杀菌剂的果蔬采后处理方法具有安全、无农药残留及便于操作等特点。热处理通过热力的作用杀死或钝化病原菌，减少了腐烂。同时，还通过延缓果实后熟和诱导产生抗性的方式增强对病害的抵抗力。热处理可与采后商品化处理、化学药物处理及其他物理处理等结合，不但可以协同增效，而且可以降低化学药物用量和辐射剂量。热处理的效果不仅与处理温度、时间有关，而且涉及果蔬的种类、品种和成熟度，以及病原物种类和处理前后的条件等多个方面。因此，进一步扩大热处理的应用范围，筛选影响热处理效果的关键因素，探索热处理的机理，寻求热处理与其他采前和采后处理结合的途径，开发便于使用的热处理设备，以及降低处理期间的能耗仍然是今后热处理的研究和发展方向。

第二节　电离辐射

电离辐射（ionizing radiation）即利用γ射线、β射线、X射线及电子束对产品进行照射，以达到防腐保鲜目的的一种物理方法。目前以 ^{60}Co 作为辐射源的γ射线照射应用最广，其原因在于 ^{60}Co 制备相对容易，γ射线释放能量大，穿透力强，半衰期较适中。自1943年美国研究人员首次用γ射线处理汉堡包以来，辐射处理便逐步在食品加工和贮藏中应用（US FDA，2004；Molins，2001）。γ射线能够有效控制果蔬的采后病害、杀灭检疫性虫害、延缓成熟衰老、抑制发芽，在果蔬防腐保鲜中得到了广泛的研究和应用（Xiong et al.，2009；Wani et al.，2008；Alonso et al.，2007；Palou et al.，2007；Fan et al.，2003）。

一、电离辐射对病原物的抑制

电离辐射能够通过破坏细胞的遗传物质导致基因突变而引起细胞死亡，其主要作用位点是核DNA（Grecz et al.，1983）。病原物对辐射的反应受多种因素影响，不同真菌的抗辐射能力差异较大。通常，多细胞的交链孢和匍柄孢及双细胞的枝孢霉和色二孢孢子比单细胞的真菌孢子更抗γ射线（Maxie et al.，1969；Sommer et al.，1964b）。例如，2kGy的γ射线能完全抑制芭蕉刺盘孢的生长，而4kGy γ射线只能延迟龙眼可可球二孢和镰刀菌的生长。γ射线辐射对芭蕉刺盘孢和镰刀菌的致病性没有影响，但在一定程度上降低了龙眼可可球二孢的致病性（Jitareerat et al.，2005）。

电离辐射对病原物菌落生长、孢子萌发、芽管伸长和产孢能力均具有影响。0.75kGy和1kGy γ射线能有效抑制盘长孢状刺盘孢的孢子萌发和菌落生长，但促进了病原物的孢子形成（Cia et al.，2005）。辐射处理对病原真菌的抑制作用随剂量的增加而增强，相同剂量下，辐射频率会影响孢子的存活和菌落的生长。一般高频率辐射能提高处理的效果，故建议采用低剂量高频率处理（Beraha，1964）。另外，环境中的氧气浓度也会影响辐射的抑菌效果。有氧条件下将匍枝根霉孢子存活率降至1%所需的辐射剂量远远低于无氧环境下所需的剂量（Sommer et al.，1964a）。病原物的含水量也会影响其对辐射的敏感性，一般菌丝比孢子对辐射更敏感（Barkai-Golan，1992）。

辐射对果蔬组织中病原物的抑制效果与挑战接种和辐射处理之间的时间间隔有关，间隔时间越长，抑制病原物扩展所需的辐射剂量就越大。大多数采后病原物均可通过采收时造成的伤口进入组织，因此采后若不及时处理，病原物就会在果蔬体内进一步扩展，从而增加辐射控制的难度。尤其对潜伏侵染的病原物来说，若延长采收与处理的间隔时间，因果实后熟会重新激活病原物的扩展，辐射就达不到应有的效果。因此，辐射处理应在果实采后立即进行（Droby et al.，1986）。例如，接种后再进行γ射线（0.75kGy和1kGy）处理能有效减轻盘长孢状刺盘孢引起的番木瓜炭疽病，但接种前24h、48h或72h处理则对该病的控制表现无效（Cia et al.，2005）。

二、电离辐射对采后病害的影响及其机理

γ 射线因其波长短易于穿透果实组织而优于其他处理。辐射处理不仅能杀死伤口中的病原物，而且也能抑制寄主内部潜伏侵染的病原物，即使病原物开始侵染辐射处理仍然有效。由于不同果蔬对辐射的敏感性存在差异，故辐射处理的剂量主要取决于产品对辐射强度的耐受性，而非取决于抑制病原物所需的剂量（Barkai-Golan，2001）。大多果蔬对致死病原物的辐射剂量均较为敏感，故通常采用亚致死剂量处理，通过抑制真菌的生长、推迟病害的潜育期而延长产品的采后寿命。辐射处理对控制采后寿命较短的果实腐烂较为有效。例如，采用低剂量（2kGy）辐射处理草莓，不但能很好地抑制采后腐烂，而且也能有效维持果实的维生素 C 含量（Barkai-Golan et al.，1971）。同时，用 2kGy 的剂量辐射草莓，可使灰霉病的症状由原来的 3 天出现延长至 10 天。此外，处理后存活病原物的生长速率也明显降低。在对草莓进行商业化处理时发现，辐射可使草莓夏季常温下的货架期延长 3~12 天，2℃下延长至 50 天（Du Venage，1985）。

用 1~4kGy 的剂量辐射成熟的葡萄柚，果皮中会积累 7-羟基-6-甲氧基香豆素、异东莨菪醇和二甲基氧香豆素等抗菌物质。此外，辐射还提高了苯丙氨酸解氨酶的活性，促进了酚类物质的积累，从而抑制了病原物的扩展（Riov，1975）。然而，当用控制马铃薯块茎发芽的辐射剂量（100Gy）和延长番茄货架期的辐射剂量（3kGy）分别处理马铃薯和番茄时发现，马铃薯块茎中的抗菌物质日齐素和鲁比米素，以及番茄果实中的日齐素含量会降低（El-Sayed，1978）。

低剂量的辐射处理还能延缓果蔬的后熟和衰老进程，维持果实组织固有的抗病性而减轻采后病害的发生（Barkai-Golan，2001）。50~850Gy γ 射线辐射处理能有效地抑制芒果、番木瓜、香蕉及其他热带和亚热带果实的后熟而维持果实的抗病性（Barkai-Golan，1992）。用 220Gy 辐射处理绿熟芒果能将炭疽病和茎端腐的症状出现时间延迟 3~6 天，且对果实外观不会造成任何不良影响（Alabastro et al.，1978）。同样，用 50~370Gy 处理可通过延缓香蕉果实的后熟而降低炭疽病的发生，但高剂量处理会导致果皮褐变（Alabastro et al.，1978）。

三、与其他方法的结合

γ 射线辐射与热水浸泡在控制多种采后病害方面不仅具有协同效应，而且能明显降低单独辐射处理的剂量（Barkai-Golan et al.，1977）。在辐射处理前进行热处理效果会更好，因为高温能增强孢子对辐射的敏感性（Sommer et al.，1967）。热水（52℃，5min）和 γ 射线（0.5kGy）复合处理能使柑橘绿霉病的症状出现时间延迟 33~40 天（Barkai-Golan et al.，1969）。辐射（0.75kGy）结合常规的热水处理（50℃，10min）能使番木瓜的货架期延长 9 天，远优于热水单独处理（Brodrick and Thomas，1978）。热水处理（55℃，5min）和辐射（0.75kGy）结合可有效控制芒果的炭疽病及其他采后病害，同时，还能减轻象鼻虫的危害（Brodrick and Thomas，1978）。单独热水（46℃，10min）处理虽能抑制李和油桃的采后病原物生长，但会造成果实伤害，单独辐射（2kGy）处理会使果实软化。而

热水处理（42℃，10min）和低剂量的辐射（0.75~1.5kGy）结合能有效控制果生链核盘菌、匐枝根霉和灰葡萄孢对果实的侵染，对果实的质地、风味和味觉也没有显著的影响（Brodrick et al.，1985）。热水（50℃，2min）和低剂量的辐射（0.5kGy）复合处理能完全控制番茄的黑斑病，但各自单独处理均会加速果实的软化（Barkai-Golan et al.，1993）。另外，γ 射线结合紫外照射还能有效控制疫霉和刺盘孢等对 γ 射线敏感的病原真菌，明显降低辐射剂量（Moy et al.，1978）。

辐射与杀菌剂结合可以降低辐射剂量和杀菌剂的用量，由于这两种处理所抑制的病原物种类不同，因而复合处理能扩大抑菌谱（Barkai-Golan，1992）。低剂量的辐射、温和的热水及杀菌剂三者复合处理较任何两者结合更能有效地发挥作用。例如，热水（50℃，10min）、辐射（0.5kGy）和苯莱特（250ppm）依次连续处理能有效地抑制苹果的青霉病（Roy，1975）；辐射（200Gy）、联苯（15mg/果实）和热水（52℃，5min）复合处理同热处理与辐射或联苯与辐射结合处理相比，能显著延缓甜橙绿霉病的症状出现时间（Barkai-Golan et al.，1977）。加热的苯莱特复合低剂量辐射（0.3~1.2kGy）对控制芒果的采后病害也非常有效（Johnson et al.，1990）。另外，1.5~1.7kGy 的 γ 射线结合低温贮藏（3℃±1℃，相对湿度 80%）显著推迟了巴梨的后熟，果实贮藏 45 天无腐烂发生（Wani et al.，2008）。

电离辐射属于冷处理技术，无需提高果蔬的温度，具有安全、节能的特点。电离辐射杀菌效果好，并能最大限度地保持果蔬风味。辐射还可对已包装的果蔬进行处理，可避免采后处理过程中可能出现的交叉污染。但电离辐照的效果不仅受果蔬种类及品种、成熟度及含水量等内部因素的影响，也受辐射剂量、贮藏温度、辐照介质等外部因素的影响。因此，需要根据各种果蔬的特点对辐射处理进行系统深入的研究，开发便于进行采后处理的辐照设备，促进电离辐照在采后病害控制中的规模化应用。

需要注意的是，FAO、WHO 和国际原子能机构（IAEA）三个权威国际机构根据长期以来毒理学、营养学、辐射化学及微生物学的分析认为，当辐射总平均剂量不超过 10kGy 时对食品安全不存在毒理学危害。但较高剂量辐射处理会对果蔬产品造成伤害，影响其风味和商品价值，因而要提高辐照处理的效果，应考虑与热处理、化学药物、低温等采后处理技术的结合，以减少辐照剂量，维持处理果蔬的品质和安全。

第三节 紫外线照射

紫外线常被分为短波紫外线（UV-C，波长小于 280nm）、中波紫外线（UV-B，波长 280~320nm）和长波紫外线（UV-A，波长 320~390nm）三种。长期以来人们一直将紫外线处理视作一种杀菌消毒方法。然而，20 世纪 90 年代研究人员发现，果蔬经低剂量的短波紫外线（UV-C）照射后，贮藏期间的腐烂率可明显降低，其机理与诱导果蔬自身的抗病性密切相关（Wilson and El-Ghaouth，1994）。UV-C 的辐照源采用普通低压汞蒸汽紫外线放电杀菌灯，灯管直径 2.5cm，长 88cm，输出功率 30W，电流强度 0~36A，灯管最大垂直辐照强度为 2.66mW/（$cm^2 \cdot s$），约 95%的紫外光在 254nm 波长处发射波能。将欲处理的果蔬置于紫外灯下方约 10cm 处，用数字式辐照计可测得此距离的紫外场强度。辐照处理期间产品的体位可取果蒂向上或随意摆放处理。根据一定辐照强度下处理时间的长短来确定对产品的辐射剂量（毕阳，1996）。

一、UV-C 照射对采后病害的控制

UV-C 控制采后病害的报道多集中于柑橘（D'Hallewin et al.，2000；Droby et al.，1993；Chalutz，1992）、苹果（Capdeville et al.，2002）、桃（Stevens and Khan，1998；Lu，1993）、葡萄（Nigro et al.，1998）、芒果（吴建生等，2011）、草莓（Marquenie，2003；Marquenie et al.，2002；Nigro et al.，2000）、蓝莓（Penelope et al.，2008）、番茄（Liu et al.，1993）、辣椒（Vicente et al.，2005；Mercier et al.，1993）、洋葱（Lu，1987）、胡萝卜（Mercier et al.，1993）、甘薯（Stevens and Khan，1990）、马铃薯（Ranganna et al.，1997；Ranganna et al.，1995）、蘑菇（Hui et al.，1998）等果蔬。UV-C 的照射剂量因产品种类和品种而异，所应注意的是，辐照剂量的大小与产品腐烂率的高低之间无线性关系。例如，葡萄柚经 3.2kJ/m^2 照射后 24h 损伤接种指状青霉，1 周后损伤接种的发病率为 13%，而经 1.6kJ/m^2 和 16kJ/m^2 照射后同样处理者的发病率分别高达 60%和 55%（Droby et al.，1993）。

UV-C 与其他防腐方法结合使用可以取得更好的协同效果。例如，UV-C 处理与拮抗酵母汉逊德巴利酵母结合，可有效抑制桃的褐腐病、柑橘的绿霉病，以及番茄和甘薯的软腐病（Stevens et al.，1997）。UV-C 与热水结合，可有效地控制草莓和甜樱桃的灰霉病和褐腐病（Jerónimo et al.，2004）。采前壳聚糖处理结合采后 UV-C 辐照可显著降低葡萄的灰霉病（Romanazzi，2006）。

二、影响 UV-C 照射效果的因素

UV-C 的处理效果受果蔬种类、品种、成熟度、病原物种类、剂量、辐照后贮藏温度等诸多因素的影响。

（一）果蔬种类、品种及病原物

控制采后病害的 UV-C 照射剂量因果蔬种类的不同而存在差异，这种差异甚至可在同一产品的不同品种中有所表现。例如，“Gorgia Jet”甘薯经 3.6kJ/m^2 处理后腐烂率最低，而“Jewel”甘薯则须经 4.8kJ/m^2 处理后才能达到最佳的防腐效果（Stevens and Khan，1990）。同一种果蔬抗病性强的品种往往表现出对 UV-C 照射的良好反应，而抗病性弱的品种辐照后的效果一般。此外，引起同一产品腐烂的不同病原物及引起不同产品腐烂的同一病原物对辐照剂量的反应也表现出一定程度的差异。

（二）产品的成熟度

产品的成熟度越高，UV-C 所诱导的抗病性反应也就越弱。辐照处理绿熟期和破色期番茄果实，其贮藏期间软腐病和灰霉病的发病率及病斑直径明显低于同样处理的粉色期及红色期番茄。而红色期番茄经处理后 24h 接种匍枝根霉，其损伤接种的侵染率及病斑直径与未经处理的对照相比没有显著差异（Liu et al.，1993）。不同生长时期采收的葡萄柚不仅 UV-C 处理后接种指状青霉的发病率由 11 月份采收的 0%逐渐增至翌年 2 月份采

收的 35%（在此期间，相应对照果实的损伤接种发病率均在 90%~95%），而且不同的采收成熟度对辐照处理的剂量反应也无一致的表现。11 月份采收者产生最大抗性反应的辐照剂量为 4.8kJ/m^2，12 月份和翌年 1 月份采收者分别降为 1.6kJ/m^2 和 3.2kJ/m^2，翌年 2 月份采收的葡萄柚须经 8kJ/m^2 辐照才能产生最大的抗性反应（Droby et al.，1993）。

（三）辐照后产品的贮藏温度

UV-C 辐照后产品的贮藏温度对其体内抗病力的影响很大，但温度的高低与产品抗病力的强弱之间似乎也没有明显的关系。例如，葡萄柚经 6.4kJ/m^2 处理后在 6℃下贮藏 24h，然后接种指状青霉，1 周后损伤接种果实的发病率高达 97%，与同样条件下的对照相近。但若将上述剂量处理的葡萄柚在 11℃、17℃和 20℃条件下贮藏同样时间，然后接种同一病原物，1 周后损伤接种的侵染率则分别降至 6%、10%和 6%。值得注意的是，经 25℃贮藏的葡萄柚，其损伤接种的发病率反而增至 23%（Droby et al.，1993）。上述各温度条件下相应对照的损伤接种发病率均为 95%~100%。

（四）可见光

紫外线对植物 DNA 的损害具有光恢复特性，UV-C 照射果蔬引起的褐变及抗病性也具有光恢复特性。桃 UV-C 处理后置于可见光下，则处理与对照之间发病率无明显差异，而置于黑暗条件下的处理果实发病率则显著降低（荣瑞芬和冯双庆，2000）。

（五）出现最大抗性的时间

UV-C 照射后果蔬体内抗病性会明显增强（Wilson and El-Ghaouth，1994）。但出现最强抗病性的时间依不同产品种类及病害而异（Charles et al.，2011），如 UV-C 照射后桃对褐腐病及番茄对软腐病的最大抗性出现在处理后的 48~72h（Lu，1993；Liu et al.，1993），葡萄柚对绿霉病的最大抗性出现在辐照后的 24~48h（Droby et al.，1993），而甘薯对黑斑病的最大抗性则发生在处理后的 1~7 天（Stevens and Khan，1990）。

三、UV-C 处理的作用机理

UV-C 对果蔬采后病害的抑制作用主要包括诱导抗病性、延缓成熟衰老和直接杀菌三个方面（Corcuff et al.，2012）。

（一）诱导抗病性

UV-C 处理可诱导植保素的合成（Rong and Feng，2001；D'Hallewin et al.，2000；Rodov et al.，2000；Mercier et al.，1993）。UV-C 照射增加胡萝卜抗性的同时也诱导了 6-甲氧嘧呤的合成（Afek et al.，1995）。甜橙外果皮中的二甲基氧香豆素和东莨菪苷原含量会因 UV-C 辐照而增加（D'Hallewin et al.，2000；Rodov et al.，1992）。UV-C 可促进抗性基因的表达，提高多种抗性酶的活性（Liu et al.，2011；Pombo et al.，2011）。例如，UV-C 诱导的柑橘苯丙氨酸解氨酶和过氧化物酶活性增加与产品抗病性的增强相关（Chalutz，1992；Droby et al.，1993）。绿熟番茄经 UV-C 照射后，果皮中过氧化物酶、多酚氧化酶和苯丙氨酸解氨酶活性明显升高（荣瑞芬和冯双庆，2003）。UV-C 还可诱导果蔬体内几丁质酶和 β-1,3-葡聚糖酶活性的提高（El Ghaouth et al.，2003；Porat et al.，1999）。UV-C 会促进果蔬形成物理屏障，以阻止病原物的入侵。例如，UV-C 会使番茄外果皮和中果皮组织的细胞壁形成木质化和木栓化的堆积（Charles et al.，1996）。在葡萄上也可以观察到类似的现象（Rong and Feng，2001）。

（二）延缓成熟与衰老

UV-C 照射可延缓多种果蔬的成熟与衰老进程（Costa et al.，2006；Liu et al.，1993）。主要表现为抑制呼吸速率和乙烯的释放（Maharaj et al.，1999；Liu et al.，1993）、降低细胞壁降解酶的活性（Barka et al.，2000；Wilson，1993；El Ghaouth et al.，1992）、诱导多胺的合成（Maharaj et al.，1999；Stevens and Khan，1998）等方面。由于 UV-C 延缓了果蔬的成熟与衰老，从而维持了产品自身的抗病性，减轻了采后病害的发生（Obande et al.，2011）。

（三）直接抑菌

UV-C 属于非电离辐照，仅能穿透寄主表面 50~300nm 厚的数层细胞。因此，UV-C 一直被用于直接杀菌和诱变处理。UV-C 可破坏病原物 DNA 的结构，干扰细胞的分裂，导致蛋白质变性，引起膜的透性增大，导致膜内离子、氨基酸和碳水化合物的外渗。由于大部分微生物不能对 UV-C 造成的损伤进行修复，进而导致死亡的发生（Stapelton，1992）。

虽然 UV-C 可通过诱导抗性、延缓衰老、直接抑菌等作用减轻采后病害的发生，但其处理效果还远不及化学杀菌剂。因此，如要提高 UV-C 采后防腐的效果，还需考虑与其他方法的结合。虽然已有较多的报道表明 UV-C 对一些采后病害具有一定的控制作用，但供试的产品种类和病害种类仍很有限，影响处理效果的因素又较多，所以还需要进一步扩大处理产品和病害的范围，确定照射剂量和影响处理效果的采前和采后关键因素，深入探讨 UV-C 处理的作用机理，评价处理对产品品质和货架期的影响，开发便于使用的设备。从目前的研究结果分析，UV-C 只是诱导了产品的局部抗性，所以对于个体较大的产品来说会存在照射剂量不均的问题，也需要进一步研究解决。同其他采后处理方法相比，UV-C 具有简便、安全、经济的特点，将有可能成为减少采后腐烂、延长采后寿命的一项新技术。

采后病害的物理控制方法还有减压处理（hypobaric treatment），该处理能显著抑制甜樱桃的灰霉病和褐腐病，草莓的灰霉病和软腐病，以及葡萄的灰霉病（Hashmi et al.，2013；Romanazzi et al.，2001）。由于减压处理对灰葡萄孢和核果链核盘菌的菌落生长无影响，故认为该处理可能是通过诱导果蔬抗性而抵御病原物的侵染（Romanazzi et al.，2001）。此外，激光照射也可增强果实对病原物的抗性（Gonzálvez et al.，2013）。

参 考 文 献

毕阳. 1994. 采后热处理对果蔬腐烂的控制. 食品科学, 1: 10-14.
毕阳. 1996. 采后短波紫外线照射对果蔬腐烂的控制. 食品科学, 17: 58-61.
陈金印, 吴友根. 2003. 采后热处理与果实贮藏. 植物生理学通讯, 39: 83-88.

程海慧, 陈维信, 刘爱媛. 2005. 热处理对四种果实上炭疽菌的抑制作用及防治效果. 西南园艺, 33: 4-6, 8.

庞学群, 黄雪梅, 李军, 等. 2008. 热水处理诱导香蕉采后抗病性及其对相关酶活性的影响.农业工程学报, 24: 221-225.

荣瑞芬, 冯双庆. 2000. 短波紫外线照射采后果蔬诱导抗病性. 中国果菜, 3: 25-26.

吴建生, 姚勇芳, 于新. 2011. 芒果热激及 UV-C 诱抗作用与机理探讨. 中国食品学报, 11: 67-73.

张维一, 毕阳. 1996. 果蔬采后病害与控制. 北京: 中国农业出版社.

Abu-Kpawoh J C, Xi Y F, Zhang Y Z, et al. 2002. Polyamine accumulation following hot-water dips influences chilling injury and decay in 'Friar' plum fruit. Journal of Food Science, 67: 2649-2653.

Afek U, Aharoni N, Carmeli S. 1995. Increasing celery resistance to pathogens during storage and reducing high-risk psoralen concentration by treatment with GA_3. Journal of the American Society for Horticultural Science, 120: 562-565.

Alabastro E F, Pineda A S, Pangan A C, et al. 1978. Irradiation of fresh Cavendish bananas(*Musa cavendishii*)and mangoes(*Mangifera indica* Linn var. *carabao*). The microbiological aspect. *In*: Gottschalk H M. Food Preservation by Irradiation. Vienna: International Atomic Energy Agency, 283-303.

Alonso M, Palou L, Delrio M A, et al. 2007. Effect of X-ray irradiation on fruit quality of clementine mandarin cv. 'Clemenules'. Radiation Physics and Chemistry, 76: 1631-1635.

Bai J, Mielke E A, Chen P M, et al. 2006. Effect of a high-pressure hot-water washing system on fruit quality, insects, and disease in apples and pears. Part I. System description. Postharvest Biology and Technology, 40: 207-215.

Baker J E, Smith W L. 1970. Heat-induced ultrastructural changes in germinating spores of *Rhizopus stolonifer* and *Monilinia fructicola*. Phytopathology, 60: 869-874.

Barka E A, Kalantari S, Makhlouf J, et al. 2000. Impact of UV-C irradiation on the cell wall-degrading enzymes during ripening of tomato(*Lycopersicon esculentum* L.)fruit. Journal of Agricultural and Food Chemistry, 48: 667-671.

Barkai-Golan R, Ben-Yehoshua S, Aharoni N. 1971. The development of *Botrytis cinerea* irradiated strawberries during storage. International Journal of Applied Radiation and Isotopes, 20: 577-583.

Barkai-Golan R, Kahan R S, Padova R, et al. 1977. Combined treatments of heat or chemicals with radiation to control decay in stored fruits. Biological Science. Proc. Workshop on The Use of Ionizing Radiation in Agriculture, Wageningen, EUR 5815EN, 157-169.

Barkai-Golan R, Kahan R S, Padova R.1969. Synergistic effects of gamma radiation and heat on the development of *Penicillium digitatum in vitro* and in stored citrus fruits. Phytopathology, 59: 922-924.

Barkai-Golan R, Padova R, Ross I, et al. 1993. Combined hot water and radiation treatments to control decay of tomato fruits. Scientia Horticulturae, 56: 101-105.

Barkai-Golan R, Phillips D J. 1991. Postharvest heat treatment of fresh fruits and vegetables for decay control. Plant Disease, 75: 1085-1089.

Barkai-Golan R. 1972. Survival and pathogenicity of dry and wet *Penicillium digitatum* spores as affected by heat. Proc.Ⅲ. Oeiras: Congress of the Mediterranean Phytopathological Union, 59-61.

Barkai-Golan R. 1973. Postharvest heat treatment to control *Alternaria tenuis* Auct. rot in tomato. Phytopathologia Mediterranea, 12: 108-111.

Barkai-Golan R. 1992. Suppressing of postharvest pathogens of fresh fruits and vegetables by ionizing radiation. *In*: Rosenthal I. Electromagnetic Radiation in Food Science. Heidelberg: Springer-Verlag, 155-193.

Barkai-Golan R. 2001. Postharvest Diseases of Fruits and Vegetables: Development and Control. Amsterdam: Elsevier Science B.V.

Ben Yehoshua S, Peretz J, Rodov V, et al. 2000. Postharvest application of hot water treatment in citrus fruit: the road from the laboratory to the packing-house. Acta Horticulturae, 518: 19-28.

Ben-Yehoshua S, Barak S, Shapiro B. 1987a. Postharvest curing at high temperature reduces decay of individual sealed lemons, pomelos, and other citrus fruits. Journal of the American Society for Horticultural Science, 112: 658-663.

Ben-Yehoshua S, Shapiro B, Moran R. 1987b. Individual seal packaging enables the use of curing at high temperatures to reduce decay and heal injury of citrus fruits. HortScience, 22: 777-783.

Ben-Yehoshua S, Nafussi B, Peretz J, et al. 1998. Mode of action of heat treatments of citrus fruits in reducing decay. COST 98 Meeting, Madrid, Spain.

Ben-Yehoshua S, Rodov V, Fang D Q, et al. 1995. Preformed antifungal compounds of citrus fruit: effects of postharvest treatments with heat and growth regulators. Journal of Agricultural and Food Chemistry, 43: 1062-1066.

Beraha L. 1964, Influence of radiation dose rate on decay of citrus, pears, peaches and on *Penicellium italicum, Botrytis cinerea in vitro*. Phytopathology, 54: 755-759.

Brodrick H T, Thomas A C, Visser F, et al. 1976. studies on the use of gamma irradiation and hot water treatments for shelf-life extension of papayas. Plant Disease Report, 60: 749-753.

Brodrick H T, Thomas A C. 1978. Radiation preservation of subtropical fruits in South Africa. *In*: Gottschalk H M. Food Preservation by Irradiation, Vol. Ⅰ. Int. Vienna: Atomic Energy Agency, 167-178.

Brodrick H T, Thord-Gray R S, Strydom G J. 1985. Post-harvest control of plums and nectarines with radurisation treatment

Vol. 2. Pretoria: SAFOST '85 Cong, 391-398.

Capdeville G, Wilson C L, Beer S V. 2002. Alternative disease control agents induce resistance to blue mold in harvested 'Red Delicious' apple fruit. Phytopathology, 92: 900-908.

Castejon-Munoz M, Bollen G J. 1993. Induction of heat resistance in *Fusarium oxysporum* and *Verticillium dahliae* caused by exposure to sublethal heat treatments. Netherlands Journal of Plant Pathology, 99: 77-84.

Chalutz E. 1992. UV-induced resistance to postharvest diseases of citrus fruits. Phytochemistry and Phytobiology, 15: 367-374.

Charles M T, Benhamou N, Arul J. 1996. Induction of resistance to grey mold in tomato fruits by UV light. IFT annual meeting: book of abstracts, 98.

Charles MT, Arul J, Benhamou N. 2011. UV-C-induced disease resistance in tomato fruit is a multi-component and time-dependent system, *In*: Wisniewski M, Droby S. International Symposium on Biological Control of Postharvest Diseases: Challenges and Opportunities. 251-260.

Cia P, Pascholati S F, Benato E A, et al. 2005. Effects of gamma and UV-C irradiation on the postharvest control of papaya anthracnose. Postharvest Biology and Technology, 43: 366-373.

Conway W S, Sams C E, Wang C Y, et al. 1994. Additive effects of postharvest calcium and heat treatment on reducing decay and maintaining quality in apples. Journal of the American Society for Horticultural Science, 119: 49-53.

Corcuff R, Muvunyi R, Bourget S, et al. 2012. UV-C induced disease resistance and delayed ripening in tomato fruit with prior exposure to selected storage stresses. *In*: Cantwell M I, Almeida D P F. xxviii International Horticultural Congress on Science and Horticulture for People, 1235-1238.

Costa L, Vicente A R, Civello P M, et al. 2006. UV-C treatment delays postharvest senescence in broccoli florets. Postharvest Biology and Technology, 39: 204-210.

D'Hallewin G, Schirra M, Manueddu E. 2000. Scoparone and scopoletin accumulation and ultraviolet-C induced resistance to postharvest decay in oranges as influenced by harvest date. Journal of the American Society for Horticultural Science, 124: 702-707.

Droby S, Chalutz E, Horev B. 1993. Factors affecting UV-induced resistance in grapefruit against the green mould decay caused by *Penicillium digitatum*. Plant Pathology, 42: 418-424.

Droby S, Prusky D, Jacoby B, et al. 1986. Presence of an antifungal compound in the peel of mango fruit and their relation to latent infection of *Alternaria alternata*. Physiological and Molecular Plant Pathology, 29: 173-183.

Du Venage C A. 1985. Strawberry radurisation on a commercial scale. Pretoria: SAFOST '85 Cong, 2: 463-467.

Edney K L, Burchill R T. 1967. The use of heat to control the rotting of Cox's. Orange Pippin apples by *Gloeosporium* sp. Annals of Applied Biology, 59: 389-400.

El Ghaouth A, Wilson C L, Callahan A M. 2003. Induction of chitinase, β-1, 3-glucanase, and phenylalanine ammonialyase in peach fruit by UV-C treatment. Biological Control, 93: 349-355.

El Ghaouth A.1992. Potential use of chitosan in postharvest preservation of fresh fruits and vegetables, p50. Proc. Int. Symp. Physiol. Basis Postharvest Technol. University of California, Davis.

El-Sayed SA. 1978. Phytoalexins as possible controlling agents of microbial spoilage of irradiated fresh fruit and vegetables during storage. *In*: Gottschalk H M. Food Preservation by Irradiation. Vienna: International Atomic Energy Agency, 179-193.

Fallik E, Aharoni Y, Copel A, et al. 2000a. A short hot water rinse reduces postharvest losses of Galia melon. Plant Pathology, 49: 333-338.

Fallik E, Tuvia-Alaklai S, Copel A, et al. 2000b. A short hot water rinse and brushes: a technology to reduce postharvest losses. Acta Horticulturae, 553: 413-417.

Fallik E, Aharoni Y, Yekutieli O, et al. 1996a. A method for simultaneously cleaning and disinfecting agricultural produce. Israel Patent Application No. 116965.

Fallik E, Grinberg S, Alkalai S, et al. 1996b. The effectiveness of postharvest hot water dips on the control of gray and black mould in sweet red pepper(*Capsicum annuum*). Plant Pathology, 45: 644-649.

Fallik E, Grinberg S, Alkalai S, et al. 1999. A unique rapid hot water treatment to improve storage quality of sweet pepper. Postharvest Biology and Technology, 15: 25-32.

Fallik E, Grinberg S, Gambourg M, et al. 1995. Prestorage heat treatment reduces pathogenicity of *Penicillium expansum* in apple fruit. Plant Pathology, 45: 92-97.

Fallik E, Ilic Z, Tuvia-Alkalai S, et al. 2002. A short hot water rinsing and brushing reduces chilling injury and enhance resistance against *Botrytis cinerea* in fresh harvested tomato. Advance in Horticulture Science, 16: 3-6.

Fallik E, Klein J D, Grinberg S, et al. 1993. Effect of postharvest heat treatment of tomatoes on fruit ripening and decay caused by *Botrytis cinerea*. Plant Disease, 77: 985-988.

Fallik E. 2004. Prestorage hot water treatments(immersion, rinsing and brushing). Postharvest Biology and Technology, 32: 125-134.

Fan X, Niemira B A, Sokorai K J B. 2003. Sensorial, nutritional and microbiological quality of fresh cilantro leaves as influenced by ionizing radiation and storage. Food Research International, 36: 713-719.

Golomb A, Ben-Yehoshua S, Sarig Y. 1984. High density polyethylene wrap enhances wound healing and lengthens shelf life of grapefruit. Journal of the American Society for Horticultural Science, 109: 155-159.

González-Aguilar G A, Gayosso L, Cruz R, et al. 2000. Polyamines induced by hot water treatments reduce chilling injury and decay in pepper fruit. Postharvest Biology and Technology, 18: 19-26.

Gonzálvez A G, Jimenez J B, Urena A G. 2013. Fruit-enhanced resistance to microbial infection induced by selective laser excitation. Journal of Spectroscopy, 1: 101-109.

Grecz N, Rouley D B, Matsuyama A. 1983. The action of radiation on bacteria and viruscs. In: Josephson E S, Peterson M S. Preservation of Food by Ionizing Radiation. Vol Ⅱ. Boca Raton: CRC Press, 167-218.

Hallman G J, Armstrong J W. 1994. Heat air treatment. *In*: Sharp J L, Hallman G J. Quarantine Treatment for Pests of Food Plants. Denver: Westview Press, 149-163.

Hansen J D, Heidt M L, Neven L G, et al. 2006. Effect of a high-pressure hot water washing system on fruit quality, insects, and disease in apples and pears. PartⅢ: Use of silicone-based materials and mechanical methods to eliminate surface pests. Postharvest Biology and Technology, 40: 221-229.

Hashmi M S, East A R, Palmer J S, et al. 2013. Pre-storage hypobaric treatments delay fungal decay of strawberries. Postharvest Biology and Technology, 77: 75-79.

Hofman P J, Stubbings B A, Adkins M F, et al. 2002. Hot water treatments improve 'Hass' avocado fruit quality after cold disinfestation. Postharvest Biology and Technology, 24: 183-192.

Howarth C J, Ougham H J. 1993. Gene expression under temperature stresses. New Phytologist, 125(1): 1-26.

Hui Y T, Pei R C, Jeng L M. 1998. Effect of ultraviolet-C irradiation on stored quality of *Agaricus bisporus* and *A. bitorquis* mushrooms. Food Science, Taiwan, 25: 93-103.

Ilic Z, Polevaya Y, Tuvia-Alkalai S, et al. 2001. A short prestorage hot water rinse and brushing reduces decay development in tomato, while maintaining its quality. Tropical Agriculture Research Extension, 4: 1-6.

Ippolite A, El Ghaouth A, Wilson C L, et al. 1994. Improvement of kiwifruit resistance to *Botrytis* storage rot by curing. Phytopathologia Mediterranea, 33: 132-136.

Jacob K K, MacRae E A, Hetherington S E. 2001. Postharvest heat disinfestation treatments of mango fruit. Scientia Horticulturae, 89: 171-193.

Jerónimo P, Vicente A R, Martínez G A, et al. 2004. Combined use of UV-C irradiation and heat treatment to improve postharvest life of strawberry fruit. Journal of the Science of Food and Agriculture, 8: 1831-1838.

Jitareerat P, Kriratikron W, Phochanachai S, et al. 2005. Effects of gamma irradiation on fungal growths and their pathogenesis on banana cv. 'Kluai Kai'. International Symposium "New Frontier of Irradiated Food and Non-Food Products"22-23 September KMUTT, Bangkok, Thailand.

Johnson G, Boag T S, Cook A W, et al. 1990. Interaction of post-harvest disease control treatments and gamma irradiation on mangoes. Annals of Applied Biology, 116: 245-257.

Jones A L, Burton C. 1973. Heat and fungicide treatments to control postharvest brown rot of stone fruit. Plant Disease Report, 57: 62-66.

Klein J D, Conway W S, Whitaker B D, et al. 1997. *Botrytis cinerea* decay in apples is inhibited by postharvest heat and calcium treatments. Journal of the American Society for Horticultural Science, 122: 91-94.

Klein J D, Lurie S. 1991. Postharvest heat treatment and fruit quality. Postharvest News and Information, 2: 15-19.

Larrigaudiere C, Pons J, Torres R, et al. 2002. Storage performance of clementines treated with hot water, sodium carbonate and sodium bicarbonate dips. Journal of Horticultural Science and Biotechnology, 77: 314-319.

Lichter A, Dvir O, Rot I, et al. 2000. Hot water brushing: an alternative method to SO_2 fumigation for color retention of litchi fruit. Postharvest Biology and Technology, 18: 235-244.

Liu C H, Cai L Y, Han X X, et al. 2011. Temporary effect of postharvest UV-C irradiation on gene expression profile in tomato fruit. Gene, 486: 56-64.

Liu J, Stevens C, Khan V A. 1993. Application of ultraviolet-C light on storage rots and ripening of tomatoes. Journal of Food Protection, 56: 868-872.

Liu J, Sui Y, Wisniewski M, et al. 2012. Effect of heat treatment on inhibition of *Monilinia fructicola* and induction of disease resistance in peach fruit. Postharvest Biology and Technology, 65: 61-68.

Lu J Y. 1987. Gamma electron beam and UV radiation on control of storage rots and quality of Walla Walla onions. Journal of Food Processing and Preservation, 12: 53-62.

Lu J Y. 1993. Low dose UV and gamma radiation on storage rot and physiochemical changes in peaches. Journal of Food Quality, 16: 301-309.

Lurie S, Fallik E, Handros A, et al. 1997. The involvement of peroxidase in resistance of *Botrytis cinerea* in heat treated fruit. Molecular Plant Pathology, 50: 141-149.

Lurie S. 1998. Postharvest heat treatments. Postharvest Biology and Technology, 14: 257-269.

Maharaj R, Arul J, Nadeau P. 1999. Effect of photochemical treatment in the preservation of fresh tomato(*Lycopersicon esculentum* cv. Capello)by delaying senescence. Postharvest Biology and Technology, 15: 13-23.

Margosan D A, Phillips D J. 1990. Ultrastructural changes in dormant *Monilinia fructicola* conidia with heat treatment.

Phytopathology, 80: 1052.

Margosan D A, Smilanick J L, Simmons G F, et al. 1997. Combination of hot water and ethanol to control postharvest decay of peaches and nectarines. Plant Disease, 81: 1405-1409.

Marquenie D, Schenk A, Nicolai B. 2002. Use of UV-C and heat treatment to reduce storage rot of strawberry. Acta Horticulturae, 567: 779-782.

Marquenie D. 2003. Pulsed white light in combination with UV-C and heat to reduce storage rot of strawberry. Postharvest Biology and Technology, 28: 455-457.

Maxie E C, Sommer N F, Eaks I L. 1969. Effect of gamma radiation on citrus fruit. Proceedings of the First International Citrus Symposium, Vol. 3, 1375-1387.

McDonald R E, McCollum T G, Baldwin E A. 1999. Temperature of hot water treatments influences tomato fruit quality following low-temperature storage. Postharvest Biology and Technology, 16: 147-155.

Mercier J, Arul J, Julien C. 1993. Effect of UV-C on phytoalexin accumulation and resistance to *Botrytis cinerea* in stored carrots. Phytopathology, 139: 2587-2589.

Molins R A. 2001. Food Irradiation: Principles and Applications. New York: Wiley Interscience.

Moy J H, McElhaney T, Matsuzaki C, et al. 1978. Combined treatment of UV and gamma-radiation of papaya for decay control. Proceeding of International Symposium on Food Preservation Irradiation, Vol.I. STl/PUB/470, IAEA, Vienna, 361-368.

Nafussi B, Ben-Yehoshua B, Rodov V, et al. 2001. Mode of action of hot-water dip in reducing decay of lemon fruit. Journal of Agricultural and Food Chemistry, 49: 107-113

Nafussi B, Ben-Yehoshua S, Rodov V, et al. 2000. Mode of action of hot water dip in reducing decay in lemon fruit. Proceeding of International Symposium on Postharvest 2000. March 26-31, Jerusalem, Israel.

Neven L G, Hansen J D, Spotts R A, et al. 2006. Effect of a high-pressure hot water washing system on fruit quality, insects, and disease in apples and pears. PartⅣ: use of silicone-based materials and mechanical methods to eliminate surface arthropod eggs. Postharvest Biology and Technology, 40: 230-235.

Nigro F, Ippolito A, Lattanzio V. 2000. Effect of ultraviolet-C light on postharvest decay of strawberry. Plant Pathology, 82: 29-37.

Nigro F, Ippolito A, Lima G. 1998. Use of UV-C light to reduce *Botrytis* storage rot of table grapes. Postharvest Biology and Technology, 13: 171-181.

Obande M A, Tucker G A, Shama G. 2011. Effect of preharvest UV-C treatment of tomatoes(*Solanum lycopersicon* Mill.)on ripening and pathogen resistance. Postharvest Biology and Technology, 62: 188-192.

Palou L, Marcilla A, Rojas-Argudo C, et al. 2007. Effects of X-ray irradiation and sodium carbonate treatments on postharvest *Penicillium* decay and quality attributes of clementine mandarins. Postharvest Biology and Technology, 46: 252-261.

Paull R E, Chen N J. 2000. Heat treatment and fruit ripening. Postharvest Biology and Technology, 21: 21-37.

Pavoncello D, Lurie S, Droby S, et al. 2001. A hot water treatment induces resistance to *Penicillium digitatum* and promotes the accumulation of heat shock and pathogenesis-related proteins in grapefruit flavedo. Physiologia Plantarum, 111: 17-22.

Penelope P V, Julie K C, Luke H. 2008. Blueberry fruit response to postharvest application of ultraviolet radiation. Postharvest Biology and Technology, 47: 280-285.

Pombo M A, Rosli H G, Martinez G A, et al. 2011. UV-C treatment affects the expression and activity of defense genes in strawberry fruit(*Fragaria x ananassa* Duch.). Postharvest Biology and Technology, 59: 94-102.

Porat R, Daus A, Weiss B, et al. 2000a. Reduction of postharvest decay in organic citrus fruit by a short hot water brushing treatment. Postharvest Biology and Technology, 18: 151-157.

Porat R, Pavoncello D, Peretz J, et al. 2000b. Induction of resistance to *Penicillium digitatum* and chilling injury in 'Star Ruby' grapefruit by a short hot water rinse and brushing treatment. Journal of Horticultural Science and Biotechnology, 75: 428-432.

Porat R, Lers A, Dori S. 1999. Induction of chitinase and β-1,3-endoglucanase proteins by UV irradiation and wound in grapefruit peel tissue. Phytoparasitica, 27: 223-238.

Prusky D, Fuchs Y, Kobiler I, et al. 1999. Effect of hot water brushing, prochloraz treatment and waxing on the incidence of black spot decay caused by *Alternaria alternata* in mango fruits. Postharvest Biology and Technology, 15: 165-174.

Ranganna B, Kushalappa A C, Raghavan G S V. 1997. Ultraviolet irradiance to control dry rot and soft rot of potato in storage. Canadian Journal of Plant Pathology, 19: 30-35.

Ranganna B, Raghavan G S V, Kushalappa A C. 1995. Effect of ultraviolet radiation on control of diseases for short-term storage of potatoes(*Solanum tuberosum* L.). SAE-Publication, 95: 93-301.

Riov J. 1975. Histochemical evidence for the relationship between peel damage and the accumulation of phenolic compounds in gamma-irradiated citrus fruit. Radiation Botany, 15: 257-260.

Rodov V, Ben-Yehoshua S, Albagli R, et al. 1995. Reducing chilling injury and decay of stored citrus fruit by hot water dips. Postharvest Biology and Technology, 5: 119-127.

Rodov V, Ben-Yehoshua S, Kim J J, et al. 1992. Ultraviolet illumination induces scoparone production in kumquat and orange fruit and improves decay resistance. Journal of the American Society for Horticultural Science, 117: 788-792.

Rodov V, Copel A, Aharoni N, et al. 2000. Nested modified-atmosphere packages maintain quality of trimmed sweet corn during cold storage and the shelf-life period. Postharvest Biology and Technology, 18: 259-266.

Romanazzi G, Nigro F, Ippolito A, et al. 2001. Effect of short hypobaric treatments on postharvest rots of sweet cherries, strawberries and table grapes. Postharvest Biology and Technology, 22: 1-6

Romanazzi G. 2006. Preharvest chitosan and postharvest UV irradiation treatments suppress gray mold of table grapes. Plant Disease, 90: 445-450.

Rong R F, Feng S Q. 2001. Effect of UV-C light irradiation on ripening and disease infection of postharvest tomato. Journal of China Agricultural University, 6: 68-73.

Roy M K. 1975. Radiation, heat and chemical combine in the extension of shelf-life of apples infected with blue mold rot(*Penicillium expansum*). Plant Disease Reporter, 59: 61-64.

Sabehat A, Weiss D, Lurie S. 1998. Heat-shock proteins and cross-tolerance in plants. Plant Physiology, 103: 437-441.

Schirra M, D'Hallewin G, Ben-Yehoshua S, Fallik E. 2000. Host-pathogen interactions modulated by heat treatment. Postharvest Biology and Technology, 21: 71-85.

Schirra M, Mulas M, Baghino L. 1995. Influence of postharvest hot-dip fungicide treatments on Redblush grapefruit quality during long-term storage. Food Science and Technology International, 1: 35-40.

Sharples R O, Johnson D S. 1976. Postharvest chemical treatments for control of storage disorders of apples. Annals of Applied Biology, 83: 157-167.

Smilanick J L, Margosan D A, Jenson D J. 1995. Evaluation of heated solutions of sulfur dioxide, ethanol, and hydrogen peroxide to control postharvest green mold of lemons. Plant Disease, 79: 742-747.

Smilanick J L, Michael I F, Mansour M F, et al. 1997. Improved control of green mold of citrus with imazalil in warm water. Plant Disease, 81: 1299-1304.

Smilanick J L, Sorenson D, Mansour M, et al. 2003. Impact of a brief postharvest hot water drench treatment on decay, fruit appearance, and microbe populations of California lemons and oranges. HortTechnology, 13: 333-338.

Sommer N F, Fortlage R J, Buckley P M, et al. 1967. Radiation-heat synergism for inactivation of market disease fungi of stone fruits. Phytopathology, 57: 428-433.

Sommer N F, Maxie E C, Fortlage R J, et al. 1964a. Sensitivity of citrus fruit decay fungi to gamma irradiation. Radiation Botany, 4: 317-322.

Sommer N F, Maxie E C, Fortlage R J. 1964b. Quantitative dose-response of *Prunus* fruit decay fungi to gamma irradiation. Radiation Botany, 4: 309-316.

Spalding D H, Reeder W F. 1986. Decay and acceptability of mangos treated with combinations of hot water, imazalil and γ-radiation. Plant Disease, 70: 1149- 1151.

Spotts R A, Serdani M, Mielke E A, et al. 2006. Effect of a high-pressure hot-water washing system on fruit quality, insects, and disease in apples and pears. Part II. Effect on postharvest decay of d'Anjou pear fruit. Postharvest Biology and Technology, 40: 216-220.

Stapelton A E. 1992. Ultraviolet radiation and plants: Burning question. Plant Cell, 4: 1353-1358.

Stevens C, Khan V A, Lu J Y, et al. 1997. Integration of ultraviolet(UV-C)light with yeast treatment for control of postharvest storage rots of fruits and vegetables. Biological Control, 10: 98-103.

Stevens C, Khan V A. 1990. The effect of ultraviolet irradiation on mold rots and nutrients of stored sweet potatoes. Journal of Food Protection, 53: 223-226.

Stevens C, Khan V A. 1998. The germicidal and hormetic effects of UV-C light on reducing brown rot disease and yeast microflora of peaches. Crop Protection, 17: 75-84.

US FDA(United States Food and Drug Administration). 2004. Irradiation in the production, processing and handling of food: final rule. Federal Register, 69: 76 844-76 847.

Vicente A R, Pineda C, Lemoine L, et al. 2005. UV-C treatments reduce decay, retain quality and alleviate chilling injury in pepper. Postharvest Biology and Technology, 35: 69-78.

Vierling E. 1991. The roles of heat shock proteins in plants. Annual Review of Plant Physiology and Plant Molecular Biology, 42: 579-620.

Wani A M, Hussain P R, Meena R S, et al. 2008. Effect of gamma-irradiation and refrigerated storage on the improvement of quality and shelf life of pear(*Pyrus communis* L. cv. Bartlett/William). Radiation Physics and Chemistry, 77: 983-989.

Wells J M, Harvey J M. 1970. Combination heat and 2, 6-dichloro-4-nitroaniline treatments for control of *Rhizopus* rot of peaches, plums, and nectarines. Phytopathology, 60: 116-120.

Williamson M, Winkelman P. 1994. Heat treatment facilities. *In*: Pall R E, Armstrong J W. Insect Pest and Fresh Horticultural Products: Treatments and Responses. Wallingford: CAB International, 249-271.

Wilson C L, El-Ghaouth A. 1994. Potential of induced resistance to control postharvest diseases of fruits and vegetables. Plant Disease, 78: 837-884.

Wilson C L. 1993. Multifaced biological control of postharvest diseases of fruits and vegetables. *In*: Lunsden R D, Vaughn J L. Pest Management: Biologically Based Technologies. Washington DC: Amer. Chem. Soc. Press, 181-185.

Xiong Q L, Xing Z T, Feng Z Y, et al. 2009. Effect of ^{60}Co γ-irradiation on postharvest quality and selected enzyme activities of *Pleurotus nebrodensis*. LWT-Food Science and Technology, 42: 157-161.

Yuan L, Bi Y, Ge Y H, et al. 2013. Postharvest hot water dipping reduces decay by inducing disease resistance and maintaining firmness in muskmelon(*Cucumis melo* L.)fruit. Scientia Horticulturae, 161: 101-110.

第十章　果蔬采后病害的生物防治

生物防治是利用微生物之间的拮抗作用，选用对寄主无害而能明显抑制病原菌生长的拮抗微生物来防治病害的方法。微生物拮抗是一种普遍现象，植物表面存在的微生物拮抗是植物在生长期间被一定程度保护的主要原因。果蔬采后病害的生物防治研究始于 20 世纪 70 年代，在借鉴大量植物病害生物防治成功经验的基础上，通过分离筛选有效的拮抗菌株，研究拮抗菌对环境条件的适应性及作用，部分拮抗菌已进行商业化推广。采后生物防治由于具有环保、安全和有效等特点，已成为采后病害控制的研究和开发热点。

第一节　拮抗微生物

可用于采后病害生物防治的微生物种类较多，涉及原核微生物的细菌及真核微生物的酵母和霉菌（丝状真菌）两大类。其中细菌主要涉及芽孢杆菌属和假单胞菌属中的多种细菌；酵母拮抗菌种类最多，涉及假丝酵母、隐球酵母、毕赤酵母、粘红酵母和丝孢酵母等多个属；霉菌主要包括木霉和枝顶孢霉中的几种真菌。迄今为止，人们已从苹果、柑橘、桃等十余种水果上筛选出对主要采后病害具有明显拮抗效果的上百种拮抗菌。

一、拮抗细菌

细菌的种类繁多，在植物的根际和地上各部分均大量存在，许多有益菌与植物建立了密切的关系，对生态环境比较适应，已成为根际和叶围的长期“居民”。细菌的繁殖速度惊人，适宜条件下，几十分钟就能分裂繁殖一次，一天时间便有数千万个后代，这种能力对于细菌占领空间和生存竞争非常有利。细菌大都可以人工培养，便于控制，故可通过人为调控农业生态环境，促进有益细菌种类的发展，限制或削弱有害微生物的竞争能力。因此，有关采后拮抗细菌的研究报道较多，这些拮抗菌对多种果蔬采后病害都表现出良好的生防能力（表 10-1）。

表 10-1　用于果蔬采后病害生物防治的拮抗细菌

拮抗菌	病害（病原物）	果蔬（参考文献）
芽孢杆菌（*Bacillus* spp.）		
枯草芽孢杆菌（*B. subtilis*）	褐腐病（可可球二孢）	杏（Pusey and Wilson，1984）
	褐腐病（果生链核盘菌）	桃（Yanez-Mendizabal et al.，2012）
	茎端腐（可可球二孢）	鳄梨（Demoz and Korsten，2006）
	灰霉病（灰葡萄孢）	樱桃（Utkhede and Sholberg，1986）
	黑斑病（互隔交链孢）	荔枝（Jiang et al.，2001）
	褐腐病（可可球二孢）	桃和李（Pusey and Wilson，1984）
	黑斑病（互隔交链孢）	甜瓜（Yang et al.，2006）

续表

拮抗菌	病害（病原物）	果蔬（参考文献）
地衣芽孢杆菌（*B. licheniformis*）	炭疽病（盘长孢状刺盘孢） 茎端腐（群生小穴壳菌）	芒果（Govender et al.，2005）
短小芽孢杆菌（*B. pumilus*）	灰霉病（灰葡萄孢）	梨（Mari et al.，1996）
蜡状芽孢杆菌（*B. cereus* AR156）	软腐病（匍枝根霉）	桃（Wang et al.，2013）
假单胞菌（*Pseudomonas* spp.）		
洋葱假单胞菌（*P. cepacia*）	绿霉病（指状青霉）	柑橘（Huang et al.，1993）
	褐腐病（果生链核盘菌）	油桃和桃（Smilanick et al.，1993）
起皱假单胞菌（*P. corrugata*）	褐腐病（果生链核盘菌）	油桃和桃（Smilanick et al.，1993）
荧光假单胞菌（*P. fluorescens*）	灰霉病（灰葡萄孢）	苹果（Mikani et al.，2008）
格氏假单胞菌（*P. glathei*）	绿霉病（指状青霉）	柑橘（Huang et al.，1995）
丁香假单胞菌（*P. syringae*）	青霉病（扩展青霉）	苹果（Zhou et al.，2002）
	灰霉病（灰葡萄孢）	苹果（Zhou et al.，2001）
假单胞菌（*Pseudomonas* spp.）	冠腐病（芭蕉刺盘孢）	香蕉（Costa and Subasinghe，1998）
其他细菌		
洋葱伯克霍尔德菌（*Burkholderia cepacia*）	炭疽病（芭蕉刺盘孢） 花端腐（芭蕉刺盘孢）	香蕉（Costa and Erabadupitiya，2005）
缺陷短波单胞菌（*Brevundimonas diminuta*）	炭疽病（盘长孢状刺盘孢）	芒果（Kefialew and Ayalew，2008）
产气肠杆菌（*Enterobacter aerogenes*）	黑斑病（互隔交链孢）	樱桃（Utkhede and Sholberg，1986）
成团泛菌（*Pantoea agglomerans*）	青霉病（扩展青霉）	苹果（Nunes et al.，2002a）
	绿霉病（指状青霉） 青霉病（意大利青霉）	柑橘（Teixidó et al.，2001；Torres et al.，2007）
	软腐病（匍枝根霉）	梨（Nunes et al.，2001b；Nunes et al.，2001a）
水生拉恩菌（*Rahnella aquatilis*）	灰霉病（灰葡萄孢）	苹果（Calvo et al.，2003，2007）

枯草芽孢杆菌、洋葱假单胞菌和丁香假单胞菌可以控制由意大利青霉和指状青霉引起的柑橘果实腐烂（Huang et al.，1995；Singh，2002；Long et al.，2007）。短小芽孢杆菌对伏令夏橙青霉病的控制效果与杀菌剂戴挫霉相当（Huang et al.，1992）。枯草芽孢杆菌 B-912 显著降低了桃和油桃的褐腐病，抑制了柑橘的青霉病（范青和田世平，2000）。洋葱假单胞菌、丁香假单胞菌和荧光假单胞菌可以控制苹果和梨的灰霉病和青霉病（Janisiewicz et al.，1991；Mikani et al.，2008）。枯草芽孢杆菌培养液和多抗霉素混合处理，可有效防治荔枝的疫霉病（Jiang et al.，2001）。枯草芽孢杆菌还能有效抑制甜瓜的黑斑病（Yang et al.，2006）。

二、拮抗酵母菌

酵母是控制采后病害的潜力拮抗菌，因为酵母拮抗菌具有如下特点：即使在干燥条件下，也能在表面长期定殖；能产生胞外多糖，这些多糖能增加酵母菌的耐受性并抑制病原物的生长；能快速利用营养并且迅速繁殖；受杀菌剂的影响不大。各类酵母拮抗菌中，汉逊德巴利酵母最先表现出对许多病原物的广谱抑制（Karabulut and Baykal，2003）。随后，假丝酵母、隐球酵母、毕赤酵母、粘红酵母和丝孢酵母等也逐渐显现其作用。常见的各类拮抗酵母如表 10-2 所示，其中有些已成功用于柑橘类、仁果类和核果类等多种果实的采后病害控制。

表 10-2　用于果蔬采后病害生物防治的拮抗酵母菌

拮抗菌	病害（病原物）	果蔬（参考文献）
假丝酵母（*Candida* spp.）		
无名假丝酵母（*C. famata*）	绿霉病（指状青霉）	柑橘（Arras，1996）
季也蒙假丝酵母（*C. guilliermondii*）	灰霉病（灰葡萄孢）	番茄（Saligkarias et al.，2002）
膜醭假丝酵母（*C. membranifaciens*）	炭疽病（炭疽菌）	芒果（Kefialew and Ayalew，2008）
橄榄假丝酵母（*C. oleophila*）	青霉病（扩展青霉）	苹果（El-Neshawy and Wilson，1997）
	绿霉病（指状青霉） 青霉病（意大利青霉）	柑橘（El-Neshawy and El-Sheikh，1998；Lahlali et al.，2004，2005）
	冠腐病（芭蕉刺盘孢）	香蕉（Lassois et al.，2008）
	炭疽病（胶孢刺盘孢）	木瓜（Gamagae et al.，2003）
	灰霉病（灰葡萄孢）	桃（Karabulut and Baykal，2004）
	灰霉病（灰葡萄孢）	番茄（Saligkarias et al.，2002）
清酒假丝酵母（*C. sake*）	青霉病（扩展青霉）	苹果（Vinas et al.，1996；Usall et al.，2001）和梨（Torres et al.，2006）
	灰霉病（灰葡萄孢） 软腐病（匐枝根霉）	苹果（Vinas et al.，1998）
斋藤假丝酵母（*C. saitoana*）	灰霉病（灰葡萄孢）	苹果（El-Ghaouth et al.，1998）
隐球酵母（*Cryptococcus* spp.）		
罗伦隐球酵母（*C. laurentii*）	黑斑病（互隔交链孢） 青霉病（扩展青霉）	枣（Qin and Tian，2004；Tian et al.，2005）
	软腐病（匐枝根霉） 灰霉病（灰葡萄孢） 青霉病（扩展青霉）	桃（Zhang et al.，2007a）
	褐腐病（果生链核盘菌）	桃（Yao and Tian，2005）
	白腐病（梨形毛霉）	梨（Roberts，1990）
	灰霉病（灰葡萄孢） 青霉病（扩展青霉）	梨（Zhang et al.，2005）
	软腐病（匐枝根霉）	草莓（Zhang et al.，2007b）
	灰霉病（灰葡萄孢）	番茄（习柳和田世平，2005）

续表

拮抗菌	病害（病原物）	果蔬（参考文献）
黄隐球酵母（*C. flavus*）	白腐病（梨形毛霉）	梨（Roberts，1990）
浅白隐球酵母（*C. albidus*）	灰霉病（灰葡萄孢） 青霉病（扩展青霉）	苹果（Fan and Tian，2001）
隐球酵母（*Cryptococcus* spp.）	青霉病（扩展青霉）	苹果（Chand-Goyal and Spotts，1997）
毕赤酵母（*Pichia* spp.）		
异常毕赤酵母（*P. anomala*）	青霉病（意大利青霉）	柑橘（Lahlali et al.，2004）
	冠腐病（芭蕉刺盘孢）	香蕉（Lassois et al.，2008）
季也蒙毕赤酵母（*P. guilliermondii*）	青霉病（扩展青霉）	苹果（McLaughlin et al.，1990）
	灰霉病（灰葡萄孢）	苹果（McLaughlin et al.，1990；Janisiewicz et al.，1998）
	绿霉病（指状青霉）	柑橘（Chalutz and Wilson，1990）
	炭疽病（辣椒刺盘孢）	辣椒（Chanchaichaovivat et al.，2007）
	软腐病（匐枝根霉）	番茄（Zhao et al.，2008）
红酵母（*Rhodotorula* sp.）		
粘红酵母（*R. glutinis*）	青霉病（扩展青霉） 灰霉病（灰葡萄孢）	苹果（Zhang et al.，2009）
	黑斑病（互隔交链孢） 青霉病（扩展青霉）	枣（Tian et al.，2005）
	青霉病（扩展青霉） 灰霉病（灰葡萄孢）	梨（Zhang et al.，2008b）
	灰霉病（灰葡萄孢）	草莓（Zhang et al.，2007c）
丝孢酵母（*Trichosporon* sp.）		
茁芽丝孢酵母（*T. pullulans*）	黑斑病（互隔交链孢） 灰霉病（灰葡萄孢）	樱桃（Qin et al.，2004）
其他酵母菌		
出芽短梗酵母（*Aureobasidium pullulans*）	灰霉病（灰葡萄孢）	葡萄（Schena et al.，2003）
	褐腐病（核果链核盘菌）	葡萄（Barkai-Golan，2001）
	青霉病（扩展青霉）	苹果（Mari et al.，2012）
柔弱红丝囊菌（*Cystofilobasidium infirmominiatum*）	采后病害	柑橘和苹果（Vero et al.，2011）
汉逊德巴利酵母（*Debaryomyces hansenii*）	绿霉（指状青霉） 青霉病（意大利青霉）	柑橘（Singh，2002）
	青霉病（指状青霉） 酸腐（念珠丝霉菌）	柑橘（Chalutz and Wilson，1990）
	软腐病（匐枝根霉）	桃（Singh，2004，2005；Mandal et al.，2007）
柠檬形克勒克酵母（*Kloeckera apiculata*）	灰霉病（灰葡萄孢）	樱桃（Karabulut et al.，2005）
	绿霉病（指状青霉） 青霉病（意大利青霉）	柑橘（Long et al.，2006，2007）
核果梅奇酵母（*Metschnikowia fructicola*）	灰霉病（灰葡萄孢）	葡萄（Karabulut et al.，2003）
美极梅奇酵母（*Metschnikowia pulcherrima*）	青霉病（扩展青霉） 灰霉病（灰葡萄孢）	苹果（Spadaro et al.，2002；Spadaro et al.，2004）

三、拮抗真菌和放线菌

除细菌和酵母菌外，用于采后病害生物防治的拮抗菌还包括丝状真菌（表 10-3）和放线菌。首次报道用于控制草莓灰霉病的拮抗真菌是绿色木霉（Tronsmo and Denis，1977），随后又有多种木霉被发现和应用。其中以哈茨木霉颇为重要，该菌不仅能有效控制香蕉和红毛丹的炭疽病（Sivakumar et al.，2002a；Sivakumar et al.，2002b；Devi and Arumugam，2007），而且可以减轻葡萄、猕猴桃、梨和草莓等果实的灰霉病（Batta，2007）。此外，一些枝顶孢霉和青霉菌株对果实采后病害也具有拮抗作用。有关拮抗放线菌的研究报道不多，刘兴荔和连云鹏（1987）发现，放线菌 618 菌株发酵液对甜橙的防腐效果明显优于 0.1%多菌灵，对香蕉炭疽病也有良好的抑制作用。

表 10-3　用于果蔬采后病害生物防治的拮抗真菌

拮抗菌	病害（病原物）	果蔬（参考文献）
木霉（*Trichoderma* spp.）		
哈茨木霉（*T. harzianum*）	炭疽病（芭蕉刺盘孢）	香蕉（Devi and Arumugam，2007）
	灰霉病（灰葡萄孢）	葡萄、猕猴桃、草莓和梨（Batta，2007）
	炭疽病（刺盘孢） 茎端腐（可可球二孢）	毛丹果（Sivakumar et al.，2001）
绿色木霉（*T. viride*）	茎端腐（可可球二孢）	芒果（Kota et al.，2006）
	灰霉病（灰葡萄孢）	草莓（Tronsmo and Denis，1977）
木霉（*Trichoderma* spp.）	果实腐烂（可可球二孢和根霉）	芒果（Pathak，1997）
其他真菌		
常现青霉（*Penicillium frequentans*）	褐腐病（果生链核盘菌）	桃（Guijarro et al.，2007a；Guijarro et al.，2007b）

上述各类拮抗菌大多仍处于实验室研究阶段，少数已被注册专利并进行商业使用评估，其中美国的“Aspire”（*Candida oleophila* strain 1-182）、“Biosave-100”（*Pseudomonas syringae* strain 110）及德国的“Rhio-plus”（*Bacillus subtilis* FZB 24）已开始商业化应用。

第二节　拮抗菌的作用方式

掌握拮抗菌的作用方式对于选择有效且应用价值良好的拮抗菌具有重要意义（Wilson and Wisniewski，1989；Wisniewski and Wilson，1992）。拮抗菌的作用方式主要包括产生对病原菌生长有抑制作用的抗生素；通过快速生长繁殖在寄主伤口处实现有效的营养和空间竞争；吸附病原菌并直接抑制其生长；诱导寄主产生抗病相关的蛋白酶等 4 个方面（田世平等，2011）。

一、产生抗生素

拮抗细菌可通过产生抗生素来减轻果蔬采后病害的危害（表 10-4）。例如，枯草芽孢杆菌通过产生伊枯草菌素（iturin）可有效控制核果类的褐腐病（Pusey and Wilson，1984；Utkhede and Sholberg，1986）。洋葱假单胞菌产生的吡咯菌素可抑制苹果上灰葡萄孢和扩展青霉等病原物的生长（Janisiewicz et al.，1991）。该菌还能通过产生抗生素控制柠檬的绿霉病（Smilanick and Denis-Arrue，1992）。同样，丁香假单胞菌可通过产生丁香霉素E（syingomycin E）来控制柑橘绿霉病和苹果灰霉病（Bull et al.，1998）。Yanez-Mendizabal等（2012）发现，一种由枯草芽孢杆菌 CPA-8 产生的抗菌脂肽参与了该菌对桃果实褐腐病的抑制。尽管抗生素在拮抗细菌对果蔬采后病害的控制中发挥了重要作用，但从食品安全的角度考虑，应重点开发不产生抗生素的拮抗菌（El-Ghaouth et al.，2004；Singh and Sharma，2007）。

表 10-4　用于控制果蔬采后病害拮抗菌的部分作用方式

果蔬/作用模式	拮抗菌	病害（参考文献）
Ⅰ. 产生抗生素		
苹果	洋葱假单胞菌	青霉病（Janisiewicz et al.，1991）
	丁香假单胞菌	灰霉病（Bull et al.，1998）
樱桃	枯草芽孢杆菌	褐腐病（Utkhede and Sholberg，1986）
	产气肠杆菌	黑斑病（Utkhede and Sholberg，1986）
柑橘	枯草芽孢杆菌	绿霉病（Smilanick and Denis-Arrue，1992）
	丁香假单胞菌	绿霉病（Bull et al.，1998）
油桃	起皱假单胞菌	褐腐病（Smilanick et al.，1993）
桃	枯草芽孢杆菌	褐腐病（Yanez-Mendizabal et al.，2012）
	洋葱假单胞菌	褐腐病（Smilanick et al.，1993）
Ⅱ. 营养竞争（nutritional competition，N）和（或）诱导寄主抗性（induce resistance，IR）		
苹果	汉逊德巴利酵母（N + IR）	灰霉病（Roberts，1990）
	腐殖隐球酵母（N）	灰霉病（Filonow et al.，1996）
	出芽短梗酵母（N + IR）	灰霉病（Ippolito et al.，2000；Castoria et al.，2001）
	出芽短梗酵母（N + IR）	青霉病（Ippolito et al.，2000；Castoria et al.，2001）
	出芽短梗酵母（N）	青霉病（Bencheqroun et al.，2007）
柑橘	汉逊德巴利酵母（N + IR）	绿霉病（Chalutz and Wilson，1990；Droby et al.，1992）
	汉逊德巴利酵母（N + IR）	青霉病（Chalutz and Wilson，1990）
	汉逊德巴利酵母（N + IR）	酸腐病（Chalutz and Wilson，1990）
	膜醭毕赤酵母（IR）	青霉病和绿霉病（Luo et al.，2012）
葡萄	汉逊德巴利酵母（N + IR）	灰霉病、青霉病和软腐病（Castoria et al.，2001）
桃	蜡状芽孢杆菌（IR）	软腐病（Wang et al.，2013）

二、营养竞争和空间竞争

营养竞争和空间竞争是拮抗菌作用的主要方式（Wilson and Wisniewski，1989）。为了能在伤口位点成功定殖，拮抗菌必须具有比病原物更好的环境适应性和营养竞争能力

（Barkai-Golan，2001；El-Ghaouth et al.，2004）。

（一）营养竞争

拮抗菌和病原物之间的营养竞争在生防中发挥着重要作用。这些拮抗菌和病原物包括：季也蒙毕赤酵母拮抗指状青霉（Droby et al.，1992；Arras et al.，1998）、阴沟肠杆菌（*Enterobacter cloacae*）拮抗匍枝根霉（Wisniewski et al.，1989）、罗伦隐球酵母拮抗灰葡萄孢（Roberts，1990）、粘红酵母和罗伦隐球酵母分别拮抗扩展青霉和灰葡萄孢。美极梅奇酵母可通过消耗苹果体内的铁来抑制灰葡萄孢和扩展青霉等病原物的生长（Saravanakumar et al.，2008）。通过添加营养物质就能削弱或彻底抑制美极梅奇酵母对灰葡萄孢的生防能力，表明营养竞争在美极梅奇酵母拮抗灰葡萄孢中发挥了重要作用（Piano et al.，1997）。此外，非病原杓兰欧氏杆菌（*Erwinia cypripedii*）可通过营养竞争对引起多种蔬菜软腐病的胡萝卜欧氏杆菌致病亚种具有拮抗活性（Moline et al.，1999）。体外试验发现，拮抗菌获得营养的速度要比病原物快，从而可快速在伤口部位定殖，抑制病原物的孢子萌发（Wisniewski et al.，1989；Droby and Chalutz，1994；Droby et al.，1998）。

拮抗菌在病原物菌丝上附着是营养竞争的关键，在阴沟肠杆菌拮抗匍枝根霉及季也蒙毕赤酵母拮抗意大利青霉中均能观察到这种现象（Wisniewski et al.，1989；Arras et al.，1998）。拮抗酵母或细菌通过直接附着在病原物菌丝上能更快获取营养（Droby et al.，1998）。

（二）空间竞争

拮抗菌对病害的控制效果很大程度上还依赖于伤口部位拮抗菌的初始浓度和拮抗菌的快速定殖能力（Wisniewski et al.，1989；McLaughlin et al.，1990）。拮抗菌应具备比病原物生长速度更快的能力。同样，也应具备在不适宜病原物生长条件下的存活能力（Droby et al.，1992）。用于采后病害控制的拮抗菌的生防活力会随着拮抗菌浓度的增加和病原物浓度的减少而增强。通常，10^7~10^8CFU/ml浓度的拮抗菌处理即可达到良好的控制效果，极少数情况则需要更高的拮抗菌浓度（McLaughlin et al.，1990；El-Ghaouth et al.，2004）。例如，10^7CFU/ml的斋藤假丝酵母能有效控制苹果的扩展青霉（McLaughlin et al.，1990），当拮抗菌浓度增加到10^8CFU/ml时控制效果会更好（El-Ghaouth et al.，1998）。但这种数量上的关系高度依赖于拮抗菌在伤口位点的繁殖和生长能力（Droby et al.，1991）。

三、直接寄生

有些拮抗菌可直接寄生于病原菌。例如，季也蒙毕赤酵母具有直接寄生灰葡萄孢和青霉菌丝的能力。当从菌丝表面移除酵母细胞时，菌丝表面出现凹陷，接触位点的菌丝细胞壁被部分降解。同样，接触到灰葡萄孢菌丝上的斋藤假丝酵母还会导致菌丝肿胀（El-Ghaouth et al.，1998）。

拮抗菌可分泌葡聚糖酶、几丁质酶和蛋白酶等胞外酶来降解病原真菌的细胞壁（Jijakli and Lepoivre，1998；Mortuza and Ilag，1999；Castoria et al.，2001）。Bonaterra

等（2003）认为，直接寄生是成团泛菌抑制果生链核盘菌和匍枝根霉的重要原因。由此表明，具有较强胞外酶活性的拮抗菌在病原物菌丝上寄生可能是提高生防效力的重要机制。此外，在病原物菌丝上寄生可增强拮抗菌的综合营养利用能力，并在一定程度上削弱病原物对营养的吸收（El-Ghaouth et al.，2004）。

四、诱导寄主产生抗病性

拮抗菌具有诱导果蔬产生抗病性的能力，诱导机制主要表现为抗性相关酶活性提高、防卫基因和相关蛋白表达、抗菌物质积累、细胞结构改变及活性氧产生等多个方面。

（一）抗性相关酶活性提高

在抵御病原物侵染的过程中，果蔬体内的抗性相关酶发挥了重要作用。这些酶主要包括病程相关蛋白和苯丙烷代谢中的一些关键酶。抗病反应中产生的几丁质酶和 β-1,3-葡聚糖酶可以通过水解病原真菌细胞壁中的几丁质和 β-1,3-葡聚糖达到破坏病原物的目的。例如，斋藤隐球酵母（*Cryptococcus saitona*）在拮抗扩展青霉时诱导了苹果的几丁质酶（El-Ghaouth et al.，1998）。出芽短梗酵母激活了苹果伤口处的几丁质酶、β-1,3-葡聚糖酶和过氧化物酶，从而促进了伤口愈合（Ippolito et al.，2000）。几丁质酶和 β-1,3-葡聚糖酶既可通过膜醭毕赤式酵母和季也蒙假丝酵母自己产生，也可通过诱导果实产生，通过两种途径产生的这两种酶对病原菌具有协同效应（Fan et al.，2002）。蜡状芽孢杆菌提高了桃果实体内的几丁质酶和 β-1,3-葡聚糖酶活性（Wang et al.，2013）。此外，拮抗菌诱导寄主产生的苯丙氨酸解氨酶、过氧化物酶和多酚氧化酶等抗性相关酶也参与了拮抗菌对采后病害的抑制（Wang et al.，2004；Nantawanit et al.，2010；Zhao et al.，2011；Luo et al.，2012）。

（二）防卫基因和相关蛋白表达

蛋白质组学和转录组学等高通量筛选技术的研究结果揭示，拮抗菌在果蔬伤口定殖期间诱导了多种防卫基因和相关蛋白的表达，涉及多个代谢过程。当用膜醭毕赤式酵母处理桃果实时，可以诱导 1 个病程相关蛋白和 4 个抗氧化蛋白的表达，表明拮抗菌诱导的系统获得抗性涉及病程相关蛋白和活性氧代谢的应答。被诱导的 6 个蛋白质参与了三羧酸循环，表明拮抗菌诱导果实抗病性还与能量代谢有关（Chan et al.，2007）。此外，罗伦隐球酵母还能明显诱导冬枣果实 β-1,3-葡聚糖酶的基因表达（Tian et al.，2007）。

罗伦隐球酵母诱导了甜樱桃果实基因的差异表达，被鉴定的 cDNA 编码蛋白参与的细胞加工过程包括初级代谢，信号转导，病原物的防卫反应，胁迫相关蛋白、光合系统和转录相关蛋白等（Jiang et al.，2009a）；进一步分析的结果表明，上调表达的 194 个基因主要涉及代谢、信号转导和胁迫反应等过程，而下调的 312 个基因涉及能量代谢和光合作用（Jiang et al.，2009b）。核果梅奇酵母诱导了柑橘果实编码呼吸链氧化酶（*Rbo*）、丝裂原活化蛋白激酶（*MAPK*）、丝裂原活化蛋白激酶激酶（*MAPKK*）、G-蛋白、几丁质酶（*CHI*）、苯丙氨酸解氨酶（*PAL*）、查尔酮合成酶（*CHS*）和 4-香豆酰辅酶 A 连接酶（*4CL*）等基因的表达。相反，酵母细胞处理果实皮层组织内的过氧化物酶（*POD*）、超氧化物歧化酶（*SOD*）和过氧化氢酶（*CAT*）三种基因被下调（Hershkovitz et al.，2012）。

（三）抗菌物质积累

很多拮抗菌具有诱导寄主积累抗菌物质的能力。例如，拮抗菌可通过产生抗真菌化合物来诱导鳄梨果实的抗病性（Prusky et al.，1994；Yakoby et al.，2001），还可诱导柑橘果实积累香豆素和7-羟基-6-甲氧基香豆素等植保素（Rodov et al.，1994；Arras，1996）。用季也蒙毕赤酵母防治辣椒果实炭疽病时发现，植保素辣椒二醇（capsidiol）被显著诱导（Nantawanit et al.，2010）。采用同样拮抗酵母防治柑橘青霉病和绿霉病时发现，处理果实体内酚类和黄酮类物质含量明显增加（Luo et al.，2012）。

（四）细胞结构强化

关于拮抗菌引起果蔬细胞结构变化的报道不多。El-Ghaouth 等（1998）发现，斋藤隐球酵母在抵抗扩展青霉时诱导了苹果细胞结构的变化，细胞壁上会产生乳突等屏障结构，从而抑制病原菌的侵染。

（五）活性氧产生

活性氧（ROS）是植物抗病反应的早期事件，酵母拮抗菌与果实互作过程中积累的活性氧分子在信号传递过程中发挥了重要作用（Hershkovitz et al.，2012）。当拮抗酵母菌与果实互作时，酵母菌可能先受到果实表面一些疏水性挥发物的刺激，然后产生能被果实感应的超氧化物阴离子（O_2^-）等信号分子，随后果实体内活性氧被诱导积累，启动后续的防卫反应。由此表明，对活性氧耐受性强的酵母拮抗菌可能具有高效的生防能力。此外，生防酵母自身及诱导寄主产生的氧爆也是诱导果实抗病反应的重要机制（Droby et al.，2009；Macarisin et al.，2010；Macarisin et al.，2011）。Hershkovitz 等（2012）提出了果实应答生防酵母的可能分子机制（图10-1）。首先，来自生防酵母自身产生的活性氧，通过诱导果实 *Rbo* 基因表达合成呼吸爆发氧化酶同系物（RBOH）、抑制脱氧化系统相关酶（如 *CAT*、*POD*、*SOD* 等基因表达）来积累活性氧；活性氧启动后期信号传递与放大，

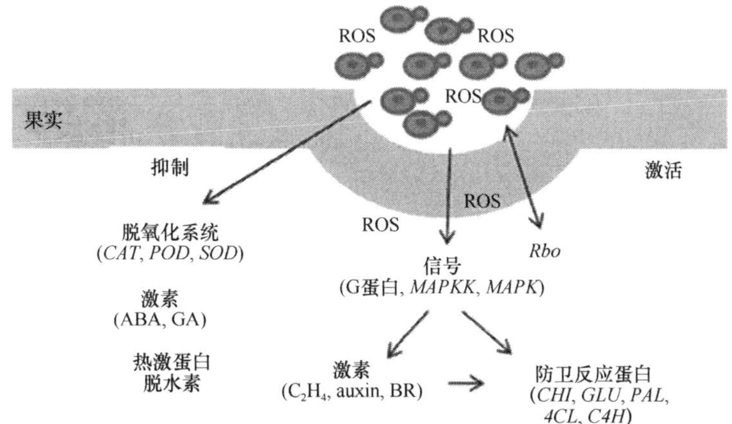

图10-1 果实应答生防酵母过程中可能的分子机制模型（Hershkovitz et al.，2012）

ABA：脱落酸；GA：赤霉素；C_2H_4：乙烯；auxin：生长素；BR：油菜素内酯

包括 G-蛋白、丝裂原活化蛋白激酶信号级联反应（与 *MAPK* 和 *MAPKK* 基因表达有关）；信号放大最终积累抗病相关激素（乙烯、生长素和油菜素内酯）、代谢蛋白和防卫反应相关蛋白（如 *CHI*、*GLU*、*PAL*、*4CL* 和 *C4H* 等基因表达）。此外，一些激素（脱落酸和赤霉素）代谢相关蛋白、热激蛋白和脱水素也可能参与了生防酵母的抗病性诱导过程。

由于拮抗菌、病原菌和寄主三者均为活的有机体，三者相互接触后的致病及诱抗作用模式复杂多样。总体来说，拮抗菌防病机理主要涉及拮抗菌对病原菌的直接作用，包括产生抗生素、营养和空间竞争及直接寄生等，以及拮抗菌对寄主抗病性的诱导（图 10-2）（Droby et al.，1992；Filonow，1998；Ippolito et al.，2000；Jijakli et al.，2001；Droby et al.，2009）。在拮抗菌、病原物和寄主的互作中，关于病原物对拮抗菌及寄主对拮抗菌的作用模式的探讨鲜有报道（图 10-2），三者互作中信号的启动和传递等机理均有待进一步揭示。

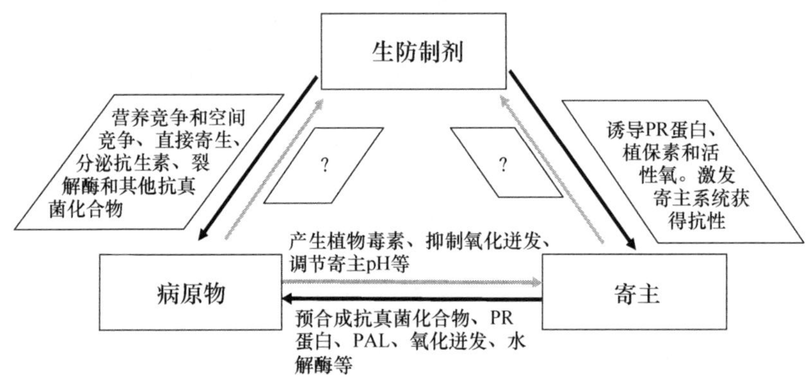

图 10-2　寄主、病原物和拮抗菌之间可能发生的互作（Droby et al.，2009）
问号表示尚未开展的研究

第三节　拮抗菌的分离、筛选、开发和应用

分离和筛选具有良好生防效果的拮抗菌是生防的基础。早期的筛选主要是基于拮抗菌可产生抗生素而通过体外对峙试验来进行，通过观察在平板上与病原物对峙生长的拮抗菌有无抑菌圈及抑菌圈的大小来筛选拮抗菌。后来人们发现很多拮抗菌并非通过分泌抗生素而发挥拮抗作用，尤其是拮抗酵母（Wilson and Wisniewski，1989；Droby et al.，1992；Barkai-Golan，2001）。

一、拮抗菌的分离和筛选

（一）拮抗菌的分离

从自然病害系统中最容易发现有效的拮抗菌。因此，人们常在农田和林地的根际、种围、叶围乃至作物体内发掘拮抗菌，从果蔬体内分离到有效的拮抗菌就是很好的例证（Schena et al.，2003）。由于许多微生物适应了果实的表面环境（包括营养和水分），能很好地进行生长和繁殖，其中有些微生物对病原物具有拮抗能力。因此，人们大都倾向于从果实表面自然生长的微生物中分离拮抗菌（Schena et al.，1999；Nunes et al.，2001c；

Qin et al.，2004；Abraham et al.，2010）。此外，从叶面、土壤、病原物的弱毒株系及昆虫生防菌中也可获得拮抗菌，还可从食品发酵工业经常使用的酵母菌中获得有效的拮抗酵母菌。

1. 从果蔬表面分离

果蔬表面是拮抗菌的良好来源。Chalutz 和 Wilson（1990）发现，清洗后的柑橘果实比未清洗的果实贮藏期间更易腐烂。将浓缩的柑橘果实洗果液进行培养，培养基中仅出现酵母菌和细菌，而将稀释洗果液培养后则出现了病原真菌。由此表明，柑橘果实表面存在可抑制病原菌生长的酵母菌和细菌，清洗显著降低了果实表面生防菌的数量，而使果实更易染病腐烂。据此，人们从病害有可能发生但是还没有发生的果蔬表面，已经分离到许多具有拮抗作用的细菌和酵母菌（Huang et al.，1992；Chanchaichaovivat et al.，2007；Abraham et al.，2010）。因此，从田间或贮藏期间无腐烂的果蔬表面寻找拮抗菌，已成为果蔬采后生防拮抗菌筛选的首选。如果选择的果蔬出自不施用化肥和农药的田间可进一步提高拮抗菌的分离效率。由于外源化学物质没有改变这些果蔬表面的微生物群落，潜在拮抗菌的发现概率就会更大（Janisiewicz，1996）。拮抗菌也可从果蔬表面的伤口和自然裂纹中获得。例如，Fan 和 Tian（2000）从桃果实的伤口处成功分离获得了能有效防治核果类软腐病的膜醭毕赤式酵母。

2. 从叶面分离

与果实表面类似，叶面同样也是拮抗菌的良好来源。Korsten 等（1997）从梨果实和叶片表面分离得到的枯草芽孢杆菌能有效防治由紫红假尾孢（*Pseudocercospora purpurea*）引起的果实黑星病。Zhou 等（2001）从苹果叶片上分离获得的丁香假单胞菌能有效防治桃的采后病害。

3. 从土壤中分离

土壤中存在着大量的微生物，也是拮抗菌的丰富来源。枯草芽孢杆菌 B3 就是从桃根际微生物中分离获得的拮抗菌，B3 是第一株广泛用于果蔬采后病害生物防治研究的菌株，对桃褐腐病具有良好的生防效果，B3 的发现激发了人们对果蔬采后病害生物防治的研究热情（Pusey and Wilson，1984）。

4. 从已知菌种中获得

从食品发酵工业中经常使用的酵母菌中也可获得有效的拮抗菌。Filonow 等（1996）从已知酵母菌中获得了能有效防治苹果灰霉病的土生隐球酵母（*Cryptococcus humicola* NRRL Y1266）、花状线黑粉菌（*Filobasidium floriforme* NRRL Y7454）、圆红冬孢酵母（*Rhodosporidium toruloides* NRRL Y1091）和掷孢酵母（*Sporobolomyces roseus* FS-43-238）。范青等（2001）从已知的菌种中分离获得了可抑制甜樱桃褐腐病的洋葱伯克霍尔德氏菌、季也蒙假丝酵母、柠檬形克勒克酵母和汉逊德巴利酵母，其中季也蒙假丝酵母可有效抑制病害的发生，该酵母和柠檬形克勒克酵母还对核果类果实的软腐病的防治表现有效。

（二）拮抗菌的筛选

1. 体外筛选

体外筛选也称离体筛选，是将一定浓度的病原菌和被筛选对象（可能的拮抗菌）对峙培养于一定的人工培养基上，通过观测被筛选对象周围抑菌圈的大小来确定潜在的拮抗菌，有抑菌潜力的拮抗菌可进一步用于体内筛选。人们采用该法已成功获得多种拮抗细菌（Sid et al.，2003）。该法的优点是相对简便、快捷，缺点是主要适用于能产生抗生素的拮抗细菌，但不适宜于拮抗酵母菌。因为拮抗酵母菌往往通过营养竞争来发挥拮抗作用。该法还可用于拮抗效果的研究，但若单独采用该法研究拮抗效果时常会出现体外条件下筛选出的拮抗菌在体内条件下使用结果不一致的情况（Spadaro et al.，2002）。

2. 体内筛选

体内筛选也称活体筛选，是将一定浓度的病原菌和被筛选对象（可能的拮抗菌）共同（或先后）接种于果蔬体内（或体表），通过观测接种点病斑的大小来确定潜在的拮抗菌。有抑菌潜力的拮抗菌可用于进一步筛选。人们采用该法已经成功获得多种拮抗菌，尤其是拮抗酵母菌（Karabulut and Baykal，2004；Zheng et al.，2005；Nunes，2012）。体内筛选的优点是筛选相对准确，适用于各种拮抗菌，缺点是工作量大且过程较为复杂。Wilson 和 Wisniewski（1989）认为体内筛选更直接有效，不仅可以避免遗漏非抗生机制的拮抗菌，而且可免除人们对含抗生素拮抗菌产生的心理恐慌，该法还可用于评价拮抗菌的各类重要特性，如在果蔬表面伤口的定殖能力，对营养物质的利用率，低温和常温条件下的生长率，对生存环境的抗性及对果蔬的致腐性和致褐性等。在拮抗菌作为商品上市之前，还必须经过严格的毒理评价，以确保消费者的安全（Janisiewicz and Korsten，2002）。

二、拮抗菌的开发与应用

（一）拮抗菌的开发

虽然一些拮抗菌产品已经进入商业开发阶段，但仍有许多因素影响拮抗菌的使用。由于拮抗菌使用需要在病原物定殖在伤口之前才能发挥作用，如果病原物已在伤口处定殖，拮抗菌的作用就会减弱或消失（Barkai-Golan，2001；El-Ghaouth et al.，2004；Droby，2006；Singh and Sharma，2007）。例如，绿色木霉只有在先于接种病原物 4h 使用才能有效控制香蕉果实的可可球二孢（Moline et al.，1999），否则基本无效。此外，伤口处的水分状况也会影响拮抗菌的使用效果。例如，嗜油假丝酵母只有应用于新鲜伤口时才能有效控制苹果的灰霉病，当伤口干燥时，其抑菌效果便明显降低（Mercier and Wilson，1995）。

1. 拮抗菌的理想特征

潜在的拮抗菌应具备商业开发的理想特征，这些特征如表 10-5 所示（Wilson and Wisniewski，1989；Barkai-Golan，2001）。例如，匐枝根霉比其他病原物对低温更敏感。因此，用于控制该病原的拮抗菌就应具备在低温下生长繁殖的能力。同样，嗜油假丝酵母即使在气调环境中也能与氯硝胺一起有效地减轻油桃的青霉病和软腐病（Lurie et al.，1995）。由于仁果类果实大多采后需冷藏，故拮抗菌也应具备在冷藏条件下的生存能力。例如，分离获得的清酒假丝酵母能在不同贮藏条件下抑制扩展青霉、灰葡萄孢和匍枝根霉（Vinas et al.，1996）。然而，即使一株拮抗菌具备了所有的理想特征，经济因素也会决定其是否适于商业开发。

表 10-5　适于商业开发的采后拮抗菌的理想特征（Wilson and Wisniewski，1989）

特征	特征
遗传稳定	低浓度有效
对营养没有特别的要求	具备在不良环境条件下的生存能力
在廉价培养基上易于生长	货架期较长
适宜于多种产品，且抗菌谱较广	对采后环境中使用的化学物质具有抗性
易于使用	与商业化生产的工艺过程兼容
对人体无害	

2. 拮抗菌产品开发

拮抗菌产品的制备、开发和推广具有周期长、费用昂贵的特点（Droby et al.，1998，2000）。因此，需要在工作伊始认真考虑拮抗菌在开发和推广中可能遇到的各类问题（Droby et al.，2009）。图 10-3 列出了拮抗菌商业开发的一般性环节。其中重点考虑的环节包括：拮抗菌的生物安全性、获得专利的潜力、生长要求及货架期、活力范围（包括产品和病原物种类）及使用的便捷性。其中一个环节有问题，拮抗菌也不可能进一步开发。

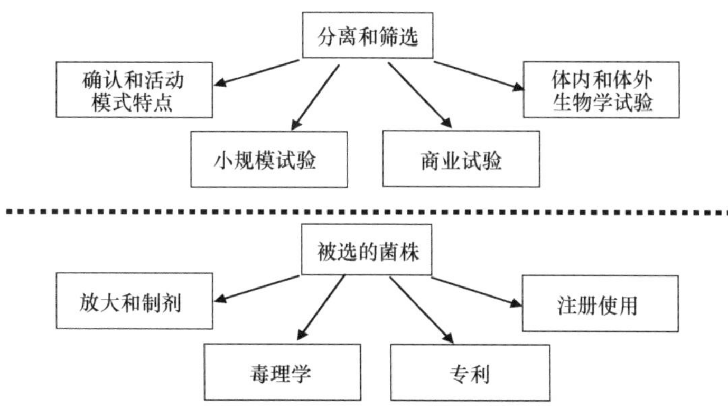

图 10-3　拮抗菌商业开发的一般性环节（Droby et al.，2009）

目前，仅有少数报道的拮抗菌进行了商业开发（表 10-6）。大多采后拮抗菌未能进一步开发的原因主要包括：与化学杀菌剂相比，拮抗菌对采后病害的控制效果较低；拮抗菌的商业用量较小、制备成本较高、利润空间不大（Wilson and Wisniewski，1989）。然而，一旦确定有效的拮抗菌，就应为其开发做准备。例如，枯草芽孢杆菌（B3 菌株）是在美国第一个注册开发的核果类采后生防制剂（Pusey and Wilson，1984）。Pusey 等（1988）

在模拟的商业条件下用该生防制剂进行了桃褐腐病的防治中试。同时，该生防制剂还被加入果蜡用于采后处理。

表 10-6　已开发的果蔬采后生防制剂

产品	拮抗菌	果蔬	目标病害	制造商
AQ-10 生物杀菌剂	白粉寄生孢（*Ampelomyces quisqualis*）	苹果、葡萄、草莓、番茄和瓜类	白粉病	Ecogen，Inc.，美国
Aspire	橄榄假丝酵母 菌株 1-182	苹果、梨和柑橘	青霉、灰霉和绿霉病	Ecogen，Inc.，美国
Biosave 10LP，110	丁香假单胞菌 菌株 10LP，110	苹果、梨、柑橘、樱桃和马铃薯	青霉和灰霉病，毛霉和酸腐病	EcoScience Corporation，美国
Blight Ban A 506	荧光假单胞菌	苹果、梨、草莓和马铃薯	火疫病和软腐病	Nu Farm，Inc.，美国
Contans WG，Intercept WG	盾壳霉（*Coniothyrium minitans*）	洋葱	底部和颈部腐烂	Prophyta Biologischer，德国
Rhio-plus	枯草芽孢杆菌 FZB 24	马铃薯及其他蔬菜	白粉病和根腐病	KFZB Biotechnik，美国
Serenade	枯草芽孢杆菌	苹果、梨、葡萄和蔬菜	白粉病、晚疫病、褐腐病和火疫病	AgraQuest Inc.，美国

美国 EcoScience 公司开发的 Biosave 对苹果和梨的青霉病和灰霉病控制效果颇佳（Janisiewicz and Jeffers，1997；Janisiewicz and Korsten，2002）。该公司不仅确定了制剂的最终形式，制订了制剂的标准，还积极进行了产品推广（Koomen and Jeffrics，1993；Jeffers and Wright，1994）。世界各地对 Biosave 的商业用量也在逐年递增（Droby，2006）。Ecogen-Israel 合作有限公司开发了 Aspire（McLaughlin et al.，1990；Janisiewicz and Korsten，2002）。该产品与 10 倍的硫苯哒唑（200μg/ml）结合能完全控制柑橘的采后病害。在嗜油假丝酵母和皱褶假丝酵母的使用中也观察到类似的结果（Mercier and Wilson，1994；Wisniewski et al.，1995）。商业使用时该产品与 10 倍的噻苯唑结合在控制柑橘的绿霉病、青霉病和酸腐病方面达到了理想的效果（Droby et al.，1998）。YieldPlus 的研究和商业化开发与 Aspire 的模式类似。对来自枯草芽孢杆菌的 Avogreen 开发路线则稍有变更，该产品先是在田间进行生防测试，然后用于鳄梨炭疽病的控制（Korsten et al.，1997；Janisiewicz and Korsten，2002）。此外，以色列的科学家还成功开发了 Shemer（Droby，2006）。

（二）拮抗菌的应用

1. 采前应用

许多采后病原物是在果蔬田间生长期间进行侵染的，因此，采前应用拮抗菌常常可以减轻潜伏侵染的危害，从而达到有效控制果蔬采后腐烂的目的（Ippolito and Nigro，2000；Janisiewicz and Korsten，2002；Irtwange，2006）。由于采前使用拮抗菌能使其迅速在果实表面分布，当果实采收形成伤口时，拮抗菌就能在病原物侵入之前在伤口处迅速定殖（Ippolito and Nigro，2000）。例如，采前 3 周使用柔弱隐球酵母（*Cryptococcus infirmominiatus*）、罗伦隐球酵母和粘红酵母可有效控制梨的灰霉病（Benbow and Sugar，

1999)。采前使用拮抗菌还能显著减轻草莓的采后病害，这些拮抗菌包括粉红粘帚霉(*Gliocladium roseum*)(Sutton et al.，1997)、哈茨木霉(Tronsmo and Denis，1977；Kovach et al.，2000)和黑附球菌(*Epicoccum nigrum*)(Larena et al.，2005)。使用吡咯菌素可显著控制仁果类果实的采后病害(Janisiewicz and Korsten，2002)。采前使用美极梅奇酵母，无论单独或是采后结合乙醇或重碳酸钠处理均能明显控制葡萄的采后病害(Karabulut and Baykal，2003)。此外，采前喷洒美极梅奇酵母也能有效控制草莓的采前和采后病害(Karabulut and Baykal，2004)。同样，采前使用出芽短梗霉能明显减少草莓(Lima et al.，1997)、葡萄(Schena et al.，1999；Schena et al.，2003)、樱桃(Schena et al.，2003)和苹果(Leibinger et al.，1997)的采后病害。采前喷施季也蒙毕赤酵母还能控制葡萄柚的青霉病(Droby et al.，1992)。同样，采前应用罗伦隐球酵母和橄榄假丝酵母能减少梨的贮藏腐烂(Benbow and Sugar，1999)。使用黑附球菌能有效控制桃的采后褐腐病，用成团泛菌可有效提高柑橘对青霉病的抵抗能力(Sharma et al.，2009)。尽管采前应用拮抗菌可有效控制采后病害，但由于拮抗菌在田间条件下的存活率较低及使用成本偏高等问题而难以推广。

2. 采后应用

采后使用拮抗菌比采前使用更为经济有效，拮抗菌既可喷施，也可浸泡使用(Barkai-Golan，2001；Irtwange，2006)。例如，哈茨木霉、绿色木霉、粉红粘帚霉和宛氏拟青霉(*Paecilomyces variotii*)等拮抗菌的采后使用比采前使用能更好地控制草莓的灰霉病和柠檬的黑斑病(Pratella and Mari，1993)。采后使用宛氏拟青霉控制柠檬黑曲霉的效果甚至优于异菌脲处理。同样，采后使用哈茨木霉控制马铃薯块茎干腐病的效果也要优于苯莱特处理。采后使用拮抗酵母能使其直接在果蔬表面的伤口定殖，从而显著减少了病害的发生，这些病原物包括柑橘的意大利青霉和指状青霉(Chalutz and Wilson，1990)、苹果的灰葡萄孢(Gullino et al.，1992；Mercier and Wilson，1995)、梨的灰葡萄孢和扩展青霉(Chand-Goyal and Spotts，1996；Chand-Goyal and Spotts，1997；Sugar and Spotts，1999)。然而，并非所有的拮抗菌都是以同样的方式作用于病原物。因此，需要深入了解拮抗菌的作用方式，以提高拮抗菌的生防效果。

第四节 提高生防效力的途径

拮抗菌在采后病害控制中已表现出良好的应用前景。与化学杀菌剂不同，活体拮抗菌是生防制剂主要成分，其防效受到诸多因素的影响。拮抗菌单独使用的防效常不及化学杀菌剂。此外，拮抗菌在推广中也会面临更为恶劣的环境条件，如田间的光照和高温低湿条件、干燥和营养缺乏的果实表面、采后的低温和气调贮藏环境等，这些因素会直接影响拮抗菌的生存和繁殖能力及其生防效力。另外，拮抗菌还具有专一性和特殊性，不同拮抗菌对上述各种环境条件的适应力也存在差异，从而会产生不同的防效。因此，通过各种措施提高拮抗菌的生防效力，将有助于生防制剂的应用和推广(田世平等，2011)。已有大量的研究表明，将不同拮抗菌混合使用、拮抗菌配合其他化学药物处理、拮抗菌与其他处理相结合，以及通过遗传改良等措施均能显著提高拮抗菌的生防效力。

一、不同拮抗菌混合使用

多种相容菌株的混合使用是扩大拮抗菌抑菌谱的有效方法（Barkai-Golan，2001；El-Ghaouth et al.，2004；Singh and Sharma，2007）。拮抗菌混用的优点主要包括：扩展抑菌谱；增强对田间和采后环境的适应性；通过抗生、寄生和诱导寄主抗性等不同机制来提高生防效率，增强可靠性；无需通过遗传改良等外来基因的参与（Sharma et al.，2009）。

拮抗菌混合使用增强生防效力还可能更好地利用营养物质，加快生长速率；通过一种拮抗菌消除对另一种拮抗菌有抑制作用的物质；通过一种拮抗菌产生另一种拮抗菌所必需的营养，形成更为良好的微生态区系（Janisiewicz et al.，1998）。但进行拮抗菌混用时需要注意拮抗菌之间不能相互拮抗，拮抗菌之间最好具有协同效应（Fukui et al.，1999）。例如，丁香假单胞菌和掷孢酵母混用，对苹果扩展青霉的控制效果超过了单一拮抗菌处理（Janisiewicz and Bors，1995）。拮抗菌混用还能有效控制马铃薯块茎的干腐病（Schisler et al.，1997）。采用 10^6CFU/ml 出芽短梗霉结合 10^8CFU/ml 枯草芽孢杆菌处理，可以有效控制苹果的青霉病和灰霉病，防效与杀菌剂处理相当（Leibinger et al.，1997）。2×10^7CFU/ml 清酒假丝酵母 CPA-1 和 2×10^7CFU/ml 稻谷病原细菌混合处理能完全控制“Blanquilla”梨的采后腐烂，很大程度上减轻“金冠”苹果的青霉病（Nunes et al.，2002a）。克勒克酵母和假丝酵母混合处理可有效控制葡萄的软腐病，但对黑曲霉引起黑腐病无效（McLaughlin et al.，1992）。

拮抗酵母的生防效力不但受到伤口酵母菌浓度的影响，还受接种的病原物孢子数量的影响。在高浓度拮抗菌和低浓度病原菌的条件下，木霉的拮抗活性最大（Mortuza and Ilag，1999）。拮抗菌混合使用可以提高对多种苹果采后病害的控制效果（Leibinger et al.，1997；Calvo et al.，2003；Conway et al.，2005）。清酒假丝酵母和稻谷病原细菌混合处理比单独处理能更好地控制苹果和梨的青霉病和灰霉病（Nunes et al.，2001a）。尽管拮抗菌混合使用提高了生防控制效率，但注册两种拮抗菌的费用会明显增加，造成了推广应用的障碍。

二、拮抗菌与化学药物配合使用

将拮抗菌和外源化学药物配合使用可以显著提高生物防治效果，这些化学药物主要包括低浓度的杀菌剂、生长调节剂和无机盐类等。

（一）与低浓度杀菌剂配合

拮抗菌与化学杀菌剂配合使用，不但可以有效提高拮抗菌的生防效力，还能降低杀菌剂的用量，使果蔬体内的药物残留保持在很低的水平。有些拮抗菌与低浓度杀菌剂配合使用后，能达到完全的控制效果（Wisniewski et al.，2001）。当然，并非所有的化学杀菌剂均能与拮抗菌有效配合，目前认可的只有抑霉唑、噻苯唑和嘧菌环胺等不多的几种。

丁香假单胞菌结合嘧菌环胺处理能有效控制苹果青霉病。此外，低浓度杀菌剂和拮抗菌混合使用还能显著减轻梨的采后腐烂（Errampalli and Brubacher，2006；Sugar and

Basile，2008)。丁香假单胞菌结合嘧菌环胺处理对苹果青霉病和灰霉病的控制率可达90%（Zhou et al.，2002）。膜醭毕赤酵母结合低浓度噻苯唑处理，对柑橘绿霉病的控制效果与商业化噻苯唑单独处理的效果相当（Droby et al.，1993），经过该处理的果实体内的药物残留极低（Hofstein et al.，1994）。酵母和低剂量杀菌剂结合还能控制苹果青霉病和梨褐腐病（Chand-Goyal and Spotts，1997）。同样，嗜油假丝酵母结合噻苯唑能有效控制柑橘采后腐烂，防效与商业杀菌剂处理相当（Droby et al.，1998）。罗伦隐球酵母结合抑霉唑处理具有控制枣腐烂的协同效应（Qin and Tian，2004）。柔弱隐球酵母和斯科特白冬孢酵母（*Leucosporidium scottii*）分别同三种杀菌剂结合均能有效控制柑橘和苹果的采后病害，表明拮抗菌与低剂量杀菌剂结合是一种具有潜力的高效处理措施（Vero et al.，2011）。

（二）与无机盐配合

拮抗菌与无机盐配合使用也能提高生防效力（El-Ghaouth et al.，2004）。这些盐主要包括氯化钙、丙酸钙、碳酸钠、偏亚硫酸钾和钼酸铵等。表10-7列出了能增强生防效力的无机盐。

表10-7 增强拮抗菌生防效力的无机盐

果实	盐的种类	拮抗菌	病害（参考文献）
苹果	氯化钙	假丝酵母	灰霉病和青霉病（Wisniewski et al.，1995）
	碳酸钠	美极梅奇酵母	青霉病（Janisiewicz et al.，2008a）
	碳酸钠	罗伦隐球酵母	青霉病（Janisiewicz et al.，2008a）
	丙酸钙	橄榄假丝酵母	青霉病（Droby et al.，2003）
	重碳酸钠	橄榄假丝酵母	青霉病（Droby et al.，2003）
梨	碳酸钠	罗伦隐球酵母	青霉病和黑斑病（Yao et al.，2004）
	碳酸钠	茁芽丝孢酵母	青霉病和黑斑病（Yao et al.，2004）
	氯化钙	斋藤假丝酵母	灰霉病和青霉病（McLaughlin et al.，1990；Wisniewski et al.，1995）
	氯化钙	罗伦隐球酵母	灰霉病（Zhang et al.，2005）
	钼酸铵	粘红酵母	青霉病（Wan and Tian，2005a）
	钼酸铵	丝孢酵母	黑斑病（Wan and Tian，2005b）
桃	氯化钙	汉逊德巴利酵母	软腐病（Singh，2004，2005）
	丙酸钙	Aspire	褐腐病（Droby et al.，2003）
	重碳酸钠	Aspire	软腐病（Droby et al.，2003）
樱桃	钼酸铵	膜醭毕赤酵母 罗伦隐球酵母	褐腐病（Qin et al.，2006）
	氯化钙	出芽短梗酵母	褐腐病（Ippolito et al.，2005）
	重碳酸钠	出芽短梗酵母	褐腐病（Ippolito et al.，2005）
	山梨酸钾	橄榄假丝酵母	腐烂（Karabulut et al.，2001）
葡萄柚	氯化钙	季也蒙毕赤酵母	绿霉病（Droby et al.，1997）
葡萄	重碳酸钠	核果梅奇酵母	灰霉病（Karabulut et al.，2003）
橘	氯化钙	丁香假单胞菌	青霉病（Janisiewicz et al.，1998）
	氯化钙	橄榄假丝酵母	青霉病（El-Neshawy and El-Sheikh，1998）
	碳酸钠	丁香假单胞菌	绿霉病（Smilanick et al.，1999）

续表

果实	盐的种类	拮抗菌	病害（参考文献）
柑橘	碳酸钠	罗伦隐球酵母	绿霉病（Zhang et al.，2004；Usall et al.，2008）
	重碳酸钠	枯草芽孢杆菌	绿霉病和青霉病（Obagwu and Korsten，2003）
	重碳酸钠	成团泛菌	青霉病（Teixidó et al.，2001；Torres et al.，2007；Usall et al.，2008）.
木瓜	重碳酸钠	橄榄假丝酵母	炭疽病（Gamagae et al.，2003）
枇杷	氯化钙	膜醭毕赤酵母	炭疽病（Cao et al.，2008）
红毛丹	偏亚硫酸钾	木霉	腐烂（Sivakumar et al.，2002a，2002b）
番茄	重碳酸钠	罗伦隐球酵母	灰霉病（刁柳和田世平，2005）
枣	硅酸钠	罗伦隐球酵母	黑斑病（Tian et al.，2005）
	硅酸钠	粘红酵母	青霉病（Tian et al.，2005）

拮抗菌和无机盐配合的效果与拮抗菌浓度、盐浓度、拮抗菌与盐的彼此的相容性及使用时间密切相关（Barkai-Golan，2001）。例如，清酒假丝酵母结合钼酸铵处理完全抑制了梨冷藏期间的青霉病，对苹果的青霉病的防效也超过了 80%（Nunes et al.，2001a）。同样，清酒假丝酵母结合钼酸铵显著降低了苹果扩展青霉、灰葡萄孢和匍枝根霉等病原物的数量，对 1℃下贮藏 60 天的苹果青霉病和灰霉病的防效也超过了 90%（Nunes et al.，2002b）。美极梅奇酵母和罗伦隐球酵母与碳酸钠或重碳酸钠配合使用，可非常有效地控制柑橘的青霉病（Janisiewicz et al.，2008b）。

（三）与有机活性物质配合

拮抗菌与生长调节剂、水杨酸和壳聚糖配合使用也能提高生防效力。例如，斋藤假丝酵母结合壳聚糖可有效降低苹果和柑橘的灰霉病、青霉病和绿霉病（El-Ghaouth et al.，2000a）。一种含有斋藤隐球酵母和壳聚糖的生物膜已成功用于控制苹果腐烂（El-Ghaouth et al.，2000a；El-Ghaouth et al.，2000b）。在半商业化条件下，这种生物膜对控制柠檬和柑橘果实腐烂的效果明显优于斋藤假丝酵母或壳聚糖单独处理，控制水平与抑霉唑处理相当（El-Ghaouth et al.，2000a）。汉逊德巴利酵母、罗伦隐球酵母、粘红酵母、哈茨木霉与茉莉酸甲酯、水杨酸、赤霉素或蜂蜡结合也能有效增强对多种采后病害的生防效力（表 10-8）。例如，罗伦隐球酵母结合茉莉酸甲酯，明显抑制了桃的褐腐病和青霉病（Yao and Tian，2005）。

表 10-8　增强拮抗菌生防效力的有机活性物质

果实	拮抗菌	活性物质	病害（参考文献）
苹果	罗伦隐球酵母	赤霉素	青霉病和灰霉病（Yu and Zheng，2007）
	罗伦隐球酵母	茉莉酸甲酯	青霉病和灰霉病（Yao and Tian，2005）
	罗伦隐球酵母	吲哚乙酸	灰霉病（Yu et al.，2008b）
	啤酒酵母	乙醇	灰霉病（Mari and Guizzardi，1998）
香蕉	哈茨木霉	蜂蜡	炭疽病（Devi and Arumugam，2007）
樱桃	粘红酵母	水杨酸	青霉病（Qin et al.，2003）
	罗伦隐球酵母	水杨酸	青霉病和黑斑病（Qin et al.，2003）
葡萄	核果梅奇酵母	乙醇	灰霉病（Karabulut et al.，2003）

续表

果实	拮抗菌	活性物质	病害（参考文献）
梨	罗伦隐球酵母	细胞分裂素	青霉病（Zheng et al.，2007）
	罗伦隐球酵母	水杨酸	青霉病和灰霉病（Yu et al.，2007）
	罗伦隐球酵母	赤霉素	青霉病（Yu et al.，2006）
	罗伦隐球酵母	儿丁质	青霉病（Yu et al.，2008a）
桃	粘红酵母	水杨酸	灰霉病（Zhang et al.，2008a）

通过添加一些天然抗生素或病原物营养物抑制剂也可以增加拮抗菌的生防效力。例如橄榄假丝酵母结合乳酸链球菌素提高了对苹果青霉病和灰霉病的防效（El-Neshawy and Wilson，1997）。此外，添加嗜铁素能增强粘红酵母对扩展青霉的防效，因为嗜铁素的添加可减少病原物萌发所必需的螯合铁（Calvente et al.，1999）。2-脱氧-D-葡萄糖可显著促进丁香假单胞菌、掷孢酵母和清酒假丝酵母等拮抗菌的生长。斋藤假丝酵母结合 2-脱氧-D-葡萄糖处理可显著减轻苹果的青霉病和灰霉病，防效甚至优于噻苯唑处理（Janisiewicz，1994）。

三、与热处理和紫外线辐照结合

拮抗菌与热处理或紫外线辐照等结合能进一步提高生防效力（Stevens et al.，1997）（表 10-9）。例如，格氏假单胞菌与热处理结合可以增强对甜橙绿霉病的防效（Huang et al.，1995）。桃经 55℃热水处理 10s 后再用橄榄假丝酵母处理能有效降低果实的采后病害（Karabulut and Baykal，2004）。同样，汉逊德巴利酵母结合热水处理可有效延长桃果实的贮藏期，减轻根霉引起的软腐病（Singh and Mandal，2006；Mandal et al.，2007）。酵母生防菌结合热水浸泡或喷淋处理可有效控制苹果的青霉病和灰霉病（Leverentz et al.，2000；Conway et al.，2004；Conway et al.，2007）。此外，拮抗菌与紫外线辐射结合可明显减轻仁果类、核果类和柑橘类果实的采后病害，其中紫外线在减少果实表面病原物存活率方面发挥了积极作用（Wilson et al.，1993）。

表 10-9 增强生防效力的物理处理

果蔬	拮抗菌	物理处理	病害（参考文献）
苹果	丁香假单胞菌	热处理	青霉病（Conway et al.，2005）
	酵母拮抗菌	热水处理	炭疽病和青霉病（Conway et al.，2004）
	美极梅奇酵母	热水浸泡	青霉病和灰霉病（Spadaro et al.，2004）
	丁香假单胞菌	热处理	青霉病（Leverentz et al.，2000）
猕猴桃	酵母拮抗菌	热处理	灰霉病（Cook et al.，1999）
柑橘	枯草芽孢杆菌	热水处理	绿霉病和青霉病（Obagwu and Korsten，2003）
	格氏假单胞菌	热处理	绿霉病（Huang et al.，1995）
草莓	罗伦隐球酵母	热水浸泡	软腐病（Zhang et al.，2007b）
桃	汉逊德巴利酵母	紫外线	褐腐病、青霉病、软腐病（Stevens et al.，1997）

四、拮抗菌的遗传改良

虽然已筛选出多种能有效防治采后病害的细菌和酵母菌，但是，如何进一步提高这些拮抗菌的生防能力仍需要进行深入的研究。利用基因工程技术对拮抗菌加以改造无疑是一个新的发展方向（Mark et al.，2006；Ren et al.，2012）。将异常毕赤酵母敲除一个 *GLU* 基因（*PAEXG2*）后，没有影响其对苹果灰霉病的抑制效力（Grevesse et al.，2003），但当同时敲除 2 个 *GLU* 基因（*PAEXG1* 和 *PAEXG2*）后，该酵母对苹果灰霉病的防效大幅降低。由此表明，β-1,3-葡聚糖酶参与了异常毕赤酵母对灰葡萄孢的拮抗（Friel et al.，2007）。但也有研究认为，*GLU* 的过度表达或敲除并没有显著影响橄榄假丝酵母对金橘绿霉病的控制效果（Yehuda et al.，2003）。此外，敲除了 *GLU* 基因的橄榄假丝酵母在低浓度（10^6 细胞/ml）处理时对柚果实上病原菌的生防效力有所降低；但在较高浓度（10^7~10^8 细胞/ml）处理时，并未发现与原始拮抗酵母之间存在显著差异（Bar-Shimon et al.，2004）。

将杀菌肽 A 的编码基因转入啤酒酵母（*Saccharomyces cerevisia*），转化酵母有效地抑制了刺盘孢的孢子萌发，并显著减轻了由该菌引起的番茄炭疽病（Jones and Prusky，2002）。将桃果实的一个抗菌肽基因导入巴斯德毕赤酵母（*Pichia pastoris*）后，能显著抑制扩展青霉和灰葡萄孢的孢子萌发（Wisniewski et al.，2005）；将抗菌肽（*Psd1*）导入巴斯德毕赤酵母后，转化酵母对苹果扩展青霉的拮抗效力大幅提高（Janisiewicz et al.，2008a）。将抗菌肽基因 *Cecropin* 和 *Psd1* 转移到毕赤氏酵母中，重组酵母能广谱抑制四种果实的主要病害，效果稳定，对果实品质也无明显的影响（Ren et al.，2012）。

经过 30 多年的努力，采后病害的生防研究已经取得大量成果，一些发达国家已开发出可商业化推广的多种产品，但与大宗作物的田间病害控制相比，果蔬采后生防制剂所占的利润空间有限，开发厂商积极性不高，完全商业化推广还有很长的路要走。与国外已开发的产品相比，我国采后生防制剂的开发还明显滞后，效果不稳定，生产和贮藏成本过高是影响开发的重要原因。虽然采后生防制品的开发面临诸多挑战，但随着人们对食品安全和环境保护意识的增强，果蔬采后生防制剂的开发和推广将会迎来更多的机遇。

参 考 文 献

范青，田世平. 2000. 季也蒙假丝酵母对采后桃果实软腐病的抑制效果. 植物学报, 42: 1033-1038.

范青，田世平，姜爱丽，等. 2001. 采摘后果实病害生物防治拮抗菌的筛选和分离. 中国环境科学, 21: 313-316.

刘兴荔，连云鹏. 1987. 放线菌 618 菌株发酵液防病应用试验. 生物防治通报, 3: 50-54.

田世平，罗云波，王贵禧. 2011. 园艺产品采后生物学基础. 北京：科学出版社.

习柳，田世平. 2005. 酵母拮抗菌与碳酸氢钠配合对番茄果实采后病害的防治效果研究. 中国农业科学, 38: 950-955.

Abraham A O, Laing M D, Bower J P. 2010. Isolation and *in vivo* screening of yeast and *Bacillus* antagonists for the control of *Penicillium digitatum* of citrus fruit. Biological Control, 53: 32-38.

Arras G. 1996. Mode of action of an isolate of *Candida famata* in biological control of *Penicillium digitatum* in orange fruits. Postharvest Biology and Technology, 8: 191-198.

Arras G, de-Cicco V, Arru S, et al. 1998. Biocontrol by yeasts of blue mold of citrus fruits and the mode of action of an isolate of *Pichia guilliermondii*. Journal of Horticultural Science and Biotechnology, 73: 413-418.

Bar-Shimon M, Yehuda H, Cohen L, et al. 2004. Characterization of extracellular lytic enzymes produced by the yeast biocontrol agent *Candida oleophila*. Current Genetics, 45: 140-148.

Barkai-Golan R. 2001. Postharvest Diseases of Fruits and Vegetables: Development and Control. Amsterdam: Elsevier Science B.V.

Batta Y A. 2007. Control of postharvest diseases of fruit with an invert emulsion formulation of *Trichoderma harzianum* Rifai. Postharvest Biology and Technology, 43: 143-150.

Benbow J M, Sugar D. 1999. Fruit surface colonization and biological control of postharvest diseases of pear by preharvest yeast applications. Plant Disease, 83: 839-844.

Bencheqroun S K, Baji M, Massart S, et al. 2007. In vitro and in situ study of postharvest apple blue mold biocontrol by *Aureobasidium pullulans*: Evidence for the involvement of competition for nutrients. Postharvest Biology and Technology, 46: 128-135.

Bonaterra A, Mari M, Casalini L, et al. 2003. Biological control of *Monilinia laxa* and *Rhizopus stolonifer* in postharvest of stone fruit by *Pantoea agglomerans* EPS125 and putative mechanisms of antagonism. International Journal of Food Microbiology, 84: 93-104.

Bull C T, Wadsworth M L, Sorensen K N, et al. 1998. Syringomycin E produced by biological control agents controls green mold on lemons. Biological Control, 12: 89-95.

Calvente V, Benuzzi D, de Tosetti M I D. 1999. Antagonistic action of siderophores from *Rhodotorula glutinis* upon the postharvest pathogen *Penicillium expansum*. International Biodeterioration and Biodegradation, 43: 167-172.

Calvo J, Calvente V, de Orellano M E, et al. 2003. Improvement in the biocontrol of postharvest diseases of apples with the use of yeast mixtures. Biocontrol, 48: 579-593.

Calvo J, Calvente V, de Orellano M E, et al. 2007. Biological control of postharvest spoilage caused by *Penicillium expansum* and *Botrytis cinerea* in apple by using the bacterium *Rahnella aquatilis*. International Journal of Food Microbiology, 113: 251-257.

Cao S F, Zheng Y H, Tang S S, et al. 2008. Improved control of anthracnose rot in loquat fruit by a combination treatment of *Pichia membranifaciens* with $CaCl_2$. International Journal of Food Microbiology, 126: 216-220.

Castoria R, de Curtis F, Lima G, et al. 2001. *Aureobasidium pullulans*(LS-30)an antagonist of postharvest pathogens of fruits: study on its modes of action. Postharvest Biology and Technology, 22: 7-17.

Chalutz E, Wilson C L. 1990. Postharvest biocontrol of green and blue mold and sour rot of citrus fruit by *Debaryomyces hansenii*. Plant Disease, 74: 134-137.

Chan Z L, Qin G Z, Xu X B, et al. 2007. Proteome approach to characterize proteins induced by antagonist yeast and salicylic acid in peach fruit. Journal of Proteome Research, 6: 1677-1688.

Chanchaichaovivat A, Ruenwongsa P, Panijpan B. 2007. Screening and identification of yeast strains from fruits and vegetables: potential for biological control of postharvest chilli anthracnose(*Colletotrichum capsici*). Biological Control, 42: 326-335.

Chand-Goyal T, Spotts R A. 1996. Postharvest biological control of blue mold of apple and brown rot of sweet cherry by natural saprophytic yeasts alone or in combination with low doses of fungicides. Biological Control, 6: 253-259.

Chand-Goyal T, Spotts R A. 1997. Biological control of postharvest diseases of apple and pear under semi-commercial and commercial conditions using three saprophytic yeasts. Biological Control, 10: 199-206.

Conway W S, Janisiewicz W J, Leverentz B, et al. 2007. Control of blue mold of apple by combining controlled atmosphere, an antagonist mixture, , and sodium bicarbonate. Postharvest Biology and Technology, 45: 326-332.

Conway W S, Leverentz B, Janisiewicz W J, et al. 2004. Integrating heat treatment, biocontrol and sodium bicarbonate to reduce postharvest decay of apple caused by *Colletotrichum acutatum* and *Penicillium expansum*. Postharvest Biology and Technology, 34: 11-20.

Conway W S, Leverentz B, Janisiewicz W J, et al. 2005. Improving biocontrol using antagonist mixtures with heat and/or sodium bicarbonate to control postharvest decay of apple fruit. Postharvest Biology and Technology, 36: 235-244.

Cook D W M, Long P G, Ganesh S. 1999. The combined effect of delayed application of yeast biocontrol agents and fruit curing for the inhibition of the postharvest pathogen *Botrytis cinerea* in kiwifruit. Postharvest Biology and Technology, 16: 233-243.

Costa D M, Erabadupitiya H R U T. 2005. An integrated method to control postharvest diseases of banana using a member of the *Burkholderia cepacia* complex. Postharvest Biology and Technology, 36: 31-39.

Costa D M, Subasinghe S S N S. 1998. Antagonistic bacteria associated with the fruit skin of banana in controlling its postharvest diseases. Tropical Science, 38: 206-212.

Demoz B T, Korsten L. 2006. *Bacillus subtilis* attachment, colonization, and survival on avocado flowers and its mode of action on stem-end rot pathogens. Biological Control, 37: 68-74.

Devi A N, Arumugam T. 2007. Developing postharvest management practices for export of Rasthali banana. Haryana Journal of Horticultural Sciences, 36: 71-72.

Droby S. 2006. Improving quality and safety of fresh fruits and vegetables after harvest by the use of biocontrol agents and natural materials. *In*: Havkin-Frenkel D, Frenkel C, Dudai N. Proceedings of the First International Symposium on Natural Preservatives in Food Systems, 45-51.

Droby S, Chalutz E. 1994. Mode of action of biological agents of postharvest diseases. *In*: Wilson C L, Wisniewski M E. Biological Control of Postharvest Diseases-Theory and Practice. Boca Raton: CRC Press, 63-75.

Droby S, Chalutz E, Wilson C L. 1991. Antagonistic microorganisms as biocontrol agents of postharvest diseases of fruit and vegetables. Postharvest News Information, 2: 169-173.

Droby S, Chalutz E, Wilson C L, et al. 1992. Biological control of postharvest diseases: a promising alternative to the use of synthetic fungicides. Phytoparasitica, 20: S149-S153.

Droby S, Cohen L, Daus A, et al. 1998. Commercial testing of aspire: a yeast preparation for the biological control of postharvest decay of citrus. Biological Control, 12: 97-101.

Droby S, Hofstein R, Wilson C L, et al. 1993. Pilot testing of *Pichia guilliermondii*: A biocontrol agent of postharvest diseases of citrus fruit. Biological Control, 3: 47-52.

Droby S, Wilson C, Wisniewski M, et al. 2000. Biologically based technology for the control of postharvest diseases of fruits and vegetables. *In*: Wilson C, Droby S. Microbial Food Contamination. Boca Raton: CRC Press, 187-206.

Droby S, Wisniewski M, Cohen L, et al. 1997. Influence of $CaCl_2$ on *Penicillium digitatum* grapefruit peel tissue and biocontrol activity of *Pichia guilliermondii*. Phytopathology, 87: 310-315.

Droby S, Wisniewski M, El Ghaouth A, et al. 2003. Influence of food additives on the control of postharvest rots of apple and peach and efficacy of the yeast-based biocontrol product Aspire. Postharvest Biology and Technology, 27: 127-135.

Droby S, Wisniewski M, Macarisin D, et al. 2009. Twenty years of postharvest biocontrol research: Is it time for a new paradigm? Postharvest Biology and Technology, 52: 137-145.

El-Ghaouth A, Smilanick J L, Brown G E, et al. 2000a. Application of *Candida saitoana* and glycolchitosan for the control of postharvest diseases of apple and citrus fruit under semi-commercial conditions. Plant Disease, 84: 243-248.

El-Ghaouth A, Smilanick J L, Wilson C L. 2000b. Enhancement of the performance of *Candida saitoana* by the addition of glycol chitosan for control of postharvest decay of apple and citrus fruit. Postharvest Biology and Technology, 19: 249-253.

El-Ghaouth A, Wilson C L, Wisniewski M. 1998. Ultrastructural and cytochemical aspects of the biological control of *Botrytis cinerea* by *Candida saitoana* in apple fruit. Phytopathology, 88: 282-291.

El-Ghaouth A, Wilson C L, Wisniewski M. 2004. Biologically based alternatives to synthetic fungicides for the postharvest diseases of fruit and vegetables. *In*: Naqvi S A M H. Diseases of Fruit and Vegetables, vol. 2. Dordrecht: Kluwer Academic Publishers, 511-535.

El-Neshawy S M, El-Sheikh M M. 1998. Control of green mold on oranges by *Candida oleophila* and calcium treatments. Annals of Agricultural Sciences, Cairo(Special Issue), 3: 881-890.

El-Neshawy S M, Wilson C L. 1997. Nisin enhancement of biocontrol of postharvest diseases of apple with *Candida oleophila*. Postharvest Biology and Technology, 10: 9-14.

Errampalli D, Brubacher N R. 2006. Biological and integrated control of postharvest blue mold(*Penicillium expansum*)of apples by *Pseudomonas syringae* and cyprodinil. Biological Control, 36: 49-56.

Fan Q, Tian S P. 2000. Postharvest biological control of *Rhizopus* rot of nectarine fruits by *Pichia membranefaciens*. Plant Disease, 84: 1212-1216.

Fan Q, Tian S P. 2001. Postharvest biological control of grey mold and blue mold on apple by *Cryptococcus albidus*(Saito)Skinner. Postharvest Biology and Technology, 21: 341-350.

Fan Q, Tian S P, Liu H, et al. 2002. Production of β-1, 3-glucanase and chitinase of two biocontrol agents and their possible modes of action. Chinese Science Bulletin, 47: 292-296.

Filonow A B. 1998. Role of competition for sugars by yeasts in the biocontrol of gray mold of apple. Biocontrol Science and Technology, 8: 243-256.

Filonow A B, Vishniac H S, Anderson J A, et al. 1996. Biological control of *Botrytis cinerea* in apple by yeasts from various habitats and their putative mechanisms of antagonism. Biological Control, 7: 212-220.

Friel D, Gomez P N M, Vandenbol M, et al. 2007. Separate and combined disruptions of two exo-beta-1, 3-glucanase genes decrease the efficiency of *Pichia anomala*(strain K)biocontrol against *Botrytis cinerea* on apple. Molecular Plant-Microbe Interactions, 20: 371-379.

Fukui R, Fukui H, Alvarez A M. 1999. Comparison of single verses multiple bacteria on biological control of anthurium blight. Phytopathology, 89: 366-373.

Gamagae S U, Sivakumar D, Wijeratnam R S W, et al. 2003. Use of sodium bicarbonate and *Candida oleophila* to control anthracnose in papaya during storage. Crop Protection, 22: 775-779.

Govender V, Korsten L, Sivakumar D. 2005. Semi-commercial evaluation of *Bacillus licheniformis* to control mango postharvest diseases in South Africa. Postharvest Biology and Technology, 38: 57-65.

Grevesse C, Lepoivre P, Jijakli M H. 2003. Characterization of the exoglucanase-encoding gene *PaEXG2* and study of its role in the biocontrol activity of *Pichia anomala* strain K. Phytopathology, 93: 1145-1152.

Guijarro B, Melgarejo P, De Cal A. 2007a. Effect of stabilizers on the shelf-life of *Penicillium frequentans* conidia and their efficacy as a biological agent against peach brown rot. International Journal of Food Microbiology, 113: 117-124.

Guijarro B, Melgarejo P, Torres R, et al. 2007b. Effects of different biological formulations of *Penicillium frequentans* on brown rot of peaches. Biological Control, 42: 86-96.

Gullino M L, Benzi D, Aloi C, et al. 1992. Biological control of *Botrytis* rot of apple. *In*: Williamson B, Verhoeff K,

Malatrakis N E. Recent Advances in Botrytis Research. Heraklion: Proceedings of the 10th International Botrytis Symposium, 197-200.

Hershkovitz V, Ben-Dayan C, Raphael G, et al. 2012. Global changes in gene expression of grapefruit peel tissue in response to the yeast biocontrol agent *Metschnikowia fructicola*. Molecular Plant Pathology, 13: 338-349.

Hofstein R, Fridlender B, Chalutz E, et al. 1994. Large scale production and pilot testing of biological control agents for postharvest diseases. *In*: Wilson C L, Wisniewski M E. Biological Control of Postharvest Diseases-Theory and Practice. Boca Raton: CRC Press, 89-100.

Huang Y, Deverall B J, Morris S C, et al. 1993. Biocontrol of postharvest orange diseases by a strain of *Pseudomonas cepacia* under semi-commercial conditions. Postharvest Biology and Technology, 3: 293-304.

Huang Y, Deverall B J, Morris S C. 1995. Postharvest control of green mould on oranges by a strain of *Pseudomonas glathei* and enhancement of its biocontrol by heat treatment. Postharvest Biology and Technology, 5: 129-137.

Huang Y, Wild B L, Morris S C. 1992. Postharvest biological control of *Penicillium digitatum* decay on citrus fruit by *Bacillus pumilus*. Annals of Applied Biology, 120: 367-372.

Ippolito A, El Ghaouth A, Wilson C L, et al. 2000. Control of postharvest decay of apple fruit by *Aureobasidium pullulans* and induction of defense responses. Postharvest Biology and Technology, 19: 265-272.

Ippolito A, Nigro F. 2000. Impact of preharvest application of biological control agents on postharvest diseases of fresh fruits and vegetables. Crop Protection, 19: 715-723.

Ippolito A, Schena L, Pentimone I, et al. 2005. Control of postharvest rots of sweet cherries by pre- and postharvest applications of *Aureobasidium pullulans* in combination with calcium chloride or sodium bicarbonate. Postharvest Biology and Technology, 36: 245-252.

Irtwange S. 2006. Application of biological control agents in pre- and post-harvest operations. Agricultural Engineering International: CIGR Journal 8, Invited Overview 3, A & M University Press, Texas.

Janisiewicz W J. 1994. Enhancement of biocontrol of blue mold with the nutrient analog 2-deoxy-D-glucose on apples and pears. Applied and Environmental Microbiology, 60: 2671-2676.

Janisiewicz W J. 1996. Ecological diversity, niche overlap, and coexistence of antagonists used in developing mixtures for biocontrol of postharvest diseases of apples. Phytopathology, 86: 473-479.

Janisiewicz W J, Bors B. 1995. Development of a microbial community of bacterial and yeast antagonists to control wound-invading postharvest pathogens of fruits. Applied and Environmental Microbiology, 61: 3261-3267.

Janisiewicz W J, Conway W S, Glenn D M, et al. 1998. Integrating biological control and calcium treatment for controlling postharvest decay of apples. HortScience, 33: 105-109.

Janisiewicz W J, Jeffers S N. 1997. Efficacy of commercial formulation of two biofungicides for control of blue mold and gray mold of apples in cold storage. Crop Protection, 16: 629-633.

Janisiewicz W J, Korsten L. 2002. Biological control of postharvest diseases of fruits. Annual Review of Phytopathology, 40: 411-441.

Janisiewicz W J, Pereira I B, Almeida M S, et al. 2008a. Improved biocontrol of fruit decay fungi with *Pichia pastoris* recombinant strains expressing Psd1 antifungal peptide. Postharvest Biology and Technology, 47: 218-225.

Janisiewicz W J, Saftner R A, Conway W S, et al. 2008b. Control of blue mold decay of apple during commercial controlled atmosphere storage with yeast antagonists and sodium bicarbonate. Postharvest Biology and Technology, 49: 374-378.

Janisiewicz W J, Yourman L, Roitman J, et al. 1991. Postharvest control of blue mold and gray mold of apples and pears by dip treatment with pyrrolnitrin, a metabolite of *Pseudomonas cepacia*. Plant Disease, 75: 490-494.

Jeffers S N, Wright T S. 1994. Biological control of postharvest diseases of apples: progress and commercial potential. Northern England Fruit Meeting, 100: 100-106.

Jiang F, Chen J S, Miao Y, et al. 2009a. Identification of differentially expressed genes from cherry tomato fruit(*Lycopersicon esculentum*)after application of the biological control yeast *Cryptococcus laurentii*. Postharvest Biology and Technology, 53: 131-137.

Jiang F, Zheng X D, Chen J S. 2009b. Microarray analysis of gene expression profile induced by the biocontrol yeast *Cryptococcus laurentii* in cherry tomato fruit. Gene, 430: 12-16.

Jiang Y M, Zhu X R, Li Y B. 2001. Postharvest control of litchi fruit rot by *Bacillus subtilis*. LWT-Food Science and Technology, 34: 430-436.

Jijakli M H, Grevesse C, Lepoivre P. 2001. Modes of action of biocontrol agents of postharvest diseases: challenges and difficulties. Bulletin-OILB/SROP, 24: 317-318.

Jijakli M H, Lepoivre P. 1998. Characterization of an exo-1,3-glucanase produced by *Pichia anomala* strain K, antagonist of *Botrytis cinerea* on apples. Phytopathology, 88: 335-343.

Jones R W, Prusky D. 2002. Expression of an antifungal peptide in *Saccharomyces*: a new approach for biological control of the postharvest disease caused by *Colletotrichum coccodes*. Phytopathology, 92: 33-37.

Karabulut O A, Arslan U, Ilhan K, et al. 2005. Integrated control of postharvest diseases of sweet cherry with yeast antagonists and sodium bicarbonate applications within a hydrocooler. Postharvest Biology and Technology, 37: 135-141.

Karabulut O A, Baykal N. 2003. Biological control of postharvest diseases of peaches and nectarines by yeasts. Journal of Phytopathology-Phytopathologische Zeitschrift, 151: 130-134.

Karabulut O A, Baykal N. 2004. Integrated control of postharvest diseases of peaches with a yeast antagonist, hot water and modified atmosphere packaging. Crop Protection, 23: 431-435.

Karabulut O A, Lurie S, Droby S. 2001. Evaluation of the use of sodium bicarbonate, potassium sorbate and yeast antagonists for decreasing postharvest decay of sweet cherries. Postharvest Biology and Technology, 23: 233-236.

Karabulut O A, Smilanick J L, Gabler F M, et al. 2003. Near-harvest applications of *Metschnikowia fructicola*, ethanol, and sodium bicarbonate to control postharvest diseases of grape in central California. Plant Disease, 87: 1384-1389.

Kefialew Y, Ayalew A. 2008. Postharvest biological control of anthracnose(*Colletotrichum gloeosporioides*)on mango (*Mangifera indica*). Postharvest Biology and Technology, 50: 8-11.

Koomen I, Jeffrics P. 1993. Effects of antagonistic microorganisms on the postharvest development of *Colletotrichum gloeosporioides* on mango. Plant Pathology, 42: 230-237.

Korsten L, De Villiers E E, Wehner F C, et al. 1997. Field sprays of *Bacillus subtilis* and fungicides for control of preharvest fruit diseases of avocado in South Africa. Plant Disease, 81: 455-459.

Kota V R, Kulkarni S, Hegde Y R. 2006. Postharvest diseases of mango and their biological management. Journal of Plant Disease Science, 1: 186-188.

Kovach J, Petzoldt R, Harman G E. 2000. Use of honey bees and bumble bees to disseminate *Trichoderma harzianum* 1295-22 to strawberries for *Botrytis* control. Biological Control, 18: 235-242.

Lahlali R, Serrhini M N, Jijakli M H. 2004. Efficacy assessment of *Candida oleophila*(strain O)and *Pichia anomala*(strain K)against major postharvest diseases of citrus fruit in Morocco. Communications in Agriculture and Applied Biological Sciences, 69: 601-609.

Lahlali R, Serrhini M N, Jijakli M H. 2005. Development of a biological control method against postharvest diseases of citrus fruit. Communications in Agriculture and Applied Biological Science, 70: 47-58.

Larena I, Torres R, DeCal A, et al. 2005. Biological control of postharvest brown rot(*Monilinia* spp.)of peaches by field applications of *Epicoccum nigrum*. Biological Control, 32: 305-310.

Lassois L, de Bellaire L, Jijakli M H. 2008. Biological control of crown rot of bananas with *Pichia anomala* strain K and *Candida oleophila* strain O. Biological Control, 45: 410-418.

Leibinger W, Breuker B, Hahn M, et al. 1997. Control of postharvest pathogens and colonization of the apple surface by antagonistic microorganisms in the field. Phytopathology, 87: 1103-1110.

Leverentz B, Janisiewicz W J, Conway W S, et al. 2000. Combining yeasts or a bacterial biocontrol agent and heat treatment to reduce postharvest decay of 'Gala' apples. Postharvest Biology and Technology, 21: 87-94.

Lima G, Ippolito A, Nigro F, et al. 1997. Effectiveness of *Aureobasidium pullulans* and *Candida oleophila* against postharvest strawberry rots. Postharvest Biology and Technology, 10: 169-178.

Long C A, Deng B X, Deng X X. 2006. Pilot testing of *Kloeckera apiculata* for the biological control of postharvest diseases of citrus. Annals of Microbiology, 56: 13-17.

Long C A, Deng B X, Deng X X. 2007. Commercial testing of *Kloeckera apiculata*, isolate 34-9, for biological control of postharvest diseases of citrus fruit. Annals of Microbiology, 57: 203-207.

Luo Y, Zeng K F, Ming J. 2012. Control of blue and green mold decay of citrus fruit by *Pichia membranefaciens* and induction of defense responses. Scientia Horticulturae, 135: 120-127.

Lurie S, Droby S, Chalupowicz L, et al. 1995. Efficacy of *Candida oleophila* strain 182 in preventing *Penicillium expansum* infection of nectarine fruits. Phytoparasitica, 23: 231-234.

Macarisin D, Bauchan G, Droby S, et al. 2011. Novel role for reactive oxygen species(ROS)in host-antagonistic yeast-pathogen interactions in postharvest biocontrol systems. *In*: Wisniewski M, Droby S. International Symposium on Biological Control of Postharvest Diseases: Challenges and Opportunities, 113-119.

Macarisin D, Droby S, Bauchan G, et al. 2010. Superoxide anion and hydrogen peroxide in the yeast antagonist-fruit interaction: A new role for reactive oxygen species in postharvest biocontrol? Postharvest Biology and Technology, 58: 194-202.

Mandal G, Singh D, Sharma R R. 2007. Effect of hot water treatment and biocontrol agent(*Debaryomyces hansenii*)on shelf-life of peach. Indian Journal of Horticulture, 64: 25-28.

Mari M, Guizzardi M. 1998. The postharvest phase: Emerging technologies for the control of fungal diseases. Phytoparasitica, 26: 59-66.

Mari M, Guizzardi M, Pratella G C. 1996. Biological control of gray mold in pears by antagonist bacteria. Biological Control, 7: 30-37.

Mari M, Martini C, Spadoni A, et al. 2012. Biocontrol of apple postharvest decay by *Aureobasidium pullulans*. Postharvest Biology and Technology, 73: 56-62.

Mark G L, Morrissey J P, Higgins P, et al. 2006. Molecular-based strategies to exploit Pseudomonas biocontrol strains for environmental biotechnology applications. FEMS Microbiology Ecology, 56: 167-177.

McLaughlin R J, Wilson C L, Chalutz E, et al. 1990. Characterization and reclassification of yeasts used for biological control of postharvest diseases of fruits and vegetables. Applied and Environmental Microbiology, 56: 3583-3586.

McLaughlin R J, Wilson C L, Droby S, et al. 1992. Biological control of postharvest diseases of grape, peach and apple with the yeast *Kloeckera apiculata* and *Candida guilliermondi*i. Plant Disease, 76: 470-473.

Mercier J, Wilson C L. 1994. Colonization of apple wounds by naturally occurring microflora and introduced *Candida oleophila* and their effect on infection by *Botrytis cinerea* during storage. Biological Control, 4: 138-144.

Mercier J, Wilson C L. 1995. Effect of wound moisture on the biocontrol by *Candida oleophila* of gray mold rot(*Botrytis cinerea*)of apple. Postharvest Biology and Technology, 6: 9-15.

Mikani A, Etebarian H R, Sholberg P L, et al. 2008. Biological control of apple gray mold caused by *Botrytis mali* with *Pseudomonas fluorescens* strains. Postharvest Biology and Technology, 48: 107-112.

Moline H, Hubbard J, Karns J, et al. 1999. Selective isolation of bacterial antagonists of *Botrytis cinerea*. European Journal of Plant Pathology, 105: 95-101.

Mortuza M G, Ilag L L. 1999. Potential for biocontrol of *Lasiodiplodia theobromae* in banana fruit by *Trichoderma* species. Biological Control, 15: 235-240.

Nantawanit N, Chanchaichaovivat A, Panijpan B, et al. 2010. Induction of defense response against *Colletotrichum capsici* in chili fruit by the yeast *Pichia guilliermondii* strain R13. Biological Control, 52: 145-152.

Nunes C. 2012. Biological control of postharvest diseases of fruit. European Journal of Plant Pathology, 133: 181-196.

Nunes C, Usall J, Teixidó N, et al. 2001a. Nutritional enhancement of biocontrol activity of *Candida sake*(CPA-1)against *Penicillium expansum* on apples and pears. European Journal of Plant Pathology, 107: 543-551.

Nunes C, Usall J, Teixidó N, et al. 2001b. Biological control of postharvest pear diseases using a bacterium, *Pantoea agglomerans* CPA-2. International Journal of Food Microbiology, 70: 53-61.

Nunes C, Usall J, Teixidó N, et al. 2001c. Biological control of postharvest pear diseases using a bacterium, *Pantoea agglomerans* CPA-2. International Journal of Food Microbiology, 70: 53-61.

Nunes C, Usall J, Teixidó N, et al. 2002a. Post-harvest biological control by *Pantoea agglomerans*(CPA-2)on Golden Delicious apples. Journal of Applied Microbiology, 92: 247-255.

Nunes C, Usall J, Teixidó N, et al. 2002b. Improvement of *Candida sake* biocontrol activity against post-harvest decay by the addition of ammonium molybdate. Journal of Applied Microbiology, 92: 927-935.

Obagwu J, Korsten L. 2003. Integrated control of citrus green and blue molds using *Bacillus subtilis* in combination with sodium bicarbonate or hot water. Postharvest Biology and Technology, 28: 187-194.

Pathak V N. 1997. Postharvest fruit pathology: Present status and future possibilities. Indian Phytopathology, 50: 161-185.

Piano S, Neyrotti V, Migheli Q, et al. 1997. Biocontrol capability of *Metschnikowia pulcherrima* against *Botrytis* postharvest rot of apple. Postharvest Biology and Technology, 11: 131-140.

Pratella G C, Mari M. 1993. Effectiveness of *Trichoderma, Gliocladium* and *Paecilomyces* in postharvest fruit protection. Postharvest Biology and Technology, 3: 49-56.

Prusky D, Freeman S, Rodriguez R J, et al. 1994. A nonpathogenic mutant strain of *Colletotrichum magna* induces resistance to *C. gloeosporioides* in avocado fruit. Molecular Plant Microbe Interaction, 7: 326-333.

Pusey P L, Hotchkiss M W, Dulmage H T, et al. 1988. Pilot tests for commercial production and application of *Bacillus subtilis*(B-3)for postharvest control of peach brown rot. Plant Disease, 72: 622-626.

Pusey P L, Wilson C L. 1984. Postharvest biological control of stone fruit brown rot by *Bacillus subtilis*. Plant Disease, 68: 753-756.

Qin G Z, Tian S P. 2004. Biocontrol of postharvest diseases of jujube fruit by *Cryptococcus laurentii* combined with a low dosage of fungicides under different storage conditions. Plant Disease, 88: 497-501.

Qin G Z, Tian S P, Xu Y, et al. 2003. Enhancement of biocontrol efficacy of antagonistic yeasts by salicylic acid in sweet cherry fruit. Physiological and Molecular Plant Pathology, 62: 147-154.

Qin G Z, Tian S P, Xu Y. 2004. Biocontrol of postharvest diseases on sweet cherries by four antagonistic yeasts in different storage conditions. Postharvest Biology and Technology, 31: 51-58.

Qin G Z, Tian S P, Xu Y, et al. 2006. Combination of antagonistic yeasts with two food additives for control of brown rot caused by *Monilinia fructicola* on sweet cherry fruit. Journal of Applied Microbiology, 100: 508-515.

Ren X, Kong Q, Wang H, et al. 2012. Biocontrol of fungal decay of citrus fruit by *Pichia pastoris* recombinant strains expressing cecropin A. Food Chemistry, 131: 796-801.

Roberts R G. 1990. Biological control of mucor rot of pear by *Cryptococcus laurentii*, *C. Flavus*, and *C. albidus*. Phytopathology, 80: 1051-1154.

Rodov V, Ben-Yehoshua S, Albaglis R, et al. 1994. Accumulation of phytoalexins scoparone and scopoletin in citrus fruit subjected to various postharvest treatments. Acta Horticulturae, 381: 517-523.

Saligkarias I D, Gravanis F T, Epton H A S. 2002. Biological control of *Botrytis cinerea* on tomato plants by the use of epiphytic yeasts *Candida guilliermondii* strains 101 and US 7 and *Candida oleophila* strain I-182: Ⅱ. a study on mode of action. Biological Control, 25: 151-161.

Saravanakumar D, Clavorella A, Spadaro D, et al. 2008. *Metschnikowia pulcherrima* strain MACH1 outcompetes *Botrytis cinerea*, *Alternaria alternata* and *Penicillium expansum* in apples through iron depletion. Postharvest Biology and

Technology, 49: 121-128.

Schena L, Ippolito A, Zahavi T, et al. 1999. Genetic diversity and biocontrol activity of *Aureobasidium pullulans* isolates against postharvest rots. Postharvest Biology and Technology, 17: 189-199.

Schena L, Nigro F, Pentimone I, et al. 2003. Control of postharvest rots of sweet cherries and table grapes with endophytic isolates of *Aureobasidium pullulans*. Postharvest Biology and Technology, 30: 209-220.

Schisler D A, Slininger P J, Bothast R J. 1997. Effects of antagonist cell concentration and two strain mixtures of biological control of *Fusarium* dry rot of potatoes. Phytopathology, 87: 177-183.

Sharma R R, Singh D, Singh R. 2009. Biological control of postharvest diseases of fruits and vegetables by microbial antagonists: A review. Biological Control, 50: 205-221.

Sid A, Ezziyyani M, Egea-Gilabert C, et al. 2003. Selecting bacterial strains for use in the biocontrol of diseases caused by *Phytophthora capsici* and *Alternaria alternata* in sweet pepper plants. Biologia Plantarum, 47: 569-574.

Singh D. 2002. Bioefficacy of *Debaryomyces hansenii* on the incidence and growth of *Penicillium italicum* on Kinnow fruit in combination with oil and wax emulsions. Annals of Plant Protection Sciences, 10: 272-276.

Singh D. 2004. Effect of *Debaryomyces hansenii* and calcium salt on fruit rot of peach(*Rhizopus macrosporus*). Annals of Plant Protection Sciences, 12: 310-313.

Singh D. 2005. Interactive effect of *Debaryomyces hansenii* and calcium chloride to reduce *Rhizopus* rot of peaches. Journal of Mycology and Plant Pathology, 35: 118-121.

Singh D, Mandal G. 2006. Improved control of spoilage with a combination of hot water immersion and *Debaryomyces hansenii* of peach fruit during storage. Indian Phytopathology, 59: 168-173.

Singh D, Sharma R R. 2007. Postharvest diseases of fruit and vegetables and their management. *In*: Prasad D. Sustainable Pest Management. New Delhi: Daya Publishing House.

Sivakumar D, Wijeratnam R S W, Abeyesekere M, et al. 2002a. Combined effect of generally regarded as safe(GRAS) compounds and *Trichoderma harzianum* on the control of postharvest diseases of rambutan. Phytoparasitica, 30: 43-51.

Sivakumar D, Wijeratnam R S W, Wijesundera R L C, et al. 2002b. Control of postharvest diseases of rambutan using controlled atmosphere storage and potassium metabisulphite or *Trichoderma harzianum*. Phytoparasitica, 30: 403-409.

Sivakumar D, Wijeratnam R S W, Marikar F M M T, et al. 2001. Antagonistic effect of *Trichoderma harzianum* on post harvest pathogens of rambutans. Acta Horticulturae, 553: 389-392.

Smilanick J L, Denis-Arrue R. 1992. Control of green mold of lemons with *Pseudomonas* species. Plant Disease, 76: 481-485.

Smilanick J L, Denis-Arrue R, Bosch J R, et al. 1993. Control of postharvest brown rot of nectarines and peaches by *Pseudomonas* species. Crop Protection, 12: 513-520.

Smilanick J L, Margosan D A, Milkota F, et al. 1999. Control of citrus green mold by carbonate and bicarbonate salts and the influence of commercial postharvest practices on their efficacy. Plant Disease, 83: 139-145.

Spadaro D, Garibaldi A, Gullino M L. 2004. Control of *Penicillium expansum* and *Botrytis cinerea* on apple combining a biocontrol agent with hot water dipping and acibenzolar-S-methyl, baking soda, or ethanol application. Postharvest Biology and Technology, 33: 141-151.

Spadaro D, Vola R, Piano S, et al. 2002. Mechanisms of action and efficacy of four isolates of the yeast *Metschnikowia pulcherrima* active against postharvest pathogens on apples. Postharvest Biology and Technology, 24: 123-134.

Stevens C, Khan V A, Lu J Y, et al. 1997. Integration of ultraviolet(UV-C)light with yeast treatment for control of postharvest storage rots of fruits and vegetables. Biological Control, 10: 98-103.

Sugar D, Basile S R. 2008. Timing and sequence of postharvest fungicide and biocontrol agent applications for control of pear decay. Postharvest Biology and Technology, 49: 107-112.

Sugar D, Spotts R A. 1999. Control of postharvest decay of pear by four laboratory grown yeasts and two registered biocontrol products. Plant Disease, 83: 155-158.

Sutton J C, Li D, Peng G, et al. 1997. *Gliocladium roseum,* a versatile adversary of *Botrytis cinerea* in crops. Plant Disease, 316-328.

Teixidó N, Usall J, Palou L, et al. 2001. Improving control of green and blue molds of oranges by combining *Pantoea agglomerans*(CPA-2)and sodium bicarbonate. European Journal of Plant Pathology, 107: 685-694.

Tian S P. 2006. Microbial control of postharvest diseases of fruits and vegetables: current concepts and future outlook. *In*: Ray R C, Ward O P. Microbial Biotechnology in Horticulture. Amsterdam: Science Publishers, 163-202.

Tian S P, Qin G Z, Xu Y. 2004. Survival of antagonistic yeasts under field conditions and their biocontrol ability against postharvest diseases of sweet cherry. Postharvest Biology and Technology, 33: 327-331.

Tian S P, Qin G Z, Xu Y. 2005. Synergistic effects of combining biocontrol agents with silicon against postharvest diseases of jujube fruit. Journal of Food Protection, 68: 544-550.

Tian S P, Yao H J, Deng X, et al. 2007. Characterization and expression of β-1,3-glucanase genes in jujube fruit induced by the microbial biocontrol agent *Cryptococcus laurentii*. Phytopathology, 97: 260-268.

Torres R, Nunes C, Maria G J, et al. 2007. Application of *Pantoea agglomerans* CPA-2 in combination with heated sodium bicarbonate solutions to control the major postharvest diseases affecting citrus fruit at several mediterranean locations.

European Journal of Plant Pathology, 118: 73-83.

Torres R, Teixido N, Vinas I, et al. 2006. Efficacy of *Candida sake* CPA-1 formulation for controlling *Penicillium expansum* decay on pome fruit from different Mediterranean regions. Journal of Food Protection, 69: 2703-2711.

Tronsmo A, Denis C. 1977. The use of *Trichoderma* species to control strawberry fruit rots. Netherlands Journal of Plant Pathology, 83: 449-455.

Usall J, Smilanick J, Palouc L, et al. 2008. Preventive and curative activity of combined treatments of sodium carbonates and *Pantoea agglomerans* CPA-2 to control postharvest green mold of citrus fruit. Postharvest Biology and Technology, 50: 1-7.

Usall J, Teixidó N, Torres R, et al. 2001. Pilot tests of *Candida sake(*CPA-1)applications to control postharvest blue mold on apple fruit. Postharvest Biology and Technology, 21: 147-156.

Utkhede R S, Sholberg P L. 1986. In vitro inhibition of plant pathogens by *Bacillus subtilis* and *Enterobacter aerogenes* and in vivo control of two postharvest cherry diseases. Canadian Journal of Microbiology, 32: 963-967.

Vero S, Garmendia G, Garat M F, et al. 2011. *Cystofilobasidium infirmominiatum* as a biocontrol agent of postharvest diseases on apples and citrus. *In*: Wisniewski M, Droby S. International Symposium on Biological Control of Postharvest Diseases: Challenges and Opportunities, 169-180.

Vinas I, Usall J, Teixido N, et al. 1996. Successful biological control of the major postharvest diseases on apples and pears with a new strain of *Candida sake*. Proceedings of the British Crop Protection Conference on Pests and Diseases, 6C: 603-608.

Vinas I, Usall J, Teixidó N, et al. 1998. Biological control of major postharvest pathogens on apple with *Candida sake*. International Journal of Food Microbiology, 40: 9-16.

Wan Y K, Tian S P. 2005a. Integrated control of postharvest diseases of pear fruits using antagonistic yeasts in combination with ammonium molybdate. Journal of the Science of Food and Agriculture, 85: 2605-2610.

Wan Y K, Tian S P. 2005b. G418-resistance as a dominant selectable marker for heterogenous gene expression in antagonist *Pichia membranefaciens*. Agricultural Sciences in China, 4: 41-46.

Wang X L, Xu F, Wang J, et al. 2013. *Bacillus cereus* AR156 induces resistance against *Rhizopus* rot through priming of defense responses in peach fruit. Food Chemistry, 136: 400-406.

Wang Y S, Tian S P, Xu Y, et al. 2004. Changes in the activities of pro- and anti-oxidant enzymes in peach fruit inoculated with *Cryptococcus laurentii* or *Penicillium expansum* at 0 or 20 ℃. Postharvest Biology and Technology, 34: 21-28.

Wilson C L, Wisniewski M E. 1989. Biological control of postharvest diseases of fruits and vegetables: an emerging technology. Annual Review of Phytopathology, 27: 425-441.

Wilson C L, Wisniewski M E, Droby S, et al. 1993. A selection strategy for microbial antagonists to control postharvest diseases of fruits and vegetables. Scientia Horticulturae, 53: 183-189.

Wisniewski M, Bassett C, Artlip T, et al. 2005. Overexpression of a peach defensin gene can enhance the activity of postharvest biocontrol agents. Acta Horticulturae, 682: 1999-2005.

Wisniewski M, Droby S, Chalutz E, et al. 1995. Effect of Ca^{2+} and Mg^{2+} on *Botrytis cinerea* and *Penicillium expansum* in vitro and on the biocontrol activity of *Candida oleophilla*. Plant Pathology, 44.

Wisniewski M, Droby S, El-Ghaouth A, et al. 2001. Non-chemical approaches to postharvest disease control. Acta Horticulturae, 553: 407-411.

Wisniewski M, Wilson C L. 1992. Biological control of postharvest diseases of fruit and vegetables: Recent advances. HortScience, 27: 94-98.

Wisniewski M, Wilson C L, Hershberger W. 1989. Characterization of inhibition of *Rhizopus stolonifer* germination and growth by *Enterobacter cloacae*. Plant Disease, 81: 204-210.

Yakoby N, Zhou R, Koblier I, et al. 2001. Development of *Colletotrichum gloeosporioides* restriction enzyme-mediated integration mutants as biocontrol agents against anthracnose in avocado fruit. Phytopathology, 91: 143-148.

Yanez-Mendizabal V, Zeriouh H, Vinas I, et al. 2012. Biological control of peach brown rot(*Monilinia* spp.)by *Bacillus subtilis* CPA-8 is based on production of fengycin-like lipopeptides. European Journal of Plant Pathology, 132: 609-619.

Yang D M, Bi Y, Chen X R, et al. 2006. Biological control of postharvest diseases with *Bacillus subtilis*(B1 strain)on muskmelons(*Cucumis melo* L. cv. Yindi). Acta Horticulturae, 712: 735-740.

Yao H J, Tian S P. 2005. Effects of a biocontrol agent and methyl jasmonate on postharvest diseases of peach fruit and the possible mechanisms involved. Journal of Applied Microbiology, 98: 941-950.

Yao H J, Tian S P, Wang Y S. 2004. Sodium bicarbonate enhances biocontrol efficacy of yeasts on fungal spoilage of pears. International Journal of Food Microbiology, 93: 297-304.

Yehuda H, Droby S, Bar-Shimon M, et al. 2003. The effect of under- and overexpressed CoEXG1-encoded exoglucanase secreted by *Candida oleophila* on the biocontrol of *Penicillium digitatum*. Yeast, 20: 771-780.

Yu T, Chen J S, Chen R L, et al. 2007. Biocontrol of blue and gray mold diseases of pear fruit by integration of antagonistic yeast with salicylic acid. International Journal of Food Microbiology, 116: 339-345.

Yu T, Wang L, Yin Y, et al. 2008a. Effect of chitin on the antagonistic activity of *Cryptococcus laurentii* against

Penicillium expansum in pear fruit. International Journal of Food Microbiology, 122: 44-48.

Yu T, Zhang H Y, Li X L, et al. 2008b. Biocontrol of *Botrytis cinerea* in apple fruit by *Cryptococcus laurentii* and indole-3-acetic acid. Biological Control, 46: 171-177.

Yu T, Wu P G, Qi J J, et al. 2006. Improved control of postharvest blue mold rot in pear fruit by a combination of *Cryptococcus laurentii* and gibberellic acid. Biological Control, 39: 128-134.

Yu T, Zheng X D. 2007. Indole-3-acetic acid enhances the biocontrol of *Penicillium expansum* and *Botrytis cinerea* on pear fruit by *Cryptococcus laurentii*. Fems Yeast Research, 7: 459-464.

Zhang H Y, Fu C X, Zheng X D, et al. 2004. Effects of *Cryptococcus laurentii*(Kufferath)skinner in combination with sodium bicarbonate on biocontrol of postharvest green mold decay of citrus fruit. Botanical Bulletin of Academia Sinica, 45: 159-164.

Zhang H Y, Ma L, Wang L, et al. 2008a. Biocontrol of gray mold decay in peach fruit by integration of antagonistic yeast with salicylic acid and their effects on postharvest quality parameters. Biological Control, 47: 60-65.

Zhang H Y, Wang L, Dong Y, et al. 2008b. Control of postharvest pear diseases using *Rhodotorula glutinis* and its effects on postharvest quality parameters. International Journal of Food Microbiology, 126: 167-171.

Zhang H Y, Wang L, Ma L C, et al. 2009. Biocontrol of major postharvest pathogens on apple using *Rhodotorula glutinis* and its effects on postharvest quality parameters. Biological Control, 48: 79-83.

Zhang H Y, Zheng X D, Fu C X, et al. 2005. Postharvest biological control of gray mold rot of pear with *Cryptococcus laurentii*. Postharvest Biology and Technology, 35: 79-86.

Zhang H Y, Zheng X D, Yu T. 2007a. Biological control of postharvest diseases of peach with *Cryptococcus laurentii*. Food Control, 18: 287-291.

Zhang H Y, Zheng X D, Wang L, et al. 2007b. Effect of yeast antagonist in combination with hot water dips on postharvest *Rhizopus* rot of strawberries. Journal of Food Engineering, 78: 281-287.

Zhang H Y, Wang L, Dong Y, et al. 2007c. Postharvest biological control of gray mold decay of strawberry with *Rhodotorula glutinis*. Biological Control, 40: 287-292.

Zhao Y, Tu K, Shao X F, et al. 2008. Effects of the yeast *Pichia guilliermondi*i against *Rhizopus nigricans* on tomato fruit. Postharvest Biology and Technology, 49: 113-120.

Zhao Y, Wang R L, Tu K, et al. 2011. Efficacy of preharvest spraying with *Pichia guilliermondii* on postharvest decay and quality of cherry tomato fruit during storage. African Journal of Biotechnology, 10: 9613-9622.

Zheng X D, Yu T, Chen R L, et al. 2007. Inhibiting *Penicillium expansum* infection on pear fruit by *Cryptococcus laurentii* and cytokinin. Postharvest Biology and Technology, 45: 221-227.

Zheng X D, Zhang H Y, Sun P. 2005. Biological control of postharvest green mold decay of oranges by *Rhodotorula glutinis*. European Food Research and Technology, 220: 353-357.

Zhou T, Chu C L, Liu W T, et al. 2001. Postharvest control of blue mold and gray mold on apples using isolates of *Pseudomonas syringae*. Canadian Journal of Plant Pathology, 23: 246-252.

Zhou T, Northover J, Schneider K E, et al. 2002. Interactions between *Pseudomonas syringae* MA-4 and cyprodinil in the control of blue mold and gray mold of apples. Canadian Journal of Plant Pathology, 24: 154-161.

第十一章　诱导抗病性

早在20世纪初，人们就发现许多植物被病原物侵染后能对后续侵染产生广谱、持续和系统的抗性，之后研究人员将这类外界刺激植物自身所产生的抗性称为诱导抗性（induced resistance）（王金生，2001）。诱导抗性可被多种因子所激发，故诱导抗性的因子也被称为激发子（elicitor）。根据来源，激发子分为生物激发子和非生物激发子两大类，前者是指来源于病原物、其他微生物、寄主或由寄主及病原物互作后产生的激发子，后者是指具有激发子活性的化学成分和物理刺激（邱德文，2008）。诱导抗性包括诱导局部抗性和诱导系统抗性两类，前者是指仅在处理部位获得的抗性，即局部获得抗病性（local acquired resistance，LAR），而后者是指处理后无论处理还是未处理部位均产生的抗性。诱导系统抗性依据其信号传递途径的不同又可分为系统获得抗性（systemic acquired resistance，SAR）和诱导系统抗性（induced systemic resistance，ISR）两种形式，前者依赖于水杨酸（salicylic acid，SA）调节的信号途径，并且能提高寄主的水杨酸含量，诱导病程相关蛋白的积累；后者则主要依赖茉莉酸（jasmonic acid，JA）和乙烯（ethylene，ET）代谢的信号途径（Terry and Joyce，2004）。

果蔬采后虽然脱离了母体营养的供给，但生命活动依旧，对外界的各种刺激会产生一系列的细胞应答反应。因此，果蔬采后也能像生长中的植物一样被激发子诱导产生抗病反应。近年来，利用各种激发子诱导果蔬的采后抗病性，减轻侵染性病害的危害已受到人们的广泛关注（Tripathi and Dubey，2004；Tian et al.，2007；Wang et al.，2008；Sanchez-Estrada et al.，2009；Bi et al.，2010；Zhang et al.，2011a；Sun et al.，2013）。果蔬采后的抗病性诱导，是利用果蔬自身的免疫系统而抵御病原物的侵入，或限制病原物在果蔬体内的扩展。与传统的防腐方法相比，诱导抗性抗菌谱广，操作简单，不会产生药物残留和污染环境等问题，是一种有望替代人工合成杀菌剂的新型采后防腐方法。

第一节　生 物 诱 导

由生物激发子（biotic elicitor）诱导的果蔬抗病性统称为生物诱导，这些激发子主要包括拮抗微生物、糖类、蛋白类及其他的一些来源于生物体的激发子。有关拮抗微生物诱导果蔬采后抗病性的事例及其机理已在本书第十章详细介绍，在此不再赘述。

一、糖类激发子

（一）壳聚糖

壳多糖（chitosan），又名几丁质（chitin），为*N*-乙酰葡糖胺通过β-1,4-糖苷键聚合而成的多糖，广泛存在于甲壳类动物的外壳、昆虫的甲壳和真菌的细胞壁中。壳聚糖的化学名称为聚(1→4)-2-氨基-2-脱氧-β-D-葡萄糖，是几丁质部分脱乙酰化的产物，所以又称为脱乙酰几丁质（deacetylated chitin），由于分子中带有部分自由氨基，其溶解性和化学活性较几丁质有很大程度的提高。几丁质和壳聚糖均属多糖，结构与纤维素类似（图11-1），区别仅为纤维素分子中缺乏氮（Zhang et al.，2011b）。壳聚糖可有效抑制病原物的生长和繁殖，也可以诱导果实的抗病性，对多种采后病害具有良好的防效。此外，壳聚糖还可延缓果蔬的成熟衰老（Yin et al.，2010a；Zhang et al.，2011b）。

纤维素

几丁质

壳聚糖

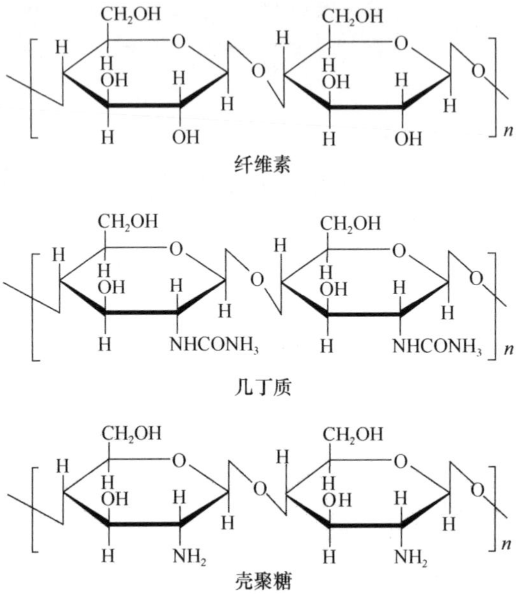

图 11-1　纤维素、几丁质和壳聚糖的分子结构比较

1. 壳聚糖对采后病害的控制

壳聚糖可以控制多种果蔬的采后病害。低分子质量壳聚糖显著抑制了柑橘的青霉病和绿霉病，且效果优于杀菌剂噻苯唑和高分子质量壳聚糖（Chien et al.，2007）。采前喷洒壳聚糖可有效抑制草莓的采后灰霉病，处理浓度越高效果就越好（Bhaskara-Reddy et al.，2000）。2g/L 或 4g/L 壳聚糖处理明显减轻了番茄的灰霉病，不同壳聚糖分子质量和处理浓度对病害的控制效果存在差异，以 5.7×10^4 相对分子质量的壳聚糖效果最佳，高浓度处理效果更好（Badawy and Rabea，2009）。2%壳聚糖显著减轻了脐橙的青霉病和绿霉病（Zeng et al.，2010）。0.25%壳聚糖可有效控制由硫色镰孢引起的马铃薯干腐病（Sun et al.，2008）。采前使用不同浓度和分子质量的壳寡糖（oligochitosan）对枣进行 4 次喷洒，可有效抑制果实采后的褐腐病和黑斑病（Yan et al.，2012）。壳聚糖与拮抗菌、钙和乙醇具有良好的兼容性。Yu 等（2007）发现，0.1%和 12cP 黏度的壳聚糖结合罗伦隐球酵母能有效抑制苹果青霉病。壳聚糖与钙结合进行涂膜显著延长了草莓的货架期（Hernández-Muñoz et al.，2008）。壳聚糖和乙醇结合还能有效控制葡萄的灰霉病（Romanazzi et al.，2007）。

2. 壳聚糖的作用机理

由于在 pH6 以下氨基葡萄糖单体的 C2 位会发生改变，导致壳聚糖可溶性增加，且抗病原物的活性优于几丁质。壳聚糖对采后病害的控制机理主要涉及直接抑菌和诱导抗性两个方面（Rabea et al.，2003；Zhang et al.，2011b）。

壳聚糖可抑制灰葡萄孢（Chien and Chou，2006；Liu et al.，2007；Badawy and Rabea，2009）、青霉（Chien and Chou，2006；Liu et al.，2007；Chien et al.，2007）、刺盘孢（Felipini and Di Piero，2009；Meng et al.，2012）和镰刀菌（Eweis et al.，2006；Sun et al.，2008；Li et al.，2009b）等多种病原菌的孢子萌发、芽管伸长及菌丝生长。0.5%和 1%的壳聚糖能分别完全抑制扩展青霉和灰葡萄孢的孢子萌发，当浓度超过 0.01%时能显著抑制两种病原菌的芽管伸长（Liu et al.，2007）。壳聚糖抑菌的机理包括：聚阳离子的壳聚糖消耗细胞表面的负电荷，改变细胞的渗透性，导致质膜损伤，胞内电解质和蛋白质外渗；壳聚糖进入细胞中吸附基础营养，从而抑制和减慢 mRNA 和蛋白质的合成（Chen et al.，2005）。

壳聚糖能通过诱导几丁质酶和 β-1,3-葡聚糖酶的活性来增强果蔬的抗性，这些果蔬包括香蕉（Meng et al.，2012）、枣（Yan et al.，2012）和马铃薯（Sun et al.，2008）。壳聚糖还能提高香蕉（Meng et al.，2012）、葡萄（Meng et al.，2008）和马铃薯（Sun et al.，2008）的苯丙氨酸解氨酶活性，诱导梨果实的过氧化物酶和多酚氧化酶活性（Meng et al.，2010），通过诱导番茄过氧化物酶和多酚氧化酶的活性，增加酚类化合物的含量，从而减轻灰霉病和青霉病的危害（Liu et al.，2007）。此外，壳聚糖还能促进木质素和胼胝质的积累（Notsu et al.，1994）。

（二）其他糖类激发子

牛蒡果寡糖最早提取于菊科植物牛蒡的根部，具有诱抗作用的结构为呋喃型果糖以 β(2→1)糖苷链相连的 12 聚体，末端连接有 1 个分子吡喃型的葡萄糖，属于葡萄糖构型。牛蒡果寡糖不但能诱导生长期黄瓜对炭疽病和白粉病等产生抗性，还能诱导果蔬的采后抗病性（郭红莲，2011），可有效控制葡萄、苹果、香蕉、猕猴桃、柑橘、草莓和梨等果实的采后病害（Sun et al.，2013）。该激发子能有效抑制番茄果实的自然发病率和损伤接种灰葡萄孢的发病率，提高 PR1-a、PR-2a（胞外 GLU）、PR-2b（胞内 GLU）、PR-3a（胞外 CHT）和 PR-3b（胞内 CHT）等编码基因的 mRNA 水平，诱导果实 *PAL* 基因的 mRNA 积累，激活过氧化物酶，促进酚类物质的合成（Wang et al.，2009a）。一些酵母细胞壁的糖分子片段也具有控制采后病害的能力。0.5mg/L 的酵母细胞壁糖片段能显著增加桃果实体内的总酚含量，以及几丁质酶、β-1,3-葡聚糖酶、苯丙氨酸解氨酶和过氧化物酶活性，促进 NO 水平的提高，降低果实的腐烂率（Yu et al.，2012）。

二、蛋白类激发子

自从 1992 年美国康奈尔大学 Beer 实验室在《科学》上发表了过敏蛋白及其基因的研究成果后，其他相关蛋白激发子的研究及开发也受到人们的广泛关注。近 30 年来，已从植物病原菌中发现了多种具有诱抗功能的蛋白类激发子，主要包括过敏蛋白（harpin）、隐地蛋白（cryptogein）和激活蛋白（activator）等。这些激发子能诱导植物抗病基因的表达、抗病物质的产生、细胞凋亡和过敏反应等，从而抑制了病害的发生和发展（邱德文等，2008）。这些蛋白质大多应用于田间病害的控制，采后应用主要集中于 harpin。

（一）harpin

harpin 是由梨火疫病细菌（*Erwinia amylovora*）基因 *hrpN* 编码的蛋白质，纯化的 harpin 可诱导多种植物的抗病性（Wei et al.，1992）。2001 年康奈尔大学和 EDEN 生物科技公司将 $harpin_{Ea}$ 在大肠杆菌中表达，研发了新型绿色生物农药 Messenger®，并已在多国进行了注册登记。国内开发的同类产品命名为康壮素。

1. harpin 对采后病害的控制

生长期间用 harpin 进行植株喷洒可诱导果蔬的采后抗病性。例如，de Capdeville 等（2003）在采前 4 天或 8 天用 20mg/L、40mg/L、80mg/L 的 harpin 进行树体喷洒，显著减轻了苹果贮藏 3 个月后的自然发病率和损伤接种扩展青霉的发病率。在花期、幼果期、膨大期和网纹形成期用 50mg/L harpin 进行 1~4 次喷洒，可有效降低厚皮甜瓜的果实潜伏侵染，处理次数越多，潜伏侵染率就越低（Wang et al.，2011b；Wang et al.，2014）。

采后 harpin 浸泡或真空渗透也可诱导果蔬的抗病性。de Capdeville 等（2003）发现，采后 harpin 处理的苹果无论侵染率还是病斑扩展速度均显著低于对照；50mg/L harpin 真空渗透处理可明显降低苹果梨损伤接种互隔交链孢的发病率和病斑面积（王军节等，2006）。同样，Bi 等（2007a）发现，采用 90mg/L harpin 采后浸泡哈密瓜可明显抑制果实损伤接种互隔交链孢、半裸镰孢和粉红单端孢的病斑直径扩展。处理不但诱导了果实的局部抗性，还诱导了果实的系统抗性（Bi et al.，2005；Wang et al.，2008）。

2. harpin 的作用机理

harpin 对病原物基本不显示活性，主要通过诱导果蔬的抗病性来发挥作用。采前 harpin 处理能提高甜瓜果实体内过氧化物酶和多酚氧化酶的活性，诱导厚皮甜瓜果实富含羟脯氨酸糖蛋白与木质素的积累，提高果实细胞壁的厚度和致密度（Wang et al.，2011b；Wang et al.，2014）；采后 harpin 处理明显提高了厚皮甜瓜和梨果实的过氧化物酶的活性（Bi et al. 2005，2007a；王军节等，2006；Wang et al.，2008）。harpin 处理可有效提高厚皮甜瓜果实苯丙氨酸解氨酶、查尔酮合成酶、查尔酮异构酶及几丁质酶和 β-1,3-葡聚糖酶的活性（Wang et al.，2011b；Wang et al.，2014）。此外，采前 harpin 处理可明显提高厚皮甜瓜果实的酚类物质和黄酮类物质含量（Wang et al.，2011b；Wang et al.，2014），促进梨果实体内酚类物质的积累（王军节等，2006）。harpin 处理可明显促进厚皮甜瓜 H_2O_2 和 O_2^- 的积累，增加果实的超氧化物歧化酶、过氧化物酶和谷胱甘肽还原酶活性，降低过氧化氢酶和抗坏血酸过氧化物酶活性（Wang et al.，2011b）。harpin 所诱导的果实系统获得抗性反应中涉及活性氧水平的升高。升高的活性氧既可作为信号分子发挥诱导抗性基因表达的作用，也可参与细胞壁的强化，直接毒杀病原物，钝化胞外酶。

（二）寡雄蛋白

寡雄蛋白（oligandrin）是来自寡雄腐霉（*Pythium oligandrum*）的一种蛋白激发子。该激发子也可以诱导抗病性。寡雄蛋白处理番茄能显著减轻果实的灰霉病，提高了防卫相关酶的活性，上调编码病程相关蛋白，如 PR-2a（胞外 GLU）和 PR-3a（胞外 CHT）基因的 mRNA 水平，提高与乙烯依赖信号途径相关的一些蛋白质转录表达水平（Wang et al.，2011a）。

三、其他生物激发子

一些植物源化合物也具有诱导采后病害抗性的能力，主要包括激素、精油和黄酮等次生代谢物。茉莉酸、水杨酸和油菜素内酯等植物激素的诱抗作用将在下节叙述。植物精油中的某些成分除了具有直接的杀菌功能外，还能诱导果蔬的抗病性。例如，茶树精油除了可有效抑制灰葡萄孢和匍枝根霉的孢子萌发和菌丝生长外，还促进了 H_2O_2 的积累，提高了抗性酶的活性，增强了草莓对灰霉病的抗性（Shao et al.，2013）。此外，黄酮类物质中的槲皮素能控制苹果的青霉病。Sanzani 等（2010）通过差减杂交技术鉴定了处理果实的差异表达的 88 个基因，其中一些与编码病程相关蛋白和胁迫条件下表达蛋白有关，一些与病原物识别及信号途径有关，表明该化合物具备诱导抗性的作用。

第二节 化学诱导

能激活果蔬系统获得抗性或诱导系统抗性的天然或合成的化学物质统称为化学激发子（chemical elicitor）。该类激发子可通过诱导寄主的防卫反应达到控制病害的目的（Terry and Joyce，2004）。化学激发子不仅可控制田间病害，也能增强或维持多种果蔬的采后抗性（表 11-1）。

表 11-1 化学激发子诱导果蔬采后抗病性的部分事例

化学激发子	处理方式	目标病原物或腐烂	果蔬（参考文献）
水杨酸	采前/采后	灰葡萄孢	猕猴桃（Poole et al., 1998）
	采前/采后	盘长孢状刺盘孢	芒果（Zainuri et al., 2001）
	采后	互隔交链孢	梨（曹建康等, 2001）
	采前	扩展青霉	梨（Cao et al., 2006）
	采后	扩展青霉	桃（Chan et al., 2007; Yang et al., 2011）
	采前/采后	扩展青霉 互隔交链孢 果生链核盘菌	甜樱桃（Yao and Tian, 2005b; Chan and Tian, 2006; Tian et al., 2007; Chan et al., 2008）
	采前	灰葡萄孢	番茄（Wang et al., 2011c）
	采前/采后	指状青霉 意大利青霉	柑橘（Iqbal et al., 2012）
	采后	粉红单端孢	甜瓜（范存斐等, 2012）
	采后	互隔交链孢	枣（Cao et al., 2013）

续表

化学激发子	处理方式	目标病原物或腐烂	果蔬（参考文献）
苯丙噻重氮	采前	灰葡萄孢	草莓（Terry and Joyce, 2000）
	采前	半裸镰孢	马铃薯（Bokshi et al., 2003）
	采前	互隔交链孢 扩展青霉	梨（Cao and Jiang, 2006）
	采前	采后病害	葡萄（侯琪等, 2008）
	采前	镰刀菌 互隔交链孢 粉红单端孢	甜瓜（Gondim et al., 2008; Ge et al., 2008; Zhang et al., 2011c）
	采后	扩展青霉 互隔交链孢	梨（Cao et al., 2005）
	采后	扩展青霉	桃（Liu et al., 2005a, 2005b）
	采后	灰葡萄孢	番茄（Iriti et al., 2007）
	采后	灰葡萄孢 采后腐烂	草莓（Cao et al., 2011）
	采后	盘长孢状刺盘孢 采后腐烂	芒果（Zhu et al., 2008; Pan and Liu, 2011）
	采后	互隔交链孢 半裸镰孢 粉红单端孢	甜瓜（Bi et al., 2006; Wang et al., 2008; Ge et al., 2008; Ren et al., 2012; 邓惠文等, 2013）
2,6-二氯异烟酸	采前	镰刀菌 互隔交链孢 根霉	甜瓜（Bokshi et al., 2006）
	采后	芭蕉刺盘孢	香蕉（黄雪梅等, 2011）
茉莉酸及甲酯	采后	指状青霉	橙（Porat et al., 2002）
	采前	果生链核盘菌	甜樱桃（Yao and Tian, 2005b）
	采后	果生链核盘菌 扩展青霉	桃（Yao and Tian, 2005a）
	采后	扩展青霉 灰葡萄孢 匍枝根霉	桃（Jin et al., 2009）
	采后	灰葡萄孢	番茄（Yu et al., 2009; Zhu and Tian, 2012）
	采后	芭蕉刺盘孢	香蕉（Zhu and Ma, 2007; Tang et al., 2013）
油菜素内酯	采后	扩展青霉	枣（Zhu et al., 2010）
草酸	采后	盘长孢状刺盘孢 腐烂	芒果（Zheng et al., 2007a, 2007b; Zheng et al., 2012）
	采后	腐烂	桃（Zheng et al., 2007c）
	采后	粉红单端孢	甜瓜（Deng et al., 2015）
	采后	扩展青霉	枣（Wang et al., 2009c）
苹果酸	采后	扩展青霉	梨（张怀予等, 2009）
柠檬酸	采后	互隔交链孢	甜瓜（葛永红等, 2013）
β-氨基丁酸	采后	硫色镰孢	马铃薯（Yin et al., 2010b）
	采后	扩展青霉	苹果（Zhang et al., 2011a）

续表

化学激发子	处理方式	目标病原物或腐烂	果蔬（参考文献）
L-精氨酸	采前	灰葡萄孢	番茄（Zheng et al., 2011）
核黄素	采后	互隔交链孢	梨（Li et al., 2012c）
1-甲基环丙烯	采后	扩展青霉 自然发病率	枣（Zhang et al., 2012）
可溶性硅	采后	扩展青霉 果生链核盘菌	甜樱桃（Qin and Tian, 2005）
	采后	硫色镰孢	马铃薯（Li et al., 2009a）
	采后	互隔交链孢 镰刀菌 粉红单端孢	甜瓜（Bi et al., 2006; Guo et al., 2007; Li et al., 2012b）
NO	采后	灰葡萄孢	番茄（Lai et al., 2011）

一、有机激发子

（一）水杨酸及其类似物

水杨酸、苯丙噻重氮和 2,6-二氯异烟酸能有效诱导植物的系统获得抗性，提高植物对多种真菌和细菌侵染的抵抗能力。后两者是水杨酸的结构和功能类似物（图 11-2），在水杨酸的信号转导下游起作用（Mauch-Mani and Métraux，1998）。

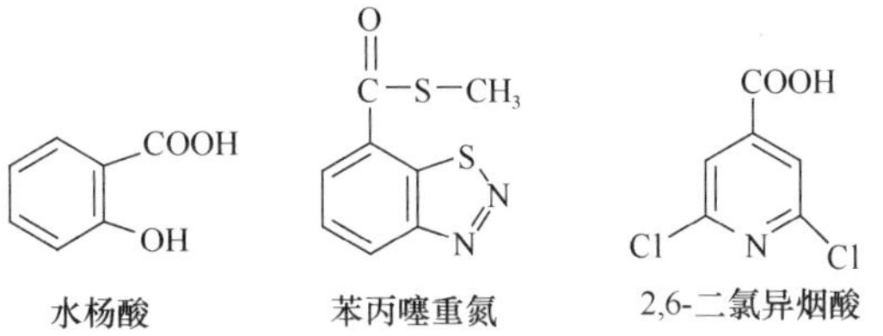

水杨酸　苯丙噻重氮　2,6-二氯异烟酸

图 11-2　水杨酸、苯丙噻重氮和 2,6-二氯异烟酸的化学结构

1. 水杨酸

水杨酸（salicylic acid，SA）是一种高等植物体内广泛存在的简单酚类化合物，可通过莽草酸途径和异分支酸途径合成，是参与系统抗病性的一种关键信号分子（Shah，2003）。

SA 不但能诱导植物的田间抗病性，也能诱导多种果蔬的采后抗病性。SA 处理对果蔬采后抗病性的诱导与果蔬种类和成熟度及 SA 处理方式与浓度等有关。例如，采前用 0.14mg/ml SA 喷洒或浸泡可诱导猕猴桃对灰霉病的自然抗性（Poole et al.，1998）。采前或采后使用 2.0mg/ml SA 能抑制芒果的采后炭疽病（Zainuri et al.，2001），采后用 0.5g/L 和 1g/L SA 处理梨，可抑制低温和常温贮藏期间的果实黑斑病（曹建康等，2001）。

盛花期至果实采收期间用 2.5mmol/L SA 喷洒树体，明显提高了采后鸭梨果实对损伤接种扩展青霉的抗性（Cao et al.，2006），采后 0.5mmol/L 的 SA 还可减轻桃的青霉病（Chan et al.，2007）。此外，0.05mmol/L 的 SA 也能控制桃的青霉病，与超声波处理结合能进一步增强控制效果（Yang et al.，2011）。采前 2mmol/L SA 喷洒或采后 0.5mmol/L SA 浸泡均能有效控制甜樱桃的采后病害（Yao and Tian，2005b；Chan and Tian，2006；Tian et al.，2007；Chan et al.，2008）。SA 对低成熟度果实的诱抗效果要明显优于高成熟度果实（Chan et al.，2008）。采前 8mmol/L SA 喷洒处理可降低采后柑橘的青霉病和绿霉病（Iqbal et al.，2012）。采后 4mmol/L SA 浸泡处理甜瓜，不仅明显降低了果实损伤接种粉红单端孢的病斑直径，而且还显著减轻了常温贮藏期间甜瓜果实的自然发病率（范存斐等，2012）。2mmol/L 和 2.5mmol/L SA 采后浸泡均能抑制损伤接种枣果实的发病率和病斑面积，降低果实低温贮藏期间的自然发病率（Cao et al.，2013）。此外，5mmol/L SA 采后浸泡处理可减轻绿熟和破色期番茄果实的腐烂率（Wang et al.，2011a）。

SA 诱导果蔬抗病性的机理涉及调节抗病基因表达、诱导抗病相关蛋白、激活防卫酶活性和代谢体系等多个方面（田世平等，2011）。SA 可以诱导葡萄果实中 *VvEDS1* 基因的表达，而该基因类似于拟南芥的抗病调控因子 EDS1，因此 SA 可诱导葡萄果实体内的 SA 信号途径，调节果实抗灰霉病的基因的表达（Chong et al.，2008）。SA 能通过激活厚皮甜瓜果实的苯丙烷代谢途径，从而增强对采后病害的抗性（范存斐等，2012）。多酚氧化酶、过氧化物酶、苯丙氨酸解氨酶和 β-1,3-葡聚糖酶的活性提高与 SA 诱导的果实采后抗病性密切相关（Yao and Tian，2005a；Xu and Tian，2008）。SA 可增强猕猴桃果实苯丙氨酸解氨酶和过氧化物酶活性（Poole et al.，1998）。SA 可通过提高枣果实的防卫或抗氧化酶活性来抵御黑斑病的侵染（Cao et al.，2013）。SA 可诱导葡萄果实 *PAL* 基因的转录表达，促进苯丙氨酸解氨酶的合成，提高苯丙氨酸解氨酶的活性，增强葡萄果实的抗病性。SA 可诱导桃果实多聚半乳糖醛酸酶抑制蛋白基因的表达，提高果实抵抗病原真菌侵染的能力（Chen et al.，2006）。SA 对甜樱桃果实青霉病的抑制与诱导抗氧化酶和一些特殊蛋白的表达相关（Chan and Tian，2006）。SA 显著提高了桃果实超氧化物歧化酶、过氧化氢酶、过氧化物酶等抗氧化蛋白的表达。在 SA 诱导的 13 个差异蛋白中，两个病程相关蛋白在处理后 24~48h 表达量显著增加。由此表明，SA 处理提高桃果实抗病相关蛋白的表达与果实对青霉病的抗性增强相关（Chan et al.，2007）。SA 诱导的甜樱桃抗性与多种代谢途径中相关蛋白的差异表达积累有关，在鉴定的 44 个差异表达蛋白中，与能量代谢相关的有 18 个、病程相关蛋白 15 个、信号转导 6 个、细胞结构 5 个（Chan et al.，2008）。SA 不仅可诱导抗病性来减轻采后病害，还可直接抑制病原菌的孢子萌发及菌丝生长（Yao and Tian，2005b；Iqbal et al.，2012）。

2. 苯丙噻重氮

苯丙噻重氮[benzo (1,2,3) thiadiazole-7-carbothaoid S-methylester，BTH 或 acibenzolar-S-methyl，ASM]是第一个人工合成并商品化的诱抗剂（商品名 Bion®），可诱导多种果蔬的抗病性（Bi et al.，2007b）。BTH 不仅有效减轻番茄（Soylu et al.，2003）、黄瓜（Cools and Ishii，2002）、甜瓜（Smith-Becker et al.，2003）和花椰菜（Ziadi et al.，2001）等果蔬的田间病害，还可控制多种果蔬的采后病害（Terry and Joyce，2004；Bi et al.，2007a）。采前多次喷施 0.25~2.0mg/ml BTH 可以有效减轻草莓的采后灰霉病（Terry and Joyce，2000）。75mg/L 的 BTH 花后每月喷施一次，共喷洒三次，明显降低了鸭梨的采后黑斑病和青霉病（Cao and Jiang，2006）。花后 1 周用 50mg/L BTH 喷施植株，每隔 15 天喷一次，

共喷三次，明显降低了葡萄的采后发病率，其中以喷 2 次和 3 次效果最佳（侯琪等，2008）。BTH 采前处理还能显著减少马铃薯的采后干腐病（Bokshi et al.，2003）。用 100mg/L BTH 在花期、幼果期、果实膨大期和网纹形成期喷洒 4 次，能有效控制厚皮甜瓜的潜伏侵染（Zhang et al.，2011c）。采前 BTH 处理对不同品种甜瓜的采后病害均表现有效，开花前处理幼苗能显著降低"Orange Flesh"甜瓜的白霉病（Gondim et al.，2008），采前处理还可降低"银帝"甜瓜的白霉病和粉霉病（Ge et al.，2008）。

采后 BTH 处理能减轻多种果蔬的采后病害。采用 0.5mmol/L BTH 真空渗透可以减轻鸭梨的青霉病和黑斑病（Cao et al.，2005）。200mg/L BTH 浸泡有效降低了"大久保"桃的青霉病（Liu et al.，2005a，2005b）。采后 0.5mmol/L BTH 真空渗透和 50mg/L BTH 浸泡还能降低芒果的炭疽病（Zhu et al.，2008；Pan and Liu，2011）。100mg/L BTH 浸泡可抑制多种厚皮甜瓜的采后病害（Wang et al.，2008；Ge et al.，2008；Ren et al.，2012；邓惠文等，2013）。还能显著降低草莓（Cao et al.，2011）和番茄（Iriti et al.，2007）的灰霉病。

BTH 对病原物的生长繁殖没有直接的抑制，主要通过诱导果蔬的抗病性来发挥作用（葛永红等，2012）。BTH 可诱导果实活性氧的积累，以 H_2O_2 的积累最为典型。BTH 促进了梨果实 H_2O_2 的产生，提高了超氧化物歧化酶活性，降低了过氧化氢酶及抗坏血酸过氧化物酶的活性（Cao and Jiang，2006）。经过 BTH 处理的桃（Liu et al.，2005a，2005b；Gondim et al.，2008）、草莓（Cao et al.，2011）、甜瓜（Zhang et al.，2011c；Ren et al.，2012）和芒果（Zhu et al.，2008）体内也观察到类似现象。BTH 诱导 H_2O_2 的积累主要发生在处理的早期（Liu et al.，2005a；Zhu et al.，2008），H_2O_2 积累与 NADPH 氧化酶（NOX）的升高密切相关（Ren et al.，2012）。病原物接种可进一步促进 H_2O_2 的积累（Cao et al.，2005）。由此表明，活性氧积累是 BTH 处理果实后的早期反应，其积累还与细胞膜的完整性密切相关（Ren et al.，2012），活性氧含量受果实体内抗氧化酶活性及抗氧化剂水平的调控（Liu et al.，2005a，2005b；Zhu et al.，2008；Cao et al.，2011；Ren et al.，2012）。积累的活性氧既能直接毒杀病原菌，也可作为信号分子诱导防卫基因的表达，通过强化细胞壁结构来抵御病原菌的侵染（Torres et al.，2003；Jin et al.，2009）。BTH 可促进果实积累多种病程相关蛋白。处理提高了梨和甜瓜果实中的几丁质酶和 β-1,3-葡聚糖酶活性（Cao and Jiang，2006；Wang et al.，2008；Zhang et al.，2011c），增加了桃（Liu et al.，2005a，2005b）和芒果（Zhu et al.，2008）中这两种酶的活性。BTH 处理还能诱导梨（Faize et al.，2009）和番木瓜（Qiu et al.，2004）果实的 *POD* 基因表达，提高了桃（Liu et al.，2005a，2005b）、甜瓜（Wang et al.，2008）和芒果（Zhu et al.，2008）果实中的过氧化物酶的活性。BTH 可激活果实苯丙烷代谢，促进总酚、类黄酮及木质素的积累（Terry and Joyce，2004）。处理显著提高了梨（Cao and Jiang，2006）、桃（Liu et al.，2005a，2005b）、芒果（Zhu et al.，2008）和甜瓜（Zhang et al.，2011c）的苯丙氨酸解氨酶的活性。提高了甜瓜的 4-香豆酰辅酶 A 连接酶活性（邓惠文等，2013）。此外，还显著提高了甜瓜果实的总酚、类黄酮和木质素含量（Zhang et al.，2011c），促进了梨（Cao et al.，2005）、桃（Liu et al.，2005a，2005b）、草莓（Cao et al.，2011）和芒果（Zhu et al.，2008）中的总酚、类黄酮和木质素的积累。甜瓜经 BTH 处理后，木质素、木栓质及胼胝质在果实皮层组织中大量积累，表皮细胞排列更为紧密（Bi et al.，2010）。进一步的研究表明，BTH 诱导的甜瓜抗性与多种代谢途径中相关蛋白的差异表达积累有关，在鉴定的 52 个差异表达蛋白功能涉及代谢、能量、防卫和胁迫响应、蛋白质合成及贮藏、细胞结构、信号转导、次级代谢和转运八大类；其中涉及防卫和胁迫响应、蛋白质合成及贮藏的蛋白质最多，均占到 22.2%；其次为能量和基础代谢，分别为 13%和 11.1%；参与细胞结构的蛋白质含量也较高，达到了 9.3%（Li et al.，2015）。

3. 2,6-二氯异烟酸

2,6-二氯异烟酸（2,6-dichloroisonicotinic acid，INA）能增强植物抗病性，激活植物的系统获得抗性（Bi et al.，2010）。用 50mg/L 的 INA 采前叶面喷施能显著减少甜瓜果实的采后白霉病、黑斑病和软腐病（Bokshi et al.，2006）。INA 可减轻香蕉的炭疽病，提高 H_2O_2 含量和 NADPH 氧化酶活性，抑制 *CAT* 和 *APX* 基因表达，降低过氧化氢酶和抗坏血酸过氧化物酶活性，上调内切和外切几丁质酶基因表达并增强其活性（黄雪梅等，2011）。

（二）茉莉酸及其甲酯

茉莉酸（jasmonic acid，JA）和茉莉酸甲酯（methyl jasmonate，MeJA）是两种典型的茉莉酸类物质，化学名分别为 3-氧-2-(2'-戊烯基)-环戊烷乙酸和其甲酯（图 11-3），是植物体内天然合成的信号分子，在发育和成熟等生理过程中发挥重要作用（Creelman and Mullet，1997）。JA 能够诱导植物体内的防御相关蛋白和次级代谢物质合成（Turner et al.，2002）。

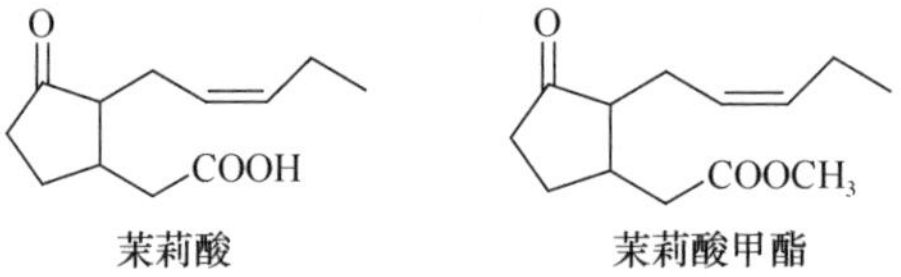

图 11-3　茉莉酸和茉莉酸甲酯的化学结构

采前或采后施用 JA 和 MeJA 可有效减轻果蔬采后病害。0.2mmol/L MeJA 采前处理明显降低了甜樱桃褐腐病，且效果优于采后处理（Yao and Tian，2005b）；0.01mmol/L JA 采后处理减少了橙（Porat et al.，2002）的绿霉病；0.2mmol/L MeJA 采后处理减轻了桃的褐腐病和青霉病（Yao and Tian，2005a）；0.001mmol/L MeJA 熏蒸有效控制了桃的青霉病、灰霉病和软腐病（Jin et al.，2009）。此外，MeJA 处理还能控制香蕉（Zhu and Ma，2007；Tang et al.，2013）的采后病害。对于不同果实的同一病害，或同一果实的不同病害来说，JA 或 MeJA 的处理有效浓度存在差异。例如，控制番茄灰霉病则为 10mmol/L（Zhu and Tian，2012），若采用负压处理，对番茄灰霉病的控制浓度可降为 0.1mmol/L（Yu et al.，2009）。故在使用茉莉酸类物质时，需要对处理浓度进行筛选。

茉莉酸类物质可诱导一系列的防御反应，如诱导抗病信号分子、积累抗菌物质及增强结构，从而减轻病害的发生。采用 0.01mmol/L MeJA 熏蒸“巨峰”葡萄，促进了 NO 和 H_2O_2 在贮藏前期的积累，诱导了苯丙氨酸解氨酶、肉桂酸-4-羟化酶、对 4-香豆酰辅酶 A 连接酶和白藜芦醇合成酶的活性，提高了白藜芦醇和白藜芦醇脱氢二聚体的含量。由此表明，MeJA 通过调控下游信号分子 H_2O_2 和 NO 的水平来提高葡萄植保素合成相关酶活性，从而促进了植保素的积累，提高了果实的抗病性（Wang et al.，2009b）。MeJA 处理可显著提高甜樱桃 β-1,3-葡聚糖酶、苯丙氨酸解氨酶和过氧化物酶的活性（Yao and

Tian，2005b），增强桃果实几丁质酶和 β-1,3-葡聚糖酶的活性（Yao and Tian，2005a）。MeJA 处理番茄果实对灰葡萄孢的抗性归因于贮藏早期 H_2O_2 的积累，伴随着 *Cu-ZnSOD* 基因表达增强，处理也促进了 *CAT* 和 *APX* 基因表达，提高了抗坏血酸和谷胱甘肽含量，减轻了过量活性氧对蛋白的氧化损伤（Zhu and Tian，2012）。MeJA 对香蕉炭疽病的控制与调控 WRKY 转录因子、*PR1-1*、*PR2*、*PR10c*、*CHT3*、*CHT4* 和 *CHTL1* 等基因表达水平有关，WRKY 转录因子能结合 MeJA 诱导的 *PR1-1*、*PR2*、*PR10c* 和 *CHTL1* 四种 *PR* 基因的启动子。由此表明，香蕉果实 *PR* 和 *WRKY* 基因及 WRKY 转录因子结合 PR 启动子的能力可以被 MeJA 处理所激活（Tang et al.，2013）。

（三）其他有机化合物

油菜素内酯（brassinosteroid，BR）是植物中最早发现的一种甾醇类激素，具有多种生理功能（Sasse，2003），BR 具有 A/B 环反式结构，B 环还有 7 位内酯和 6 位酮基，A 环上具有 2 位和 3 位两个羟基，侧链 22 位和 33 位具有羟基，侧链 24 位有 1~2 个 C 的取代基（图 11-4）。根据这些特征，已人工合成了多种 BR（武维华，2008）。BR 可增强植物的抗病性（Nakashita et al.，2003）。5μmol/L 的 BR 处理可以控制枣果实的青霉病，增强抗性酶的活性；体外研究表明，BR 对病原菌无直接抑制作用（Zhu et al.，2010）。

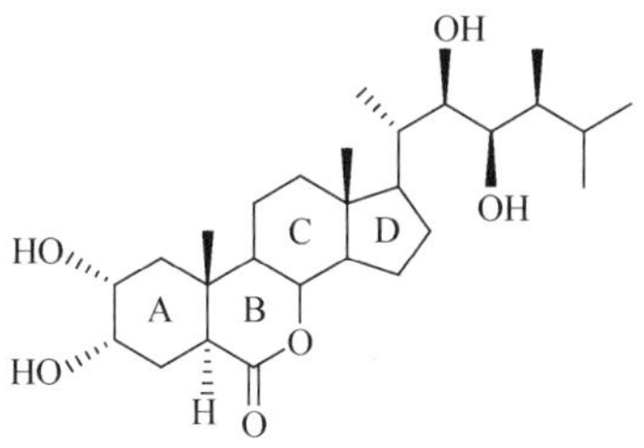

OH
OH
HO
HO
A B C D
O
H O

图 11-4　油菜素内酯的化学结构

此外，草酸、β-氨基丁酸和 L-精氨酸等有机物也可诱导果蔬的采后抗病性。例如，采前或采后草酸处理能显著减少芒果的炭疽病及采后腐烂（Zheng et al.，2007a，2007b；Zheng et al.，2012）；采后草酸处理还能减少桃（Zheng et al.，2007c）、甜瓜（Deng et al.，2015）和枣（Wang et al.，2009c）的采后病害。草酸所诱导的抗病性与提高果实抗性酶的活性（Deng et al.，2015；Zheng et al.，2012）、促进活性氧代谢（Zheng et al.，2007a，2007b，2007c），以及增强多酚类等抗菌物质代谢（Deng et al.，2015；Zheng et al.，2012）有关。采后 β-氨基丁酸处理可以降低马铃薯块茎（Yin et al.，2010b）和苹果（Zhang et al.，2011a）的采后病害；L-精氨酸采前处理可减轻番茄的灰霉病（Zheng et al.，2011）；核黄素采后处理能诱导梨果实对黑斑病的抗性（Li et al.，2012b）。

二、无机激发子

（一）可溶性硅

可溶性硅不但能控制田间病害，还能减轻采后病害。例如，硅酸盐处理能有效抑制甜樱桃和梨果实的腐烂（Qin and Tian，2005）。不同浓度硅酸钠均能有效控制由互隔交链孢、半裸镰孢及粉红单端孢引起的哈密瓜采后病害，其中以 100mmol/L 处理效果最好（Bi et al.，2006）。200mmol/L 硅酸钠浸泡可显著降低梨损伤接种扩展青霉的病斑面积（李云华等，2008）。硅酸钠还可抑制马铃薯块茎损伤接种茄病镰孢的病斑直径扩展，其中以 100mmol/L 处理效果最好（盛占武等，2007）。同样浓度不仅有效抑制了马铃薯块茎切片损伤接种硫色镰孢的病斑扩展（Li et al.，2009a），还显著降低了"银帝"甜瓜损伤接种粉红单端孢的病斑面积（Li et al.，2012b）。此外，硅酸钠与拮抗菌罗伦隐球酵母和粘红酵母在控制枣和甜樱桃果实采后病害方面还具有良好的协同作用（Tian et al.，2005）。

硅在采后病害控制中的作用机理主要包括抑制病原物生长和诱导寄主产生抗性两个方面（Guo et al.，2007）。硅酸钠能提高"玉金香"甜瓜的苯丙氨酸解氨酶活性，诱导哈密瓜的过氧化物酶和几丁质酶活性（Bi et al.，2006），硅酸钠也能促进甜瓜果实的 H_2O_2 等活性氧的积累，这种积累不仅与增强脂质过氧化有关，还与抑制过氧化氢酶和抗坏血酸过氧化物酶的活性有关（Li et al.，2012b）。王云飞等（2012）发现，硅处理和挑战接种不但增强了质膜 NADPH 氧化酶和超氧化物歧化酶的活性，还可调节抗坏血酸-谷胱甘肽循环的相关酶。蛋白质组学研究结果显示，硅酸钠处理及粉红单端孢挑战接种后，甜瓜果实共鉴定出 81 个差异表达蛋白，这些蛋白质功能涉及能量、代谢、氧化还原稳态、病害与防卫反应、次生代谢、蛋白质折叠加工、细胞结构、转运、蛋白质合成及未知功能等十大类。其中，8 种蛋白质与植物的防卫反应相关，直接或间接参与植物抗病性；5 种蛋白质属于抗氧化蛋白，涉及活性氧代谢。同时，一些能量代谢相关蛋白的调节也可能参与果实的抗病反应。

（二）一氧化氮

一氧化氮（NO）是一种生物活性分子，在生物中发挥着多种信号功能。作为气态自由基，NO 是一种具有高扩散率的（水中为 $4.8\times10^{-5}cm^2/s$）含两个原子的小分子物质（Thomas et al.，2008）。因此，NO 不仅很容易在细胞质等亲水性区域移动，而且还能在膜的脂相中自由扩散（Arasimowicz and Floryszak-Wieczorek，2007）。NO 在高等植物中是一种内源的成熟和衰老的调控因子（Leshem et al.，1998）。低浓度 NO 能有效延长草莓（Soegiarto and Wills，2006）、桃（Zhu et al.，2006）、龙眼（Duan et al.，2007）、李（Singh et al.，2009）和枣（Zhu et al.，2009）及其他果蔬的采后寿命。NO 能推迟番茄果皮转红、抑制乙烯产生、提高抗氧化酶活性，增强对灰霉病的抗性（Lai et al.，2011）。

（三）其他无机激发子

Deliopoulos 等（2010）综述了重碳酸盐、磷酸盐、亚磷酸盐及上述可溶性硅等 34 种无机盐对包括采后病原菌在内的 49 种真菌病害的控制作用。例如，硼酸钾处理可控制苹果采后青霉病的发病率，其不仅显著抑制扩展青霉的孢子萌发和芽管伸长，还可抑制该病原的两种抗氧化酶的基因表达。硼酸钾处理导致扩展青霉细胞内活性氧明显积累，加重了蛋白质损伤及蛋白质羰基化（Qin et al.，2007）。目前，上述无机盐控制采后病害机制主要集中于对病原菌的直接作用，至于是否具有诱导抗病性的功能还有待进一步揭示。

第三节　物 理 诱 导

物理激发子（physical elicitor）诱导果蔬的抗病性近年来越来越受到关注。早期的研究认为，物理方法的主要作用方式是杀菌，通过致死产品表面和浅层的病原物而达到控制采后病害的目的。后期许多研究表明，物理处理还可以诱导果蔬的抗病性，这些处理包括 UV-C 辐射、热处理和电离辐射。由物理激发子诱导的果蔬抗病性称为物理诱导，许多控制采后病害的物理手段都具有诱导果蔬抗病性的作用，鉴于本书第八章已详细介绍了物理处理的方式和作用机理，故本节不再赘述。

在诱导抗性的机理研究中，priming 现象是研究人员关注的热点。该现象即敏化过程或防御准备过程，是植物受到激发子刺激之后，对随后发生的生物或非生物胁迫表现出更快更强的防卫反应（Conrath et al.，2006；Conrath，2011）。激发子诱导的 priming 现象在采后果蔬中也已证实。例如，10μmol/L 的 MeJA 处理能通过 priming 反应来诱导葡萄和杨梅果实的细胞防御活性（Wang et al.，2014，2015）；硅酸钠处理马铃薯块茎存在典型的 priming 现象。priming 现象与苯丙烷代谢活化、抗菌物质积累、活性氧迸发、抗氧化能力增强和病程相关蛋白积累密切相关（Wang et al.，2013，2014，2015）。但具体的作用及调控机理还缺乏报道。

诱导抗性可通过激发果蔬体内的局部和系统防卫反应来实现对采后病害的控制。但目前已报道的供试材料范围有限，对影响处理效果的诸多因素及诱导抗性的机理仍缺乏系统而又深入的了解。因此，如要提高诱抗处理的效果，需考虑与其他处理方法，如与杀菌剂的结合（Keinath et al.，2007）。此外，还需要进一步扩大处理产品和病害的范围，筛选处理浓度、方法和影响处理效果的采前和采后关键因素，深入探讨诱导抗性的作用机理，延长诱导周期，评价处理对产品品质和货架期的影响（Bi et al.，2007b）。由于诱导抗性的效果与果蔬的代谢活性和成熟度密切相关，故采前诱抗处理的效果更佳。诱抗处理具有简便、安全、广谱、持效性长的特点，将有可能成为减少采后腐烂、延长采后寿命的一项新技术。

参 考 文 献

曹建康，毕阳，李永才，等. 2001. 水杨酸处理对苹果梨采后黑斑病及贮藏品质的影响. 甘肃农业大学学报，36: 438-442.

邓惠文，毕阳，葛永红，等. 2013. 采后 BTH 处理及粉红单端孢(*Trichothecium roseum*)挑战接种对厚皮甜瓜果实苯丙烷代谢活性的诱导. 食品工业科技，34: 323-326.

范存斐，毕阳，王云飞，等. 2012. 水杨酸对厚皮甜瓜采后病害及苯丙烷代谢的影响. 中国农业科学，45: 584-589.

葛永红，毕阳，李永才，等. 2012. 苯丙噻重氮(ASM)对果蔬采后抗病性的诱导及机理. 中国农业科学，45: 3357-3362.

葛永红，王毅，毕阳. 2013. 柠檬酸处理对厚皮甜瓜黑斑病的抑制及苯丙烷代谢的作用，食品工业科技，34: 308-312.

郭红莲. 2011. 寡聚糖诱导果实抗病性的机制. 见：田世平，罗云波，王贵禧. 园艺产品采后生物学基础. 北京：科学出版社，337-342.

侯琪，安力，潘多英，等. 2008. BTH 和 SA 对葡萄植株及采后果实病害控制效果. 北方园艺，(10): 166-168.

黄雪梅，张灿，庞学群，等. 2011. INA 诱导的香蕉果实抗病性与早期活性氧积累的关系. 园艺学报，(2): 265-272.

李云华，毕阳，张怀予，等. 2008. 采后硅酸钠处理对苹果梨青霉病的抑制. 甘肃农业大学学报，43: 150-153.

邱德文. 2008. 植物免疫与植物疫苗—研究与实践. 北京：科学出版社.

盛占武，毕阳，鄯晋晓，等. 2007. 采后硅酸钠处理对马铃薯干腐病的抑制. 食品工业科技，28: 190-191，218.

田世平，罗云波，王贵禧. 2011. 园艺产品采后生物学基础. 北京：科学出版社.

王金生. 2001. 分子植物病理学. 北京：中国农业出版社, 59-64.

王军节，王毅，葛永红，等. 2006. 采后 Harpin 处理对苹果梨黑斑病的抑制及抗性酶的诱导.甘肃农业大学学报，41: 114-117.

王云飞，毕阳，任亚林，等. 2012. 硅酸钠处理对厚皮甜瓜果实采后病害的控制及活性氧代谢的作用. 中国农业科学，45: 2242-2248.

武维华. 2008.植物生理学. 北京：科学出版社, 332.

张怀予，毕阳，李云华，等. 2009. 采后苹果酸处理对苹果梨青霉病的抑制. 甘肃农业大学学报, 44: 138-142.

Arasimowicz M, Floryszak-Wieczorek J. 2007. Nitric oxide as a bioactive signalling molecule in plant stress responses. Plant Science, 172: 876-887.

Badawy M E I, Rabea E I. 2009. Potential of the biopolymer chitosan with different molecular weights to control postharvest gray mold of tomato fruit. Postharvest Biology and Technology, 51: 110-117.

Bhaskara-Reddy M V, Belkacemi K, Corcuff R, et al. 2000. Effect of pre-harvest chitosan sprays on post-harvest infection by *Botrytis cinerea* and quality of strawberry fruit. Postharvest Biology and Technology, 20: 39-51.

Bi Y, Ge Y H, Guo Y R, et al. 2007a. Postharvest Harpin treatment suppressed decay and induces the accumulation of defense-related enzymes in Hami melons. Acta Horticulturae, 731: 439-449.

Bi Y, Li Y C, Ge Y H. 2007b. Induced resistance in postharvest fruits and vegetables by chemicals and its mechanism. Stewart Postharvest Review, 3: 1-7.

Bi Y, Li Y C, Ge Y H, et al. 2010. Induced resistance in melons by elicitors for the control of postharvest diseases. *In*: Prusky D, Gullino M L. Postharvest Pathology. Berlin: Springer Netherlands, 31-41.

Bi Y, Tian S P, Guo Y R, et al. 2006. Sodium silicate reduces postharvest decay on Hami melons: Induced resistance and fungistatic effects. Plant Disease, 90: 279-283.

Bi Y, Tian S P, Zhao J, et al. 2005. Harpin induces local and systemic resistance against *Trichotherium roseum* in harvested Hami melons. Postharvest Biology and Technology, 38: 183-187.

Bokshi A I, Morris S C, Deverall B J. 2003. Effects of benzothiadiazole and acetylsalicylic acid on β-1,3-glucanase activity and disease resistance in potato. Plant Pathology, 52: 22-27.

Bokshi A I, Morris S C, McConchie R M, et al. 2006. Pre-harvest application of 2,6-dichloroisonicotinic acid, beta-aminobutyric acid or benzothiadiazole to control post-harvest storage diseases of melons by inducing systemic acquired resistance(SAR). Journal of Horticultural Science and Biotechnology, 81: 700-706.

Cao J K, Jiang W B. 2006. Induction of resistance in Yali pear(*Pyrus bretschneideri* Rehd.)fruit against postharvest diseases by acibenzolar-S-methyl sprays on trees during fruit growth. Scientia Horticulturae, 110: 181-186.

Cao J K, Jiang W B, He H. 2005. Induced resistance in Yali pear(*Pyrus bretschneideri* Rehd.)fruit against infection by *Penicillium expansum* by postharvest infiltration of acibenzolar-S-methyl. Journal of Phytopathology, 153: 640-646.

Cao J K, Yan J Q, Zhao Y M, et al. 2013. Effects of postharvest salicylic acid dipping on *Alternaria* rot and disease resistance of jujube fruit during storage. Journal of the Science of Food and Agriculture, 93: 3252-3258..

Cao J K, Zeng K F, Jiang W B. 2006. Enhancement of postharvest disease resistance in Yali pear(*Pyrus bretschneideri*)fruit by salicylic acid sprays on the trees during fruit growth. European Journal of Plant Pathology, 114: 363-370.

Cao S, Hu Z, Zheng Y, et al. 2011. Effect of BTH on antioxidant enzymes, radical-scavenging activity and decay in strawberry fruit. Food Chemistry, 125: 145-149.

Chan Z L, Qin G Z, Xu X B, et al. 2007. Proteome approach to characterize proteins induced by antagonist yeast and salicylic acid in peach fruit. Journal of Proteome Research, 6: 1677-1688.

Chan Z L, Tian S P. 2006. Induction of H_2O_2-metabolizing enzymes and total protein synthesis by antagonistic yeast and salicylic acid in harvested sweet cherry fruit. Postharvest Biology and Technology, 39: 314-320.

Chan Z L, Wang Q, Xu X B, et al. 2008. Functions of defense-related proteins and dehydrogenases in resistance response induced by salicylic acid in sweet cherry fruits at different maturity stages. Proteomics, 8: 4791-4807.

Chen J Y, Wen P F, Kong W F, et al. 2006. Effect of salicylic acid on phenylpropanoids and phenylalanine ammonia-lyase in harvested grape berries. Postharvest Biology and Technology, 40: 64-72.

Chen S, Wu G, Zeng H. 2005. Preparation of high antimicrobial activity thiourea chitosan-Ag^+ complex. Carbohydrate Polymers, 60: 33-38.

Chien P J, Chou C C. 2006. Antifungal activity of chitosan and its application to control post-harvest quality and fungal rotting of Tankan citrus fruit(*Citrus tankan* Hayata). Journal of the Science of Food and Agriculture, 86: 1964-1969.

Chien P J, Sheu F, Lin H R. 2007. Coating citrus(*Murcott tangor*)fruit with low molecular weight chitosan increases postharvest quality and shelf life. Food Chemistry, 100: 1160-1164.

Chong J, Le Henanff G, Bertsch C, et al. 2008. Identification, expression analysis and characterization of defense and signaling genes in *Vitis vinifera*. Plant Physiology and Biochemistry, 46: 469-481.

Conrath U. 2011. Molecular aspects of defence priming. Trends in Plant Science, 16: 524-531.

Conrath U, Beckers G J M, Flors V, et al. 2006. Priming: getting ready for battle. Molecular Plant Microbe Interactions, 19: 1062-1071.

Cools H J, Ishii H. 2002. Pre-treatment of cucumber plants with acibenzolar-S-methyl systemically primes a phenylalanine ammonia lyase gene(*PAL1*)for enhanced expression upon attack with a pathogenic fungus. Physiological and Molecular Plant Pathology, 61: 273-280.

Creelman R A, Mullet J E. 1997. Biosynthesis and action of jasmonates in plants. Annual Review of Plant Physiology and Plant Molecular Biology, 48: 355-381.

de Capdeville G, Beer S V, Watkins C B, et al. 2003. Pre-and postharvest harpin treatments of apples induced resistance to blue mold. Plant Disease, 89: 39-44.

Deliopoulos T, Kettlewell P S, Hare M C. 2010. Fungal disease suppression by inorganic salts: A review. Crop Protection, 29 : 1059-1075.

Deng J J, Bi Y, Zhang Z K, et al. 2015. Postharvest oxalic acid treatment induces resistance against pink rot by priming in muskmelon(*Cucumis melo* L.)fruit. Postharvest Biology and Technology, 106: 53-61.

Duan X, Su X, You Y, et al. 2007. Effect of nitric oxide on pericarp browning of harvested longan fruit in relation to phenolic metabolism. Food Chemistry, 104: 571-576.

Eweis M, Elkholy S S, Elsabee M Z. 2006. Antifungal efficacy of chitosan and its thiourea derivatives upon the growth of some sugar-beet pathogens. International Journal of Biological Macromolecules, 38: 1-8.

Faize M, Faize L, Ishii H. 2009. Gene expression during acibenzolar-S-methyl-induced priming for potentiated responses to *Venturia nashicola* in Japanese pear. Journal of Phytopathology, 157: 137-144.

Felipini R B, Di Piero R M. 2009. Reduction of the severity of apple bitter rot by fruit immersion in chitosan. Pesquisa Agropecuária Brasileira, 44: 1591-1597.

Ge Y H, Bi Y, Li X, et al. 2008. Induces resistance against *Fusarium* and pink rots by acibenzolar-S-methyl in harvested muskmelon(cv. Yindi). Agricultural Sciences in China, 7: 58-64.

Gondim D M F, Terao D, Martins-Miranda A S, et al. 2008. Benzo-thiadiazole-7-carbothioic acid S-methyl ester does not protect melon fruits against *Fusarium pallidoroseum* infection but induces defence responses in melon seedlings. Journal of Phytopathology, 156: 607-614.

Guo Y R, Liu L, Zhao J, et al. 2007. Use of silicon oxide and sodium silicate for controlling *Trichothecium roseum* postharvest rot in Chinese cantaloupe(*Cucumis melo* L.). International Journal of Food Science and Technology, 42: 1012-1018.

Hernández-Muñoz P, Almenar E, Valle V D, et al. 2008. Effect of chitosan coating combined with postharvest calcium treatment on strawberry(*Fragaria×ananassa*)quality during refrigerated storage. Food Chemistry, 110: 428-435.

Iqbal Z, Singh Z, Khangura R, et al. 2012. Management of citrus blue and green moulds through application of organic elicitors. Australasian Plant Pathology, 41: 69-77.

Iriti M, Mapelli S, Faoro F. 2007. Chemical-induced resistance against post-harvest infection enhances tomato nutritional traits. Food Chemistry, 105: 1040-1046.

Jin P, Zheng Y H, Tang S S, et al. 2009. Enhancing disease resistance in peach fruit with methyl jasmonate. Journal of the Science of Food and Agriculture, 89: 802-808.

Keinath A P, Holmes G J, Everts K L, et al. 2007. Evaluation of combinations of chlorothalonil with azoxystrobin, harpin, and disease forecasting for control of downy mildew and gummy stem blight on melon. Crop Protection, 26: 83-88.

Lai T F, Wang Y Y, Li B Q, et al. 2011. Defense responses of tomato fruit to exogenous nitric oxide during postharvest storage. Postharvest Biology and Technology, 62: 127-132.

Leshem Y A Y, Wills R B H, Ku V V V. 1998. Evidence for the function of the free radical gas-nitric oxide($NO^{\cdot}$)-as an endogenous maturation and senescence regulating factor in higher plants. Plant Physiology and Biochemistry, 36: 825-833.

Li B Q, Zhang C F, Cao B H, et al. 2012a. Brassinolide enhances cold stress tolerance of fruit by regulating plasma membrane proteins and lipids. Amino Acids, 43: 2469-2480.

Li W H, Bi Y, Ge Y H, et al. 2012b. Effects of postharvest sodium silicate treatment on pink rot disease and oxidative stress-antioxidative system in muskmelon fruit. European Food Research and Technology, 234: 137-145.

Li Y C, Yin Y, Bi Y, et al. 2012c. Effect of riboflavin on postharvest disease of Asia pear and the possible mechanisms involved. Phytoparasitica, 40: 261-268.

Li Y C, Bi Y, Ge Y H, et al. 2009a. Antifungal activity of sodium silicate on *Fusarium sulphureum* and its effect on dry rot of potato tubers. Journal of Food Science, 74: 213-218.

Li Y C, Sun X J, Bi Y, et al. 2009b. Antifungal activity of chitosan on *Fusarium sulphureum* in relation to dry rot of potato tuber. Agricultural Sciences in China, 8: 597-604.

Li X, Bi Y, Wang J J, et al. 2015. BTH treatment caused physiological, biochemical and proteomic changes of muskmelon(*Cucumis melo* L.)fruit during ripening. Journal of Proteomics, 120: 179-193.

Liu H X, Jiang W B, Bi Y, et al. 2005a. Postharvest BTH treatment induces resistance of peach(*Prunus persica* L. cv. Jiubao)fruit to infection by *Penicillium expansum* and enhances activity of fruit defense mechanisms. Postharvest Biology and Technology, 35: 263-269.

Liu H X, Wang B G, Luo Y B, et al. 2005b. Improving disease resistance in peach fruit during storage using benzo-(1,2,3)-

thiodiazole-7-carbothioic acid S-methyl ester(BTH). Journal of Horticultural Science and Biotechnology, 80: 736-740.

Liu J, Tian S P, Meng X H, et al. 2007. Effects of chitosan on control of postharvest diseases and physiological responses of tomato fruit. Postharvest Biology and Technology, 44: 300-306.

Mauch-Mani B, Métraux J P. 1998. Salicylic acid and systemic acquired resistance to pathogen attack. Annals of Botany, 82: 535-540.

Meng X, Tang Y, Zhang A, et al. 2012. Effect of oligochitosan on development of *Colletotrichum musae in vitro* and *in situ* and its role in protection of banana fruits. Fruits, 67: 147-155.

Meng X H, Li B Q, Liu J, et al. 2008. Physiological responses and quality attributes of table grape fruit to chitosan preharvest spray and postharvest coating during storage. Food Chemistry, 106: 501-508.

Meng X, Yang L, Kennedy J F, et al. 2010. Effects of chitosan and oligochitosan on growth of two fungal pathogens and physiological properties in pear fruit. Carbohydrate Polymers, 81: 70-75.

Nakashita H, Yasuda M, Nitta T, et al. 2003. Brassinosteroid functions in a broad range of disease resistance in tobacco and rice. The Plant Journal, 33: 887-898.

Notsu S, Saito N, Kosaki H, et al. 1994. Stimulation of phenylalanine ammonia-lyase activity and lignification in rice callus treated with chitin, chitosan, and their derivatives. Bioscience, Biotechnology and Biochemistry, 58: 552-553.

Pan Y G, Liu X H. 2011. Effect of benzo-thiadiazole-7-carbothioic acid S-methyl ester(BTH)treatment on the resistant substance in postharvest mango fruits of different varieties. African Journal of Biotechnology, 10: 15 521-15 528.

Poole P R, McLeod L C, Whitmore K J, et al. 1998. Periharvest control of *Botrytis cinerea* rots in stored kiwifruit. Acta Horticulturae, 464: 71-76.

Porat R, McCollum T G, Vinokur V, et al. 2002. Effects of various elicitors on the transcription of a β-1,3-endoglucanase gene in citrus fruit. Journal of Phytopathology, 150: 70-75.

Qin G Z, Tian S P. 2005. Enhancement of biocontrol activity of *Cryptococcus laurentii* by silicon and the possible mechanisms involved. Phytopathology, 95: 69-75.

Qin G Z, Tian S P, Chan Z L, et al. 2007. Crucial role of antioxidant proteins and hydrolytic enzymes in pathogenicity of *Penicillium expansum*: analysis based on proteomics approach. Molecular and Cellular Proteomics, 6: 425-438.

Qiu X, Guan P, Wang M L, et al. 2004. Identification and expression analysis of BTH induced genes in papaya. Physiological and Molecular Plant Pathology, 65: 21-30.

Rabea E I, Badawy M E T, Stevens C V, et al. 2003. Chitosan as antimicrobial agent: applications and mode of action. Biomacromolecules, 4: 1457-1465.

Ren Y L, Wang Y F, Bi Y, et al. 2012. Postharvest BTH treatment induced disease resistance and enhanced reactive oxygen species metabolism in muskmelon(*Cucumis melo* L.)fruit. European Food Research and Technology, 234: 963-971.

Romanazzi G, Karabulut O A, Smilanick J L. 2007. Combination of chitosan and ethanol to control postharvest gray mold of table grapes. Postharvest Biology and Technology, 45: 134-140.

Sanchez-Estrada A, Tiznado-Hernandez M E, Ojeda-Contreras A J, et al. 2009. Induction of enzymes and phenolic compounds related to the natural defence response of netted melon fruit by a bio-elicitor. Journal of Phytopathology, 157: 24-32.

Sanzani S M, Schena L, De Girolamo A, et al. 2010. Characterization of genes associated with induced resistance against *Penicillium expansum* in apple fruit treated with quercetin. Postharvest Biology and Technology, 56: 1-11.

Sasse J. 2003. Physiological actions of brassinosteroids: An update. Journal of Plant Growth Regulation, 22: 276-288.

Shah J. 2003. The salicylic acid loop in plant defense. Current Opinion in Plant Biology, 6: 365-371.

Shao X F, Wang H F, Xu F, et al. 2013. Effects and possible mechanisms of tea tree oil vapor treatment on the main disease in postharvest strawberry fruit. Postharvest Biology and Technology, 77: 94-101.

Singh S P, Singh Z, Swinny E E. 2009. Postharvest nitric oxide fumigation delays fruit ripening and alleviates chilling injury during cold storage of Japanese plums(*Prunus salicina* Lindell). Postharvest Biology and Technology, 53: 101-108.

Smith-Becker J, Keen N T, Becker J O. 2003. Acibenzolar-S-methyl induces resistance to *Colletotrichum lagenarium* and cucumber mosaic virus in cantaloupe. Crop Protection, 22: 769-774.

Soegiarto L, Wills R B H. 2006. Effect of nitric oxide, reduced oxygen and elevated carbon dioxide levels on the postharvest life of strawberries and lettuce. Australian Journal of Experimental Agriculture, 46: 1097-1100.

Soylu S, Baysal Ö, Soylu E M. 2003. Induction of disease resistance by the plant activator, acibenzolar-S-methyl(ASM), against bacterial canker(*Clavibacter michiganensis* subsp. *michiganensis*)in tomato seedlings. Plant Science, 165 : 1069-1075.

Sun F, Zhang P, Guo M, et al. 2013. Burdock fructooligosaccharide induces fungal resistance in postharvest Kyoho grapes by activating the salicylic acid-dependent pathway and inhibiting browning. Food Chemistry, 138: 539-546.

Sun X J, Bi Y, Li Y C, et al. 2008. Postharvest chitosan treatment induces resistance in potato against *Fusarium sulphureum*. Agricultural Sciences in China, 7: 615-621.

Tang Y, Kuang J F, Wang F Y, et al. 2013. Molecular characterization of *PR* and *WRKY* genes during SA- and MeJA-induced resistance against *Colletotrichum musae* in banana fruit. Postharvest Biology and Technology, 79:

62-68.

Terry L A, Joyce D C. 2000. Suppression of grey mould on strawberry fruit with the chemical plant activator acibenzolar. Pest Management Science, 56: 989-992.

Terry L A, Joyce D C. 2004. Elicitors of induced disease resistance in postharvest horticultural crops: a brief review. Postharvest Biology and Technology, 32: 1-13.

Thomas D D, Ridnour L A, Isenberg J S, et al. 2008. The chemical biology of nitric oxide: Implications in cellular signaling. Free Radical Biology and Medicine, 45: 18-31.

Tian S P, Qin G Z, Li B Q, et al. 2007. Effects of salicylic acid on disease resistance and postharvest decay control of fruits. Stewart Postharvest Review, 3: 1-7.

Tian S P, Qin G Z, Xu Y. 2005. Synergistic effects of combining biocontrol agents with silicon against postharvest diseases of jujube fruit. Journal of Food Protection, 68: 544-550.

Torres R, Valentines M C, Usall J, et al. 2003. Possible involvement of hydrogen peroxide in the development of resistance mechanisms in 'Golden Delicious' apple fruit. Postharvest Biology and Technology, 27: 235-242.

Tripathi P, Dubey N K. 2004. Exploitation of natural products as an alternative strategy to control postharvest fungal rotting of fruit and vegetables. Postharvest Biology and Technology, 32: 235-245.

Turner J G, Ellis C, Devoto A. 2002. The jasmonate signal pathway. The Plant Cell Online, 14: S153-S164.

Wang A Y, Lou B G, Xu T, et al. 2011a. Defense responses in tomato fruit induced by oligandrin against *Botrytis cinerea*. African Journal of Biotechnology, 10: 4596-4601.

Wang F D, Feng G H, Chen K S. 2009a. Defense responses of harvested tomato fruit to burdock fructooligosaccharide, a novel potential elicitor. Postharvest Biology and Technology, 52: 110-116.

Wang J J, Bi Y, Wang Y, et al. 2014. Multiple preharvest treatments with harpin reduce postharvest disease and maintain quality in muskmelon fruit(cv. Huanghemi). Phytoparasitica, 42: 155-163.

Wang J J, Bi Y, Zhang Z K, et al. 2011b. Reduction of latent infection and enhancement of disease resistance in muskmelon by preharvest application of harpin. Journal of Agricultural and Food Chemistry, 59: 12 527-12 533.

Wang K, Jin P, Cao S, et al. 2009b. Methyl jasmonate reduces decay and enhances antioxidant capacity in Chinese bayberries. Journal of Agricultural and Food Chemistry, 57: 5809-5815.

Wang K T, Jin P, Han L, et al. 2014. Methyl jasmonate induces resistance against *Penicillium citrinum* in Chinese bayberry by priming of defense responses. Postharvest Biology and Technology, 98: 90-97.

Wang L, Jin P, Wang J, et al. 2015. Methyl jasmonate primed defense responses against *Penicillium expansum* in sweet cherry fruit. Plant Molecular Biology Reporter, 33: 1464-1471.

Wang Q, Lai T F, Qin G Z, et al. 2009c. Response of jujube fruits to exogenous oxalic acid treatment based on proteomic analysis. Plant and Cell Physiology, 50: 230-242.

Wang X L, Xu F, Wang J, et al. 2013. *Bacillus cereus* AR156 induces resistance against *Rhizopus* rot through priming of defense responses in peach fruit. Food Chemistry, 136: 400-406.

Wang Y, Li X, Bi Y, et al. 2008. Postharvest ASM or harpin treatment induce resistance of muskmelons against *Trichothecium roseum*. Agricultural Sciences in China, 7: 217-223.

Wang Y Y, Li B Q, Qin G Z, et al. 2011c. Defense response of tomato fruit at different maturity stages to salicylic acid and ethephon. Scientia Horticulturae, 129: 183-188.

Wei Z M, Laby R J, Zumoff C H, et al. 1992. Harpin, elicitor of the hypersensitive response produced by the plant pathogen *Erwinia amylovora.* Science, 257: 85-88.

Xu X B, Tian S P. 2008. Salicylic acid alleviated pathogen-induced oxidative stress in harvested sweet cherry fruit. Postharvest Biology and Technology, 49: 379-385.

Yan J Q, Cao J K, Jiang W B, et al. 2012. Effects of preharvest oligochitosan sprays on postharvest fungal diseases, storage quality, and defense responses in jujube(*Zizyphus jujuba* Mill. cv. Dongzao)fruit. Scientia Horticulturae, 142: 196-204.

Yang Z F, Cao S F, Cai Y T, et al. 2011. Combination of salicylic acid and ultrasound to control postharvest blue mold caused by *Penicillium expansum* in peach fruit. Innovative Food Science and Emerging Technologies, 12: 310-314.

Yao H J, Tian S P. 2005a. Effects of a biocontrol agent and methyl jasmonate on postharvest diseases of peach fruit and the possible mechanisms involved. Journal of Applied Microbiology, 98: 941-950.

Yao H J, Tian S P. 2005b. Effects of pre- and post-harvest application of salicylic acid or methyl jasmonate on inducing disease resistance of sweet cherry fruit in storage. Postharvest Biology and Technology, 35: 253-262.

Yin H, Zhao X M, Du Y G. 2010a. Oligochitosan: A plant diseases vaccine—A review. Carbohydrate Polymers, 82: 1-8.

Yin Y, Li Y C, Bi Y, et al. 2010b. Postharvest treatment with β-aminobutyric acid induces resistance against dry rot caused by *Fusarium sulphureum* in potato tuber. Agricultural Sciences in China, 9: 1372-1380.

Yu M M, Shen L, Fan B, et al. 2009. The effect of MeJA on ethylene biosynthesis and induced disease resistance to *Botrytis cinerea* in tomato. Postharvest Biology and Technology, 54: 153-158.

Yu Q, Chen Q, Chen Z W, et al. 2012. Activating defense responses and reducing postharvest blue mold decay caused by *Penicillium expansum* in peach fruit by yeast saccharide. Postharvest Biology and Technology, 74: 100-107.

Yu T, Li H Y, Zheng X D. 2007. Synergistic effect of chitosan and *Cryptococcus laurentii* on inhibition of *Penicillium expansum* infections. International Journal of Food Microbiology, 114: 261-266.

Zainuri J, Joyce D C, Wearing A H, et al. 2001. Effects of phosphonate and salicylic acid treatments on anthracnose disease development and ripening of 'Kensington Pride'mango fruit. Australian Journal of Experimental Agriculture, 41: 805-813.

Zeng K F, Deng Y Y, Ming J, et al. 2010. Induction of disease resistance and ROS metabolism in navel oranges by chitosan. Scientia Horticulturae, 126: 223-228.

Zhang C F, Wang J M, Zhang J G, et al. 2011a. Effects of beta-aminobutyric acid on control of postharvest blue mould of apple fruit and its possible mechanisms of action. Postharvest Biology and Technology, 61: 145-151.

Zhang H Y, Li R P, Liu W M. 2011b. Effects of chitin and its derivative chitosan on postharvest decay of fruits: A review. International Journal of Molecular Sciences, 12: 917-934.

Zhang Z K, Bi Y, Ge Y H, et al. 2011c. Multiple pre-harvest treatments with acibenzolar-S-methyl reduce latent infection and induce resistance in muskmelon fruit. Scientia Horticulturae, 130: 126-132.

Zhang Z Q, Tian S P, Zhu Z, et al. 2012. Effects of 1-methylcyclopropene(1-MCP)on ripening and resistance of jujube(*Zizyphus jujuba* cv. Huping)fruit against postharvest disease. LWT-Food Science and Technology, 45: 13-19.

Zheng X L, Tian S P, Gidley M J, et al. 2007a. Effects of exogenous oxalic acid on ripening and decay incidence in mango fruit during storage at room temperature. Postharvest Biology and Technology, 45: 281-284.

Zheng X L, Tian S P, Gidley M J, et al. 2007b. Slowing the deterioration of mango fruit during cold storage by pre-storage application of oxalic acid. Journal of Horticultural Science and Biotechnology, 82: 707-714.

Zheng X L, Tian S P, Meng X H, et al. 2007c. Physiological and biochemical responses in peach fruit to oxalic acid treatment during storage at room temperature. Food Chemistry, 104: 156-162.

Zheng X L, Ye L B, Jiang T J, et al. 2012. Limiting the deterioration of mango fruit during storage at room temperature by oxalate treatment. Food Chemistry, 130: 279-285.

Zheng Y, Sheng J P, Zhao R R, et al. 2011. Preharvest L-arginine treatment induced postharvest disease resistance to *Botrysis cinerea* in tomato fruits. Journal of Agricultural and Food Chemistry, 59: 6543-6549.

Zhu S, Liu M, Zhou J. 2006. Inhibition by nitric oxide of ethylene biosynthesis and lipoxygenase activity in peach fruit during storage. Postharvest Biology and Technology, 42: 41-48.

Zhu S, Sun L, Zhou J. 2009. Effects of nitric oxide fumigation on phenolic metabolism of postharvest Chinese winter jujube(*Zizyphus jujuba* Mill. cv. Dongzao)in relation to fruit quality. LWT-Food Science and Technology, 42: 1009-1014.

Zhu S J, Ma B C. 2007. Benzothiadiazole- or methyl jasmonate-induced resistance to *Colletotrichum musae* in harvested banana fruit is related to elevated defense enzyme activities. Journal of Horticultural Science and Biotechnology, 82: 500-506.

Zhu X, Cao J, Wang Q, et al. 2008. Postharvest infiltration of BTH reduces infection of mango fruits(*Mangifera indica* L. cv. Tainong)by *Colletotrichum gloeosporioides* and enhances resistance inducing compounds. Journal of Phytopathology, 156: 68-74.

Zhu Z, Zhang Z Q, Qin G Z, et al. 2010. Effects of brassinosteroids on postharvest disease and senescence of jujube fruit in storage. Postharvest Biology and Technology, 56: 50-55.

Zhu Z, Tian S P. 2012. Resistant responses of tomato fruit treated with exogenous methyl jasmonate to *Botrytis cinerea* infection. Scientia Horticulturae, 142: 38-43.

Ziadi S, Barbedette S, Godard J F, et al. 2001. Production of pathogenesis-related proteins in the cauliflower(*Brassica oleracea* var. *botrytis*)–downy mildew(*Peronospora parasitica*)pathosystem treated with acibenzolar-S-methyl. Plant Pathology, 50: 579-586.

第十二章　采后真菌性病原物的抗药性

19 世纪 70 年代以前，几乎所有用于植物病害控制的杀菌剂都属于多位点抑制剂。虽经广泛使用，但几乎未出现病原物的抗药性。自从 20 世纪 60 年代开发了一些特异位点杀菌剂以来，由于频繁使用，真菌性病原物的抗药性相继出现，已成为植物病害控制中的主要问题（Brent，1995；Ma and Michailides，2005；Jacometti et al.，2010；Weber and Hahn，2011；Mathews et al.，2011；Sun et al.，2013）。

所谓抗药性（fungicide resistance）是一种真菌适应一种杀菌剂的稳定、可遗传的特性，最终导致杀菌剂无效或效果降低。由于杀菌剂能有效控制敏感菌株，经过连续使用后会有部分敏感菌株发生变异，从而导致了抗药菌株的产生。真菌的抗药性可由单基因或多基因位点突变引起。抗药菌株的产生不仅能导致病害控制的失败，而且会明显缩短杀菌剂的使用寿命，增加新杀菌剂的开发难度。许多情况下，抗药菌株比敏感菌株的适应性要低，在缺乏杀菌剂选择压力的情况下很难存活。因此，一旦停用杀菌剂，病原群体中抗药菌株的发生率将被显著降低。相反，即使不用任何杀菌剂，有些抗药菌株也有良好的适应性（Koenraadt et al.，1992；Baraldi et al.，2003；da Silva Pereira et al.，2012；Chen et al.，2012）。本章主要从化学杀菌剂抗性产生机理和控制抗药性的措施两个方面对采后真菌病原的抗药性进行介绍。

第一节　抗药性及发生机理

连续、频繁地使用联苯、邻苯酚钠、苯莱特、噻苯唑、多菌灵、托布津及仲丁胺会使指状青霉、意大利青霉及其他采后病原真菌产生抗药性。抗一种杀菌剂的青霉菌株通常对其他结构相似的杀菌剂也表现出抗性，也称为交叉抗性。这些结构相似的杀菌剂包括：联苯和邻苯酚钠，同属苯并咪唑类的苯莱特、多菌灵、甲基托布津及噻苯唑。抗药菌株的产生会降低特定杀菌剂的抑菌效果（张维一和毕阳，1996）。

多种理论涉及抗药性的产生机理，这些理论主要包括：改变靶标位点降低与杀菌剂的结合能力；具有取代靶标酶的替代酶的合成；杀菌目标过量产生；主动流失或减少杀菌剂的摄入；杀菌剂的代谢分解等方面（Gisi et al.，2000；Gullino et al.，2000；MgGrath，2001；Ma and Michailides，2005；Samuel et al.，2011；Wang et al.，2012；Sun et al.，2013）。此外，还有一些新机制尚有待揭示。

由于大多数新型杀菌剂属于专一位点杀菌剂，所以在使用过程中抗药性也相继出现。关于采后杀菌剂抗药性的报道也越来越多，主要涉及一些新型杀菌剂在采后使用中产生的抗药性及其发生机理。按照 2012 年国际杀菌剂抗性工作委员会（Fungicide Resistance Action Committee，FRAC）对有关杀菌剂作用模式的最新分类标准（http://www.frac.info/），这些杀菌剂的抗药性发生机理主要涉及其中的 B 类（有丝分裂和细胞分裂）、C 类（呼吸）、

D 类（氨基酸和蛋白质合成）、E 类（信号转导）和 G 类（膜甾醇生物合成）等五大类 23 项内容（表 12-1）。

表 12-1　采后杀菌剂抗药性的部分案例

杀菌剂作用模式类型	杀菌剂结构分类	杀菌剂名称	病原物	寄主病害（参考文献）
B 作用于有丝分裂或细胞分裂				
B1：抑制有丝分裂中 β-微管蛋白聚合	苯并咪唑类	苯莱特	可可球二孢	番木瓜蒂腐病（da Silva Pereira et al.，2012）
			尖孢刺盘孢	果实炭疽病（Nakaune and Nakano，2007）
		噻苯唑	可可球二孢	番木瓜蒂腐病（da Silva Pereira et al.，2012）
			指状青霉	柑橘绿霉病（Boubaker et al.，2009；Sánchez-Torres and Tuset，2011；Lee et al.，2011）
			意大利青霉	柑橘青霉病（Boubaker et al.，2009）
			灰葡萄孢	苹果和梨的灰霉病（Zhao et al.，2010）
		多菌灵	果生链核盘菌	核果类褐腐病（Chen et al.，2012）
	托布津	甲基托布津	灰葡萄孢	果实灰霉病（Weber，2011）
			果生链核盘菌	核果类褐腐病（May-De Mio et al.，2011）
C 作用于呼吸				
C2：抑制复合物Ⅱ：琥珀酸脱氢酶抑制剂	吡啶酰胺	啶酰菌胺	灰葡萄孢	草莓和苹果等果实的灰霉病（Kim and Xiao，2010；Yin et al.，2011；Weber，2011；Amiri et al.，2013）
	吡啶-乙基-苯甲酰胺	氟吡菌酰胺	灰葡萄孢	木莓灰霉病（Tanovic et al.，2012）
	氧硫杂环己二烯酰胺	萎锈灵	灰葡萄孢	苹果灰霉病（Yin et al.，2011）
C3：抑制复合体Ⅲ：苯醌外部抑制剂	甲氧基丙烯酸酯	嘧菌酯	果生链核盘菌	核果褐腐病（May-De Mio et al.，2011；Chen et al.，2012）
			指状青霉 意大利青霉	柑橘绿霉病和青霉病（Kanetis et al.，2007；Smilanick，2011）
	甲氧基氨基甲酸酯	吡唑嘧菌酯	灰葡萄孢	果实灰霉病（Kim and Xiao，2010；Weber，2011；Yin et al.，2012；Amiri et al.，2013）
	肟醚乙酸酯	肟菌酯	灰葡萄孢	果实灰霉病（Weber，2011）
D 作用于氨基酸或蛋白质合成				
D1：抑制甲硫氨酸生物合成（*cgs* 基因）	苯胺嘧啶类	嘧菌环胺	灰葡萄孢	果实灰霉病（Weber，2011；Latorre and Torres，2012；Leroch et al.，2013；Amiri et al.，2013）
		嘧霉胺	灰葡萄孢	灰霉病（Latorre and Torres，2012；Amiri et al.，2013）
			果生链核盘菌	褐腐病（Chen et al.，2012）
			指状青霉 意大利青霉	柑橘绿霉病和青霉病（Smilanick，2011）
			扩展青霉	苹果青霉病（Li and Xiao，2008）
		嘧菌胺	灰葡萄孢	苹果和梨的灰霉病（Zhao et al.，2010）

续表

杀菌剂作用模式类型	杀菌剂结构分类	杀菌剂名称	病原物	寄主病害（参考文献）
E 作用于信号转导				
E2：抑制渗透信号转导的丝裂原活化蛋白组氨酸激酶（os-2，HOG1）	苯吡咯类	咯菌腈	灰葡萄孢	果实灰霉病（Zhao et al.，2010；Weber and Hahn，2011；Weber，2011；Latorre and Torres，2012；Leroch et al.，2013；Amiri et al.，2013）
			指状青霉 意大利青霉	柑橘绿霉病和青霉病（Zhang，2007；Smilanick，2011）
			扩展青霉	苹果青霉病（Li and Xiao，2008）
E3：抑制渗透信号转导中裂原活化蛋白组氨酸激酶（os-1，Daf1）	二甲酰亚胺类	腐霉利	果生链核盘菌	核果褐腐病（Chen et al.，2012）
		异菌脲	灰葡萄孢	灰霉病（Weber and Hahn，2011；Weber，2011）
G 作用于膜的甾醇生物合成——甾醇生物合成抑制剂（sterol biosynthesis inhibitor，SBI）				
G1：C-14α-脱甲基化合成酶抑制剂（DMI）	咪唑类	抑霉唑	指状青霉	柑橘绿霉病（Zhu et al.，2006；Sun et al.，2011；Sánchez-Torres and Tuset，2011；Wang et al.，2012）
			地霉 青霉	柑橘酸腐病、青霉病或绿霉病（Boubaker et al.，2009；McKay et al.，2012）
			可可球二孢	番木瓜蒂腐病（da Silva Pereira et al.，2012）
		咪鲜胺	可可球二孢	番木瓜蒂腐病（da Silva Pereira et al.，2012）
	三唑类	戊唑醇	灰葡萄孢	葡萄灰霉病（Latorre and Torres，2012）
			可可球二孢	番木瓜蒂腐病（da Silva Pereira et al.，2012）
			果生链核盘菌	核果类褐腐病（May-De Mio et al.，2011）
		丙环唑	果生链核盘菌	核果类褐腐病（Zhu et al.，2012；Chen et al.，2012）
			地霉 青霉	柑橘酸腐病、青霉病或绿霉病（McKay et al.，2012）
		苯醚甲环唑	灰葡萄孢 扩展青霉	仁果类灰霉病和青霉病（Foerster et al.，2009）
G2：Δ^{14}还原酶和$\Delta^{8}\rightarrow\Delta^{7}$异构酶抑制剂	吗啉	十三吗啉	果生链核盘菌	核果类褐腐病（Chen et al.，2012）
G3：C4 脱甲基化中 3-酮还原酶	羟基苯胺类	环酰菌胺	灰葡萄孢	灰霉病（Weber and Hahn，2011；Weber，2011；Latorre and Torres，2012；Grabke et al.，2013；Amiri et al.，2013）

一、苯并咪唑氨基甲酸盐类

根据 FRAC 对杀菌剂作用模式的分类，苯并咪唑氨基甲酸盐（methyl benzimidazol carbamate，MBC）属于 B 类杀菌剂，作用方式为有丝分裂和细胞分裂过程大类的 B1 小类，即作用位点为有丝分裂中 β-微管组件（蛋白），较详细的作用机制是抑制细胞核的分裂，其作用方式与植物次生代谢产物秋水仙素相似。药剂主要作用于病原菌的 β-微管蛋白，通过与构成纺锤蛋白的亚单位（微管蛋白）结合，从而破坏纺锤丝的功能，使细胞分裂不能正常进行（图 12-1）（Harder，2002）。因此这类药剂的作用位点单一，选择性很强。近些年，采后杀菌剂抗药性报道较多的 MBC 类杀菌剂主要涉及苯并咪唑类和托布津类（表 12-1）。

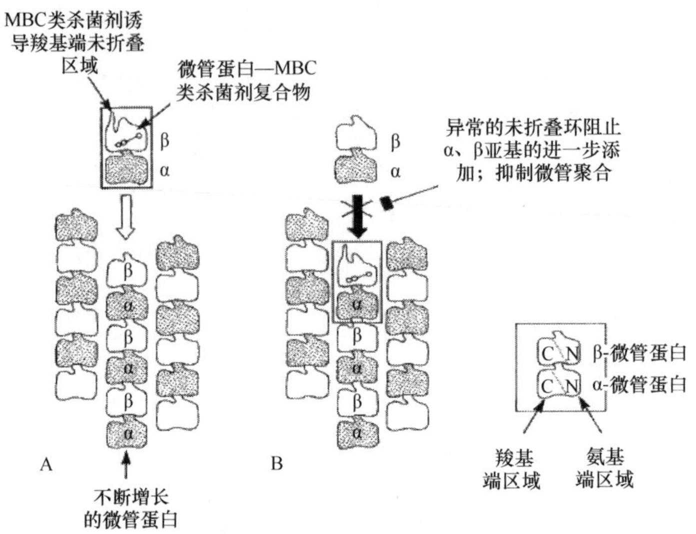

图 12-1　MBC 类杀菌剂干扰微管蛋白聚合过程的模型（Harder，2002）
A：MBC 类杀菌剂诱导羧基端出现异常的为折叠区域；B：微管蛋白不能正常聚合延伸

（一）MBC 类杀菌剂抗药性的产生

苯并咪唑类杀菌剂主要包括苯莱特、噻苯唑和多菌灵，严格意义上甲基托布津应属于托布津类杀菌剂，但实际上，将两者都纳入苯并咪唑类。FRAC 现将两类杀菌剂统一归入 MBC。

这类杀菌剂于 20 世纪 60 年代开发并使用。在果实上，MBC 类杀菌剂最初被注册用于仁果类的田间真菌病害控制，也被用于控制由扩展青霉和灰葡萄孢引起的采后青霉病和灰霉病。噻苯唑在果实上稳定，而甲基托布津与苯莱特两者可以转化为多菌灵（图 12-2）。在植物体内和真菌细胞内多菌灵是毒性的主要形式，苯莱特与多菌灵对真菌抑制的作用相当，而噻苯唑的抑菌力较弱。苯莱特比噻苯唑或多菌灵的亲脂性更强，穿透植物表面疏水屏障（蜡和角质）的速度比噻苯唑和多菌灵快。因此，苯莱特比其他 MBC 药物能更有效地穿透植物组织，产生更好的孢子抑制效果（张维一和毕阳，1996）。早在

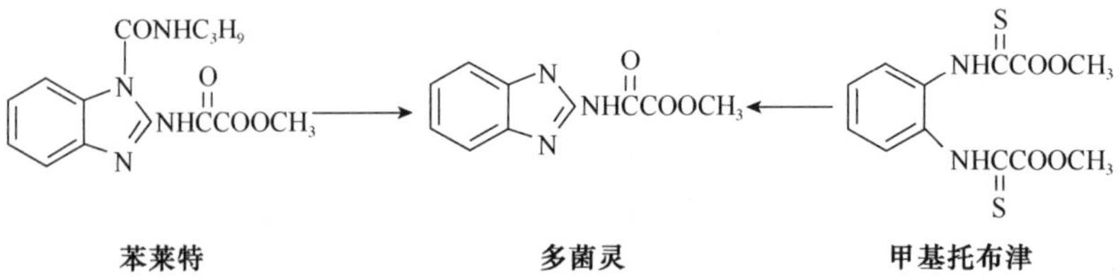

CONHC$_4$H$_9$　NHCCOOCH$_3$ (C=O)　→　NHCCOOCH$_3$ (C=O)　←　NHCCOOCH$_3$ (C=S)，NHCCOOCH$_3$ (C=S)

苯莱特　　**多菌灵**　　**甲基托布津**

图 12-2　苯莱特、多菌灵和甲基托布津相互转化

20 世纪 70 年代中期，在美国的俄勒冈州和华盛顿州梨果实的灰葡萄孢和扩展青霉中就发现了对 MBC 类杀菌剂表现抗性的菌株（Bertrand and Saulie-Carter，1978）。

从果生链核盘菌中分离获得了低抗和高抗苯莱特和甲基托布津的菌株。这些分离菌株对冷和热敏感，微卫星 DNA 指纹分析表明，敏感型、低抗和高抗菌株具有高度遗传一致性（Ma et al.，2003）。对梨果实表面的扩展青霉分离株研究表明，50 个分离株中，对噻苯唑敏感的有 9 个，表现抗药性的 41 个，7 个抗药株在添加噻苯唑的培养基中比没有添加的对照具有更高的孢子萌发率。对 6 个敏感株和 6 个抗药株进一步分析发现，尽管抗药株对果实的致病力更强，但体外生长与敏感型差异不大（Baraldi et al.，2003）。由可可球二孢引起的茎腐病是番木瓜的主要采后病害，可严重降低果实的品质和产量。对可可球二孢的 6 类群体的 120 个分离株进行抗药性和 EC_{50} 研究发现，对 MBC 类杀菌剂不敏感和敏感的分别占 8.4%和 91.6%，对苯莱特和噻苯唑敏感的菌株 EC_{50} 分别为 0.002~0.13μg/ml 和 0.36~1.27μg/ml（da Silva Pereira et al.，2012）。此外，对 MBC 类杀菌剂具有抗性的采后病原物还包括指状青霉（Sánchez-Torres and Tuset，2011；Lee et al.，2011）、意大利青霉（Boubaker et al.，2009）、尖孢刺盘孢（Peres et al.，2004；Nakaune and Nakano，2007）和盘长孢状刺盘孢（Chung et al.，2010）等。

（二）MBC 类杀菌剂抗药性机理

已在多种病原真菌中检测到对苯并咪唑类杀菌剂的抗性。大多情况下，抗药性均与 β-微管蛋白基因的点突变有关，这些点突变导致了苯并咪唑类杀菌剂结合位点的氨基酸序列改变，从而产生抗药性（Ma and Michailides，2005）。许多研究表明，β-微管基因的第 6、第 167、第 198、第 200 和第 240 位密码子的改变能导致采后病原真菌对 MBC 类杀菌剂的抗性（表 12-2）。Ma 等（2003）研究果生链核盘菌抗苯莱特和甲基托布津时发现，低抗菌株的 β-微管蛋白基因的第 6 位突变后，编码该位点的氨基酸组氨酸被酪氨酸代替，而高抗菌株突变发生在 β-微管蛋白基因的第 198 位，发生氨基酸替换的是谷氨酸被丙氨酸替代。由此表明，同一病原物对同一类杀菌剂的抗性差异与 β-微管蛋白基因突变位点和方式有关。研究扩展青霉抗噻苯唑菌株时发现，抗性相关的

表 12-2　果蔬采后病原真菌 β-微管蛋白基因突变引起的对 MBC 类杀菌剂的抗药性部分案例

β-微管蛋白基因突变		病原菌	参考文献
密码子位点	氨基酸替换		
6	组氨酸→酪氨酸	果生链核盘菌	（Ma et al.，2003）
167	苯丙氨酸→酪氨酸	扩展青霉	（Baraldi et al.，2003）
198	谷氨酸→丙氨酸	果生链核盘菌	（Ma et al.，2003）
		扩展青霉	（Baraldi et al.，2003；Sholberg et al.，2005）
		盘长胞状刺盘孢	（Chung et al.，2010）
	谷氨酸→谷氨酰胺	指状青霉	（Lee et al.，2011）
	谷氨酸→赖氨酸	扩展青霉	（Baraldi et al.，2003）
	谷氨酸→缬氨酸	扩展青霉	（Sholberg et al.，2005）
200	苯丙氨酸→酪氨酸	指状青霉	（Lee et al.，2011）
240	亮氨酸→苯丙氨酸	核果链核盘菌	（Ma et al.，2005）

突变发生在第 167 位的苯丙氨酸和第 198 位的谷氨酸（Baraldi et al.，2003）。β-微管蛋白基因序列分析结果表明，所有指状青霉对噻苯唑的抗药株均表现出单一转换位点突变，导致的变化既有 198 位的谷氨酸被替换为谷氨酰胺，也有 200 位的苯丙氨酸被替换为酪氨酸（Lee et al.，2011）。此外，核果链核盘菌和盘长孢状刺盘孢等病原物的 β-微管蛋白基因的第 240 位和第 198 位的突变也与抗 MBC 类杀菌剂有关（Ma et al.，2005；Chung et al.，2010）。

尽管 β-微管蛋白基因的点突变会导致大多数病原真菌对 MBC 类杀菌剂的抗性，但也有少数突变并未产生抗药性（Peres et al.，2004；Cabanas et al.，2009）。对尖孢刺盘孢的抗苯莱特研究时发现，抗药和敏感株在 β-微管蛋白基因的 198 位点和 200 位点上并未发现替换现象，而这些替换现象却与其他病原物抗苯莱特密切相关。由此表明，尖孢刺盘孢对苯莱特的抗性与 β-微管蛋白基因 198 位点和 200 位点突变无关（Peres et al.，2004）。对西班牙的扩展青霉的抗噻苯唑菌株分析结果表明，34 个抗药株只有 8 个在 β-微管蛋白基因的 198 位点和 240 位点发生突变，198 位点突变的菌株与抗性相关。但是，剩余较高比例的抗药株并未发现 β-微管蛋白基因序列区域的突变。由此表明，扩展青霉对噻苯唑的抗性可能涉及其他的分子机制（Cabanas et al.，2009）。

二、琥珀酸脱氢酶抑制剂类

琥珀酸脱氢酶抑制剂（succinate dehydrogenase inhibitor，SDHI）类是 FRAC 新划分出的作用机制，为干扰真菌呼吸作用的 C 杀菌剂的 C2 小类，该小类杀菌剂主要通过抑制病原菌的琥珀酸脱氢酶活性来实现干扰呼吸作用。20 世纪 60 年代开发的萎锈灵是该类杀菌剂最早品种，随后又有啶酰菌胺、吡噻酰胺和呋吡菌多种类似杀菌剂被开发，一直到近几年开发氟吡菌酰胺等，目前 SDHI 类杀菌剂多达十几种，用于控制多种作物病害（李良孔等，2011）。

（一）SDHI 类杀菌剂作用机理

SDHI 类杀菌剂的作用靶标位点为病原菌线粒体呼吸电子传递链上的蛋白复合体Ⅱ，即琥珀酸脱氢酶（succinate dehydrogenase，SDH）或琥珀酸-泛醌还原酶（succinate ubiquinone reductase，SQR）（Kuhn，1984；Hägerhäll，1997）。该酶复合体为三羧酸循环的功能部分，与线粒体电子传递链相连，催化从琥珀酸氧化到延胡索酸和从泛醌（即辅 Q）还原到泛醇的偶联反应（Keon et al.，1991）。它由黄素蛋白（Fp，SdhA）、铁硫蛋白（Ip，SdhB）和另外 2 种嵌膜蛋白（SdhC 和 SdhD）等 4 个亚单位共同组成（Ackrell et al.，1992；Ackrell，2000）。黄素蛋白内含 1 个共价结合的 FAD 辅因子，而铁硫蛋白内含 3 个铁硫中心——[2Fe-2S]、[4Fe-4S]和[3Fe-4S]；另外 2 种嵌膜蛋白分别为大的细胞色素结合蛋白 CybL 和小的细胞色素结合蛋白 CybS。黄素蛋白（SdhA）和铁硫蛋白（SdhB）组成该复合体的可溶性部分，具有琥珀酸脱氢酶活性；SdhC 和 SdhD 这 2 种嵌膜蛋白将 SdhA 和 SdhB 固定在内膜上，且具有泛醌还原酶活性（Sun et al.，2005）。该类杀菌剂就是通过作用于蛋白复合体Ⅱ影响病原菌的呼吸电子传递链，阻碍其能量的代谢，抑制病原菌的生长、导致其死亡（李良孔等，2011）（图 12-3）。

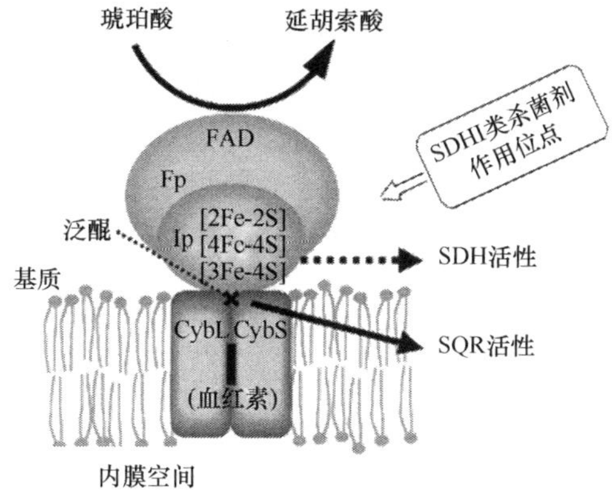

图 12-3　复合物Ⅱ亚基结构和酶活性及 SDHI 类杀菌剂作用位点
（Nakaune and Nakano，2007；Avenot and Michailides，2010）

（二）SDHI 类杀菌剂抗药性产生及其机理

由于 SDHI 类杀菌剂作用位点单一，在广泛使用过程中抗性问题也日益凸显。近些年来，果蔬采后病害控制中遇到抗药性问题的 SDHI 类杀菌剂主要包括萎锈灵、啶酰菌胺和氟吡菌酰胺，并且大多都是在控制灰葡萄孢过程中发生。Weber 和 Hahn（2011）从浆果果园中获得的灰葡萄孢分离株中发现 21.5%的抗啶酰菌胺。苹果园获得的 220 个分离株中有 42 种对啶酰菌胺具有抗性，并且其中有对啶酰菌胺和萎锈灵具有交叉抗性的分离株存在（Yin et al.，2011）。对 26 个木莓灰葡萄孢分离株研究时发现，对氟吡菌酰胺敏感株的 EC_{50} 为 0.017~6.70mg/L（Tanovic et al.，2012）。对草莓园收集到的 392 个分离株进行的抗药性结果表明，抗啶酰菌胺的频率高达 85.4%（Amiri et al.，2013）。灰葡萄孢对啶酰菌胺的抗性由 SdhB 亚单位第 225 位和第 272 位上的氨基酸突变所致（Stammler et al.，2007）。同样，琥珀酸脱氢酶基因的铁硫亚组 BcSdhB 的点突变导致 272 位氨基酸由组氨酸变为酪氨酸（H272Y）或精氨酸（H272R）与灰葡萄孢对啶酰菌胺的抗性相关（Yin et al.，2011）。

三、苯醌外部抑制剂类

苯醌外部抑制剂（quinone outside inhibitor，QoI）类是被 FRAC 划分到呼吸类杀菌剂 C 类的 C3 小类抑制复合体Ⅲ（inhibition of complex Ⅲ），即位于还原型辅酶 Q 的氧化位点（Q 部位）（细胞色素 b 基因）的细胞色素 bc1 复合物（泛醇氧化酶）。根据其分子结构特点，QoI 类杀菌剂也被称为甲氧基丙烯酸酯类杀菌剂，是基于天然抗生素 strobilurin A 为先导化合物开发的新型杀菌剂，也是能量生成抑制剂。它的作用机理是通过与病原菌细胞线粒体中细胞色素 b 和 c1 复合体 Qo 部位的结合而抑制线粒体的电子传递，破坏能量生成而对病菌发生作用（赵平等，2011）。

果蔬采后病害控制中使用的 QoI 类杀菌剂嘧菌酯、吡唑嘧菌酯和肟菌酯也出现了抗药性，这些杀菌剂在控制果生链核盘菌（May-De Mio et al.，2011；Chen et al.，2012）、指状青霉和意大利青霉（Kanetis et al.，2007；Smilanick，2011）及灰葡萄孢（Kim and Xiao，

2010；Weber，2011；Yin et al.，2012；Amiri et al.，2013）时均分别发现了抗药菌株。QoI 类杀菌剂抗药性机制主要是与 *cytb* 基因部位出现点突变造成氨基酸被替换有关，如 *cytb* 基因的 143 位发生突变造成其编码部位的甘氨酸被丙氨酸所替换（G143A）导致苹果灰葡萄孢对吡唑嘧菌酯产生抗性（Yin et al.，2012）。

四、苯胺嘧啶类

按照 FRAC 的作用位点分类，苯胺嘧啶（aniline pyrimidine，AP）类杀菌剂被划入氨基酸或蛋白质合成的 D 类中 D1 小类与甲硫氨酸生物合成（*cgs* 基因）有关。该类杀菌剂主要包括嘧菌胺、嘧霉胺、嘧菌环胺和氟嘧菌胺 4 种。在采后灰霉病的控制中陆续发现了抗嘧霉胺（Latorre and Torres，2012；Amiri et al.，2013）、嘧菌环胺（Weber，2011；Latorre and Torres，2012；Leroch et al.，2013；Amiri et al.，2013）和嘧菌胺（Zhao et al.，2010）的菌株。此外，果生链核盘菌对嘧霉胺也具有抗性（Chen et al.，2012）。对嘧霉胺产生抗性的病原菌还包括指状青霉和意大利青霉（Smilanick，2011）及扩展青霉（Li and Xiao，2008）。

苯胺嘧啶类杀菌剂的一个作用机理是抑制胱硫醚 β-裂解酶，从而抑制菌体内甲硫氨酸的生物合成，抑制菌丝的生长，但在离体情况下菌体所含有的甲硫氨酸远远达不到植物体内的含量。因此，在植物体内的抑菌机制尚不清楚。另一个可能的作用机理是抑制病菌胞外蛋白酶（包括水解酶）的分泌。水解酶在病原菌侵入植物的过程中起着重要作用，对其分泌的抑制会导致水解酶含量降低，从而使病原物的致病性丧失（Miura and Kamakura 1994；Milling and Richardson 1995）。

五、信号转导

苯吡咯（phenylpyrrole）和二羧酰亚胺（dicarboximide）两类杀菌剂由于其作用于病菌体内的信号转导途径，故被 FRAC 划分到 E 类信号转导中，但两者作用的酶存在差异。

（一）苯吡咯类

按照 FRAC 的作用方式将苯吡咯类杀菌剂划分为 E 类的 E2 小类抑制渗透信号转导（osmotic signal transduction）的丝裂原活化蛋白组氨酸激酶类（MAP/histidine- kinase：os-2，HOG1）。咯菌腈属于苯吡咯类化合物，是非系统性保护剂。苯吡咯类化合物从由假单胞菌分泌的吡咯菌素中分离获得，吡咯菌素的苯环被取代即为咯菌腈，因此是吡咯菌素的类似物。咯菌腈作用于病原菌的渗透调节信号转导途径，可通过抑制蛋白激酶III（PKIII）来调节丙三醇的生物合成，从而增加菌丝中的丙三醇含量，进而干扰真菌的渗透调节（图 12-4）（Errampalli，2004）。

已分离到多种抗咯菌腈的采后病原物主要包括灰葡萄孢（Zhao et al.，2010；Weber and Hahn，2011；Weber，2011；Latorre and Torres，2012；Leroch et al.，2013；Amiri et al.，2013）、扩展青霉（Li and Xiao，2008）及指状青霉和意大利青霉（Zhang，2007；Smilanick，2011）。有报道表明，ABC 运输蛋白（ATP-binding cassette transporter）基因 *BcatrB* 参与

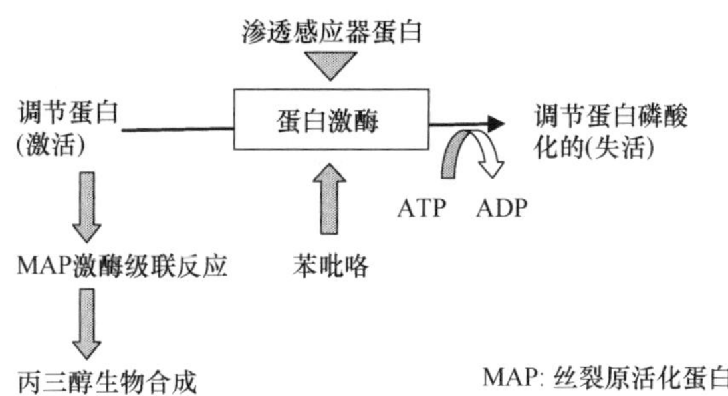

图 12-4 苯吡咯类杀菌剂的生化活动模式（Rosslenbroich and Stuebler，2000）

了苯吡咯类杀菌剂对灰葡萄孢的活性。如果 *BcatrB* 基因不表达，则会提高灰葡萄孢对咯菌腈的敏感性，如果该基因过分表达则灰葡萄孢对咯菌腈的敏感性降低（Vermeulen et al.，2001）。由此表明，*BcatrB* 基因过分表达会导致 ABC 运输蛋白量的增加，提高了灰葡萄孢对咯菌腈的排泄，使菌体内咯菌腈含量减少而表现出抗性。

（二）二甲酰亚胺类

二甲酰亚胺（dicarboximides fungicide，DCF）类杀菌剂属于 E 类下的 E3 小类抑制渗透信号转导中丝裂原活化蛋白组氨酸激酶（os-1，Daf1）类。针对腐霉利和异菌脲的采后抗药性已见报道。对从德国北部各类浆果田间获得的 353 个灰葡萄孢分离株的抗药性测定结果表明，64%高抗异菌脲（Weber，2011）。即使从未喷洒药物的果园中也能分离到对腐霉利具有抗性的果生链核盘菌菌株（Chen et al.，2012）。

Oshima 等（2006）发现，DCF 类杀菌剂可能通过干扰渗透压信号转导途径发挥抑菌作用，对渗透压敏感的灰葡萄孢突变体表现出抗二甲酰亚胺类、芳香族碳水化合物和苯吡咯类杀菌剂。双组分组氨酸激酶基因（*BcOS1*）是感知渗透压的基因，已从灰葡萄孢等病原菌中克隆出该基因全长，并证明该基因 N 端的以 92 个氨基酸为单位的 6 个串联重复区是 DCF 类杀菌剂的结合位点，其中第二个重复区的氨基酸突变与渗透压过度敏感和抗药性的产生相关。位于 *BcOS1* 基因 N 端的第二个重复区 365 位的异亮氨酸突变为丝氨酸与抗性产生相关（Oshima et al.，2002）。随后，又陆续报道了 365 位突变成天冬氨酸或精氨酸、365 位突变为丝氨酸、369 位从谷氨酸突变为脯氨酸，以及该区域其他突变与抗药性的关系（侯军，2011）。

六、甾醇生物合成抑制剂类

甾醇生物合成抑制剂（sterol biosynthesis inhibitor，SBI）类杀菌剂是通过抑制植物病原真菌甾醇生物合成途径中不同环节的酶，干扰或阻断病原菌麦角甾醇生物合成而发挥抗真菌作用（叶滔等，2012）。FRAC 根据 SBI 类杀菌剂这一作用模式将其归入 G 类即膜上甾醇生物合成一类，根据其作用酶的特点不同又分为不同的小类。

（一）C-14α-脱甲基化合成酶抑制剂

C-14α-脱甲基化酶抑制剂［C-14-α-demethylation inhibitors (erg11/cyp51)，DMI］为

甾醇生物合成抑制剂第一类（SBI class Ⅰ）G 大类杀菌剂的 G1 小类。采后病害控制中关于 DMI 类杀菌剂抗药性报道较多是其中咪唑类的抑霉唑和咪鲜胺，以及三唑类的戊唑醇、丙环唑和苯醚甲环唑等。对抑霉唑产生抗药性的采后病原物有指状青霉（Zhu et al.，2006；Sun et al.，2011；Sánchez-Torres and Tuset，2011；Wang et al.，2012）、地霉及青霉（Boubaker et al.，2009；McKay et al.，2012）、可可球二孢（da Silva Pereira et al.，2012）。可可球二孢对咪鲜胺也产生了抗药性（da Silva Pereira et al.，2012）。对戊唑醇产生抗药性的病原物包括灰葡萄孢（Latorre and Torres，2012）、可可球二孢（da Silva Pereira et al.，2012）和果生链核盘菌（May-De Mio et al.，2011）。对丙环唑具有抗药性的病原物有果生链核盘菌（Zhu et al.，2012；Chen et al.，2012）、地霉及青霉（McKay et al.，2012）。此外，灰葡萄孢和扩展青霉对苯醚甲环唑也具有抗药性（Foerster et al.，2009）。

关于 DMI 类杀菌剂抗性的分子机理主要包括与 CYP51 蛋白基因相关和 MFS 运输蛋白基因控制两大类（叶滔等，2012）。一方面，甾醇 14α-脱甲基化酶（CYP51）基因的高表达与 DMI 类杀菌剂抗药性有关。Zhu 等在 2006 年就报道了我国的柑橘绿霉病病原菌指状青霉对抑霉唑产生了抗药性。进一步的研究发现，位于甾醇 14α-脱甲基化酶（*CYP51*）基因的上游启动子区域 126bp 的独有序列的 4 个额外拷贝串联重复只存在于抑霉唑抗药株中，而敏感株中不存在。由此表明，串联重复区域可能调节 *CYP51* 基因的积极表达，最终导致了对抑霉唑敏感性的降低（Zhu et al.，2006）。Sun 等（2011）进一步发现，一种指状青霉的 *CYP51* 基因 *PdCYP51B* 参与了指状青霉对抑霉唑的抗性，在 *PdCYP51B* 基因启动子区域有一个 199bp 的插入突变造成 *PdCYP51B* 基因的过表达，最终导致对抑霉唑的抗性。此外，DMI 杀菌剂抗性机制与 MFS 运输蛋白基因表达有关。MFS（major facilitator superfamily）是一种普遍存在于生物体细胞中的促扩散超家族运输蛋白，与前面提到的 ABC 运输蛋白基因具有相似的排泄细胞中有毒物质的功能，不同的是，MFS 运输蛋白通过质子驱动力（跨膜电化学质子梯度）而不是水解 ATP 产能来实现对有毒物质的排泄（Paulsen et al.，1996）。Wang 等（2012）克隆了指状青霉的一种 MFS 基因（*PdMfs1*），并分析了该基因在抑霉唑抗性中的功能，结果发现该基因有一个 1876bp 的可读框及含有 55bp、 49bp 和 71bp 的 3 个内含子。该基因编码一种含有 566 个氨基酸的蛋白质，并且与其他真菌 MFS 转运子的质子逆向转运蛋白家族的膜蛋白具有高度相似性。在敏感或抗性的指状青霉中，抑霉唑处理均能上调表达 *PdMfs1* 基因；破坏 *PdMfs1* 基因提高了指状青霉对抑霉唑的敏感性，将野生型 *PdMfs1* 基因导入 *PdMfs1* 破坏的指状青霉中将会恢复对抑霉唑的抗性；*PdMfs1* 基因过表达提高了指状青霉对抑霉唑的抗性。由此表明，*PdMfs1* 是一种指状青霉的药物转运蛋白，能将抑霉唑泵出胞外，部分有助于对抑霉唑的抗性。

（二）Δ^{14} 还原酶和 $\Delta^{8}\rightarrow\Delta^{7}$ 异构酶抑制剂

FRAC 按照作用模式将 Δ^{14} 还原酶和 $\Delta^{8}\rightarrow\Delta^{7}$ 异构酶[Δ^{14}-reductase (erg24) and $\Delta^{8}\rightarrow\Delta^{7}$-isomerase (erg2)]抑制剂类杀菌剂划入 G 大类（SBI）的 G2 小类（SBI classⅡ）。用于控制采后病害的此类杀菌剂主要为吗啉（morpholine）类的十三吗啉（tridemorph），该杀菌剂可以控制果实的褐腐病（Chen et al.，2012）。该类杀菌剂对病原真菌的作用位点不同于 DMI 类杀菌剂，是因为此类杀菌剂可以模拟反应的碳正离子过渡态，竞争性地抑制

$\Delta^8 \to \Delta^7$异构化酶或Δ^{14}还原酶的活性及其他合成步骤，属于多位点抑制剂（叶滔等，2012）。因此，与前面所述的一些单位点杀菌剂不同，该类杀菌剂使用中出现的抗药性报道较少。

（三）C4 脱甲基化中 3-酮还原酶

C4 脱甲基化中 3-酮还原酶（3-keto reductase in C4-demethylation）抑制剂类杀菌剂属于 G 大类（SBI）的 G3 小类（SBI class Ⅲ）。此类杀菌剂中，已有关于控制采后病害的羟基苯胺类（hydroxyanilides）中环酰菌胺（fenhexamid）存在抗药性的报道。从德国北部的浆果园中分离到的 353 个灰葡萄孢分离株中，45%对环酰菌胺表现抗性（Weber，2011）。同样，从智利获得的 214 个灰葡萄孢分离株中，27.1%对环酰菌胺表现抗性（Latorre and Torres，2012）。从美国佛罗里达州获得的 392 个灰葡萄孢分离株中，44.4%对环酰菌胺表现抗性，低于对其他几种杀菌剂的抗药频率（Amiri et al.，2013）。美国南卡罗来纳州和北卡罗来纳州两个州草莓园的灰葡萄孢所表现的对环酰菌胺的抗性与 4 种靶标基因的突变有关（Li et al.，2014）。214 个分离株中有 16.8%表现抗环酰菌胺，编码麦角固醇生物合成途径中 3-酮还原酶基因（*Erg27*）突变与抗性相关，突变位点分别为 63 位一个和 412 位三个，突变后氨基酸替换形式分别为 T63I（第 63 位的氨基酸 T 突变为 I）、F412S（第 412 位的氨基酸 F 突变为 S）、F412C（第 412 位的氨基酸 F 突变为 C）和 F412I（412 位的氨基酸 F 突变为 I），其中 F412S 突变最重要且广泛（Grabke et al.，2013）。

第二节 控制抗药性的措施

通过多种途径最大限度地阻止或延缓抗药菌株的产生及抗药性病原群体的形成，可充分延长杀菌剂的使用寿命（叶滔等，2012）。通常，在新药投入使用前期，应确定目标病原菌对其敏感基线，并对其田间抗性发展进行实时监测和及时治理，尽可能地延缓或避免其抗性的发生和发展。使用已经注册的杀菌剂时，最重要的是应严格按厂家推荐的使用方法及用量使用，了解掌握 FRAC 对杀菌剂抗性风险级别分类和杀菌机理，以便为控制杀菌剂抗性奠定基础（李良孔等，2011）。虽然不同作用模式的杀菌剂抗性控制方法有所差异（刘圣明，2011；赵平等，2011），但控制策略都包括杀菌剂的正确使用、环境卫生管理及综合治理三个方面。

一、正确使用杀菌剂

（一）选择适宜的杀菌剂

正确选用杀菌剂，通过 FRAC 的官方网站熟悉要使用杀菌剂的风险级别、作用模式和特点。例如，对于柑橘类和仁果类果实，咯菌腈在抑制青霉的孢子形成方面比嘧霉胺更为有效（Adaskaveg et al.，2004；Kanetis et al.，2007）。但由于咯菌腈是接触性而非吸入性杀菌剂，具有难以渗透果蔬组织的特点。因此，对采后侵染的控制效力不及嘧霉胺和嘧菌酯。柑橘果实从采收至贮藏运输前要经历 24~36h 的采后处理，期间病原物可能已侵入果实组织内部，因此，就需要采用渗透性好的杀菌剂来控制这类侵染（Adaskaveg and Förster，2010）。

（二）采用正确的处理方法

应严格按照厂家的标注和 FRAC 建议的方法使用杀菌剂，尤其要注意药物用量、使用的频率和次数。例如，FRAC 建议使用含 SDHI 类成分的药剂防治病害的次数不能超过 3 次，且连续使用次数不得超过 2 次（李良孔等，2011）。其他杀菌剂如 QoI 的用量及在不同产品上连续使用的次数也有相关的规定（赵平等，2011）。此外，不同杀菌剂的使用方法也有差异，针对油桃、李和仁果类等表面光滑、富含蜡质外果皮的果实，可选择适合在线重复循环使用的方法（Förster et al.，2007；Kanetis et al.，2008）。例如，淋湿处理比低容量喷洒或浸泡能更好地提高梨灰霉病和青霉病的防效（Adaskaveg and Förster，2010）。

（三）注意药物的复配和交替使用

杀菌机理不同的药物复配或交替使用，或限制用药次数，可减轻杀菌剂对自然抗性菌株的选择压力，延缓或克服抗药性的发生与发展。其中杀菌剂合理复配是降低抗药性发生的重要措施。大多数情况下，药剂复配不仅能延缓抗药性的发生、减少抗性菌株、降低抗性频率、减少有效成分的用量，还能节约开发新药的成本、缩短杀菌剂的开发年限。此外，通过分析不同作用位点的杀菌剂，开发具有增效作用的混合剂型，可有效延缓或控制抗药性产生（叶滔等，2012）。依据这一原则，一些混合型采后杀菌剂已经注册上市（图 12-5）。一些新的如咯菌腈和嘧菌环胺混合（switch）（Amiri et al.，2013）及吡唑嘧菌酯和啶酰菌胺混合（pristine）（Dominguez et al.，2012；Amiri et al.，2013）等新型混合杀菌剂已开发和应用。复配时需要注意不同作用机制的药物间互配，避免无交互协同或负交互协同药物间的互配。

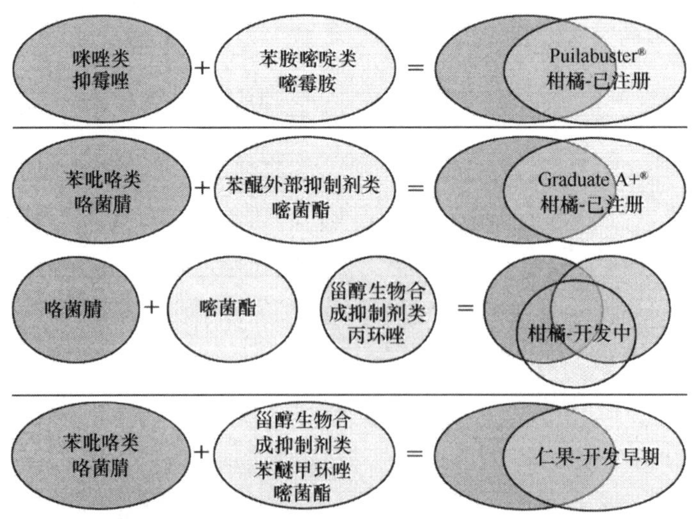

图 12-5 美国已注册和计划预混合的采后杀菌剂（Adaskaveg and Förster，2010）

二、环境消毒

环境消毒是控制抗药性的另一项重要措施。消毒可以减少侵染源，控制抗药菌株的传播，还可推迟抗药菌株产生的时间。该措施主要包括及时去除并妥善处置腐烂产品；采用过滤等手段减少空气及水中的病原物数量；通过热处理或化学消毒剂处理杀灭果实和器具表面，以及空气和水处理系统中的接种体等。除了要对果实和器具等进行消毒外，用于循环使用的杀菌剂溶液也应该进行消毒。选择消毒剂时，应注意选择那些与杀菌剂没有亲和性的消毒剂，如次氯酸钠（或氯气）、重碳酸钠、过氧乙酸等（Adaskaveg and Förster，2010）。经杀菌剂处理的果实在处理、贮藏、运输和销售期间也要注意及时检查，发现腐烂果实要及时剔除，避免留在包装房或贮藏库内与新采收的果实混合。包装或贮藏季节结束后，应彻底清扫环境，并采用活性氯等消毒剂对整体环境进行彻底消毒（张维一和毕阳，1996）。

三、应用综合措施

许多因素会影响抗药菌株的产生，这些因素包括抗药菌株的初始水平、杀菌剂的选择压力、抗药菌株的繁殖速度、孢子的传播速度及果蔬表面伤口对病原物侵染的敏感程度。因此，抗药性的控制宜采取多种措施结合。图 12-6 示意了控制采后柠檬青霉抗性菌株的各项措施。采用本书前面章节所提到的非化学杀菌剂处理等手段也能更好地降低杀菌剂的使用浓度，减轻选择压力和避免或推迟抗药性的产生。此外，防止抗药性产生的综合措施还应该包括采用抗病品种、轮作倒茬、加强栽培管理、减少施药次数、降低药物使用浓度等方面。

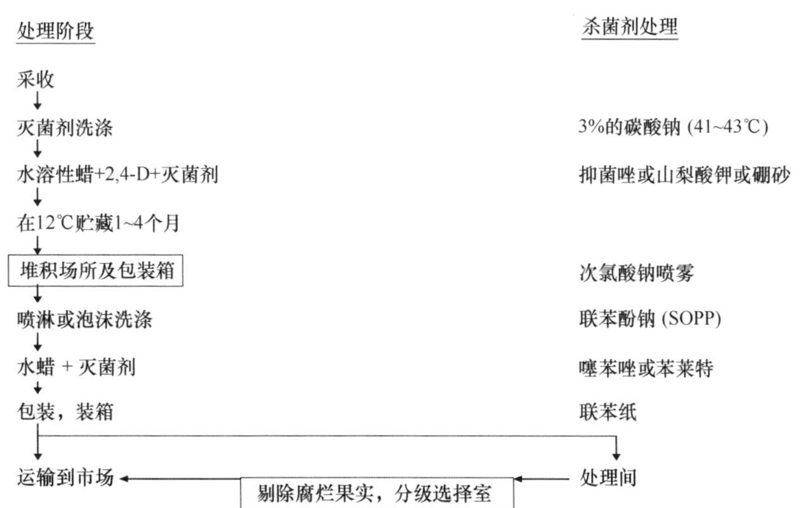

图 12-6　控制柠檬青霉菌抗药性的管理措施（张维一和毕阳，1996）

参 考 文 献

侯军. 2011. 番茄灰霉病菌对丙烷脒的抗药性风险研究. 西北农林科技大学博士学位论文.

李良孔, 袁善奎, 潘洪玉, 等. 2011. 琥珀酸脱氢酶抑制剂类(SDHIs)杀菌剂及其抗性研究进展. 农药, 50: 165-169.

刘圣明. 2011. 灰霉葡萄孢抗多菌灵 β-微管蛋白基因在禾谷镰孢菌中的表达研究. 南京农业大学博士学位论文.

叶滔, 马志强, 毕秋艳, 等. 2012. 植物病原真菌对甾醇生物合成抑制剂类(SBIs)杀菌剂的抗药性研究进展. 农药学学报, 14: 1-16.

张维一, 毕阳. 1996. 果蔬采后病害与控制. 北京: 中国农业出版社, 217-238.

赵平, 严秋旭, 李新, 等. 2011. 甲氧基丙烯酸酯类杀菌剂的开发及抗性发展现状. 农药, 50: 547-551.

Ackrell B A C. 2000. Progress in understanding structure-function relationships in respiratory chain complex Ⅱ. FEBS Letters, 466: 1-5.

Ackrell B A C, Johnson M K, Gunsalus R P, et al. 1992. Structure and function of succinate dehydrogenase and fumarate reductase. *In*: Muller F. Chemistry and Biochemistry of Flavoenzymes. London: CRC Press, 229-297.

Adaskaveg J E, Förster H. 2010. New developments in postharvest fungicide registrations for edible horticultural crops and use strategies in the United States. *In*: Prusky D, Gullino M L. Postharvest Pathology. Berlin: Springer Netherlands, 107-117.

Adaskaveg J E, Kanetis L, Soto-Estrada A, et al. 2004. A new era of postharvest decay control in citrus with the simultaneous introduction of three new "reduced-risk" fungicides. Proceedings of the International Society of Citriculture Ⅲ, 999-1004.

Amiri A, Heath S M, Peres N A. 2013. Phenotypic characterization of multifungicide resistance in *Botrytis cinerea* isolates from strawberry fields in Florida. Plant Disease, 97: 393-401.

Avenot H F, Michailides T J. 2010. Progress in understanding molecular mechanisms and evolution of resistance to succinate dehydrogenase inhibiting(SDHI)fungicides in phytopathogenic fungi. Crop Protection, 29: 643-651.

Baraldi E, Mari M, Chierici E, et al. 2003. Studies on thiabendazole resistance of *Penicillium expansum* of pears: pathogenic fitness and genetic characterization. Plant Pathology, 52: 362-370.

Bertrand P F, Saulie-Carter J L. 1978. The occurrence of benomyl-tolerant strains of *Penicillium expansum* and *Botrytis cinerea* in the Mid-Columbia region of Oregon and Washington. Plant Disease Reporter, 62: 302-305.

Boubaker H, Saadi B, Boudyach E H, et al. 2009. Sensitivity of *Penicillium digitatum* and *P. italicum* to imazalil and thiabendazole in Morocco. Plant Pathology Journal, 8: 152-158.

Brent K J. 1995. Fungicide resistance in crop pathogens: how can it be managed? Global Crop Protection Federation, Brussels.

Cabanas R, Castella G, Abarca M L, et al. 2009. Thiabendazole resistance and mutations in the beta-tubulin gene of *Penicillium expansum* strains isolated from apples and pears with blue mold decay. FEMS Microbiology Letters, 297: 189-195.

Chen F P, Fan J R, Zhou T, et al. 2012. Baseline sensitivity of *Monilinia fructicola* from China to the DMI fungicide SYP-Z048 and analysis of DMI-resistant mutants. Plant Disease, 96: 416-422.

Chung W H, Chung W C, Peng M T, et al. 2010. Specific detection of benzimidazole resistance in *Colletotrichum gloeosporioides* from fruit crops by PCR-RFLP. New Biotechnology, 27: 17-24.

da Silva Pereira A V, Martins R B, Michereff S J, et al. 2012. Sensitivity of *Lasiodiplodia theobromae* from Brazilian papaya orchards to MBC and DMI fungicides. European Journal of Plant Pathology, 132: 489-498.

Dominguez I, Ferreres F, Pascual del Riquelme F, et al. 2012. Influence of preharvest application of fungicides on the postharvest quality of tomato(*Solanum lycopersicum* L.). Postharvest Biology and Technology, 72: 1-10.

Errampalli D. 2004. Effect of fludioxonil on germination and growth of *Penicillium expansum* and decay in apple cvs. Empire and Gala. Crop Protection, 23: 811-817.

Förster H, Driever G F, Thompson D C, et al. 2007. Postharvest decay management for stone fruit crops in California using the 'Reduced-Risk' fungicides fludioxonil and fenhexamid. Plant Disease, 91: 209-215.

Foerster H, Cochran A, Spotts R, et al. 2009. Difenoconazole-A new fungicide for controlling postharvest decays of pome fruit and a mix partner for fungicide resistance management. Phytopathology, 99: S36.

Gisi U, Chin K M, Knapova G, et al. 2000. Recent developments in elucidating modes of resistance to phenylamide, DMI and strobilurin fungicides. Crop Protection, 19: 863-872.

Grabke A, Fernandez-Ortuno D, Schnabel G. 2013. Fenhexamid resistance in *Botrytis cinerea* from strawberry fields in the Carolinas is associated with four target gene mutations. Plant Disease, 97: 271-276.

Gullino M L, Leroux P, Smith C M. 2000. Uses and challenges of novel compounds for plant disease control. Crop Protection, 19: 1-11.

Hägerhäll C. 1997. Succinate: quinone oxidoreductases. Variations on a conserved theme. Biochimica et Biophysica Acta, 1320: 107-141.

Harder A. 2002. Chemotherapeutic approaches to nematodes: current knowledge and outlook. Parasitology Research, 88: 272-277.

Jacometti M A, Wratten S D, Walter M. 2010. Review: Alternatives to synthetic fungicides for *Botrytis cinerea* management in vineyards. Australian Journal of Grape and Wine Research, 16: 154-172.

Kanetis L, Förster H, Adaskaveg J E. 2007. Comparative efficacy of the new postharvest fungicides azoxystrobin, fludioxonil, and pyrimethanil for managing citrus green mold. Plant Disease, 91: 1502-1511.

Kanetis L, Förster H, Adaskaveg J E. 2008. Optimizing efficacy of new postharvest fungicides and evaluation of sanitizing agents for managing citrus green mold. Plant Disease, 92: 261-269.

Keon J R, White G, Hargreaves J. 1991. Isolation, characterization and sequence of a gene conferring resistance to the systemic fungicide carboxin from the maize smut pathogen, Ustilago maydis. Current Genetics, 19: 475-481.

Kim Y K, Xiao C L. 2010. Resistance to pyraclostrobin and boscalid in populations of *Botrytis cinerea* from stored apples in Washington State. Plant Disease, 94: 604-612.

Koenraadt H, Somerville S C, Jones A L. 1992. Characterization of mutations in the beta-tubulin gene of benomyl-resistant field strains of *Venturia inaequalis* and other plant pathogenic fungi. Phytopathology, 82: 1348-1354.

Kuhn P J. 1984. Mode of action of carboximides. British Mycological Society Symposium Series, 9: 155-183.

Latorre B A, Torres R. 2012. Prevalence of isolates of *Botrytis cinerea* resistant to multiple fungicides in Chilean vineyards. Crop Protection, 40: 49-52.

Lee M H, Pan S M, Ng T W, et al. 2011. Mutations of beta-tubulin codon 198 or 200 indicate thiabendazole resistance among isolates of *Penicillium digitatum* collected from citrus in Taiwan. International Journal of Food Microbiology, 150: 157-163.

Leroch M, Plesken C, Weber R W S, et al. 2013. Gray mold populations in German strawberry fields are resistant to multiple fungicides and dominated by a novel clade closely related to *Botrytis cinerea*. Applied and Environmental Microbiology, 79: 159-167.

Li H X, Xiao C L. 2008. Characterization of fludioxonil-resistant and pyrimethanil-resistant phenotypes of *Penicillium expansum* from apple. Phytopathology, 98: 427-435.

Li X, Fernández-Ortuño D, Chen S, et al. 2014. Location-specific fungicide resistance profiles and evidence for stepwise accumulation of resistance in *Botrytis cinerea*. Plant Disease, 98: 1066-1074.

Ma Z, Michailides T J. 2005. Advances in understanding molecular mechanisms of fungicide resistance and molecular detection of resistant genotypes in phytopathogenic fungi. Crop Protection, 24: 853-863.

Ma Z, Yoshimura M A, Holtz B A, et al. 2005. Characterization and PCR-based detection of benzimidazole-resistant isolates of *Monilinia laxa* in California. Pest Management Science, 61: 449-457.

Ma Z, Yoshimura M A, Michailides T J. 2003. Identification and characterization of benzimidazole resistance in *Monilinia fructicola* from stone fruit orchards in California. Applied and Environmental Microbiology, 69: 7145-7152.

Mathews A A, Basha S T, Reddy N P E. 2011. Management of post harvest disease of mango anthracnose. Journal of Pure and Applied Microbiology, 5: 97-104.

May-De Mio L L, Luo Y, Michailides T J. 2011. Sensitivity of *Monilinia fructicola* from Brazil to tebuconazole, azoxystrobin, and thiophanate-methyl and implications for disease management. Plant Disease, 95: 821-827.

McKay A H, Forster H, Adaskaveg J E. 2012. Toxicity and resistance potential of selected fungicides to *Galactomyces* and *Penicillium* spp. causing postharvest fruit decays of citrus and other crops. Plant Disease, 96: 87-96.

MgGrath M T. 2001. Fungicide resistance in cucurbit powdery mildew, experiences and challenges. Plant Disease, 85: 236-245.

Milling R J, Richardson C J. 1995. Mode of action of the anilinopyrimidine fungicide pyrimethanil-Effects on enzyme secretion in *Botrytis cinerea*. Pesticide Science, 45: 43-48.

Miura J, Kamakura T. 1994. Inhibition of enzyme secretion in plant pathogens by mepanipyrim a novel fungicide. Pesticide Biochemistry and Physiology, 48: 222-228.

Nakaune R, Nakano M. 2007. Benornyl resistance of *Colletotrichum acutatum* is caused by enhanced expression of beta-tubulin 1 gene regulated by putative leucine zipper protein CaBEN1. Fungal Genetics and Biology, 44: 1324-1335.

Oshima M, Banno S, Okada K. 2006. Survey of mutations of a histidine kinase gene *BcOS1* in dicarboximide-resistant field isolates of *Botrytis cinerea*. Journal of General Plant Pathology, 72: 65-73.

Oshima M, Fujimura M, Banno S. 2002. A point mutation in the two-component histidine kinase *BcOS1* gene confers dicarboximide resistance in field isolates of *Botrytis cinerea*. Phytopathology, 92: 75-80.

Paulsen I T, Brown M H, Skurray R A. 1996. Proton-dependent multidrug efflux systems. Microbiological Reviews, 60: 575-608.

Peres N A R, Souza N L, Peever T L, et al. 2004. Benomyl sensitivity of isolates of *Colletotrichum acutatum* and *C. gloeosporioides* from citrus. Plant Disease, 88: 125-130.

Rosslenbroich H J, Stuebler D. 2000. *Botrytis cinerea*-history of chemical control and novel fungicides for its management. Crop Protection, 19 : 557-561.

Sánchez-Torres P, Tuset J J. 2011. Molecular insights into fungicide resistance in sensitive and resistant *Penicillium digitatum* strains infecting citrus. Postharvest Biology and Technology, 59: 159-165.

Samuel S, Papayiannis L C, Leroch M, et al. 2011. Evaluation of the incidence of the G143A mutation and cytb intron presence in the cytochrome bc-1 gene conferring QoI resistance in *Botrytis cinerea* populations from several hosts. Pest Management Science, 67: 1029-1036.

Sholberg P L, Harlton C, Haag P, et al. 2005. Benzimidazole and diphenylamine sensitivity and identity of *Penicillium* spp. that cause postharvest blue mold of apples using beta-tubulin gene sequences. Postharvest Biology and Technology, 36: 41-49.

Smilanick J L. 2011. Integrated approaches to postharvest disease management in California citrus packinghouses. *In*: Wisniewski M, Droby S. International Symposium on Biological Control of Postharvest Diseases: Challenges and Opportunities, 145-148.

Stammler G, Brix H D, Glättli A, et al. 2007. Biological properties of the carboxamide boscalid including recent studies on its mode of action. Proceedings XVI International Plant Protection Congress Glasgow, 40-45.

Sun F, Huo X, Zhai Y, et al. 2005. Crystal structure of mitochondrial respiratory membrane protein complex II. Cell, 121: 1043-1057.

Sun X, Wang J, Feng D, et al. 2011. PdCYP51B, a new putative sterol 14 alpha-demethylase gene of *Penicillium digitatum* involved in resistance to imazalil and other fungicides inhibiting ergosterol synthesis. Applied Microbiology and Biotechnology, 91: 1107-1119.

Sun X, Xu Q, Ruan R, et al. 2013. PdMLE1, a specific and active transposon acts as a promoter and confers *Penicillium digitatum* with DMI resistance. Environmental Microbiology Reports, 5: 135-142.

Tanovic B, Hrustic J, Mihajlovic M, et al. 2012. Baseline sensitivity of *Botrytis cinerea* isolates from raspberry to a novel fungicide fluopyram. *In*: Tanovic B. X International Rubus and Ribes Symposium, 271-275.

Vermeulen T, Schoonbeek H, De Waard M A. 2001. The ABC transporter BcatrB from *Botrytis cinerea* is a determinant of the activity of the phenylpyrrole fungicide fludioxonil. Pest Management Science, 57: 393-402.

Wang J Y, Sun X P, Lin L Y, et al. 2012. PdMfs1, a major facilitator superfamily transporter from *Penicillium digitatum*, is partially involved in the imazalil-resistance and pathogenicity. African Journal of Microbiology Research, 6: 95-105.

Weber R W S. 2011. Resistance of *Botrytis cinerea* to multiple fungicides in northern German small-fruit production. Plant Disease, 95: 1263-1269.

Weber R W S, Hahn M. 2011. A rapid and simple method for determining fungicide resistance in *Botrytis*. Journal of Plant Diseases and Protection, 118: 17-25.

Yin Y N, Kim Y K, Xiao C L. 2011. Molecular characterization of boscalid resistance in field isolates of *Botrytis cinerea* from apple. Phytopathology, 101: 986-995.

Yin Y N, Kim Y K, Xiao C L. 2012. Molecular characterization of pyraclostrobin resistance and structural diversity of the cytochrome b gene in *Botrytis cinerea* from apple. Phytopathology, 102: 315-322.

Zhang J. 2007. The potential of a new fungicide fludioxonil for stem-end rot and green mold control on Florida citrus fruit. Postharvest Biology and Technology, 46: 262-270.

Zhao H, Kim Y K, Huang L, et al. 2010. Resistance to thiabendazole and baseline sensitivity to fludioxonil and pyrimethanil in *Botrytis cinerea* populations from apple and pear in Washington State. Postharvest Biology and Technology, 56: 12-18.

Zhu F, Bryson P K, Schnabel G. 2012. Influence of storage approaches on instability of propiconazole resistance in *Monilinia fructicola*. Pest Management Science, 68 : 1003-1009.

Zhu J W, Xie Q Y, Li H Y. 2006. Occurrence of imazalil-resistant biotype of *Penicillium digitatum* in China and the resistant molecular mechanism. Journal of Zhejiang University Science A, 7: 362-365.

索　引

F

G

H

J

Y

Z

其他